21世纪高等学校计算机教育实用规划教材

C++程序设计教程
(第三版)

朱 红 赵 琦 王庆宝 编著

清华大学出版社
北京

内容简介

C++是一种高效实用的程序设计语言，它既可以进行过程化程序设计，也可以进行面向对象程序设计，是编程人员广泛使用的工具。本书是为高等院校第一门程序设计课程编写的教材。全书共分为两部分：第一部分是 C++语言基础，包括第 1 章～第 8 章，主要讲述 C++的数据类型，运算规则，顺序、选择、循环结构的程序设计，函数、数组、指针和结构体等内容，侧重于基本概念、基本语法及常规算法；第二部分是面向对象程序设计基础，包括第 9 章～第 16 章，主要介绍类和对象、类的构造和析构、友元、运算符重载、继承和派生以及输入输出流等内容，侧重于编程的训练，强调模块化、规范化的程序设计，引导读者逐步体会面向对象程序设计的特点。本教材配有实验教材《C++程序设计上机实践与学习辅导(第三版)》，以方便读者复习和上机操作。

本书所列举的例题、习题均在 Visual Studio 2010 下调试通过。

本书面向计算机及其相关专业本、专科学生，是学习 C++语言的基础教材。

图书在版编目(CIP)数据

C++程序设计教程/朱红，赵琦，王庆宝编著.—3 版.—北京：清华大学出版社，2019 (2024.8重印)
(21 世纪高等学校计算机教育实用规划教材)
ISBN 978-7-302-51859-4

Ⅰ. ①C… Ⅱ. ①朱… ②赵… ③王… Ⅲ. ①C 语言－程序设计－高等学校－教材 Ⅳ. ①TP312.8

中国版本图书馆 CIP 数据核字(2018)第 280204 号

责任编辑：闫红梅
封面设计：常雪影
责任校对：梁　毅
责任印制：宋　林

出版发行：清华大学出版社
网　　址：https://www.tup.com.cn，https://www.wqxuetang.com
地　　址：北京清华大学学研大厦 A 座　　**邮　　编**：100084
社 总 机：010-83470000　　**邮　　购**：010-62786544
投稿与读者服务：010-62776969，c-service@tup.tsinghua.edu.cn
质量反馈：010-62772015，zhiliang@tup.tsinghua.edu.cn
课件下载：https://www.tup.com.cn，010-62795954
印 装 者：三河市少明印务有限公司
经　　销：全国新华书店
开　　本：185mm×260mm　　**印　张**：26　　**字　　数**：633 千字
版　　次：2009 年 1 月第 1 版　2019 年 7 月第 3 版　　**印　　次**：2024 年 8 月第 13 次印刷
印　　数：25501 ～ 27500
定　　价：59.00 元

产品编号：081300-01

出版说明

随着我国高等教育规模的扩大以及产业结构调整的进一步完善，社会对高层次应用型人才的需求将更加迫切。各地高校紧密结合地方经济建设发展需要，科学运用市场调节机制，合理调整和配置教育资源，在改革和改造传统学科专业的基础上，加强工程型和应用型学科专业建设，积极设置主要面向地方支柱产业、高新技术产业、服务业的工程型和应用型学科专业，积极为地方经济建设输送各类应用型人才。各高校加大了使用信息科学等现代科学技术提升、改造传统学科专业的力度，从而实现传统学科专业向工程型和应用型学科专业的发展与转变。在发挥传统学科专业师资力量强、办学经验丰富、教学资源充裕等优势的同时，不断更新教学内容、改革课程体系，使工程型和应用型学科专业教育与经济建设相适应。计算机课程教学在从传统学科向工程型和应用型学科转变中起着至关重要的作用，工程型和应用型学科专业中的计算机课程设置、内容体系和教学手段及方法等也具有不同于传统学科的鲜明特点。

为了配合高校工程型和应用型学科专业的建设和发展，急需出版一批内容新、体系新、方法新、手段新的高水平计算机课程教材。目前，工程型和应用型学科专业计算机课程教材的建设工作仍滞后于教学改革的实践，如现有的计算机教材中有不少内容陈旧(依然用传统专业计算机教材代替工程型和应用型学科专业教材)，重理论、轻实践，不能满足新的教学计划、课程设置的需要；一些课程的教材可供选择的品种太少；一些基础课的教材虽然品种较多，但低水平重复严重；有些教材内容庞杂，书越编越厚；专业课教材、教学辅助教材及教学参考书短缺，等等，都不利于学生能力的提高和素质的培养。为此，在教育部相关教学指导委员会专家的指导和建议下，清华大学出版社组织出版本系列教材，以满足工程型和应用型学科专业计算机课程教学的需要。本系列教材在规划过程中体现了如下一些基本原则和特点。

(1) 面向工程型与应用型学科专业，强调计算机在各专业中的应用。教材内容坚持基本理论适度，反映基本理论和原理的综合应用，强调实践和应用环节。

(2) 反映教学需要，促进教学发展。教材规划以新的工程型和应用型专业目录为依据。教材要适应多样化的教学需要，正确把握教学内容和课程体系的改革方向，在选择教材内容和编写体系时注意体现素质教育、创新能力与实践能力的培养，为学生知识、能力、素质协调发展创造条件。

(3) 实施精品战略，突出重点，保证质量。规划教材建设仍然把重点放在公共基础课和专业基础课的教材建设上；特别注意选择并安排一部分原来基础比较好的优秀教材或讲义修订再版，逐步形成精品教材；提倡并鼓励编写体现工程型和应用型专业教学内容和课程体系改革成果的教材。

(4) 主张一纲多本,合理配套。基础课和专业基础课教材要配套,同一门课程可以有多本具有不同内容特点的教材。处理好教材统一性与多样化,基本教材与辅助教材,教学参考书,文字教材与软件教材的关系,实现教材系列资源配套。

(5) 依靠专家,择优选用。在制订教材规划时要依靠各课程专家在调查研究本课程教材建设现状的基础上提出规划选题。在落实主编人选时,要引入竞争机制,通过申报、评审确定主编。书稿完成后要认真实行审稿程序,确保出书质量。

繁荣教材出版事业,提高教材质量的关键是教师。建立一支高水平的以老带新的教材编写队伍才能保证教材的编写质量和建设力度,希望有志于教材建设的教师能够加入到我们的编写队伍中来。

21世纪高等学校计算机教育实用规划教材编委会

联系人:魏江江 weijj@tup.tsinghua.edu.cn

前　言

C++语言是从 C 语言继承发展而来的一种高效实用的程序设计语言。一方面 C++语言全面兼容 C 语言；另一方面 C++语言支持面向对象的方法，实现了类的封装、数据隐藏、继承及多态性，使得其代码容易维护且高度可重用。

本书作为 C++语言的入门教材，不仅详细介绍了 C++语言本身，还深入讲述了面向对象的程序设计方法。本书的主要特色如下：

(1) 强调基本概念、基本语法、基本结构，不深究语法的细节，从宏观上把握程序的结构。

C++的许多概念如函数、指针、类等是掌握 C++语言的重要基础。本书在对概念的讲解上，注重强调这些概念在编程中的作用及其所实现的功能，而不去罗列一些具体的语法细节和特例。

(2) 注重模块化的程序设计，注重模仿，强调规范化的程序结构，不提倡过多的编程技巧和个人风格。

开发 C++语言的初衷是为了应对软件危机，解决大型软件开发时遇到的问题，提高软件的开发效率。虽然本书的读者对象是没有编程基础的初学者，通过本书所能接触到的也只是一些相对简单的程序，但程序结构的设计和编程习惯的培养却正是从初学时开始的。因此，本书所涉及的概念、算法、语法包括例题的讲解都强调规范化、结构化，引导读者做适当的模仿，从基本程序的学习开始就养成规范编程的习惯。

(3) 通俗易懂。众所周知，C++语言概念众多，叙述复杂，语法灵活，很难用浅显直白的语言去诠释这些内容。本书利用大量的图示说明，把复杂的概念、算法用图形的形式描述出来，使读者有一个形象直观的认识。

全书共分两部分。第一部分是 C++语言基础，共 8 章。第 1 章 C++基础知识，介绍 C++的发展历史、面向对象程序设计的概念和 C++程序的开发过程；第 2 章基本数据类型与表达式，介绍 C++语言的基本数据类型、运算符与表达式，以及数据类型转换、简单输入输出语句等；第 3 章基本流程控制结构，介绍结构化程序的设计方法和与三种控制结构（顺序、选择和循环结构）相关联的语法知识及其控制语句，其中标有 * 号的章节为选讲的内容；第 4 章函数，介绍函数的定义与调用、内联函数、函数重载以及函数的作用域等；第 5 章编译预处理，介绍编译预处理的知识以及三种预处理指令——宏、文件包含和条件编译；第 6 章数组，介绍一维数组和二维数组的定义与引用，数组名作为函数参数的应用，字符数组与字符串的应用；第 7 章指针，介绍指针与指针变量的概念、指针运算、指针数组、函数指针、指向指针的指针等；第 8 章结构体和共用体，介绍 C++的构造数据类型，包括结构体、共用体和枚举，对单向链表的各种操作也做了详细的说明。第二部分是面向对象程序设计基础，共 8

章。第 9 章类和对象,介绍面向对象程序设计的基本要素、类和对象的定义方法、对象的初始化、this 指针等;第 10 章构造函数和析构函数,介绍默认的构造函数、构造函数的重载、复制的构造函数和默认及显式定义的析构函数;第 11 章静态成员与友元,介绍静态数据成员和静态成员函数,友元函数和友元类;第 12 章运算符重载,介绍单目与双目运算符的重载,包括重载成为成员函数或友元函数在定义格式及应用中的区别;第 13 章继承和派生,介绍基类和派生类、单继承、多继承和虚基类,继承中冲突的解决和支配规则等;第 14 章虚函数,介绍虚函数与运行时的多态性的概念,包括虚函数的作用和功能、虚函数的应用、纯虚函数和抽象类等;第 15 章输入输出流,介绍 I/O 标准流类、键盘输入和屏幕输出、磁盘文件的输入输出等;第 16 章 C++工具,介绍模板的概念和异常处理,该章内容是选学内容。

本书所列举的例题、习题均在 Visual Studio 2010 下调试通过。

本书有配套的教学参考书《C++程序设计上机实践与学习辅导(第三版)》,内有 16 个单元的上机实验内容,同时与书中的章节相对应,针对学习中的难点,补充了大量的例题讲解和各种典型的习题,并有 6 套模拟试卷及习题解答。

在本书的编写过程中,编者参阅了许多 C++的参考书和有关资料,谨向这些书的作者表示衷心的感谢!

本书由朱红、赵琦、王庆宝编著,在本书的编著过程中,闫玉德、王芳、钱芸生、陈文建、朱近、刘明、刘永、张微、俞虹、蔡骅、靳从等对本书的内容提出了很多宝贵意见,在此一并表示衷心的感谢。

由于作者水平有限,书中难免有错误之处,恳请读者批评指正。

作　者

2019 年 1 月

目录

第一部分 C++语言基础

第二部分 面向对象程序设计基础

第一部分　C++语言基础

第1章 C++基础知识

1.1 C++与 Visual C++语言

计算机作为信息处理的重要工具正在影响和改变着人们的工作、学习和生活方式。使用计算机进行信息处理要通过相应的应用软件进行，如使用 Word 进行文本编辑、使用 MATLAB 进行科学计算等，这些软件均由专业软件开发人员设计编程。一般来说，日常工作中遇到的任务大多数可借助现成的应用软件完成，但有时仍需为具体问题自行开发相应的软件。特别是要解决工程应用领域中遇到的大量具体问题，使用通用的软件不仅效率低，还可能无法完成任务。在这种情况下，自行编写具有针对性的相应软件可能是唯一的解决方法。

编写计算机软件需要使用程序设计语言。目前可用的程序设计语言很多，各有特点。但随着 Windows 操作系统的崛起，由传统的面向控制台的字符软件开发转向面向窗口的可视化编程已成为必然趋势。而 Visual C++正是 Windows 环境下最强大、最流行的程序设计语言之一。

Visual C++语言是在 C 语言的基础上逐步发展和完善起来的。1969 年 Martin Richards 为计算机软件人员在开发系统软件时，作为记述语言使用而开发了 BCPL 语言（Basic Combined Programming Language）。1970 年，Ken Thompson 在继承 BCPL 语言的许多优点的基础上发明了实用的 B 语言。1972 年，贝尔实验室的 Dennis Ritchie 和 Brian Kernighan 在 B 语言的基础上，作了进一步的充实和完善，设计出了 C 语言。当时，设计 C 语言是为了编写 UNIX 操作系统的，以后，C 语言经过多次改进，并开始流行。目前，国际上标准的 C 是 87ANSI C，常用的有 Microsoft C、Turbo C、Quick C 等。不同版本略有不同，但基本的部分是兼容的。随着 C 语言应用的推广，C 语言表现出一些缺陷或不足。为克服 C 语言本身存在的缺点，并保持 C 语言的简洁、高效，且与汇编语言接近的特点，1980 年贝尔实验室的 Bjarne Stroustrup 博士及其同事对 C 语言进行了改进和扩充，并把 Simula 67 中类的概念引入到 C 中，后于 1983 年由 Rick Maseitti 提议正式命名为 C++（C Plus Plus）。后来又把运算符的重载、引用、虚函数等功能加入到 C++中，使 C++的功能日趋完善。

与之相适应，C++语言的开发环境也随之不断推出。目前，常用的 C++语言集成开发环境（IDE）为 Microsoft Visual Studio（VS），也可以通过浏览器来使用在线 IDE，如 https://www.tutorialspoint.com/compile_cpp_online.php。

Microsoft Visual Studio 是微软公司推出的开发工具包系列产品，是一个完整的开发工具集，它包括了整个软件生命周期中所需要的大部分工具，如 UML 工具、代码管控工具、集成开发环境等。所写的目标代码适用于微软支持的所有平台,包括 Microsoft Windows、Windows Mobile、Windows CE、. NET Framework、. NET Core、. NET Compact Framework 和 Microsoft Silverlight 及 Windows Phone,是目前最流行的 Windows 平台应用程序的集成开发环境,Visual Studio 中就包含了 Visual C++。

Visual C++支持面向对象的程序设计方法(Object-Oriented Programming,OOP),支持 MFC(Microsoft Foundation Class)类库编程,可用来开发各种类型、不同规模和复杂程度的应用程序,开发效率很高,生成的应用软件代码品质优良。这一切使得 Visual C++成为许多专业程序开发人员的首选。在本教材中,主要介绍 Visual C++语言的基础知识与使用 Visual C++开发应用程序的基本方法。

1.2 C++程序的基本要素

本书主要介绍 Visual C++,但 C++的基本内容都是相同的,除作特殊说明的章节外,适用于任何一种 C++语言。本书上机实习的环境为 Visual Studio 2010。对于使用 C++程序设计语言编程的初学者来说,了解和掌握 C++程序的基本要素是必须的。下面通过一个简单的 C++程序,介绍 C++程序的基本要素。

1.2.1 一个简单的程序

【例 1.1】 求两个整数 a 和 b 之和。

```
//源程序文件名为 Ex1_1.cpp ,用于计算两个整数之和
#include <iostream>
using namespace std;
int main()
{    int a,b,sum;                       //定义变量
     cin >> a >> b;                     //从键盘上输入变量 a、b 的值
     sum = a + b;                       //计算 a + b,并将结果传给 sum
     cout <<"sum = "<< sum;             //输出变量 sum 的值,即将 sum 的值显示在显示屏上
     cout <<'\n';                       //使光标在显示器上换行
     return 0;                          //执行 main 函数后向操作系统返回一个值 0
}
```

该程序经编译、连接后,运行可执行程序时,从键盘输入两个整数,中间用空格分隔,如 12 ␣18 ↙(符号“␣”表示空格,“↙”表示按 Enter 键,下同),则显示器上显示:

```
sum = 30
```

该程序虽然短小,但已经包含了 C++程序的基本要素。

1.2.2 C++程序的基本要素

从图 1.1 中可总结出 C++程序的基本结构及其主要构成要素如下:

1. 注释

程序的第 1 行是注释行。在 C++程序的任何位置处都可以插入注释信息。注释以“//”

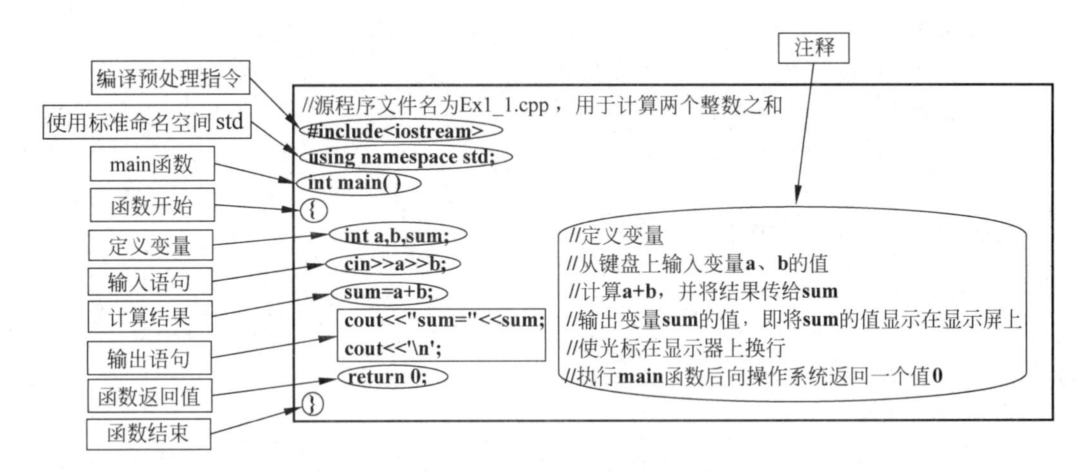

图 1.1　C++程序的基本结构

开头，直到该行的末尾，用于说明或解释程序段的功能、变量的作用，或者程序员想要说明的任何内容，如该程序中的其他注释都具有这些作用。

在将 C++程序编译成目标代码时，所有的注释行都会被忽略掉，因此即使使用了很多注释也不会影响目标代码的效率。恰当地应用注释可以使程序清晰易懂、便于调试，便于程序员之间的交流与协作。因此，在编写程序时恰当地使用注释是一个良好的编程习惯。

2. 编译预处理指令

第 2 行是编译预处理指令，以"＃"开头。有关编译预处理指令的具体用法及规则将在后面章节中介绍。由于程序中要用到输入输出操作，故要包含文件 iostream，该文件的作用是执行程序中的有关输入或输出的操作命令，这是一个标准输入输出流的头文件。

3. 使用标准命名空间 std

第 3 行是使用标准命名空间 std 的语句，意思是此程序中用到的所有名字（如 cout、cin）都属于命名空间 std。为了减少大型程序多个设计者给不同的实体起相同的名字而造成的冲突，C++增加了命名空间的概念，也就是可以设置一个由程序设计者命名的内存区域。在这个内存区域中的实体与其他全局实体是分隔的，以免产生名字冲突。命名空间 std 称为"标准命名空间"，是因为由标准 C++库中所包含的所有内容（包括常量、变量、结构、类、对象和函数等）都被定义在标准命名空间 std 中了。

4. 主函数 main

从第 4 行到最后一行是主函数。主函数是该程序的主体部分，由其声明部分 int main( ) 和用一对花括号"{ }"括起来的函数体构成。C++程序均由一个或多个函数组成，其中必须有一个主函数 main，其余函数可以是库函数或用户自定义的函数。

5. 语句

在函数体内，除了注释行以外，还有语句。任一函数均由若干条语句组成，每一条语句均以英文分号"；"结束。C++的语句可分为说明语句和执行语句。说明语句用于说明程序中使用的变量、函数等的类型和参数，如例 1.1 中第 5 行就是一个类型说明语句。执行语句实际是执行某功能，如第 7 行执行加法运算。

6. 输入输出

就一般的计算机程序而言,包括数据输入、计算和输出结果三个基本内容。

例 1.1 程序的输入部分由语句

```
cin >> a >> b;
```

实现,用户通过键盘输入的两个正整数分别存入变量 a 和 b。

程序中数据输出由语句

```
cout <<"sum = "<< sum;
```

实现,将计算结果 sum 的值显示在计算机屏幕上。

7. 函数返回值

在运行例 1.1 程序前,计算机由操作系统控制。当运行例 1.1 时,操作系统将控制权交由 main 函数,执行 main 函数中的语句。当 main 函数执行完后,再将控制权返回操作系统,完成一次程序执行周期。在执行 C++ 程序时,除非明确声明了不返回值,否则函数必须返回一个值给操作系统。操作系统通过查询这个值来判断程序是否成功执行。

1.2.3 C++程序的书写规则

对于 C++ 的编译器而言,一条语句可以写成若干行,一行内也可以写若干条语句。虽然 C++ 允许的书写格式是非常自由的,但是为了便于程序的阅读和相互交流,程序的书写必须符合以下基本规则:

(1) 对齐规则。同一层次的语句必须从同一列开始,同一层次的左花括号"{"必须与对应的右花括号"}"在同一列上。

(2) 缩进规则。属于内一层次的语句,必须缩进几个字符,通常缩进 2 个、4 个或 8 个字符的位置。

(3) 任一函数的定义均从第一列开始书写。

(4) 严格区分大小写字母。在 C++ 中,需严格区分大小写字母。如 A 与 a 表示两个不同的标识符。在书写程序或编辑程序时,要注意这一点。

1.3 C++程序的开发步骤与上机实践

1.3.1 C++程序的开发步骤

C++ 语言是一种编译性的语言,设计好一个 C++ 源程序后,需要经过编译、连接,生成可执行的程序文件,然后执行并调试程序。一个 C++ 程序的开发可分为以下 5 个步骤:

(1) 根据要解决的问题,确定编程思路,并用合适的方法描述。

(2) 根据上述思路或数学模型编写 C++ 源程序,利用编辑器将源程序输入到计算机中的某一个文件中。文件的扩展名为 .cpp。

(3) 编译源程序,产生目标程序。在 PC 上,文件的扩展名为 .obj。

(4) 连接。将一个或多个目标程序与库函数进行连接后,产生一个可执行文件。在 PC 上,文件的扩展名为 .exe。

(5) 调试程序。运行可执行文件,分析运行结果。若结果不正确,则要修改源程序,并重复以上过程,直到得到正确的结果为止。

1.3.2 C++程序的上机实践

Visual Studio 2010(VS 2010)是微软公司开发的可视化集成开发环境,这个集成环境包括源程序的输入、编辑和修改,源程序的编译和连接,程序运行期间的调试与跟踪,项目的自动管理,为程序的开发提供工具、窗口管理、联机帮助等。由于这个集成环境功能齐全,但又比较复杂,要能熟练运用集成环境中的各种工具需要经过较长时间的上机实践和体会。下面仅介绍最简单的上机操作过程。

VC++ 2010 是 VS 2010 中的一部分,用 VC++ 2010 不能单独编译一个.cpp 的源程序,这些源程序必须依赖于某一个项目,因此必须创建一个新项目,然后在项目中建立源程序文件。在 Windows 操作系统下启动 VS 2010 的集成环境,则产生图 1.2 所示的窗口。

图 1.2 VS 2010 的集成环境

创建新项目可以使用菜单命令,也可以使用工具栏中的"新建项目"图标,还可以在当前窗口中单击"新建项目"的链接。在这里选择"文件"→"新建"→"项目"命令,出现"新建项目"对话框,如图 1.3 所示。

在这个对话框中,左边一栏选择 Visual C++,中间一栏选择"Win32 控制台应用程序",在窗口下方的"名称"栏中输入项目的名称 ADD,"位置"栏中选择项目存储的路径,"解决方案名称"栏则默认与项目名称一致,单击"确定"按钮,打开"Win32 应用程序向导-ADD"对话框,如图 1.4 所示。

单击"下一步"按钮,进入向导第二步,如图 1.5 所示。

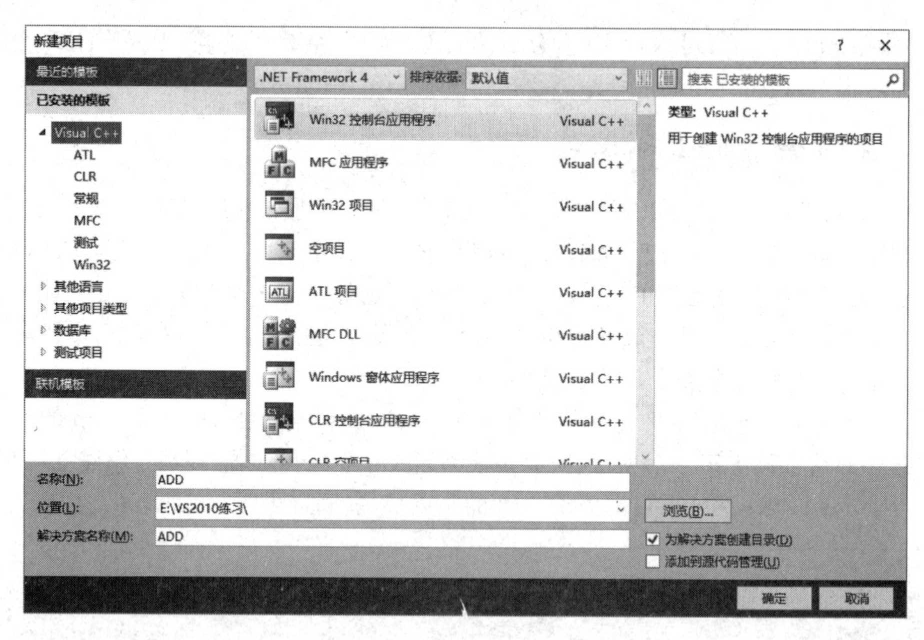

图 1.3 “新建项目”对话框

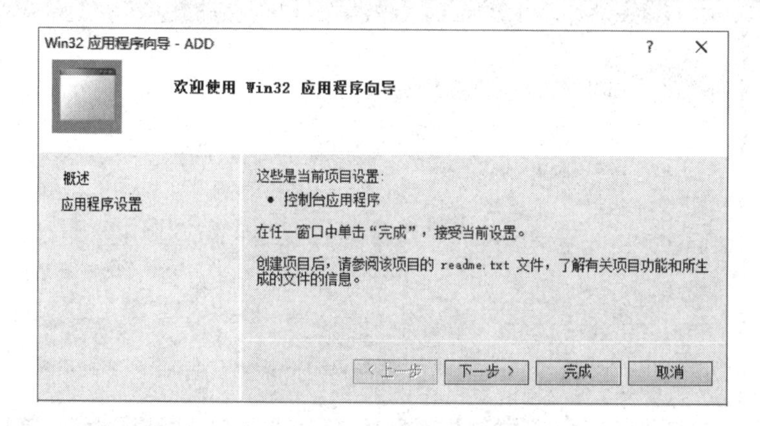

图 1.4 “Win32 应用程序向导-ADD”对话框 1

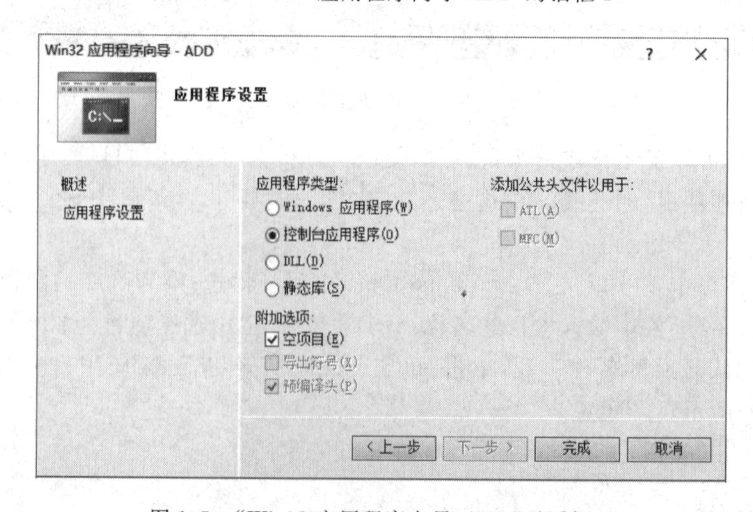

图 1.5 “Win32 应用程序向导-ADD”对话框 2

选中“控制台应用程序”单选按钮和“空项目”复选框，单击“完成”按钮，就可以成功创建项目 ADD，如图 1.6 所示。

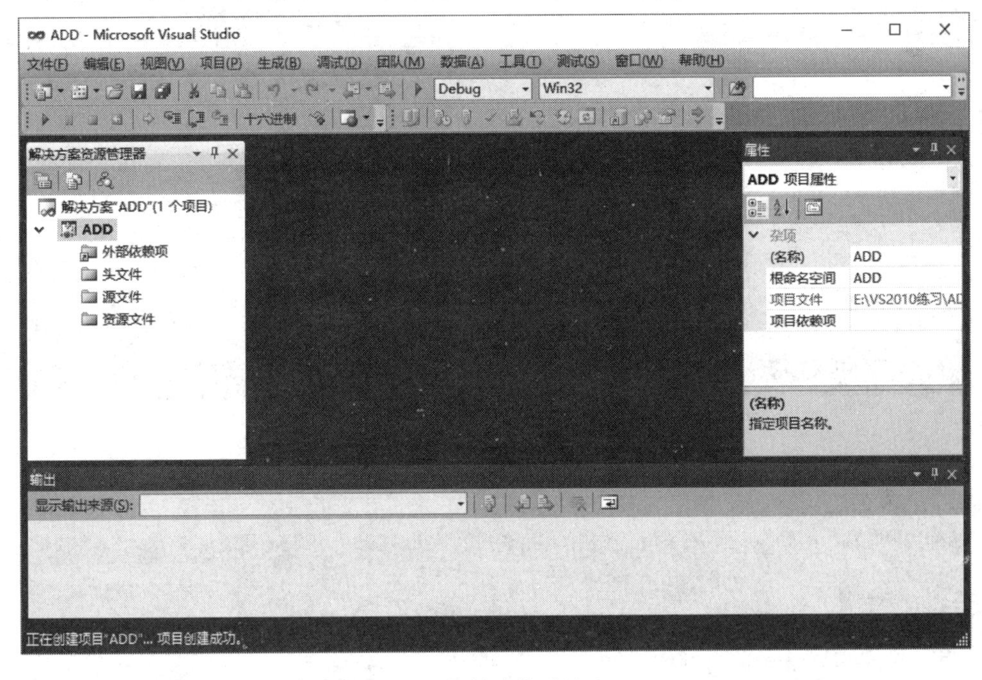

图 1.6　新创建的项目 ADD

这只是一个空项目，里面没有源文件。下面为该项目添加源文件。右击“解决方案资源管理器”栏中的“源文件”文件夹，在弹出的快捷菜单中选择“添加”→“新建项”命令，如图 1.7 所示，打开“添加新项-ADD”对话框，如图 1.8 所示。

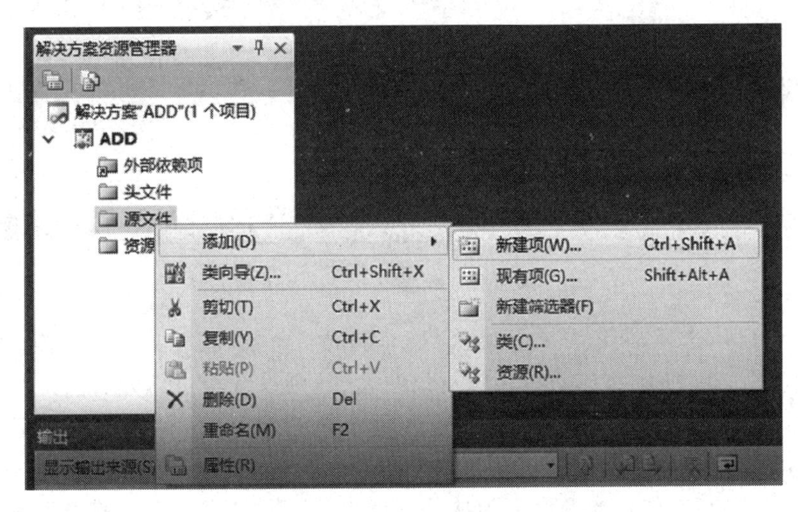

图 1.7　为 ADD 项目添加源文件

选择“C++ 文件”，在对话框下方输入源程序文件名“Ex1_1”，单击“添加”按钮，就为 ADD 项目添加了“Ex1_1.cpp”文件。此时，出现 Ex1_1.cpp 源程序的编辑页面，在文档编辑区中输入例 1.1 中的程序代码，如图 1.9 所示。

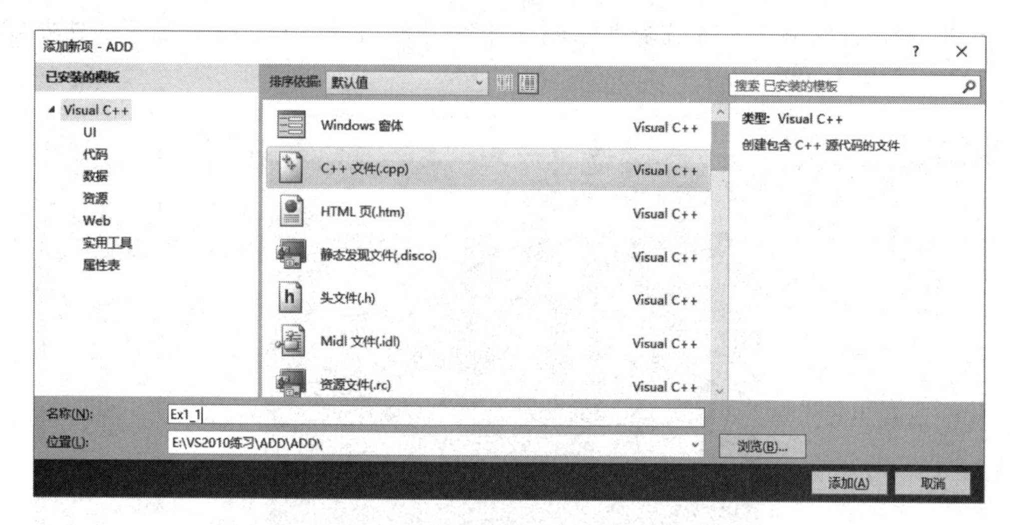

图 1.8 “添加新项-ADD”对话框

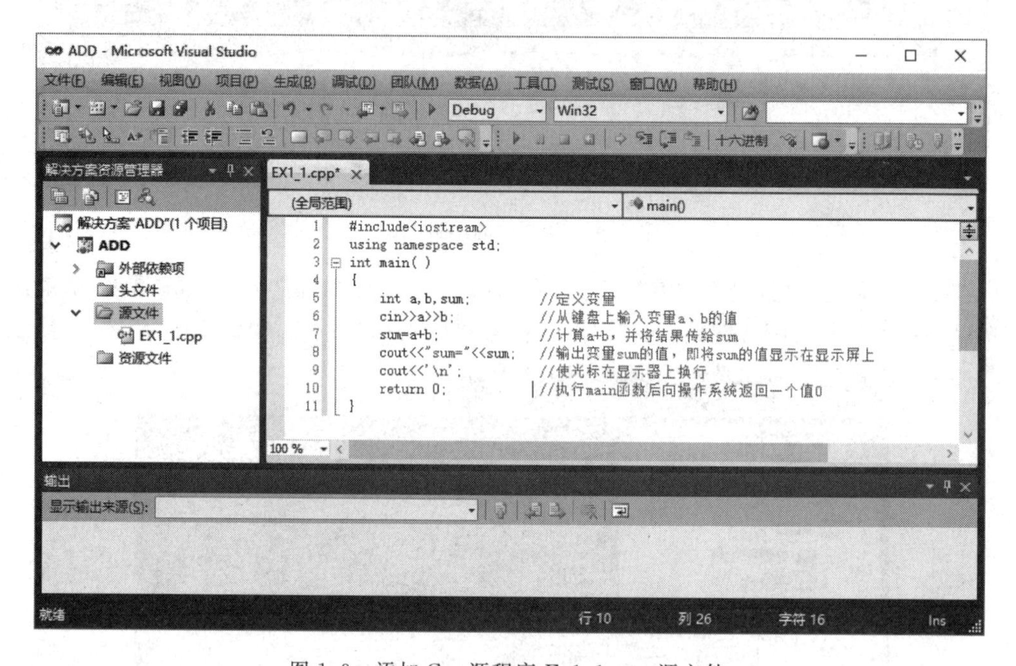

图 1.9 添加 C++源程序 Ex1_1.cpp 源文件

程序输入完毕，选择“调试”→“开始执行(不调试)”命令，运行文件(也可直接按快捷键 Ctrl+F5)，如图 1.10 所示。如果程序没有语法错误，则系统经过编译、连接生成可执行文件，并自动运行这个可执行文件，从键盘输入两个数 3 和 5 后，得到程序的运行结果，如图 1.11 所示。

要打开一个已存在的包含源程序的项目文件时，可选择“文件”→“打开”→“项目/解决方案”命令，然后根据提示信息，选择相应的项目文件(扩展名为.sln)，单击“打开”按钮，就可以加载该项目，进行编辑和修改了。

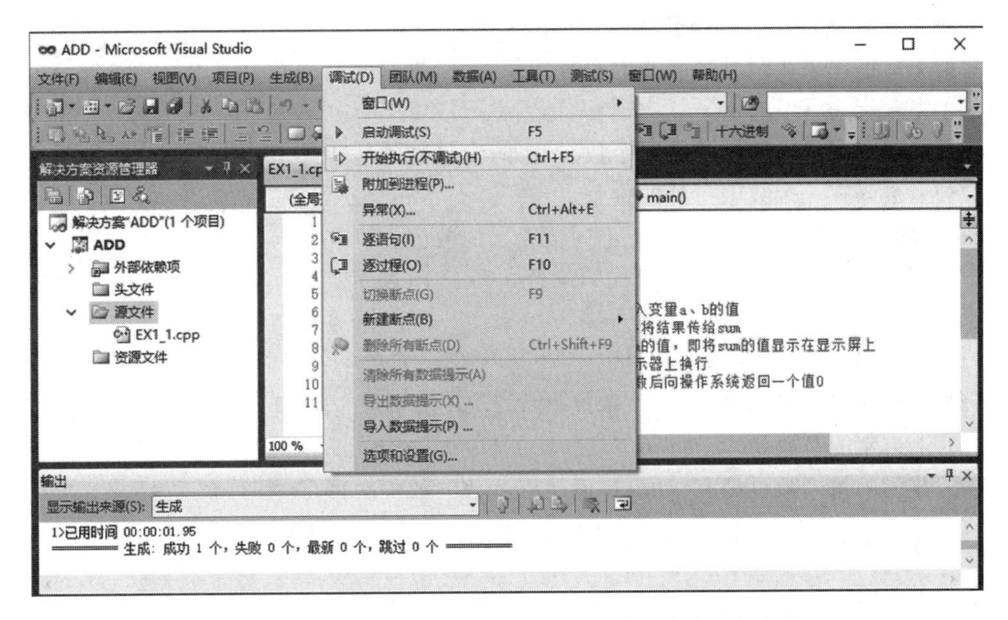

图 1.10　选择"调试"→"开始执行(不调试)"命令运行文件

图 1.11　输入 3 和 5 后加法程序运行结果

1.4　信息在计算机中的表示

由于在计算机中使用的都是数字逻辑器件，只能识别运算高、低这两种状态的电位，所以计算机处理的所有信息都是以二进制的形式表现的。

1.4.1　进位计数制

人们在日常生活中使用的是十进制数，而计算机只能处理二进制数，为了表示方便，也常常用八进制数或十六进制数去表示二进制数，所以多种数制的转换是非常必要且常用的。

1. 进位计数制的特点

进位计数制是利用固定的数字符号和统一的规则来计数的方法。不管是十进制数或二进制数，都属于进位计数制。

一种进位计数制包含一组数码符号和三个基本因素。

数码：一组用来表示某种数制的符号。例如，十进制的数码是0,1,2,3,4,5,6,7,8,9；二进制的数码是0,1。

基数：某数制可以使用的数码个数。例如，十进制的基数是10；二进制的基数是2。

数位：数码在一个数中所处的位置。

权：权是基数的幂，表示数码在不同位置上的数值。

以十进制数123.45为例，其组成的示意如图1.12所示。

十进制数的具体特点如下：

(1) 十进制有10个**数码**，分别是0,1,2,3,4,5,6,7,8,9。

(2) 以小数点为界，**数位号**向左依次是0,1,2,…；向右依次是-1,-2,-3,…

(3) 十进制的**基数**是10。

(4) 数值的每个数位都有**权值**，权值是其基数的数位次幂，如图1.13所示。

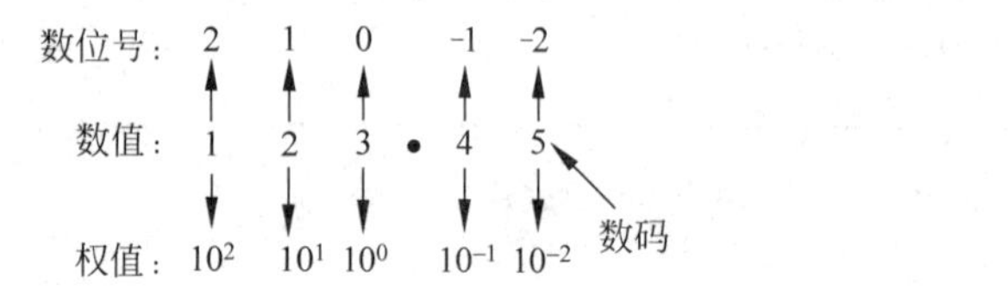

图1.12 进位计数制的组成示意

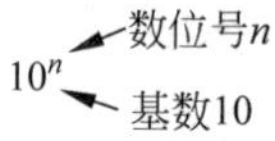

10^n ← 数位号 n，基数10

图1.13 数位号为 n 的十进制权值组成

(5) 十进制的数值是所有数位上的数码乘以其权值的累加和，如图1.14所示。

(6) 每个数位上的数码遵从"逢十进一"的进位规则。

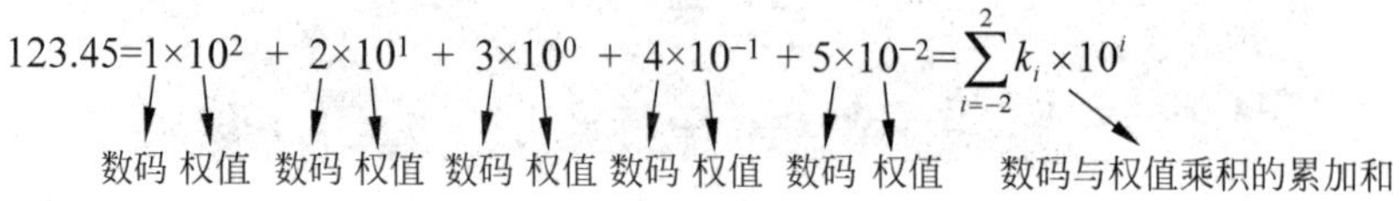

$$123.45=1\times10^2+2\times10^1+3\times10^0+4\times10^{-1}+5\times10^{-2}=\sum_{i=-2}^{2}k_i\times10^i$$

数码 权值 数码 权值 数码 权值 数码 权值 数码 权值 数码与权值乘积的累加和

图1.14 十进制数据的展开示意

推广到一般的 R 进制进位计数制数据，具体特点如下：

(1) R 进制有 R 个**数码**，分别是0,1,2,…,$R-1$。

(2) 以小数点为界，**数位号**向左依次是0,1,2,…；向右依次是-1,-2,-3,…

(3) R 进制的**基数**是 R。

(4) 数值的每个数位都有**权值**，权值是其基数的数位次幂。

(5) R 进制的数值是所有数位上的数码乘以其权值的累加和。

$$N=\pm\sum_{i=-m}^{n-1}k_i\times R^i$$

其中，i 是数位号，k_i 是第 i 位的数码，m 是小数位数，n 是整数位数。

(6) 每个数位上的数码遵从"逢 R 进一"的进位规则。

例如，二进制数有0和1这两个数码，基数为2，每个数位逢2进1。二进制数1101.011可以展开为

$$1101.011=1\times2^3+1\times2^2+0\times2^1+1\times2^0+0\times2^{-1}+1\times2^{-2}+1\times2^{-3}=13.375$$

2. 进位计数制间的转换

1) R 进制数转换为十进制数

由于人们所做的运算是按照十进制数的规则，所以将 R 进制数按数码与权值乘积和的形式展开后，运算的结果就是其对应的十进制数。

例如，八进制数 567.34，其对应的十进制数为

$$(567.34)_8 = 5\times 8^2 + 6\times 8^1 + 7\times 8^0 + 3\times 8^{-1} + 4\times 8^{-2} = (375.4375)_{10}$$

2) 十进制数转换为 R 进制数

由于整数部分和小数部分的转换规则不同，所以对十进制数的整数和小数部分应该分别转换，然后再组合起来。

整数部分的转换原则是“除 R 取余，余数倒序排列”；小数部分转换的原则是“乘 R 取整，整数顺序排列”。

例如，将十进制数 123.625 转换成二进制数的形式，具体的方法如下：

整数 123 的转换采用短除法，如图 1.15 所示。

结果为 1111011，即 $(123)_{10} = (1111011)_2$

小数 0.625 的转换采用乘 2 取整法，如图 1.16 所示。

结果为 101，即 $(0.625)_{10} = (0.101)_2$

将整数部分和小数部分组合起来，得到 $(123.625)_{10} = (1111011.101)_2$

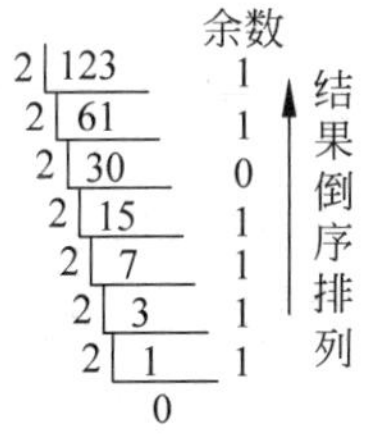

图 1.15　十进制整数转换为二进制数

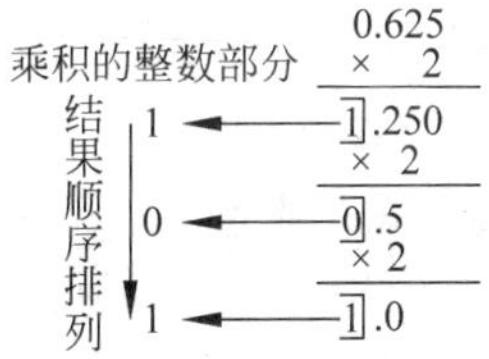

图 1.16　十进制小数转换为二进制数

注意：当十进制小数转换成 R 进制数时，有可能乘法的结果永远不为 0，即运算可能会无限地进行下去，此时，应根据转换要求的精度截取适当的位数即可。如要求转换的精度为 0.01，则转换成二进制数后，取小数点后 7 位数，即 $10^{-7} = \frac{1}{128} < 0.01$，则达到了要求的十进制数的精度。

不同进制间数据的转换可以用十进制作为媒介，进行相互转换。

3. 二进制和八进制、十六进制之间的转换

二进制数具有运算简单、电路简便可靠等多项优点，但由于二进制数基数太小，导致数据数位太长，不利于书写和阅读，因此，在程序或文档中，常常利用八进制数或十六进制数来代替二进制数，这是因为八进制数或十六进制数与二进制数的转换不需要计算，十分方便。

由于三位二进制数一共具有 000、001、010、…、111 这八种状态，每一个状态都可以唯一地对应八进制数的 0、1、2、…、7 这 8 种数符，如表 1.1 所示。可见，一位八进制数的数码和三位二进制数所表示的数据是一一对应的。因此，八进制数与二进制数的转换就十分简单，

具体规则如下：

表 1.1　二进制数和八进制数数码对应表

二 进 制	八 进 制	二 进 制	八 进 制
000	0	100	4
001	1	101	5
010	2	110	6
011	3	111	7

1）二进制数转换成八进制数

以小数点为界，向左将二进制数据每三位分成一组，不足三位在前面补零凑齐三位，然后写出每三位二进制数所对应的八进制数码，就构成了整数部分的八进制数；向右将二进制数据每三位分成一组，不足三位在后面补零凑齐三位，然后写出每三位二进制数所对应的八进制数码，就构成了小数部分的八进制数。例如，将二进制数 10100111.1011 转换成八进制数为 247.54，如图 1.17 所示。

以小数点为界，三位一组

小数点前不足三位补零 → 010 100 111 . 101 100 ← 小数点后不足三位补零

转换的八进制结果：2 4 7 . 5 4

图 1.17　二进制转换成八进制

在程序和文档中，二进制数常常表示为在数字后加后缀 B(Binary)，后缀 Q(Octal)表示八进制数，后缀 H(Hexadecimal)表示十六进制数，数字的默认形式是十进制数，十进制数也可用后缀 D(Decimal)来表示。所以，以上的转换也可以写成：

10100111.1011B=247.54Q

2）八进制数转换成二进制数

小数点的位置不变，每一位八进制数的数码用与其对应的三位二进制数来代替，然后将数据前后多余的零去掉即可。例如，将八进制数 34.26 转换成二进制数为 11100.01011，如图 1.18 所示。二进制数和八进制数数码对应表如表 1.1 所示。

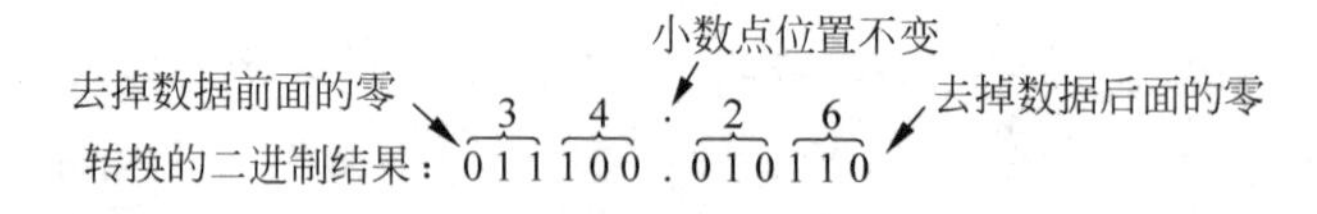

图 1.18　八进制转换成二进制

以上的转换也可以写成：

34.26Q=11100.01011B

同样，由于四位二进制数一共具有 0000、0001、0010、…、1111 这 16 种状态，每一个状态都可以唯一地对应十六进制数 0、1、2、…、9、A、B、C、D、E、F 这十六种数码，如表 1.2 所示。可见，一位十六进制数的数码和四位二进制数所表示的数据是一一对应的。因此，十六进制数与二进制数的转换也十分简单，具体规则如下：

表 1.2　二进制数和十六进制数数码对应表

二　进　制	十六进制	二　进　制	十六进制
0000	0	1000	8
0001	1	1001	9
0010	2	1010	A
0011	3	1011	B
0100	4	1100	C
0101	5	1101	D
0110	6	1110	E
0111	7	1111	F

1) 二进制数转换成十六进制数

以小数点为界，向左将二进制数据每四位分成一组，不足四位在前面补零凑齐四位，然后写出每四位二进制数所对应的十六进制数码，就构成了整数部分的十六进制数；向右将二进制数据每四位分成一组，不足四位在后面补零凑齐四位，然后写出每四位二进制数所对应的十六进制数码，就构成了小数部分的十六进制数。例如，将二进制数 1110100111.10111 转换成十六进制数为 3A7.B8，也可写成：

$$1110100111.10111B=3A7.B8H$$

2) 十六进制数转换成二进制数

小数点的位置不变，每一位十六进制的数码用与其对应的四位二进制数来代替，然后将数据前后多余的零去掉即可。例如，将十六进制数 0A3.2E 转换成二进制数为 10100011.0010111，也可写成：

$$0A3.2EH=10100011.0010111B$$

注意：

(1) 十六进制数具有 16 个数码，除了 0～9 这十个数码之外，还有 A～F 或 a～f 这六个数码，一般情况下不区分大小写。

(2) 当十六进制数据的第一个数码是 A～F 或 a～f 时，由于 A～F 或 a～f 代表的是数字，为了与其所对应的字母相互区别，要在数字前加以前缀数字 0，如十六进制数 A3.2E，实际上写成 0A3.2EH。

4. 数据的 BCD(Binary-Code Decimal)码表示

人们在日常生活中使用的是十进制数据，有时也希望在计算机中用十进制数的形式来表示数据输入输出或进行运算。而计算机中只使用 0 和 1 两个二进制数码，可以用四位二进制数据来表示一位十进制数据，具体的对应关系见表 1.3。

表 1.3　BCD 编码表

BCD 编码	十进制数	BCD 编码	十进制数
0000	0	0101	5
0001	1	0110	6
0010	2	0111	7
0011	3	1000	8
0100	4	1001	9

例如,算式 25+9=34 用 BCD 码的形式表示为:

BCD 码表示　0010　0101+1001=0011　0100

十进制表示　　2　　5　　9　　3　　4

由此可见,BCD 码是十进制数码,满足"逢十进一"的运算规则,只不过以二进制数的形式在计算机中存储。

1.4.2　带符号数在计算机中的表示

数据有正有负,正负号在计算机中同样用二进制的"0""1"数码表示,也就是把数据的符号数字化,这样表示的数据称为"机器数"。同一个数值的机器数有三种表示方法,分别是原码、反码和补码。计算机中所有带符号数的运算均为补码运算,而二进制数的补码可利用其原码和反码很方便地求出。

计算机中数据的存储通常是以字节为单位的,一个字节由 8 个二进制位组成,一个整数根据其表示范围的不同,通常由一个、两个或四个字节组成。为了表示方便,在这里假设整数是由一个字节组成的。

1. 原码

用数据的最高位表示符号位,其余位表示该数的绝对值,最高位为"0",表示正数,最高位为"1",表示负数,这种表示方法称为机器数的原码表示法。

例如,+8 的原码为 0000 1000,-8 的原码为 1000 1000。

原码的特点如下:

(1) 用 8 位二进制数表示一个原码数据,最大数为 0111 1111B,即+127,最小数为 1111 1111B,即-127,其表示的范围为-127～+127,也就是 $-2^7+1\sim2^7-1$,共 255 个数;同理,如果用 16 位二进制数表示原码数据,其表示范围为-32 767～+32 767,也就是 $-2^{15}+1\sim2^{15}-1$。

(2) 原码 0 有两种表示方法,分别是 $(+0)_{原}$=0000 0000B 和 $(-0)_{原}$=1000 0000B。

2. 反码

正数的反码与原码相同;负数的反码最高位仍为"1",其余位是其对应的原码的按位取反。

例如,+8 的反码是 0000 1000B,-8 的反码是 1111 0111B。

反码的特点如下:

(1) 用 8 位二进制数表示一个反码数据,最大数为 0111 1111B,即+127,最小数为 1000 0000B,即-127,其表示的范围为-127～+127,也就是 $-2^7+1\sim2^7-1$,共 255 个数;同理,如果用 16 位二进制数表示反码数据,其表示范围为-32 767～+32 767,也就是 $-2^{15}+1\sim2^{15}-1$。

(2) 反码 0 有两种表示方法,分别是 $(+0)_{反}$=0000 0000B 和 $(-0)_{反}$=1111 1111B。

3. 补码

一个数据系统中所能表示的最大量值称为"模",模减去一个数所得的结果称为这个数的补数,也就是补码。

例如,模为 10,则 7 和 3 互为补数。

利用补码可以将减一个数转换成加这个数的补数,从而使减法转换成加法。

例如，模为 10，算式 8－3 结果为 5，也可以用 8 加上 3 的补数 7，即 8＋7＝15＝10＋5，此时，10 为系统的最大量值，溢出不计，所以结果也是为 5。

虽然利用补数可以将减法转换为加法，但是求补数的过程实际上也是减法，因此在日常生活中使用得不多。但是二进制的补数可以由反码求得，不用做减法，非常方便，所以"补数"的方法在计算机中得到广泛的应用。

正数的补码与原码相同；负数的补码是其反码加 1。

例如，8 的原码为 0000 1000B，反码为 0000 1000B，补码为 0000 1000B。

－8 的原码为 1000 1000B，反码为 1111 0111B，补码为 1111 1000B。

补码的特点如下：

(1) 用 8 位二进制数表示一个补码数据，最大数为 0111 1111B，即＋127，最小数为 1000 0000B，即－128，其表示的范围为－128～＋127，也就是 $-2^7 \sim 2^7-1$，共 256 个数；同理，如果用 16 位二进制数表示补码数据，其表示范围为－32 768～＋32 767，也就是 $-2^{15} \sim 2^{15}-1$。

(2) 补码 0 有唯一的表示方法，分别是$(+0)_{补}$＝0000 0000B 和$(-0)_{补}$＝0000 0000B。

(3) 正数的原码是补码本身，负数的原码是其补码的反码加 1。

例如，＋1 的补码是 0000 0001B，＋1 的原码也是 0000 0001B；－1 的补码是 1111 1111B，其反码是 1000 0000B，反码加 1 为 1000 0001B，即为－1 的原码。

【例 1.2】 已知 $X=57$、$Y=39$，每个整数用 8 位二进制数表示，计算 $X-Y$。

$(X-Y)_{补}=(X)_{补}+(-Y)_{补}$

57 的原码为 0011 1001　　57 的补码为 0011 1001

－39 的原码为 1010 0111　　－39 的反码为 1101 1000　　－39 的补码为 1101 1001

$(X-Y)_{补}=(X)_{补}+(-Y)_{补}$＝0011 1001B＋1101 1001B＝$\boxed{1}$ 0001 0010B

由于每个整数都用 8 位二进制数表示，故两数相加产生的进位自然舍弃。可见补码运算的结果为 0001 0010，仍为补码，由于这是正数的补码，其原码与补码相同，也是 0001 0010。

$(X-Y)_{原}=(X-Y)_{补}$＝0001 0010B＝18

【例 1.3】 已知 $X=39$、$Y=57$，每个整数用 8 位二进制数表示，计算 $X-Y$。

$(X-Y)_{补}=(X)_{补}+(-Y)_{补}$

39 的原码为 0010 0111　　39 的补码为 0010 0111

－57 的原码为 1011 1001　　－57 的反码为 1100 0110　　－57 的补码为 1100 0111

$(X-Y)_{补}=(X)_{补}+(-Y)_{补}$＝0010 0111B＋1100 0111B＝ 1110 1110B

可见补码运算的结果为 1110 1110，仍为补码，是负数的补码，其原码是补码的反码加 1。

$(X-Y)_{原}$＝1001 0001B＋1＝1001 0010B＝－18

4. 整数的表示方法

在计算机中，整数是以补码的形式表示的。根据计算机系统或软件的不同，可以用一个字节、两个字节或四个字节表示一个整数。当然，表示整数的二进制位数长度不同，其所能表示的数值范围也不同，如表 1.4 所示。

表 1.4 整数表示的数值范围

字 节 数	二进制位数	带符号数表示的范围	无符号数表示的范围
1	8	−128～127	0～255
2	16	−32 768～32 767	0～65 535
4	32	$-2^{31}\sim2^{31}-1$	$0\sim2^{32}-1$

如果整数经过运算后，超过了其所能表示的数值范围，就产生了“溢出”。

5. 实数(浮点数)的表示方法

实数一般分整数部分和小数部分。同一个数用不同的形式表示，小数点位数是不确定的。例如，123.4，可以分别表示为 0.1234×10^3、1.234×10^2、12.34×10 等。可见实数可以分为数值部分(称为尾数)和指数部分，如图 1.19 所示。相同的数据系统中，基数都是一样的，不用在具体的数据中表示出来。在计算机中基数默认为 2。

目前计算机大多采用 IEEE 规定的浮点数表示方法，即

$$(-1)^S 2^E (b_0.b_1b_2b_3\cdots b_{p-1})$$

式中，$(-1)^S$是该数的符号位，$S=0$ 表示正数，$S=1$ 表示负数；E 为指数，是一个带偏移量的整数，表示成无符号的整数形式；$(b_0.b_1b_2b_3\cdots b_{p-1})$是尾数，其中，小数点前的 b_0 恒为 1，与小数点一起隐含，不在具体的数据中表示出来。

实数的表示形式如图 1.20 所示。

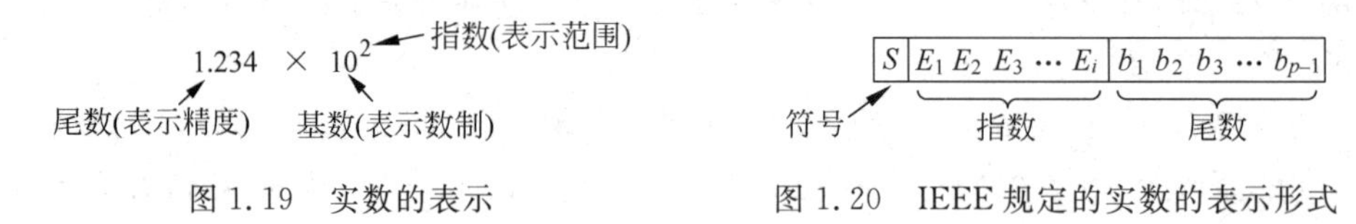

图 1.19 实数的表示　　图 1.20 IEEE 规定的实数的表示形式

在计算机系统中，浮点数有三种类型，分别是单精度浮点数、双精度浮点数和扩充精度浮点数，其有效数字及表示范围见表 1.5。

表 1.5 不同精度浮点数类型

类 型	长度(位数)	尾数长度(位数)	指数长度(位数)	指数偏移量	范 围
单精度	32	23	8	+127	$\pm10^{-37}\sim\pm10^{38}$
双精度	64	52	11	+1023	$\pm10^{-307}\sim\pm10^{308}$
扩充精度	80	64	15	+16 383	$\pm10^{-4931}\sim\pm10^{4932}$

所谓指数部分的偏移量是指数据表示的指数值与实际指数值之差。也就是说，数据实际的指数值是其所表示的指数值与偏移量之差。

【例 1.4】 将十进制−1020.125 表示成单精度浮点数的形式。

该十进制数为负数，故符号部分 $S=1$；

将十进制数的绝对值转化为二进制的形式为 1111111100.001B。

转化成规格化的形式为 1.111111100001×2^9。尾数是其小数部分，即 111111100001。

实际指数为 9，加上指数部分的偏移量 127，指数部分为 127+9=136=10001000B。

因此，其单精度的表示形式如图 1.21 所示。

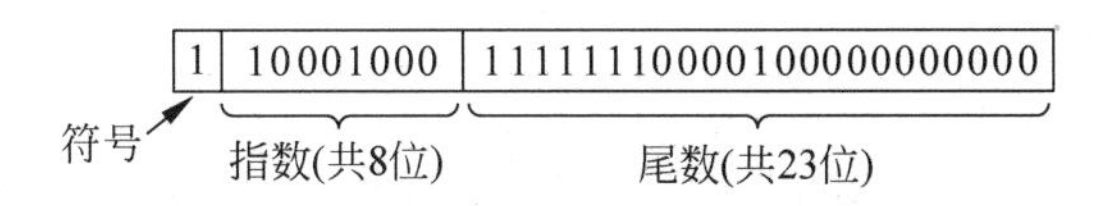

图 1.21　十进制数－1020.125 的单精度浮点数表示形式

【例 1.5】 已知单精度浮点数为 01000001101101110001000000000000，求其对应的十进制数是多少？

由规格化的单精度格式知：$S=0$，该数为正数，指数部分是符号位后 8 位，$E=10000011\text{B}=131$，其实际指数值为 131－127＝4。

尾数部分为后 23 位，即 01101110001000000000000B，加上规格化的 1.，并去掉后面的零，尾数为 1.01101110001B。

实际数值为

$1.01101110001\times 2^4=10110.1110001\text{B}=22.8828125$

1.4.3　字符在计算机中的表示

计算机除了处理数值信息外，还需要处理字符或文字信息。这些信息在计算机中也是以二进制数的形式存在的，但这些二进制数不代表数值，而是以特定的编码形式表示其所代表的字符或文字。

1. 字母与字符的编码

在计算机中普遍采用美国信息交换标准代码(American Standard Code for Information Interchange，ASCII)来表示西文字符和常用符号等，如表 1.6 所示。ASCII 码用 7 位二进制数表示一个字母或字符信息，共能表示 $2^7=128$ 中不同的字符，包括 32 个控制码和 96 个符号。由于计算机中的存储单位为字节，因此 ASCII 码在计算机中表示时，在最高位补零，组成 8 位二进制数。

表 1.6　美国标准信息交换代码(ASCII)

高位 MSD / 低位 LSD		0 000	1 001	2 010	3 011	4 100	5 101	6 110	7 111
0	0000	NUL	DLE	SP	0	@	P	、	p
1	0001	SOH	DC1	!	1	A	Q	a	q
2	0010	STX	DC2	"	2	B	R	b	r
3	0011	ETX	DC3	#	3	C	S	c	s
4	0100	EOT	DC4	$	4	D	T	d	t
5	0101	ENQ	NAK	%	5	E	U	e	u
6	0110	ACK	SYN	&	6	F	V	f	v
7	0111	BEL	ETB	'	7	G	W	g	w
8	1000	BS	CAN	(	8	H	X	h	x
9	1001	HT	EM	)	9	I	Y	i	y
A	1010	LF	SUB	*	:	J	Z	j	z
B	1011	VT	ESC	+	;	K	[	k	{
C	1100	FF	FS	,	>	L	\	l	|

续表

高位 MSD / 低位 LSD		0 000	1 001	2 010	3 011	4 100	5 101	6 110	7 111
D	1101	CR	GS	-	=	M	]	m	}
E	1110	SO	RS	.	>	N	↑	n	—
F	1111	SI	US	/	?	O	←	o	DEL

注：

NUL	空	SOH	标题开始	STX	标题结束	ETX	正文结束
EOT	传输结束	ENQ	询问	ACK	应答	BEL	报警
BS	退格	HT	横向列表	LF	换行	VT	垂直列表
FF	换页	CR	回车	SO	移出	SI	移入
DLE	数据链换码	DC1	设备控制 1	DC2	设备控制 2	DC3	设备控制 3
DC4	设备控制 4	NAK	否定	SYN	同步	ETB	信息组传送结束
CAN	作废	EM	纸尽	SUB	减	ESC	换码
FS	文字分隔符	GS	组分隔符	RS	记录分隔符	US	单元分隔符
SP	空格	DEL	作废				

如字符“A”的 ASCII 码共由 7 位二进制数组成，高三位为 100，低四位为 0001，组合起来为 100 0001，在计算机中用一个字节存储，存储形式为 0100 0001。

例如，字符串“China”在计算机中用 5 个字节表示，如图 1.22 所示。

又如，字符串“123”在计算机中用 3 个字节表示，如图 1.23 所示。

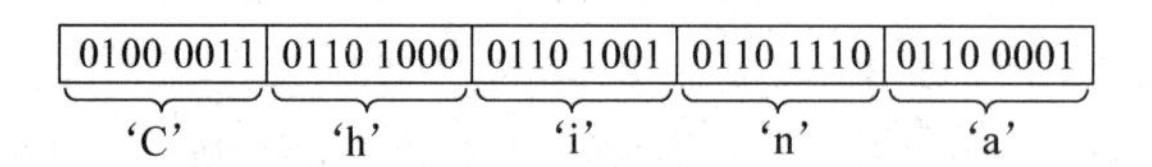

图 1.22　字符串“China”的 ASCII 码表示

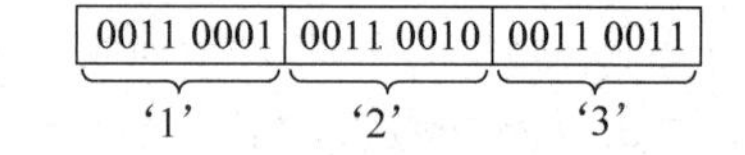

图 1.23　字符串“123”的 ASCII 码表示

2. 汉字的编码

在处理汉字信息时，每个汉字同样要以二进制数编码的形式存储。我国于 1981 年公布了《国家标准信息交换用汉字编码　基本集》(GB 2312—80)，简称“国标码”，用两个字节表示一个汉字。目前，我国的汉字编码使用 GBK—1995 码(汉字扩展规范)和 GB 18030—2000(信息交换用汉字编码字符集　基本集的扩充)，包含了简体汉字和繁体汉字。

练　习　题

一、选择题

1. 十进制数 66 转换成二进制数为________。

　A. 11000010　　B. 01100110　　C. 11100110　　D. 01000010

2. 十进制数 27.25 转换成十六进制数为________。

　A. B1.4H　　B. 1B.19H　　C. 1B.4H　　D. 33.4H

3. 下列数中最小的是________。

　A. $(101001)_2$　　B. $(52)_8$　　C. $(2B)_{16}$　　D. $(50)_{10}$

4. 若一个数的 BCD 编码为 00101001，则该数与________相等。

A. 41H　　B. 121D　　C. 29D　　D. 29H

5. 十进制数 9874 转换成 BCD 数为________。

A. 9874H　　B. 4326H　　C. 2692H　　D. 6341H

6. BCD 数 64H 代表的真值为________。

A. 100　　B. 64　　C. －100　　D. ＋100

7. 十六进制数 88H，可表示成下面几种形式，错误的表示为________。

A. 无符号十进制数 136　　B. 带符号十进制数－120

C. 压缩型 BCD 码十进制数 88　　D. 8 位二进制数－8 的补码表示

8. 若$[A]_{原}=1011\ 1101$，$[B]_{反}=1011\ 1101$，$[C]_{补}=1011\ 1101$，以下结论正确的是________。

A. C 最大　　B. A 最大　　C. B 最大　　D. A＝B＝C

9. 8 位二进制补码表示的带符号数 1000 0000B 和 1111 1111B 的十进制数分别是________。

A. 128 和 255　　B. 128 和－1　　C. －128 和 255　　D. －128 和－1

10. 在 C++的集成环境中，系统约定 C++源程序文件默认的扩展名是________。

A. vc　　B. c＋＋　　C. vc＋＋　　D. cpp

二、问答题

1. VC++程序的基本要素有哪些？

2. 书写 VC++程序时应注意哪些规则？

3. 在 VS 2010 集成环境下，从输入源程序到得到正确的结果，要经过哪些步骤？

4. 将本章例题中的程序输入到源程序文件 EXAMPLE1. cpp 中，并在 VS 2010 集成环境下编译、连接和运行。

第2章 基本数据类型与表达式

2.1 数据类型

内存包含有一定量的存储单元，每个存储单元可以存放1个字节(8个二进制位)，存储器的容量就是指它包含存储单元的总和，单位为KB(1KB=1024B)、MB(1MB=1024KB)或GB(1GB=1024MB)。每个存储单元都有唯一的地址，存储单元的地址是连续的、不重复的。CPU是按地址对存储器进行访问，进而运行程序、存储数据。

程序通常是以文件的形式存储在外存储器(硬盘、光盘、优盘等)中，当程序运行时，程序代码、数据等被编译程序按照一定的规则放在内存中，CPU也依据同样的规则在内存寻址，控制程序运行。

例如，一个具有64KB的内存的程序运行示意如图2.1所示。其中，内存地址是用十六进制形式(0x)表示的，0x0000表示该地址为64KB内存单元的起始地址，即16个二进制的0，0xFFFF表示该地址为64KB内存单元的结束地址，即16个二进制的1。如果转化为十进制的地址形式，从上至下依次是0，1，2，3，…，65 533，65 534，65 535($2^{16}-1$)。

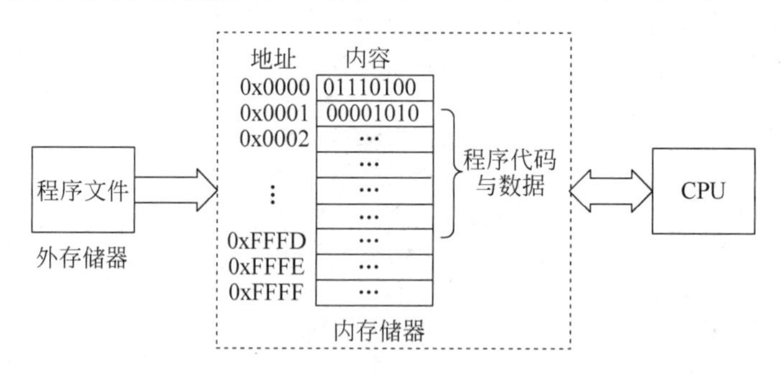

图2.1 CPU运行程序示意

在程序运行时，CPU按照寻址的方式从内存中取出指令、存取数据。但是，不同的数据类型在内存中的存储方式不同。例如整型数据是以补码的方式存放的，而实型数据是以IEEE浮点型数格式存放的。CPU要正确存取数据，就要首先知道这些数据的类型。所以说指定程序中涉及的每个数据的类型，是用户编程时首先要做的工作。

在C++中数据类型分为两大类：基本数据类型和导出数据类型。基本数据类型是C++中预定义的数据类型，包括布尔型(bool)、字符型(char)、整型(int)、实型(float)、双精度型(double)和无值型(void)。导出数据类型是用户根据程序设计的需要，按C++的语法规则，由基本数据类型构造出来的数据类型，包括数组、指针、结构体、共同体、枚举和类等。本章只介绍基本数据类型，导出数据类型及无值型在后面的有关章节中介绍。C++中的基本数据类型如表2.1所示。

表2.1 C++的基本数据类型

类型	名称	占用字节数	取值范围
bool	布尔型	1	true或false
char	有符号字符型	1	−128～127
unsigned char	无符号字符型	1	0～255
short int	有符号短整型	2	−32 768～32 767
unsigned short int	无符号短整型	2	0～65 535
int	有符号整型	4	-2^{31}～$(2^{31}-1)$
unsigned int	无符号整型	4	0～$(2^{32}-1)$
long int	有符号长整型	4	-2^{31}～$(2^{31}-1)$
unsigned long int	无符号长整型	4	0～$(2^{32}-1)$
float	实型(单精度型)	4	$\pm10^{-37}$～$\pm10^{38}$
double	双精度型	8	$\pm10^{-307}$～$\pm10^{308}$
long double	长双精度型	16	$\pm10^{-4931}$～$\pm10^{4932}$

2.2 常量和变量

2.2.1 常量

常量是指在程序运行过程中其值始终不变的量。常量也具有一定的数据类型，在表达方式上既可以直接表示，也可用符号代表。直接表示的常量称为直接常量，用符号表示的常量称为符号常量。

直接常量不经任何说明就可以直接使用，它的表示形式自动地决定了它的数据类型。例如30是一个整型常量(int)，而30.0是一个实型常量(double)，实型常量在C++编译系统中按双精度浮点型处理。

在C++中有两种方法定义符号常量：一种是使用编译预处理指令；另一种是使用C++的常量说明符const。例如：

```
#define    PI   3.14159
const double  radius = 2.5;
```

其中，符号常量PI是使用编译预处理指令定义的；而符号常量radius是使用C++的常量说明符const定义的。注意，在程序中符号常量必须先定义后引用，并且符号常量在程序中只能引用，不能改变其值。

有关编译预处理指令和const的详细说明，以及两者所定义的标识符常量之间的差异，在后面的有关章节中介绍。

【例2.1】 符号常量的使用。

```
#include <iostream>
```

```
using namespace std;
#define  PI   3.14159                        //使用PI表示常量3.14159
int main()
{    double  s;                              //定义变量s,代表圆的面积
     const double radius = 2.5;              //定义常量radius,其值固定为2.5
     s = PI * radius * radius;               //计算圆的面积
     cout <<"圆的面积 = "<< s << endl;       //输出结果
     return 0;
}
```

程序的运行结果如下：

```
圆的面积 = 19.6349
```

2.2.2 变量

1. 变量的基本概念

在程序的执行过程中,其值可以改变的量称为变量。从程序运行的角度看,变量实际上就是用户在内存中开辟的一个数据单元,用来存放程序中所涉及的需要赋值或运算的数据,如例2.1中代表圆面积的变量 *s*。

变量由用户指定数据类型并命名,该名字称为变量名,在编译连接时由编译系统根据其数据类型在内存中分配一定的存储单元,并按变量名对该数据单元进行运算和存取。

【例2.2】 变量的使用。

```
#include <iostream>
using namespace std;
int main()
{    int a,b,sum;               //在内存中开辟了三个整型单元,名字分别是a、b和sum,如图2.2所示
     a = 10;                              //对整型单元a赋值10
     b = 20;                              //对整型单元b赋值20,如图2.3所示
     sum = a + b;                         //计算后对整型单元sum赋值30,如图2.4所示
     cout <<"sum = "<< sum << endl;       //输出结果
     return 0;
}
```

程序的运行结果如下：

```
sum = 30
```

程序分析：

(1) 语句 int a,b,sum;运行后内存单元情况如图2.2所示。

(2) 语句 a=10; b=20;运行后内存单元情况如图2.3所示。

(3) 语句 sum=a+b;运行后内存单元情况如图2.4所示。

2. 变量的命名——标识符与关键字

不管什么类型的变量,必须遵循"先定义,后使用"的原则。所谓定义,就是在内存中给变量开辟一个存储空间,并指定该存储空间的数据类型和名字,也就是对变量命名。

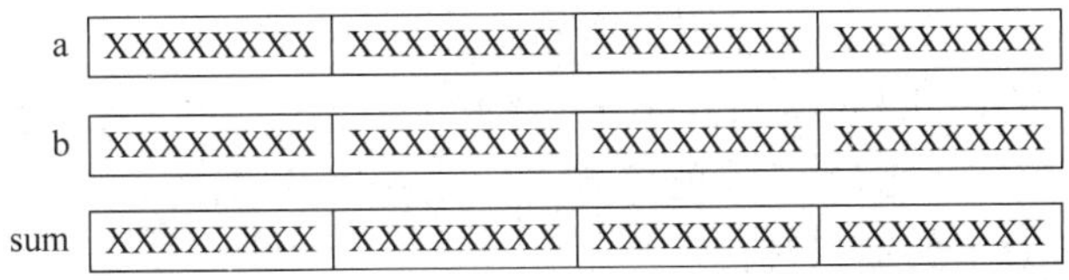

a	XXXXXXXX	XXXXXXXX	XXXXXXXX	XXXXXXXX
b	XXXXXXXX	XXXXXXXX	XXXXXXXX	XXXXXXXX
sum	XXXXXXXX	XXXXXXXX	XXXXXXXX	XXXXXXXX

图 2.2　整型变量 a、b、sum 只开辟空间，并未赋值，其存储单元中的内容是不确定的

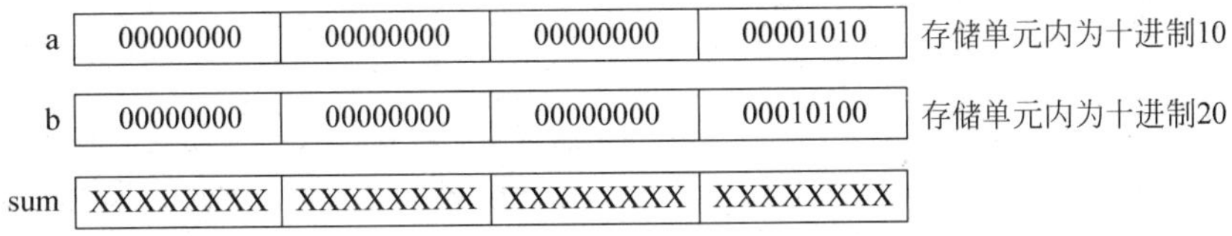

a	00000000	00000000	00000000	00001010	存储单元内为十进制10
b	00000000	00000000	00000000	00010100	存储单元内为十进制20
sum	XXXXXXXX	XXXXXXXX	XXXXXXXX	XXXXXXXX	

图 2.3　变量 a、b 赋值后存储空间情况

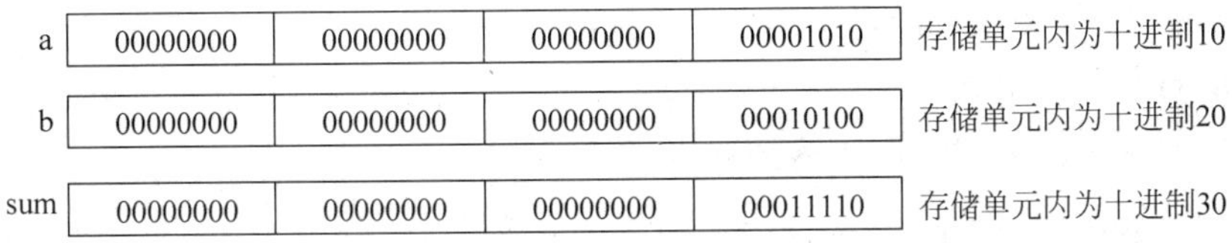

a	00000000	00000000	00000000	00001010	存储单元内为十进制10
b	00000000	00000000	00000000	00010100	存储单元内为十进制20
sum	00000000	00000000	00000000	00011110	存储单元内为十进制30

图 2.4　变量 sum 赋值后存储单元情况

变量的命名必须符合一定的语法规则。在 C++ 中，用来标识变量名、函数名、数组名、用户自定义类型名等名称的字符序列称为标识符。符合标识符规则的名字才能被 C++ 系统正确地识别、使用。

标识符是由字母、数字、下画线“_”这三类字符组成的，第一个字符不能是数字字符。同时，C++ 是大小写敏感的，同一字母的大小写被认为是两个不同的字符，如 CH 和 ch 是两个不同的标识符。另外，一些在 C++ 语法中用到的单词或字符称为关键字（Keyword）或保留字，不可以作为标识符，如定义变量类型的 int、double 等。

在 C++ 中，主要包含的关键字如表 2.2 所示。

表 2.2　C++的关键字

asm	auto	bool	break	case	catch
char	class	const	constexpr	continue	default
delete	do	double	dynamic_cast	else	enum
explicit	export	extern	false	float	for
friend	goto	if	inline	int	long
mutable	namespace	new	operator	private	protected
public	register	reinterpret_cast	return	short	signed
sizeof	static	static_cast	struct	switch	template
this	throw	true	try	typedef	typeid
typename	union	unsigned	using	virtual	void
volatile	wchar_t	while			
另外，下列单词被保留					
and	bitor	not_eq	xor	and_eq	compl
or	xor_eq	bitand	not	or_eq	

C++还使用了下列字符作为编译预处理的命令单词(常用的 6 个):

define、endif、ifdef、ifndef、include、undef,并赋予了特定含义。程序员在命名变量、数组和函数时也不要使用它们。随着学习的深入,将逐渐接触到上述关键字。

下面的命名均是合法的标识符:

```
GetValue     circle_area     _name     _123     Max3
```

下面的命名均是不合法的标识符:

```
-123                                    //首字符"-"不是下画线
2xy                                     //首字符不能是数字
area$                                   //不能使用字母、数字或下画线之外的字符命名
int                                     //不能使用关键字命名
```

Visual C++编译器允许使用长达 247 个字符的标识符,在标识符中恰当运用下画线、大小写字母混用以及使用较长的名字都有助于提高程序的可读性。

3. 变量的定义与赋值

在 C++中,变量定义语句的一般格式为:

```
类型说明符 变量名 1,变量名 2, …,变量名 n;
```

例如:

```
int  i, j, k;                           //说明了 3 个整型变量
char  c1, c2;                           //说明了 2 个字符型变量
float  x, y, z;                         //说明了 3 个实型变量
double  distance, weight;               //说明了 2 个双精度型变量
```

变量定义语句可以出现在程序中语句可出现的任何位置。一般情况下,同一变量只能作一次定义性说明。当要改变一个变量的值时,就是把变量新的取值存放到为该变量所分配的内存单元中,称为对变量的赋值;当用到一个变量的值时,就是从该内存单元中复制出数据,称为对变量的引用。对变量的赋值与引用统称为对变量的操作或使用。一旦对变量作了定义性说明,就可以多次使用该变量。

4. 变量赋初值

首次使用变量时,变量必须有一个确定的值。变量的这个取值称为变量的初值。在 C++中可用两种方法给变量赋初值。

(1) 在变量说明时,直接赋初值。例如:

```
int  i=1, j=2, k=3 ;                    //使 i、j、k 的初值分别为 1、2、3
float  x=12.3;                          //使 x 的初值为 12.3
char  c1='A';                           //使 c1 的初值为'A'
```

变量直接赋初值也可以采用另一种方式,如:

```
float  x(12.3);                         //使 x 的初值为 12.3
```

(2) 使用赋值语句赋初值。例如:

```
float  x;
x=12.3;                                 //使 x 的初值为 12.3
```

2.3 整型数据

2.3.1 整型常量

C++中整型常量可用以下三种形式表示：

(1) 十进制整数。如 123、−456、0。

(2) 八进制整数。由数字 0～7 组成，且以 0 开头的整型常量是八进制常数，如 0123。

(3) 十六进制整数。以 0x 开头，且符合十六进制数表示规范的常数为 C++ 中的十六进制整数，如 0x123、0xAB。

对于长整型与无符号整型常量，是以 L 或 l 结尾来表示长整型常数，以 U 或 u 结尾来表示无符号整型常数，如 12L 是长整型常数、12U 是无符号整型常数。

整数在存储单元中以二进制补码形式存储，如不同类型的整数 11 在存储单元中的存储情况如图 2.5 所示，而−11 在存储单元中的存储情况如图 2.6 所示。

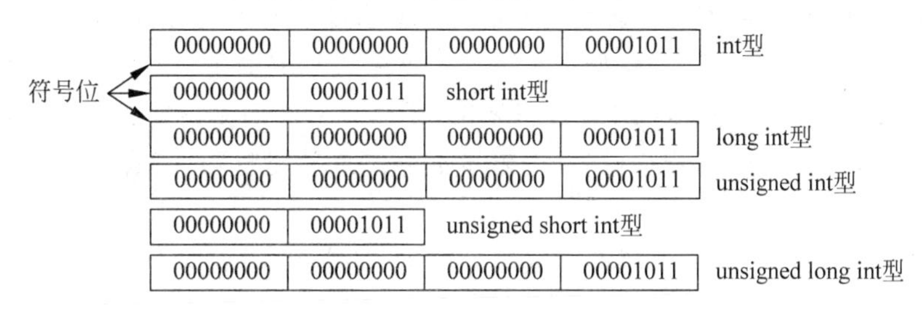

图 2.5 整数 11 在存储单元中的存储情况

符号位→ 11111111 11111111 11111111 11110101 int型

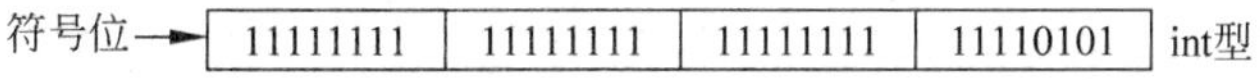

图 2.6 整数−11 在存储单元中的存储情况

【例 2.3】 不同进制整型常量的使用。

```
#include <iostream>
using namespace std;
int main()
{   int a,b,c;                              //定义三个整型变量
    a = 10;                                 //常数 10 默认为十进制
    b = 010;                                //常数 010 为八进制数
    c = 0x10;                               //常数 0x10 为十六进制数
    cout <<"a = "<< a << endl;              //输出变量值
    cout <<"b = "<< b << endl;
    cout <<"c = "<< c << endl;
    return 0;
}
```

程序的运行结果如下：

```
a = 10
b = 8
c = 16
```

变量 a、b、c 经赋值后在内存的存储情况如图 2.7 所示。

变量a，十进制整数10

00000000	00000000	00000000	00001010

变量b，八进制10，十进制整数8

00000000	00000000	00000000	00001000

变量c，十六进制10，十进制整数16

00000000	00000000	00000000	00010000

图 2.7　变量 a、b 和 c 的存储情况

2.3.2　整型变量

整型变量的基本类型为 int，按照所涉及数据的大小范围又可分为短整型(short int)和长整型(long int)，在 C++编译系统中，短整型数据分配两个字节的存储单元，整型和长整型数据分配 4 个字节的存储单元。

如果不加说明，整型数据均以补码形式存取，即最高位表示符号位。因此，短整型数据的表示范围是－32 768～32 767，整型和长整型数据的表示范围是$-2^{31}\sim(2^{31}-1)$。

如果整型变量定义时用 unsigned 进行修饰，那么表示这个整型变量空间存放的数据是不带符号的数据，即最高位不是符号位，仍表示数据。也就是说，这个存储空间的值永远是正数。

具体的类型定义格式和表示范围如表 2.3 所示，其中方括号[]内为可选项，在程序中可以不出现。

表 2.3　C++整型变量的定义方式和表示范围

类型	符号	定 义 方 式	字节数	表 示 范 围
整型	有	[signed] short [int]	2	－32 768～32 767
		[signed] int	4	－2 147 483 648～2 147 483 647
		[signed] long [int]	4	－2 147 483 648～2 147 483 647
	无	unsigned short [int]	2	0～65 535
		unsigned int	4	0～4 294 967 295
		unsigned long [int]	4	0～4 294 967 295

举例说明，某一变量 a 在内存中的存储情况如图 2.8 所示，如果该变量被用户定义为有符号型，如 int a;，那么这个变量是以补码的形式存储的，最高位为符号位，其值为－1；如果该变量被用户定义为无符号型，如 unsigned int a;，那么这个变量的最高位仍表示数据，是一个正数，其值为 4 294 967 295。

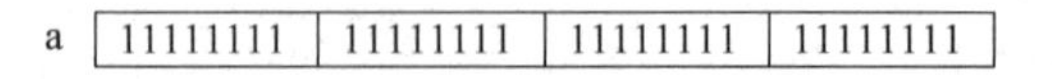

图 2.8　变量 a 的存储情况

【例 2.4】 整型变量的使用。

```
#include <iostream>
using namespace std;
```

```
int main()
{   short int a =- 1;                //a 为有符号短整型变量
    unsigned short b;                //b 为无符号短整型变量
    b = a;                           //a 的存储空间中的数据赋给 b,如图 2.9 所示
    cout <<"b = "<< b << endl;       //b 存储空间中的数据以无符号的格式输出
    return 0;
}
```

程序的运行结果如下：

```
b = 65535
```

其中，变量 a、b 的赋值过程如图 2.9 所示。

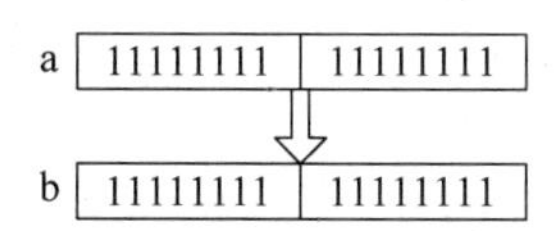

图 2.9　变量 a 中的数据赋值给变量 b

2.4　浮点型数据

2.4.1　浮点型常量

在 C++ 中含有小数点或 10 的方幂的数为实型常量，又称为浮点数，如果不加任何说明，实型常量在 C++ 编译系统中按双精度浮点型(double)处理，它有两种表示形式：

(1) 十进制小数形式。由 0～9 数字和小数点(必须有小数点)组成，如 0.12、.12、12. 都是合法的实型常量。

(2) 指数形式(又称为科学表示法)。以 10 的方幂表示，其中基数 10 用字母 E(或 e)代替，如 123E3 代表实数 123×10^{3}、12.3e−3 代表实数 12.3×10^{-3}。注意，在 E(或 e)的前面必须有数字，且在 E(或 e)之后的指数部分必须是整数。

另外，如果在实数常量后面加上 f(或 F)，则表示该常数为 float 型数；如果在实常数后面加上 l(或 L)，则表示该常数为 long double 型数。例如：

```
23.6                    //double 型(默认)
23.6f                   //float 型
23.6l 或 23.6L          //long double 型
23.5e12                 //double 型(默认)
23.5e12f                //float 型
23.5e12l 或 23.5e12L    //long double 型
```

2.4.2　浮点型变量

C++ 浮点型变量也分成三种，分别是单精度(float)、双精度(double)和长双精度(long double)型。每种数据类型的定义方式和表示范围如表 2.4 所示。

表 2.4　浮点型变量的定义方式和表示范围

类　　型	占用字节数	有效数字	数值范围
float	4	6～7	$\pm 10^{-37} \sim \pm 10^{38}$
double	8	15～16	$\pm 10^{-307} \sim \pm 10^{308}$
long double	16	18～19	$\pm 10^{-4931} \sim \pm 10^{4932}$

同样,浮点型变量也遵循“先定义,后使用”的原则,例如:

```
float  x, y;                            //x,y为单精度浮点型变量
double  t;                              //t为双精度浮点型变量
long double w;                          //w为长双精度浮点型变量
```

同时,由于有效数字的限制,浮点型运算存在着一定的误差。例如,一个浮点型变量经计算后结果为1,那么其输出值可能为0.999999或1.000001。

【例2.5】 浮点型数据的使用。

```
#include<iostream>
using namespace std;
int main()
{    float  a,  b;                          //定义单精度浮点数变量
     double  c,  d;                         //定义双精度浮点型变量
     a=0.01;                                //将双精度常数赋给单精度变量
     b=3.45678e-2;                          //同上
     c=3.45678e-2;                          //为双精度变量赋值
     d=9.7654e-5;                           //同上
     cout<<"a="<<a<<'\t'<<"b="<<b<<endl;    //输出结果
     cout<<"c="<<c<<'\t'<<"d="<<d<<endl;
     return 0;
}
```

程序的运行结果如下:

```
a=0.01          b=0.0345678
c=0.0345678     d=9.7654e-005
```

其中,d的输出形式是编译系统根据数值的大小自动调整的。

2.5　字符型数据

2.5.1　字符型常量

计算机除了处理数值信息外,还需要处理字符或文字信息,如删除一行字符中的某个字符、在一篇文章中查找特定单词等。在计算机中普遍采用美国信息交换标准代码(ASCII)来表示西文字符和常用符号(见1.4.3节),ASCII码用7位二进制数表示一个字母或字符信息,共表示$2^7=128$种不同的字符,包括32个控制码和96个符号。由于计算机中的存储单位为字节,因此ASCII码在计算机中表示时,在最高位补零,组成8位二进制数,存储时

占用一个字节。图 2.10 就是字符 A 的 ASCII 码在计算机中的存储情况。

01000001

图 2.10 字符 A 在存储单元中的存储情况

在 C++ 程序语言中，将字符用单引号括起来就表示该字符的 ASCII 码，如'A'就表示字符 A 的 ASCII 码，其值是一个常数，称为字符型常量。

一个字符型常量在存储时占用一个字节，字节的内容是该字符所对应的 ASCII 码。

ASCII 码表中 96 个可见字符分别是字母、数字和标点符号，C++ 程序语言都是用字符型常量的形式引用这些常用的西文字符的，如'a'、't'、'0'、'+'等。

ASCII 码表中 32 个控制字符和单引号、双引号、反斜杠符等用上述方法是无法表示的。为此，C++ 中提供了另一种表示字符型常量的方法，即所谓的"转义字符"。转义字符以转义符"\"开始，后跟一个字符或字符的 ASCII 编码值的形式来表示一个字符。C++ 中预定义的转义字符及其含义见表 2.5。

表 2.5 C++ 中预定义的转义字符及其含义

转义字符	名称	功能或用途
\a	响铃	用于输出
\b	退格(Backspace 键)	用于退回一个字符
\f	换页	用于输出
\n	换行符	用于输出
\r	回车符	用于输出
\t	水平制表符(Tab 键)	用于输出
\v	纵向制表符	用于输出
\\	反斜杠字符	用于输出或文件的路径名中
\'	单引号	用于需要单引号的地方
\"	双引号	用于需要双引号的地方
\ddd	1～3 位八进制数代表的字符	可表示任意一个 ASCII 码
\xhh	1～2 位十六进制数代表的字符	可表示任意一个 ASCII 码

若转义符后跟字符的 ASCII 编码值，则其必须是一个八进制或十六进制数，取值范围在 0～255 之间，如表 2.5 的后两行所示。该八进制数可以以 0 开头，也可以不以 0 开头；而十六进制数必须以 x 开头。例如，'\032'，'\32'，'\x24'，'\0'等都是合法的字符型常量。

【例 2.6】 转义字符的应用。

```
#include <iostream>
using namespace std;
int main()
{   cout <<"c:\tc\tc"<<'\n';           //'\t'是转义字符,意为将光标移到下一个输出区
    cout <<"c:\\tc\\tc"<<'\n';         //要输出反斜线字符'\',必须写成'\\'
    return 0;
}
```

程序的运行结果如下：

```
c:      c       c
c:\tc\tc
```

在上述程序中,'\t'和'\n'都是常用的转义字符,'\t'相当于制表键 Tab,表示将当前光标移到下一个输出区(一个输出区占 8 列字符宽度);'\n'相当于回车键 Enter,表示将当前光标移动到下一行。这两个转义字符常用到输出语句中,用来调整输出结果的格式。如果要输出反斜线'\',则应该在语句中写成'\\',这样,程序才能正确运行。

2.5.2 字符型变量

字符型变量用来存放字符型常量,实际上是存放相应字符常量的 ASCII 码。

【例 2.7】 字符变量的应用。

```
#include <iostream>
using namespace std;
int main()
{   char c1,c2;                         //定义两个字符变量,如图 2.11 所示
    c1 = 'A';                           //赋值字符 A 的 ASCII 码
    c2 = '\x61';                        //赋值字符 a 的转义字符形式,如图 2.12 所示
    cout << c1 <<'\t'<< c2 << endl;     //输出结果
    return 0;
}
```

程序的运行结果如下:

```
A       a
```

程序分析:

(1) 语句 char c1, c2;运行后内存单元情况如图 2.11 所示。

(2) 语句 c1='A'; c2='\x61';运行后内存单元情况如图 2.12 所示。

c1	xxxxxxxx	c2	xxxxxxxx

图 2.11 字符型变量 c1、c2 开辟空间,并未赋值,其存储单元中的内容是不确定的

c1	01000001	c2	01100001

图 2.12 变量 c1、c2 赋值后存储空间情况

由于 ASCII 码的存储形式与整型数据相似,其编码值直接就可以用整型常量来表示,所以在 C++程序设计语言中,可以用整型常量为字符型变量赋值。因此,如果有定义语句 char grade;,那么下列语句的执行结果是等价的。

```
grade = 'A';                //字符 A 的 ASCII 码编码值
grade = '\101';             //字符 A 的八进制转义字符形式
grade = '\x41';             //字符 A 的十六进制转义字符形式
grade = 65;                 //十进制整数,是字符 A 的 ASCII 编码值
grade = 0101;               //八进制整数,是字符 A 的 ASCII 编码值
grade = 0x41;               //十六进制整数,是字符 A 的 ASCII 编码值
```

赋值后 grade 存储空间如图 2.13 所示。

grade	01000001

图 2.13 字符变量 grade 的存储情况

既然 ASCII 码可以用整型常量表示,那么同一字母大写形式与小写形式的编码值也有规律可循。通过查找 ASCII 码编码

表可以看出，某一字母大写形式的编码值加上 32 即为同一字母小写形式的编码值。

【例 2.8】 大小写字母的转换。

```
#include <iostream>
using namespace std;
int  main()
{    char c1,c2;
     c1 = 'B';
     c2 = c1 + 32;                                //将大写字符编码转换为小写字符编码
     cout << c1 <<'\t'<< c2 << endl;
     return 0;
}
```

程序的运行结果如下：

```
B        b
```

2.5.3 字符串常量

如果有一串字符存储在存储单元内，如 CHINA，那么这串字符是以 ASCII 码编码值的形式在存储单元中连续存放的，并且最后自动以字符'\0'结束，如图 2.14 所示。这种字符序列称为字符串常量。在 C++程序语言中用双引号来描述字符串常量，如上述字符串就写成"CHINA"。

01000011	01001000	01001001	01010101	01000001	00000000	"CHINA"存储的二进制表示形式
0x43	0x48	0x49	0x55	0x41	0x0	"CHINA"存储的十六进制表示形式
'C'	'H'	'I'	'N'	'A'	'\0'	"CHINA"存储的字符表示形式

图 2.14 字符串"CHINA"在存储空间的多种表示形式

字符串结束标志'\0'是编译系统自动加到字符串后面的，系统据此判断字符串是否结束，在程序中可以用 0 来表示它。凡是在程序中出现字符串的形式，也就是说，只要是双引号括起来的字符序列，后面就会有一个字节的字符'\0'。

例如，字符串"a"和字符'a'的存储情况如图 2.15 所示。

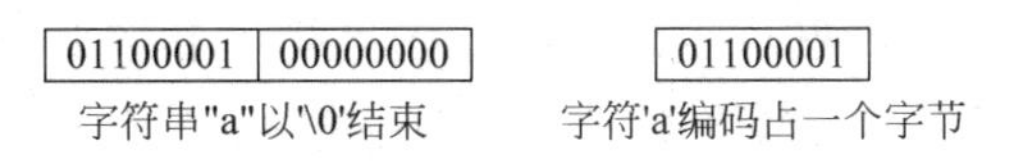

图 2.15 字符串常量和字符常量的区别

2.6 类型转换

2.6.1 不同类型数据间的混合算术运算

C++规定，不同类型的数据在参加运算之前会自动转换成相同的类型，然后再进行运算，运算结果的类型是转换后的类型。转换的规则是级别低的类型转换为级别高的类型。

各类型的转换规则如图 2.16 所示。

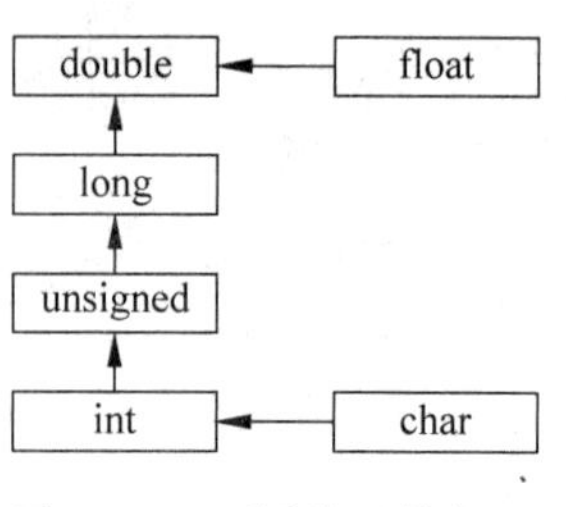

图 2.16 不同类型数据运算时的转换规则

其中,横向箭头表示一定要进行的转换。例如,一个字符型数据参与运算,系统先将其转换为 int 型数据然后再进行运算;纵向箭头表示不同数据类型进行运算时转换的方向。例如,一个 char 型数据和一个 int 型数据的运算结果为 int 型,一个 int 型数据和一个 float 型数据的运算结果为 double 型。例如,表达式 10+'a'+1.5-87.65*'b'的运算结果为 double 型。

另外,C++规定,有符号类型数据和无符号类型数据进行混合运算,结果为无符号类型。例如,int 型数据和 unsigned 类型数据的运算结果为 unsigned 型。

【例 2.9】 不同数据类型运算时的转换。

```
#include <iostream>
using namespace std;
int main()
{   char ch;
    ch = 'A';
    cout << ch << endl;                  //输出字符 A
    cout << ch + 1 << endl;              //字符型参与运算,转化为整型数 65,输出整型数 66
    return 0;
}
```

程序的运行结果如下:

```
A
66
```

可以看出,当字符型变量 ch 参与运算时,首先转化为整型值 65,然后再与整型数运算,结果的类型为整型。

2.6.2 赋值时的类型转换

若赋值运算符右边的数据类型与其左边变量的类型不一致但属于类型兼容(可进行类型转换)时,由系统自动进行类型转换,转换规则如下:

(1) 将实型数赋给整型变量时,去掉小数部分,仅取其整数部分赋给整型变量。若其整数部分的值超过整型变量的取值范围时,赋值的结果错误。

【例 2.10】 浮点型数据赋给整型数据。

```
#include <iostream>
using namespace std;
int main()
{   int a;
    double b = 5.7;
    a = b;                               //实型数赋给整型变量只赋整数部分
    cout <<"a = "<< a << endl;
    return 0;
}
```

程序的运行结果如下：

```
a = 5
```

(2) 将整型数赋给实型变量时，将整型数变换成实型数后，再赋给实型变量。

(3) 将少字节整型数据赋给多字节整型变量时，则将少字节整型数据放到多字节整型变量的低位字节，高位字节扩展少字节数据的符号位。这称为“符号扩展”。

【例 2.11】 赋值时的符号扩展，正数扩展符号位 0。

```
#include <iostream>
using namespace std;
int main()
{   short int  a = 1;
    int b;
    b = a;                          //两个字节赋给四个字节，最高位 0 扩展，如图 2.17 所示
    cout <<"b = "<< b << endl;
    return 0;
}
```

程序的运行结果如下：

```
b = 1
```

其中，变量 a 是短整型变量，在内存中占 2 字节；而变量 b 是整型变量，在内存中占4 字节，执行 b=a;赋值语句后，变量在内存中的存储情况如图 2.17 所示，可见符号扩展后 b 仍为 1。

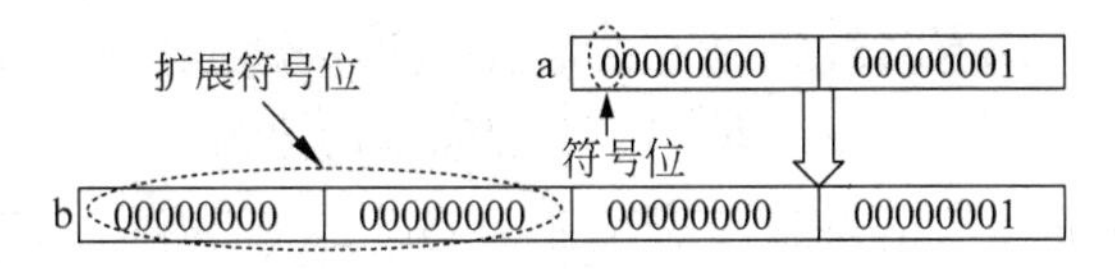

图 2.17　少字节为正数时符号位扩展情况

【例 2.12】 赋值时的符号扩展，负数扩展符号位 1。

```
#include <iostream>
using namespace std;
int main()
{   short int  a =- 1;
    long  int b;
    b = a;                          //两个字节赋给四个字节，最高位 1 扩展，如图 2.18 所示
    cout <<"b = "<< b << endl;
    return 0;
}
```

程序的运行结果如下：

```
b =- 1
```

其中,变量 a 是短整型负数变量,在内存中占 2 字节,以补码的形式存储;而变量 b 是整型变量,在内存中占 4 字节,执行 b=a;赋值语句后,变量 b 在内存中的存储情况如图 2.18 所示,仍为-1 的补码形式,可见扩展后 b 仍为-1。

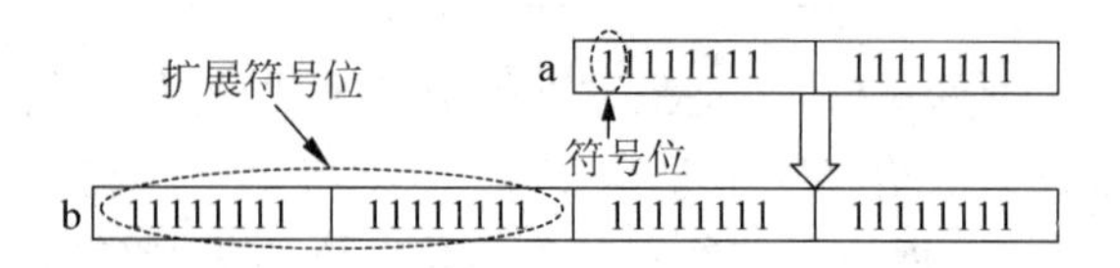

图 2.18 少字节为负数时符号位扩展情况

由此可见,少字节向多字节的符号扩展原则保证了赋值前后数据符号的一致性。

(4) 将多字节数据赋给少字节数据时,则将多字节的低位一一赋值,高位字节舍去。

【例 2.13】 多字节数据赋给少字节数据。

```
#include <iostream>
using namespace std;
int main()
{   char ch = 256;                    //整型常量(4 个字节)赋给字符型变量(1 个字节)
    int a = ch + 1;
    cout <<"a = "<< a << endl;
    return 0;
}
```

程序的运行结果如下:

```
a = 1
```

其中,256 是整型常量,在内存中占 4 个字节,变量 ch 是字符型变量,在内存中占 1 个字节,执行赋值语句 char ch=256;后,256 的最后一个字节赋值给 ch,故 ch 中的值为 0,如图 2.19 所示。因此执行语句 int a=ch+1;后,变量 a 的值为 1。

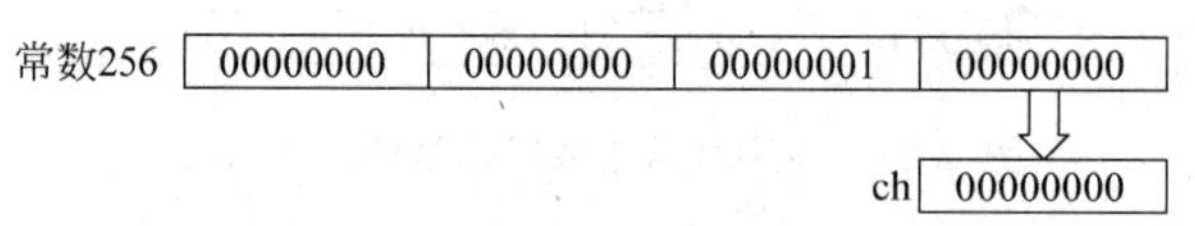

图 2.19 多字节数据赋值给少字节数据

(5) 将字符型数据赋给整型变量时,分两种情况。

① 对于无符号字符类型数据,将其放到整型变量的低位字节,高位字节补 0。

【例 2.14】 无符号字符类型扩展赋值。

```
#include <iostream>
using namespace std;
int main()
{   unsigned char  c1 = 254;          //c1 为无符号型字符变量
    int  a;
    a = c1;                           //赋值时高位字节补 0,如图 2.20 所示
    cout <<"a = "<< a <<'\n';
    return 0;
}
```

程序的运行结果如下：

```
a = 254
```

执行赋值语句 a=c1;后，由于 c1 是无符号字符型，赋给整型变量后，多出的高位字节部分补 0。赋值后变量 c1 和 a 在内存中的存储情况如图 2.20 所示。

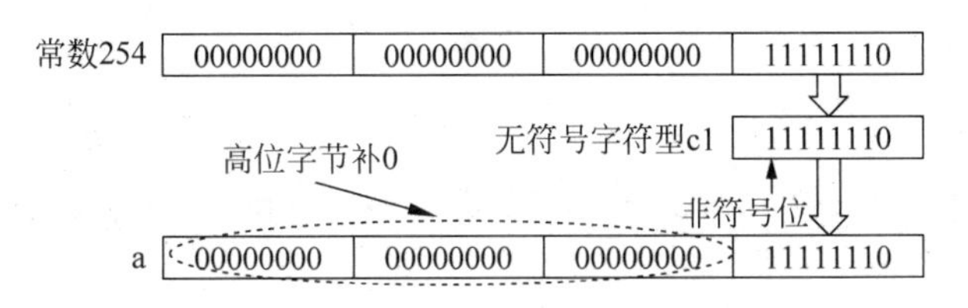

图 2.20　无符号字符型扩展赋值，高位字节补 0

② 对于有符号字符类型数据，将其放到整型变量的低位字节，高位字节扩展符号位。

【例 2.15】 有符号字符类型扩展赋值。

```
#include <iostream>
using namespace std;
int main()
{    char  c1 = 254;                    //c1 默认为有符号字符型
     int  a;
     a = c1;                            //赋值时高位字节符号位扩展，如图 2.20 所示
     cout <<"a = "<< a <<'\n';
     return 0;
}
```

程序的运行结果如下：

```
a =- 2
```

执行赋值语句 a=c1;后，由于 c1 是字符型，赋给整型变量后，多出的高位字节遵循符号扩展原则，由于 c1 的符号位为 1，所以赋值后 a 的值为负数，其存储情况为－2 的补码形式，其值为－2。赋值后变量 c1 和 a 在内存中的存储情况如图 2.21 所示。

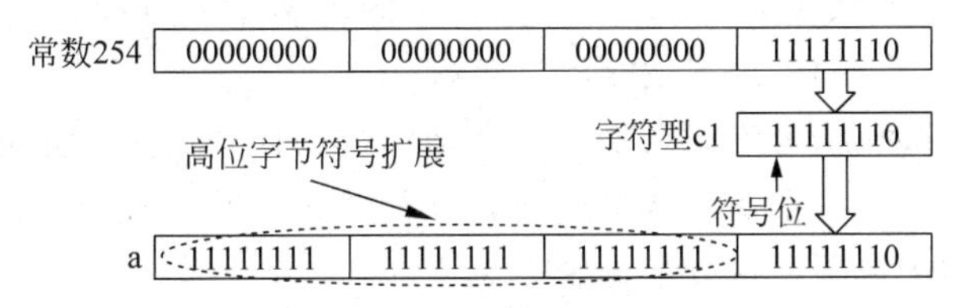

图 2.21　有符号(默认)字符型扩展赋值，高位字节符号扩展

(6) 将无符号整型或长整型数赋给整型变量时，若在整型的取值范围内，不会产生问题；而当超出其取值范围时，赋值的结果错误。

2.6.3 强制类型转换符

在 C++中,可以利用强制类型转换符将一个类型转换成所需类型。例如:

```
(double)a                          //将变量 a 转换成 double 类型
(int)(3.5 + x)                     //将表达式的值转换成 int 型
```

其语法格式为:

(类型名)(表达式)

一个变量在强制类型转换后,得到一个所需类型的中间变量,但是这个变量本身不会改变,还是原来的数据类型。

【例 2.16】 强制数据类型转换。

```
#include <iostream>
using namespace std;
int main()
{   float y = 5.8;
    int x;
    x = (int)y;                    //y 的值与类型均不变,但生成中间值 5 赋给 x
    cout <<"x = "<< x <<'\t'<<"y = "<< y <<'\n';
    return 0;
}
```

程序的运行结果如下:

```
x = 5     y = 5.8
```

2.7 运算符与表达式

在 C++中,对常量或变量进行运算或处理的符号称为运算符,参与运算的对象称为操作数。操作数通过运算符组合成 C++的表达式,表达式是构成 C++程序的一个很重要的基本要素。C++提供的运算符较多,本节只介绍 C++中的基本运算符和表达式。基本运算符主要指完成算术运算、关系运算、逻辑运算的运算符。

运算符具有优先级和结合方向。如果一个操作数的两边有不同的运算符,首先执行优先级别较高的运算。如果一个操作数两边的运算符优先级别相同,则按由左向右的方向顺序处理。各运算符的优先顺序可以参见表 2.9。

2.7.1 算术运算符与算术表达式

C++的算术运算符有 5 种,如表 2.6 所示。

表 2.6　算术运算符

运　算　符	说　　明	优　先　级
+	加法运算符,如 3+8	相同(低)
	正值运算符,如+3	
−	减法运算符,如 8−3	
	负值运算符,如−3	
*	乘法运算符,如 8*3	相同(高)
/	除法运算符,如 8/3	
%	求余运算符(或称模运算符),如 8%3	

注意:

(1) 运算符的优先级:乘法(*)、除法(/)、求余(%)的优先级相同,比加法(+)和减法(−)的优先级高。

(2) 对于除法运算符(/),如果除数和被除数均为整型数据,则结果也是整型,否则结果为实型。例如,3/2 的结果为 1,而 3.0/2 的结果为 1.5,2/3 的结果为 0。

(3) 对于求余运算符(%)。%运算符两侧均应为整型数据,其运算结果为两个操作数作除法运算的余数,并且余数的符号同左边操作数的符号相同。例如,8%3 结果为 2,−8%3 结果为−2,8%−3 结果为 2。

在 C++ 中,不允许两个算术运算符紧挨在一起,也不能像在数学运算式中那样,任意省略乘号,或用中圆点"·"代替乘号等。如果遇到这些情况,应该使用括号将连续的算术运算符隔开,或者在适当的位置上加上乘法运算符。例如,习惯上的算术表达式 $\frac{x^2}{(x+y)(x-y)}$,在 C++ 中应写成 $x*x/((x+y)*(x-y))$ 或 $x*x/(x+y)/(x-y)$ 的形式。

2.7.2　关系运算符与关系表达式

所谓"关系运算"实际上就是"比较运算",即将两个操作数进行比较,并判断其结果是否符合给定的条件。例如,a>5 是一个关系表达式,其中的">"是一个关系运算符。这个表达式的结果只能有两个值,在 C++ 程序设计语言中,用布尔型数据表示关系表达式的结果。如果变量 a 的值是 6,那么这个条件成立(true);如果变量 a 的值是 4,那么这个条件不成立(false)。实际上,编译系统处理布尔型数据时,将 false 处理为 0,true 处理为 1。也就是说,布尔型变量在内存中占用 1 个字节,内容是 0 或是 1。

C++ 的关系运算符有 6 种,如表 2.7 所示。

表 2.7　C++ 关系运算符

运　算　符	说　　明	优　先　级
<	小于,如 3<6(结果为 true),8<2(结果为 false)	相同(高)
<=	小于或等于,如 3<=3(结果为 true),8<=2(结果为 false)	
>	大于,如 6>3(结果为 true),2>8(结果为 false)	
>=	大于或等于,如 3>=3(结果为 true),2>=8(结果为 false)	
==	等于,如 3==3(结果为 true),2==8(结果为 false)	相同(低)
!=	不等于,如 2!=8(结果为 true),3!=3(结果为 false)	

注意：

(1) 算术运算符的优先级高于关系运算符。

例如,表达式 a<=x−y,其运算顺序为：

① 先计算 x−y　　　　　　//算术运算优先于关系运算

② 再计算 a<=(x−y)　　　//将 x 与 y 的差与 a 进行比较运算

(2) 六个关系运算符的优先级也是不同的,前四个关系运算符的优先级相同,后两个关系运算符的优先级相同,但前四个关系运算符的优先级高于后两个。例如：

```
a>b==c      等效于 (a>b)==c
a!=b<c      等效于 a!=(b<c)
```

(3) 关系运算符可以连续使用。例如,1<x<10,但其结合方向必须是从左至右,与数学上取值区间的表示截然不同。

【例 2.17】 有语句 int a=2, b=3, c=4;,写出下列表达式的结果。

```
(1)a>c-2          //先运算 c-2,结果为 2; 再判断 a>2,结果为 false
(2)c>b!= 1        //先判断 c>b,结果为 true,也就是 1; 再判断 1!=1,结果为 false
(3)'a' == a       // 'a'为字符常量,其值为 97,判断 97 == a,结果为 false
(4)1<c<3          //先判断 1<c,结果为 true,也就是 1; 再判断 1<3,结果为 true
(5)10>c>2         //先判断 10>c,结果为 true,也就是 1; 再判断 1>2,结果为 false
```

2.7.3 逻辑运算符与逻辑表达式

关系运算符只能判断单一条件的 true 或 false,如果需要判断两个或两个以上条件相互结合后的情况,如判断“x>1”和“x<10”这两个条件是否同时成立,就要用到逻辑运算符和逻辑表达式了。

C++中有三种逻辑运算符：

```
!(逻辑非)、&&(逻辑与)、||(逻辑或)
```

逻辑运算符的运算规则：

(1) &&(逻辑与),运算规则：只有当两个操作数都为 true 时,结果为 true,否则结果为 false。

例如 a&&b,当 a、b 两个操作数为 true 时,结果为 true；当其中一个操作数为 false 时,结果为 false。

(2) ||(逻辑或),运算规则：只有当两个操作数都为 false 时,结果为 false,否则结果为 true。

例如 a||b,当 a、b 两个操作数有一个为 true 时,结果为 true；当两个操作数全为 false,结果为 false。

(3) ！(逻辑非),运算规则：false 的非运算结果为 true,true 的非运算结果为 false。

例如！a,当 a 为 true,结果为 false；当 a 为 false,结果为 true。

逻辑运算的真值表如表 2.8 所示,用它表示当 a 和 b 的值为不同组合时,各种逻辑运算所得到的值。

表 2.8 逻辑运算的真值表

a(条件)	b(条件)	! a	a&&b	a||b
true	true	false	true	true
true	false	false	false	true
false	true	true	false	true
false	false	true	false	false

注意：

(1) 逻辑运算符的优先级由高至低的顺序是！→&&→||。算术、关系、逻辑运算符的优先级由高至低的顺序是！→算术运算→关系运算→&&→||→赋值运算。

(2) 作为逻辑运算符的操作数，所有非0值均为true；作为逻辑运算的结果，只有true和false两种。

例如4&&3，其中，4和3作为逻辑运算符的操作数，是非0值，表示为true，相当于true&&true，其结果为true。

(3) 如果要判断一个数是否在一个区间内，比如判断$x \in [a, b]$，则C++中的正确表达应为a<=x&&x<=b，而不是a<=x<=b。

(4) 逻辑表达式的求解顺序为自左至右。并不是所有的逻辑运算符都被执行，只是在必须执行下一个表达式才能求解时，才求解该运算符。例如：

① a&&b&&c。只有a为true（值非0)时，才需要判别b的值；只有a和b都为true的情况下才需要判别c的值。只要a为false(值为0)，就不必判别b和c(此时整个表达式已确定为false)。如果a为true，b为false，则不判别c。

② a||b||c。只要a为true(值非0)，就不必判断b和c；只有a为false，才判别b；a和b都为false才判别c。

也就是说，对"&&"运算符来说，只有a为true(不为0)时，才继续进行右面的运算。对"||"运算符来说，只有a为false时，才继续进行其右面的运算。

【例 2.18】 求表达式'a'>65&&5<4－!0的值。

按优先级的关系，将表达式写成('a'>65)&&(5<(4－!0))。

(1) 'a'为字符型常数，其值为97，'a'>65结果成立，值为true；

(2) 4－!0，先计算!0，结果为true(表示为1)，4－!0的结果为3；

(3) 5<(4－!0)，相当于5<3，结果不成立，值为false；

(4) ('a'>65)&&(5<(4－!0))，相当于true&&false，整个表达式的结果为false。

【例 2.19】 判别某一年year是否闰年。

闰年的条件是符合下面二者之一：

(1) 能被4整除，但不能被100整除，即year%4==0&&year%100!= 0。

(2) 能被4整除，又能被400整除，即year%400==0。

因此，可以用一个逻辑表达式来表示：(year%4==0 &&year%100!=0)||year%400==0。

2.7.4 赋值运算符与赋值表达式

1. 赋值运算符与赋值表达式

赋值运算符“=”的作用是将一个数据赋给一个变量。

例如：

```
a = 5;
```

表示将5赋给变量a，即经赋值后a的取值为5，并一直保持该数值，直到下一次将一个新的值赋给变量a为止。

由赋值运算符构成的表达式称为赋值表达式。

赋值运算符的优先级比算术运算符、关系运算符和逻辑运算符的优先级低，计算顺序是自右向左，即先求出表达式的值，然后将计算结果赋给变量。和其他表达式一样，赋值表达式也可以作为更复杂的表达式的组成部分。例如表达式a=(b=4)+6的计算顺序是：

① 先运算(b=4)　　　　//执行后b的值为4，赋值表达式(b=4)的值也为4

② 再运算4+6　　　　//执行后该表达式的值为10

③ 将10赋给变量a。

即先将4赋给变量b，再把变量b的值4和6相加，结果为10，最后将10赋给变量a。

2. 复合赋值运算符

在赋值符“=”前加上其他的双目运算符，如加(+)、减(-)、求余(%)等，可以构成复合赋值运算符。其一般格式为：

变量　双目运算符=　表达式

它等同于：

变量=变量 双目运算符 表达式

例如：

```
a += b + 5      等同于      a = a + (b + 5)
a * = b         等同于      a = a * (b)
a % = b - 5     等同于      a = a % (b - 5)
```

在C++中，所有二元算术运算符均可与赋值运算符组合成复合赋值运算符。它们是：

+=(加等)　-=(减等)　*=(乘等)　/=(除等)　%=(求余等)

【例2.20】 若int a=12;，执行表达式a+=a-=a*a;后，变量a的值是多少？

解：该表达式的运算顺序是自右向左，等同于：

```
a += (a -= a * a)
```

执行时，按以下顺序展开：

① 先运算a-=a*a　//等同于运算a=a-a*a，即运算a=12-12*12，运算后a=-132

② 再运算a+=a　　//等同于运算a=a+a，即运算a=-132+(-132)，运算后a=-264

即该表达式运算后变量 a 的值是－264。

使用复合赋值运算符不但可简化表达式的书写形式，而且还可提高程序的效率，即可提高表达式的求解速度。

2.7.5 自增运算符与自减运算符

1. 自增运算符

自增运算符(＋＋)使单个变量的值增 1，是一个单目运算符。它有两种使用方式：

(1) 前置。＋＋i;先执行 i＝i＋1，再使用 i 值；

(2) 后置。i＋＋;先使用 i 值，再执行 i＝i＋1。

【例 2.21】 下列程序段运行后，变量 i 和 j 的值各为多少？

```
int i = 3, j;
j = ++i;      //前置++，先执行 i = i + 1，i 的值为 4，再将 i 赋给 j，j 的值也为 4
```

也就是说，上述语句等同于 i＝i＋1； j＝i;，语句的具体执行过程如图 2.22 所示。其中，变量 j 单元中的"?"表示该变量定义时未赋初值，单元中的值是随机值，没有意义。

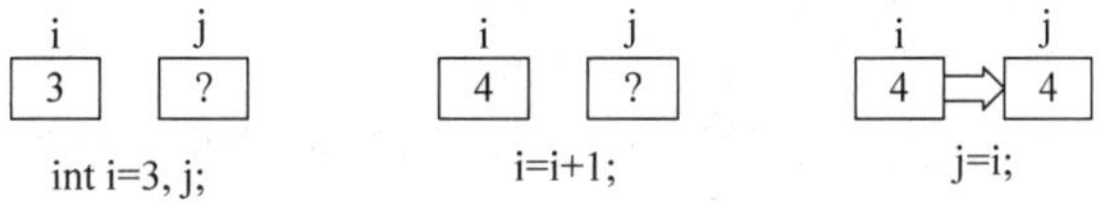

图 2.22 语句 j＝＋＋i;的执行过程

【例 2.22】 下列程序段运行后，变量 i 和 j 的值各为多少？

```
int i = 3, j;
j = i++;      //后置++，先执行 j = i，j 的值为 3，再执行 i = i + 1;，i 的值为 4
```

也就是说，上述语句等同于 j＝i； i＝i＋1;，语句的具体执行过程如图 2.23 所示。

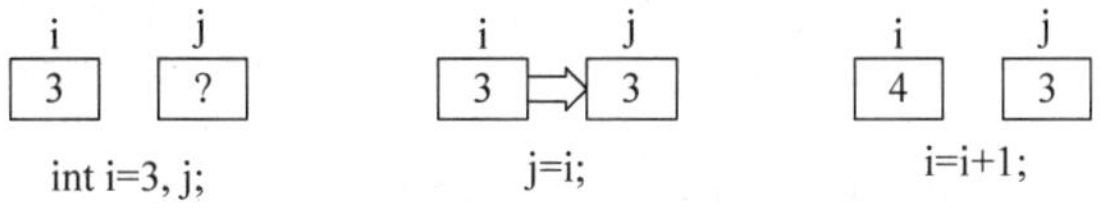

图 2.23 语句 j＝i＋＋;的执行过程

2. 自减运算符

自减运算符(－－)使单个变量的值减 1，是一个单目运算符。与自增运算符相似，它也有两种使用方式：

(1) 前置。－－i;先执行 i＝i－1，再使用 i 值

(2) 后置。i－－;先使用 i 值，再执行 i＝i－1。

这两个运算符也是 C++程序中最常用的运算符，以至于它们几乎成为 C++程序的象征。需要说明的是：

(1) 自增运算符(＋＋)和自减运算符(－－)只能用于变量，不可用于常数和表达式，如(x＋y)＋＋、＋＋5、(－i)＋＋等都是非法的。

这是因为变量在内存中有存储空间，可以进行赋值运算；而表达式在内存中没有具体的存储空间，不能进行赋值运算；常量所占的空间不能重新赋值。

(2) ＋＋和－－的优先级高于所有算术运算符、关系运算符和逻辑运算符，其结合方向是自右向左。

例如，i＝3；－i＋＋；相当于－(i＋＋)，表达式的值为－3，i 的值为 4。

【例 2.23】 有语句 int i, x＝4, y＝5;，下列表达式执行后，变量的值分别是多少？

(1) i＝＋＋x＝＝5 || ＋＋y＝＝6；

按优先级的关系，将表达式写成 i＝((＋＋x＝＝5)||(＋＋y＝＝6))。

① 先判断＋＋x＝＝5，由于 x 先自加，值为 5，表达式成立，值为 true。

② 对于“||”运算符，左边的表达式值为 true，逻辑或的结果肯定为 true，右边的表达式就不执行了，故 y 的值不变，仍为 5。

③ 最后执行赋值语句，i 的值为 true，也就是 1。

故上述语句执行后，i 的值为 1，x 的值为 5，y 的值为 5。其具体执行步骤如图 2.24 所示。

(2) i＝x＋＋＝＝5&& y＋＋＝＝6；

按优先级的关系，将表达式写成 i＝((x＋＋＝＝5)&&(y＋＋＝＝6))。

① 先判断 x＋＋＝＝5，由于是后置自增运算符，所以 x 先使用，其值为 4，表达式不成立，值为 false(也就是 0)，然后 x 再自加，其值为 5。

② 对于“&&”运算符，左边的表达式值为 false，逻辑与的结果肯定为 false，右边的表达式就不执行了，故 y 的值不变，仍为 5。

③ 最后执行赋值语句，i 的值为 false，也就是 0。

故上述语句执行后，i 的值为 0，x 的值为 5，y 的值为 5。其具体执行步骤如图 2.25 所示。

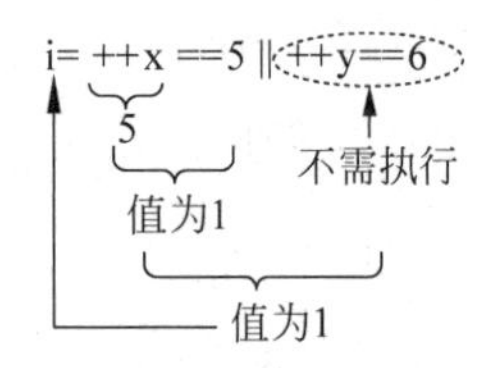

图 2.24 逻辑表达式的执行步骤

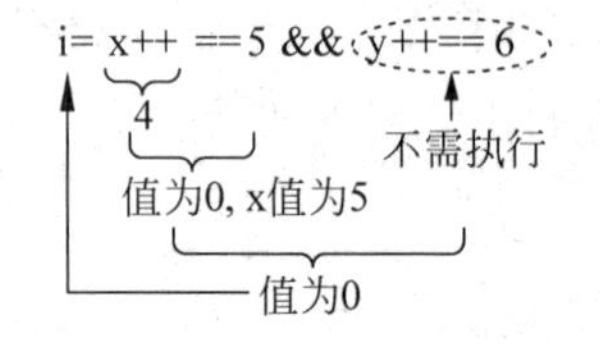

图 2.25 逻辑表达式的执行步骤

2.7.6 逗号运算符与逗号表达式

在 C++中，逗号既是运算符，又是分隔符。用逗号将几个表达式连接起来即构成逗号表达式。逗号表达式的格式为：

表达式 1, 表达式 2, …, 表达式 n

在程序执行时，按从左到右的顺序执行组成逗号表达式的各个表达式，将最后一个表达式(表达式 n)的值作为逗号表达式的值。例如，设 a＝2，则逗号表达式：

```
b = a * 2, c = a * a + b, d = b + c
```

的计算顺序是：先计算 a * 2，将其值 4 赋给 b；再计算 a * a＋b，将其值 8 赋给 c；最后计算 b＋c，将其值 12 赋给 d，并将 12 作为整个逗号表达式的值。

注意：逗号运算符的运算优先级是最低的。

2.7.7 sizeof 运算符及表达式

sizeof 运算符是单目运算符，用于计算某一操作数类型或一个变量的字节数。其表达式格式为：

```
sizeof( 类型 ) 或  sizeof( 变量 )
```

其中，类型可以是一个标准的数据类型或者是用户已自定义的数据类型，变量必须是已定义的变量。例如：

```
sizeof(int)            //其值为 4
sizeof(float)          //其值为 4
double x;
sizeof(x)              //其值为 8
```

2.7.8 表达式中运算符的运算顺序

四则运算的运算顺序可以归纳为“先乘、除，后加、减”，即乘、除运算的优先级高于加减运算的优先级。C++中有几十种运算符，仅用一句“先乘、除，后加、减”无法表示各种运算符之间的优先关系，因此必须有更严格的确定各运算符优先关系的规则。表 2.9 列出了 C++中各种运算符的优先级别和同级别运算符的运算顺序（结合方向）。表中，优先级别的数字越小，优先级越高。

表 2.9 运算符的优先级别和结合方向

优先级别	运算符	运算形式	结合方向	名称或含义
1	( )	(e)	自左至右	圆括号
	[ ]	a[e]		数组下标
	.	x. y		成员引用符
	—>	p—> x		用指针访问结构体成员
2	+ —	—e	自右至左	正号和负号
	++ ——	++x 或 x++		自增运算和自减运算
	!	! e		逻辑非
	~	~e		按位取反
	(t)	(t)e		类型转换
	*	* p		由地址求值
	&	&x		求变量的地址
	sizeof	sizeof(t)		求某类型变量的长度
3	* / %	e1 * e2	自左至右	乘、除和求余
4	+ —	e1+e2	自左至右	加和减
5	<< >>	e1 << e2	自左至右	左移和右移
6	< <= > >=	e1<e2	自左至右	关系(比较)运算
7	== !=	e1==e2	自左至右	等于和不等于比较
8	&	e1&e2	自左至右	按位与
9	∧	e1∧e2	自左至右	按位异或

续表

<table>
<tr><th>优先级别</th><th>运算符</th><th>运算形式</th><th>结合方向</th><th>名称或含义</th></tr>
<tr><td>10</td><td>|</td><td>e1|e2</td><td>自左至右</td><td>按位或</td></tr>
<tr><td>11</td><td>&&</td><td>e1&&e2</td><td>自左至右</td><td>逻辑与</td></tr>
<tr><td>12</td><td>||</td><td>e1||e2</td><td>自左至右</td><td>逻辑或</td></tr>
<tr><td>13</td><td>?:</td><td>e1? e2:e3</td><td>自右至左</td><td>条件运算</td></tr>
<tr><td rowspan="2">14</td><td>=</td><td></td><td>自右至左</td><td>赋值运算</td></tr>
<tr><td>+=　-=　*=
/=　%=　>>=
<<=　&=　∧=
|=</td><td></td><td>自右至左</td><td>复合赋值运算</td></tr>
<tr><td>15</td><td>,</td><td>e1,e2</td><td>自左至右</td><td>逗号运算</td></tr>
</table>

说明：运算形式一栏中各字母的含义如下：a为数组；e为表达式；p为指针；t为类型；x、y为变量。

括号的优先级最高，所以如果要改变混合运算的运算次序，或者对运算次序把握不准时，都可以使用括号明确规定运算顺序。

运算符的结合方向是对级别相同的运算符而言的，说明了在几个并列的级别相同的运算符中运算的次序。大部分运算符的结合方向都是“自左至右”，如表达式 x * y/z，就是先计算 x * y，然后将其结果除以 z。有些运算符的结合方向是“自右至左”，如赋值运算符即是如此。

2.8 简单的输入输出语句

程序在执行期间，接收外部信息的操作称为程序的输入，而把程序向外部发送信息的操作称为程序的输出。在C++中没有专门的输入输出语句，所有输入输出是通过输入输出流来实现的。本节介绍的输入是把从键盘上输入的数据赋给变量，而输出是指将程序计算的结果送到显示器上显示。

C++提供的输入输出流有很强的输入输出功能，极为灵活方便，但使用也比较复杂。输入操作是通过输入流对象 cin 来实现的，而输出操作是通过输出流对象 cout 来实现的，如图 2.26 所示。本节介绍最基本的输入数据的方法，包括输入整数、实数、字符和字符串。要使用C++提供的输入/输出流时，必须在程序的开头增加编译预处理命令：

```
#include< iostream >
```

即包含输入输出流的头文件 iostream。有关包含文件的作用，在第5章编译预处理部分作详细介绍。

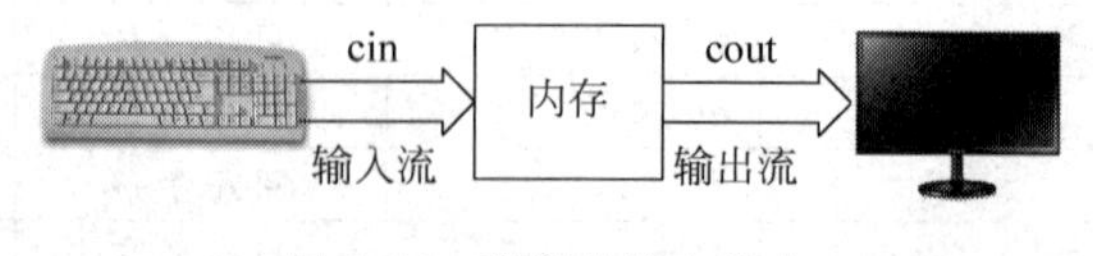

图 2.26　程序的输入输出

2.8.1 十进制整数、实数与字符数据的输入

在程序执行期间，要给变量输入十进制整数、实数或字符数据时，使用 cin 来完成，其一般格式为：

```
cin>>变量名 1>>变量名 2>>…>>变量名 n;
```

其中，运算符“>>”称为提取运算符，表示程序运行到该语句时，暂停程序的执行，等待用户从键盘上输入相应的数据。

需要说明的是：

(1) 在提取运算符后只能跟一个变量名，但“>>变量名”可以重复多次，既可给一个变量输入数据，也可依次给多个变量输入数据。例如，设有变量定义：

```
int  a, b;
cin>>a>>b;
```

程序运行到这条语句时暂停，等待用户从键盘上输入两个数据分别赋给 a 和 b。此时，用户应该输入 **30 ␣50 ↙**(其中“␣”表示空格，“↙”表示回车)。

这样，变量 a 的值为 30，变量 b 的值为 50，程序继续向下运行。

(2) 当输入项多于一个时，应用空格和回车将输入项进行分隔，空格的数量不限，因为 cin 有过滤空格和回车的特性，即接收到空格和回车后认为前一输入项输入结束，并且忽略后面的空格和回车，直到下一个有效输入项。例如，设有变量定义：

```
int a, b;
cin>>a>>b;
```

程序运行到此暂停，用户输入以下的输入内容效果都是一样的，即变量 a 为 30，变量 b 为 50。

```
30 ␣50 ↙
30 ␣␣␣␣50 ↙
30 ↙ 50 ↙
30 ↙↙↙ 50 ↙
```

(3) 在输入数据时，遇到以下情况，系统认为一个输入项结束。

① 在输入项后输入空格键“␣”、回车键“↙”、制表键“Tab”；

② 在接收输入项的过程中遇到非法输入。

【例 2.24】 数据的输入。

```
#include<iostream>
using namespace std;
int main()
{   int a;
    float b;
    cout<<"请输入变量 a 和 b\n";
    cin>>a>>b;                          //程序运行到此暂停,等待键盘输入
    cout<<a<<'\t'<<b<<endl;
    return 0;
}
```

程序的运行情况(下画线部分为键盘输入)如下:

```
请输入变量 a 和 b
23.789 ↙
23        0.789
```

程序分析:

在例 2.23 中,用户从键盘输入的是 23.789 ↙。

(1) 系统用输入的数据为变量 a 赋值,因为变量 a 定义的是整型,所以可以接收数字 0~9。接收完 2 和 3 后,遇到小数点“.”。对于整型数“.”是非法的,所以第一个输入项 a 就结束了,a 的值为 23。

(2) 系统接着为变量 b 赋值,由于变量 b 定义的是浮点型,所以可以接收数字 0~9 和小数点“.”。因此,从小数点开始,直到回车“↙”前,均是变量 b 的合法字符,故变量 b 的输入值为 0.789。

还是例 2.23 的程序,如果用户输入的是 23,789 ↙,则运行后 a 的值仍为 23,但由于整型和浮点型均不能接收逗号“,”,所以系统从键盘为变量 b 赋值时,遇到逗号“,”后,认为输入非法,变量 b 的输入结束。也就是说,变量 b 没有从键盘输入值就结束输入了,其值仍为随机值。

因此,对于 cin 的输入语句而言,从键盘上输入数据的个数、类型及顺序,必须与 cin 中列举的变量一一对应。若输入的类型不对,则输入的数据不正确。

由于 cin 输入语句过滤空格和回车,所以,如果要从键盘向字符型变量输入空格和回车时,就不能用上述的 cin 语句,必须使用函数 cin.get。其格式为:

```
cin.get (字符型变量);
```

或

```
字符型变量 = cin.get();
```

该语句一次只能从输入行中取出一个字符。

例如,如果有下列语句:

```
char ch1,ch2;
cin >> ch1 >> ch2;
```

此时,如果从键盘输入 ab ↙或 a␣b ↙或 a ↙ b ↙ ,程序的运行结果是一样,变量 ch1 赋值为'a',变量 ch2 赋值为'b',即 cin 语句不接收空格和回车。

但是,如果有下列语句:

```
char ch1,ch2,ch3;
cin.get(ch1);
cin.get(ch2);
cin.get(ch3);
```

那么从键盘输入 a␣b ↙时,变量 ch1 赋值为'a',变量 ch2 赋值为'␣',变量 ch3 赋值为'b'。

2.8.2 十六进制或八进制数据的输入

对于整型变量，从键盘上输入的数据也可以是八进制或十六进制数据。在默认的情况下，系统约定输入的整型数是十进制数据。当要求按八进制或十六进制输入数据时，在 cin 输入语句中必须按照以下标识符指明相应的数据进制类型：

hex　表示十六进制
oct　表示八进制
dec　表示十进制

【例 2.25】 多种进制整型数的输入。

```
#include< iostream >
using namespace std;
int main()
{   int a,b,c,d;
    cout<<"请输入 4 个数据：\n";
    cin>> hex >> a;             //指明输入的数为十六进制数
    cin>> oct >> b;             //指明输入的数为八进制数
    cin>> c;                    //上述指明的数制仍然有效,输入仍为八进制数
    cin>> dec >> d;             //指明输入为十进制数
    cout<<"a = "<< a <<'\t'<<"b = "<< b <<'\t'<<"c = "<< c <<'\t'<<"d = "<< d << endl;
    return 0;
}
```

程序的运行情况如下：

```
请输入 4 个数据:
11 11 12 12↙
a = 17    b = 9    c = 10    d = 12
```

输入数据后，变量的存储情况如图 2.27 所示。

变量a，十六进制11，十进制整数17

00000000	00000000	00000000	00010001

变量b，八进制11，十进制整数9

00000000	00000000	00000000	00001001

变量c，八进制12，十进制整数10

00000000	00000000	00000000	00001010

变量d，十进制整数12

00000000	00000000	00000000	00001100

图 2.27 变量 a、b、c、d 的存储情况

由于在 cin 中已指明输入数据时所用的数制，输入十六进制数时，可以用 0x 开始，也可以不用 0x 开始；输入的八进制数可用 0 开始，也可以不以 0 开始。

使用非十进制输入数据时，要注意以下三点：

(1) 八进制或十六进制数的输入，只能适用于整型变量，不适用于字符型、实型变量。

(2) 当在 cin 中指明使用的数制输入后,则所指明的数制一直有效,直到在后面的 cin 语句中指明使用另一数制输入数据时为止。如例 2.24 中,输入 c 的值时,仍为八进制。

(3) 输入数据的格式、个数和类型必须与 cin 中所列举的变量类型一一对应。一旦输入出错,不仅使当前的输入数据不正确,而且使得后面的输入数据也不正确。

2.8.3 数据的输出

十进制整数、实数和字符数据的输出方法完全类同,可使用 cout 来实现,其一般格式为:

```
cout <<表达式 1 <<表达式 2 << … <<表达式 n;
```

其中,"<<"称为插入运算符,它将紧跟其后的表达式的值输出到显示器当前光标的位置。每个插入运算符只能输出一个输出项。

【例 2.26】 数据的输出。

```
#include <iostream>
using namespace std;
int main()
{   int a = 3,b = 4;
    float c = 0.125;
    cout <<"a * c = "<< a * c << endl;
    cout <<"b * c = "<< b * c << endl;
    return 0;
}
```

程序的运行结果如下:

```
a * c = 0.375
b * c = 0.5
```

可见,以上每一个 cout 语句输出一行,其中双引号("")内的内容原样输出,endl 表示要输出一个换行符,它等同于字符'\n'。当用 cout 输出多个数据时,在默认情况下,是按每一个数据的实际长度输出的。如果希望控制浮点数数据输出项的数字位数,可以用专用的控制符进行控制。C++默认的输出数值的有效位数是 6 位。表 2.10 列出了 I/O 流的常用控制符。

表 2.10 显示时的常用控制符

控制符	功能
dec	以十进制形式显示数据(默认)
hex	以十六进制形式显示数据
oct	以八进制形式显示数据
setprecision(n)	设置显示浮点数时的有效位数为 *n* 位
setw(n)	设置输出项的宽度为 *n* 列(默认右对齐)
setiosflags(ios::fixed)	设置浮点数,以固定的小数位数显示

续表

控　制　符	功　　能
setiosflags(ios::scientific)	设置浮点数,以指数形式显示
setiosflags(ios::left)	输出数据左对齐
setiosflags(ios::right)	输出数据右对齐

使用上述控制符时,在程序的开始位置必须包含头文件 iomanip,即在程序的开头增加一行:

```
#include <iomanip>
```

【例 2.27】 使用控制符输出数据。

```
double pi = 3.1415926;
```

(1) cout << pi;

输出 3.14159 (默认 6 位有效数字)。

(2) cout << setprecision(4)<< pi;

输出 3.142(显示 4 位有效数字)。

(3) cout << setprecision(4)<< setw(8)<< pi;

输出␣␣␣3.142(输出项占 8 列,默认右对齐)。

(4) cout << setprecision(10)<< pi;

输出 3.1415926(显示精度大于实际值,以实际值为准)。

(5) cout << setiosflags(ios::scientific)<< setprecision(5)<< pi;

输出 3.14159e+000(以指数形式输出时,setprecision(n)中的 n 为小数位数)。

注意:

(1) 当在 cout 中指明以一种数制输出整数时,对其后的输出均有效,直到指明又以另一种数制输出整型数据为止。

(2) 对于实数的输出也是这样,一旦指明按科学表示法输出实数,则其后的实数输出均按科学表示法输出,直到指明以定点数输出为止。明确指定按定点数格式输出(默认的输出方式)的语句为:

```
cout.setf(ios::fixed,ios::floatfield);
```

(3) 控制符 setw(n)仅对其后的一个输出项有效。一旦按指定的宽度输出其后的输出项后,又回到原来的默认输出方式。

练　习　题

一、选择题

1. 下面有四个用户定义的 C++语言标识符,正确的是________。

　A. int　　　　B. -ac　　　　C. _53　　　　D. ab－c

2. 下列符号中不可作为用户标识符是________。

A. FiLE　　B. a_c　　C. _abc　　D. char

3. 下列选项中,正确的 C++标识符是________。

A. 6_group　　B. group~6　　C. age+3　　D. _group_6

4. 下列字符串中不能作为 C++标识符使用的是________。

A. WHILE　　B. user　　C. _lver　　D. 9stars

5. 下面的常数表示中,不正确的是________。

A. -0.　　B. '\55'　　C. 0x2a3　　D. '103'

6. 下列不是 C++中合法的常量的是________。

A. 0786　　B. 123L　　C. 0XAB　　D. 12E-2

7. 要为字符型变量赋初值,下列语句中正确的是________。

A. char a='3';　　B. char a="3";

C. char a=%;　　D. char a=*;

8. 已知 float x=3.6, y=5.0;,则表达式(int)x+y 的值为________。

A. 8　　B. 8.0　　C. 8.6　　D. 9.0

9. 若有定义语句 int i=2, j=3;,表达式 i/j 的结果是________。

A. 0　　B. 0.7　　C. 0.66667　　D. 0.66666667

10. 表达式(int)((double)9/2)-9%2 的值是________。

A. 0　　B. 4　　C. 3　　D. 5

11. 设变量已正确定义并赋值,以下正确的表达式是________。

A. x=n%2.5;　　B. x+n=i;

C. x=5=5+1;　　D. a=1+(b=c=4);

12. 若有定义语句 int x=10;,则表达式“x-=x+x”的值为________。

A. -20　　B. 0　　C. -10　　D. 10

13. 设有定义 int k=0;,以下选项的四个表达式中与其他三个表达式不相同的表达式是________。

A. k++　　B. k+=1　　C. ++k　　D. k+1

14. 以下选项中,当 x 为大于 1 的奇数时,值为 0 的表达式是________。

A. x/2　　B. x%2==0　　C. x%2!=0　　D. x%2==1

15. 表达式 x==0&&y!=0 || x!=0&&y==0 等效于________。

A. x*y==0 && x+y!=0;　　B. x*y==0 && x+y==0;

C. x==0 || y= =0;　　D. x*y==0 || x+y==0;

16. 设有定义 int a=5,b=4;,则逻辑表达式 a<=6&&a+b>8 的值为________。

A. TRUE　　B. FALSE　　C. false　　D. true

17. 整型变量 a 的值为 10,b 的值为 3,则执行表达式 b%=b++||a++后两变量的值为________。

A. a=10,b=0　　B. a=9,b=4　　C. a=9,b=3　　D. a=8,b=1

18. 若 a 是数值类型,则逻辑表达式“(a==1)||(a!=1)”的值是________。

A. false　　B. 2

C. true　　　　　　　　　　　　　　　D. 不知道 a 的值，不能确定

19. 设有定义 int x=2;，以下表达式中，值不为 6 的是________。

A. 2 * x, x+=2　　B. x++,2 * x　　C. x *=(1+x)　　D. x *=x+1

20. 若变量 x、y 已正确定义并赋值，以下符合 C++语法的表达式是________。

A. ++x, y=x--　　　　　　　　　　B. x+1=y

C. x=x+10=x+y　　　　　　　　　D. double(x)%10

二、填空题

1. 表达式(a=4 * 5, b=a * 2), b-a, a+=2 的值是________。

2. 若有声明 int a=30, b=7;，则表达式!a+a%b 的值是________。

3. 已知有声明 int x=1, y=2;，则执行表达式(x > y)&&(--x > 0)"后 x 的值为________。

4. 若有定义 int a=0, b=0, c=0;，则执行表达式 a++&&(b+=a)||++c 后，变量 a、b、c 的值各是多少？

5. 若有声明 char a=0; int b=1; float c=2; double d=3;，则表达式 c=a+b+c+d 值的类型为________。

6. 若有声明 int i=7; float x=3.1416; double y=3;，则表达式 i+'a' * x+i/y 值的类型是________。

7. C++关系表达式中的关系成立时，则该关系表达式的值为________。

8. 以下程序运行时输出结果是________。

```
#include <iostream>
using namespace std;
int main()
{   char a = 256;
    int d = a + 1;
    cout << d <<'\n';
    return 0;
}
```

9. 已知 n 是一个四位正整数。a、b、c、d 均是 int 型变量，分别表示 n 的个位、十位、百位和千位数字。请写出 a、b、c、d 的表达式。

10. 将下列数学表达式写成 C++的表达式形式。

(1) $\frac{\sin x}{x-y}$　　　　　　　　　(2) $\sqrt{s(s-a)(s-b)(s-c)}$

(3) $(a-b)(a+b)$　　　　　　　　　(4) $\frac{x+y}{|x-y|}$

第3章 基本流程控制结构

3.1 结构化程序设计

介绍结构化程序设计方法的基本思想以及C++的基本控制结构。

3.1.1 结构化程序设计

C++源程序由若干函数构成，而函数又是由语句构成的。对程序员来说，编写程序的一个主要内容就是如何将解决一个应用问题所使用的算法用C++的语句和函数来描述。换句话说，就是如何组织C++程序的结构。

结构化程序设计诞生于20世纪60年代，发展到20世纪80年代，已经成为当时程序设计的主流方法。它的产生和发展形成了现代软件工程的基础，也是目前流行的面向对象的程序设计方法的基础。结构化程序设计的基本思想是采用“自顶向下，逐步求精”的程序设计方法和“单入口单出口”的控制结构。自顶向下、逐步求精的程序设计方法从问题本身开始，经过逐步细化，将解决问题的步骤分解为由基本程序结构模块组成的结构化程序框图。“单入口单出口”的思想认为，一个复杂的程序，如果它仅是由顺序、选择和循环三种基本程序结构通过组合、嵌套构成，则构造的程序一定是一个单入口单出口的程序，据此就很容易编写出结构良好、易于调试的程序来。

结构化设计方法是以模块化设计为中心，将待开发的软件系统划分为若干个相互独立的模块，使每一个模块的工作变得单纯而明确，为设计较大的软件打下良好的基础。由于模块相互独立，因此在设计其中一个模块时，不会受到其他模块的牵连，因而可将原来较为复杂的问题简化为一系列简单模块的设计。模块的独立性还为扩充已有的系统、建立新系统带来了不少的方便。按照结构化设计方法设计出的程序具有结构清晰、可读性好、易于修改和容易验证的优点。C++是一种支持结构化程序设计思想的程序设计语言，使用C++编写程序时，应该遵循结构化程序设计方法。

在结构化程序设计方法中，模块是一个基本概念。一个模块可以是一条语句、一段程序、一个函数等。在流程图中，模块用一个矩形框表示，如图3.1所示。模块的基本特征是其仅有一个入口和一个出口，即要执行该模块的功能，只能从该模块的入口处开始执行，执行完该模块的功能后，从模块的出口转向执行其他模块的功能。即使模块中包含多条语句，也不能随意从其他语句开始执行，或提前退出模块。

图3.1 程序模块

3.1.2 基本控制结构

按照结构化程序设计的观点，任何算法功能都可以通过由程序模块组成的三种基本程序结构的组合来实现。

(1) 顺序结构由两个程序模块串接构成，如图 3.2 左部虚线框所示，这两个程序模块是顺序执行的，即首先执行“程序模块 1”，然后执行“程序模块 2”。顺序结构中的两个程序模块可以合并成一个等效的程序模块，即将图 3.2 中左部虚线框部分整个看成一个程序模块，如图 3.2 的右部所示。通过这种方法，可以将许多顺序执行的语句合并成一个比较大的程序模块。

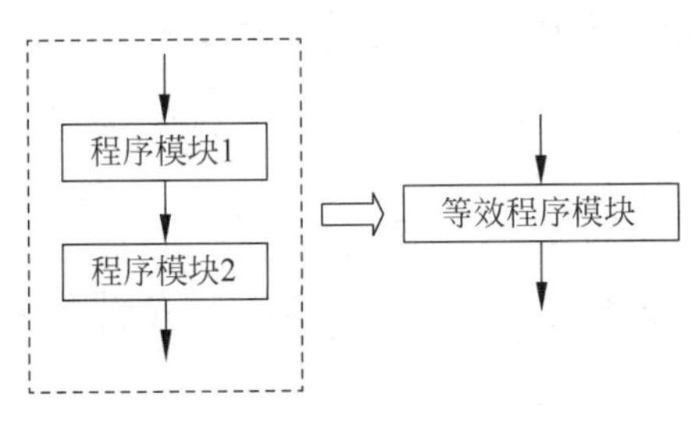

图 3.2 顺序结构

顺序结构是最常见的程序结构形式，在一般程序中大量存在。但并不是所有程序都可以只使用顺序结构编写。在求解实际问题时，常常要根据输入数据的实际情况进行逻辑判断，对不同的判断结果分别进行不同的处理；或者需要反复执行某些程序段，以避免多次重复编写结构相似的程序段带来程序结构上的臃肿。这就需要在程序中引入选择结构和循环结构。一个结构化程序正是由这三种基本程序结构交替综合而构成的。

(2) 选择结构如图 3.3 左部虚线框所示。从图中可以看出，根据逻辑条件成立与否，分别选择执行“程序模块 1”或者“程序模块 2”。虽然选择结构比顺序结构稍微复杂了一点，但是仍然可以将其整个作为一个等效的程序模块，如图 3.3 右部所示。一个入口 （从顶部进入模块开始判断)，一个出口(无论执行了“程序模块 1”还是“程序模块 2”，都应从选择结构框的底部出去)。在编程过程中，还可能遇到选择结构中的一个分支没有实际操作的情况，如图 3.4 左部虚线框所示。这种形式的选择结构可以看成是图 3.3 中的选择结构的特例。

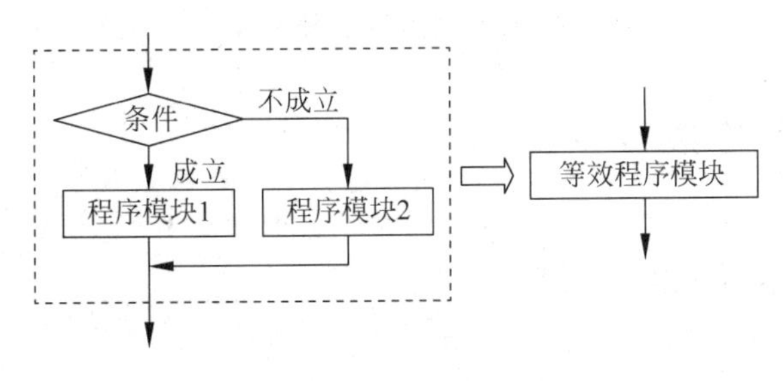

图 3.3 选择结构

(3) 循环结构如图 3.5 左部虚线框所示。在进入循环结构后首先判断条件是否成立，如果成立则执行“程序模块”，反之则退出循环结构。执行完“程序模块”后再去判断条件，如果条件仍然成立则再次执行内嵌的“程序模块”，循环往复，直至条件不成立时退出循环结

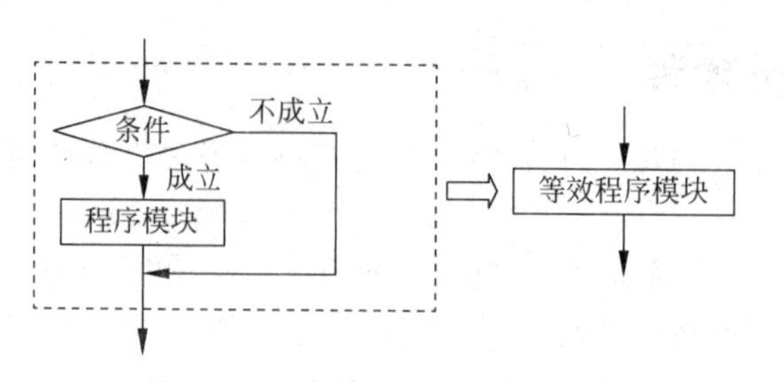

图 3.4　单分支选择结构

构。循环结构也可以抽象为一个等效的程序模块，如图 3.5 右部所示。图 3.5 中的循环结构可以描述为“当条件成立时反复执行程序模块”，故又称为当型循环(while 型循环)结构。

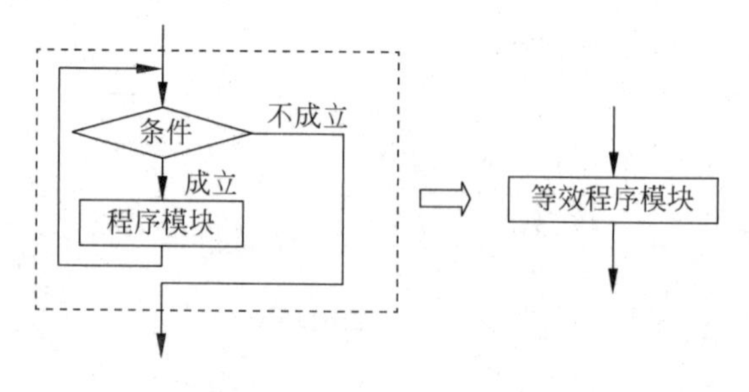

图 3.5　当型循环结构

除了当型循环外，还有直到型循环(do-while 型循环)结构，如图 3.6 所示，其特点是进入循环结构后首先执行“程序模块”，然后再判断条件是否成立，如果成立则再次执行“程序模块”，直到条件不成立时退出循环结构。

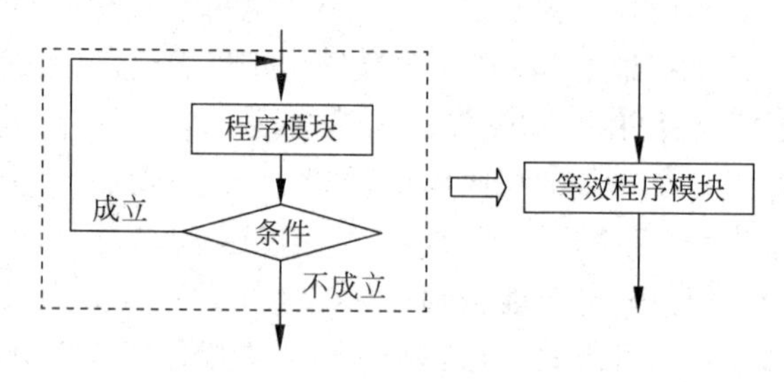

图 3.6　直到型循环结构

3.1.3　C++语言的语句分类

语句是组成 C++程序的基本单元，其标志是结束时以分号“;”结束。分号是一个 C++语句的组成部分。C++语句可以分为以下六类。

1) 说明语句

在 C++中，把完成对数据结构的定义和描述、对变量的定义性说明统称为说明语句，它可放在函数中允许出现语句的任何位置，也可以放在函数定义之外。例如：

```
int  m;                        //说明语句,定义了整型变量 m
```

2）控制语句

完成一定流程控制功能的语句，即有可能改变程序执行顺序的语句称为控制语句。控制语句包括选择结构的实现语句（条件语句、开关语句、分支选择语句）、循环结构的实现语句（循环语句）、转向语句、从函数中返回语句等。

3）函数调用语句

在一次函数的调用后加上一个分号所构成的语句，称为函数调用语句。例如：

```
sin(x);                    //函数调用语句
```

4）表达式语句

在任一表达式的后面加上一个分号，就构成一个表达式语句。例如：

```
i = i + 1;                 //表达式语句
```

5）空语句

只由一个分号所构成的语句称为空语句，它不执行任何操作。

6）复合语句

用花括号{ }把一条或多条语句括起来后构成一个语句，称为复合语句。它可以出现在只允许出现一个语句的任何位置。花括号是C++中的一个标点符号，左花括号“{”标明了复合语句的起始位置，右花括号“}”标明了复合语句的结束，所以右花括号后边的分号就不需要了。复合语句主要用于控制语句中。

3.2 选择结构语句

3.2.1 if 语句

if 语句也称为条件语句，它的功能是用来判定由表达式所表达的条件是否满足，根据判定的结果（真或假）决定执行哪个操作。C++中提供了三种形式的 if 语句，其格式如下：

1）单选条件语句格式

```
if(表达式) 语句
```

这种单选 if 语句的执行过程见图 3.4，执行时首先求出表达式的值，若表达式的值不等于 0，则执行“语句”，否则，跳过该 if 语句，直接执行后继的语句。例如：

```
if(x > y)   cout << x <'\n';
```

执行该语句时，当 x > y 时，屏幕上显示 x 的值；当 x≤y 时，该语句不被执行。

2）二选一条件语句格式

```
if(表达式) 语句 1
else 语句 2
```

这种二选一条件语句的执行过程见图 3.3，执行时首先求出表达式的值，若表达式的值不等于 0，则执行“语句 1”，否则，执行“语句 2”。例如：

```
if(x > y) cout << x <'\n';
```

```
else cout << y<<'\n';
```

执行该语句时,当 x > y 时,屏幕上显示 x 的值;当 x≤y 时,屏幕上显示 y 的值。

3) 多选一条件语句格式

```
if(表达式 1) 语句 1
else if(表达式 2) 语句 2
else if(表达式 3) 语句 3
 ⋮
else if(表达式 n) 语句 n
else 语句 m
```

这种多选一条件语句的执行过程见图 3.7,执行时首先求出表达式 1 的值,若表达式 1 的值不等于 0,则执行“语句 1”;若表达式 1 的值等于 0,则再求表达式 2 的值,若表达式 2 的值不等于 0,则执行“语句 2”;若表达式 2 的值等于 0,则再求表达式 3 的值……以此类推,直至“语句 m”。根据实际情况,最后的“else 语句 m”也可省略。

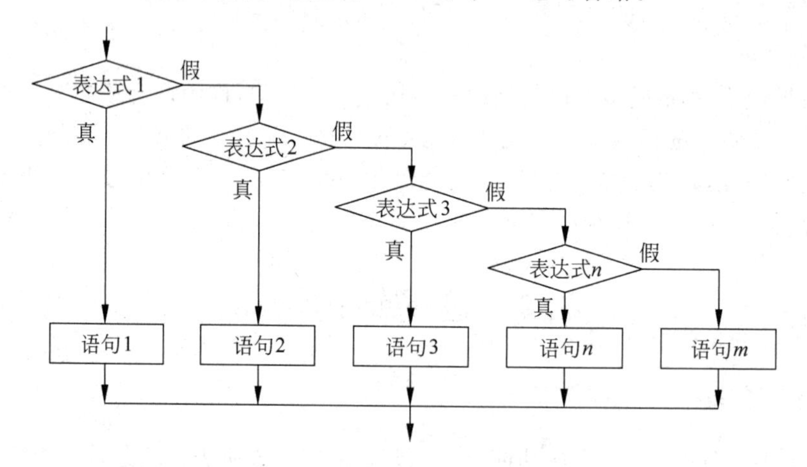

图 3.7　多选一条件语句执行流程

说明:

(1) 三种形式的 if 语句中的“表达式”可以是符合 C++语法规则的任一表达式,一般为逻辑表达式、关系表达式或算术表达式。

(2) 三种形式的 if 语句中的“语句”可以是一个单一语句,也可以是一个复合语句。通常把该“语句”称为条件语句的内嵌语句。

(3) 第二、第三种形式的 if 语句中,在每个 else 前面有一分号,整个语句结束处有一个分号。例如:

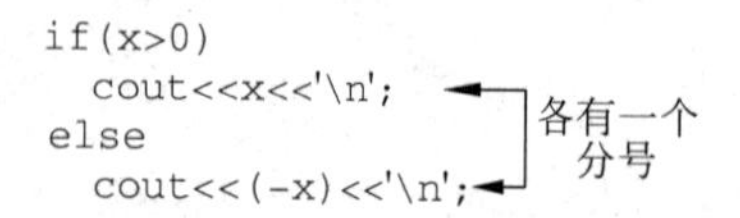

这是由于分号是 C++语句中不可缺少的部分,这个分号是 if 语句中的内嵌语句所要求的。如果内嵌语句是复合语句,则复合语句的结束符“}”也作为内嵌语句的结束符,不需要再添加分号了。例如:

```
if(delta)
{ cout<<"方程有两个不同的实根:\n";
  cout<<"x1="<<(-b+delta)/2/a<<'\n';
  cout<<"x2="<<(-b-delta)/2/a<<'\n';
}
else
{ cout<<"方程有两个相等的实根:\n";
  cout<<"x1=x2="<<-b/2/a<<'\n';
}
```

配对使用　　没有分号

(4) if 语句中,if 后内嵌语句(又称为 if 子句)与 else 后内嵌语句(又称为 else 子句)不要误认为是两个语句,它们都属于同一个 if 语句。else 子句不能作为语句单独使用,它必须是 if 语句的一部分,与 if 配对使用。

【例 3.1】 输入两个实数,按代数值由小到大依次输出这两个数。

算法分析:先输入两个数据,如果前一个数据大于后一个数据,则将两个数据互换,最后依次输出两个数据。注意,互换两个数据要用到第三个数据变量作为桥梁,否则两个数据相互覆盖,达不到互换的目的。其算法流程图如图 3.8 所示。

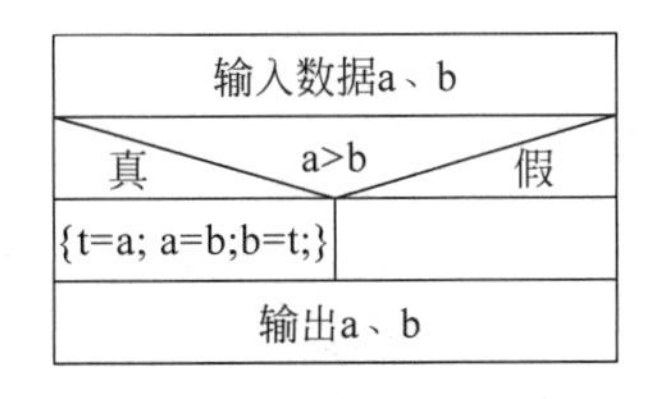

图 3.8　由小到大依次输出两个数

源程序如下:

```
#include<iostream>
using namespace std;
int main()
{   float a,b,t;                          //定义变量
    cout<<"请输入两个实数: \n";           //在屏幕上输出提示信息
    cin>>a>>b;                            //给变量赋值
    if(a>b)                               //如果前一个变量大于后一个变量
    {   t=a; a=b; b=t; }                  //利用第三个变量交换数据
    cout<<a<<'\t'<<b<<endl;               //依次输出变量
    return 0;
}
```

程序的运行情况如下:

```
请输入两个实数:
7  5.4↙
5.4        7
```

其中,if 条件成立后执行的内嵌语句是复合语句,一定要用花括号"{}"括起,如果没有花括号"{}",那么 if 的控制范围只到条件表达式后的第一个分号处。

【例 3.2】 从键盘上输入三个整数,输出其中的最大数。

算法分析:定义三个整型变量 a、b、c,分别表示从键盘上输入的三个整数。先比较 a 与 b,求出其大者,然后再将该数与 c 比较,求出二者中的大数,该大数就是三个整数中的最大数。其算法流程图如图 3.9 所示。

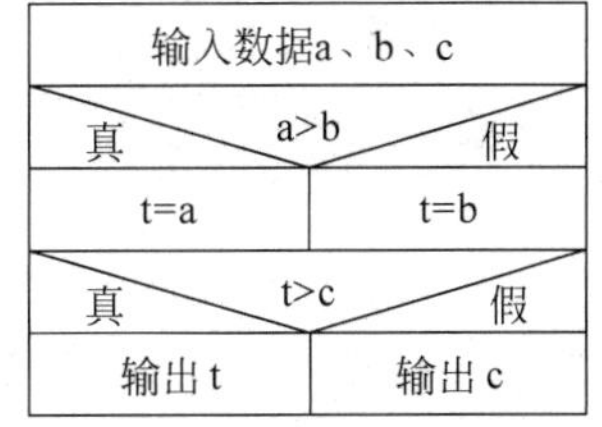

图 3.9　求三个数中的大者

源程序如下：

```
#include<iostream>
using namespace std;
int main()
{   int a, b, c, t;
    cout<<"输入三个整数:  ";
    cin>>a>>b>>c;
    cout<<"a="<<a<<'\t'<<"b="<<b<<'\t'<<"c="<<c<<'\n';
    if(a>b) t=a;
    else  t=b;
    cout<<"最大数是: ";
    if(t>c) cout<<t<<'\n';
    else cout<<c<<'\n';
    return 0;
}
```

程序的运行情况如下：

```
输入三个整数: 2  1  5↙
a=2     b=1     c=5
最大数是: 5
```

【例 3.3】 判断从键盘输入字符的种类。字符可分为五类：数字、大写字母、小写字母、控制字符(ASCII 的编码小于 32)和其他字符。

算法分析：从键盘输入的某字符属于五种类型中的一种,因此可用多选一条件语句实现分类。其算法流程图如图 3.10 所示。

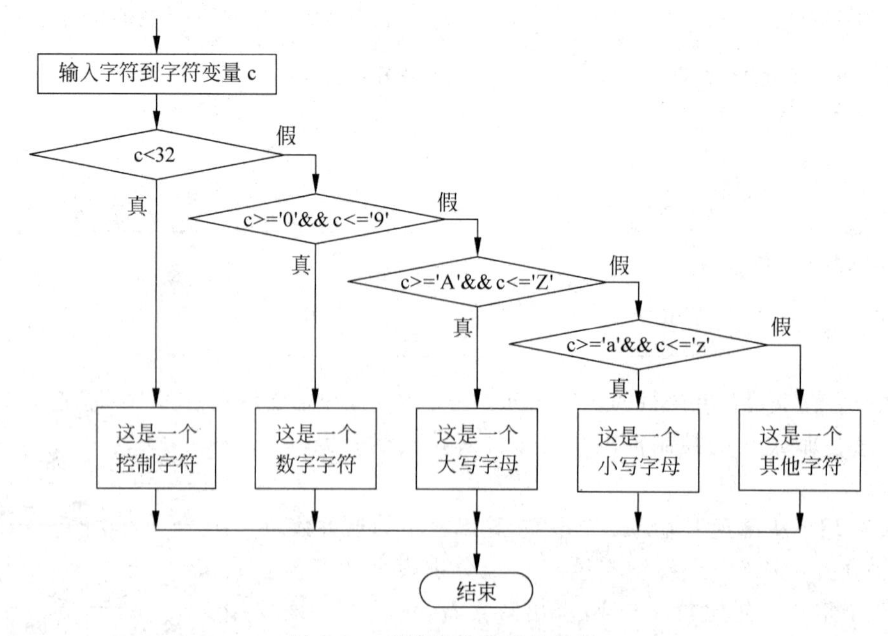

图 3.10 判断输入字符的种类

源程序如下：

```
#include<iostream>
using namespace std;
int main()
{   char c;
    cout<<"输入一个字符:";
    cin.get(c);                         //A
    if(c<32)
        cout<<"这是一个控制字符。\n";
    else if(c>='0'&&c<='9')
        cout<<"这是一个数字字符。\n";
    else if(c>='A'&&c<='Z')
        cout<<"这是一个大写字母。\n";
    else if(c>='a'&&c<='z')
        cout<<"这是一个小写字母。\n";
    else  cout<<"这是一个其他字符。\n";
    return 0;
}
```

程序的运行情况(运行三次)如下：

```
输入一个字符: a↙
这是一个小写字母。
```

```
输入一个字符: ↙
这是一个控制字符。
```

```
输入一个字符: +↙
这是一个其他字符。
```

本例程序中 A 行使用 cin.get(c)可接收键盘输入的任意字符,包括空格和回车键。若使用 cin>>c 输入方式,则不能接收键盘输入的空格和回车字符。

【例 3.4】 编程求一元二次方程 $ax^2+bx+c=0$ 的解,系数 a、b、c 从键盘上输入。

算法分析：方程系数应为实型数据,输入系数 a、b、c 的值后,若 $b^2-4ac<0$ 时,则方程无实根；若 $b^2-4ac>0$ 时,则方程存在两个不等的实根；$b^2-4ac=0$ 时,则方程存在两个相等的实根。其算法流程图如图 3.11 所示。

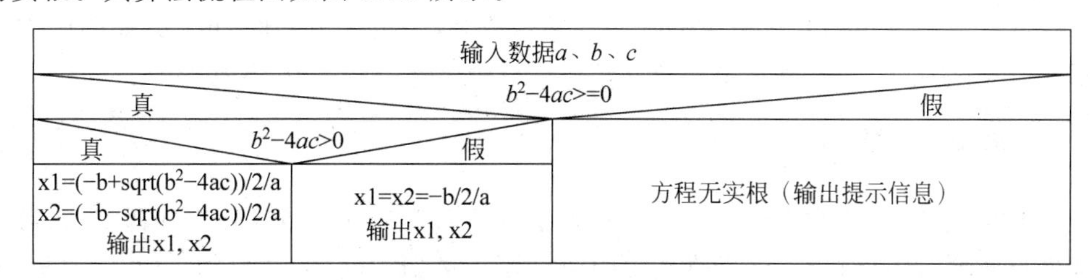

图 3.11　求一元二次方程的根

源程序如下：

```
#include<iostream>
#include<cmath>                                  //A
using namespace std;
int main()
{   float a, b, c, delta;
    cout<<"输入三个系数:";
    cin>>a>>b>>c;
    cout<<"a="<<a<<'\t'<<"b="<<b<<'\t'<<"c="<<c<<'\n';
    delta=b*b-4*a*c;
    if(delta<0)
        cout<<"方程无实根!\n";
    else{                                        //B
        delta=sqrt(delta);                       //C
        if(delta){                               //D
            cout<<"方程有两个不等的实根:\n";
            cout<<"x1="<<(-b+delta)/2/a<<'\n';
            cout<<"x2="<<(-b-delta)/2/a<<'\n';
        }
        else{                                    //E
            cout<<"方程有两个相等的实根:\n";
            cout<<"x1=x2="<<-b/2/a<<'\n';
        }
    }
    return 0;
}
```

程序的运行情况如下：

```
输入三个系数: 1 3 2↙
a=1    b=3    c=2
方程有两个不等的实根:
x1=-1
x2=-2
```

在程序中，B行的else分支使用了复合语句，并且在复合语句中又包含了二选一条件语句(D、E行)，这是if语句的嵌套。使用嵌套的if语句时，应注意if与else的配对关系。else总是与它上面最近的、未配对的if配对，如E行的else就与D行的if配对。程序中C行用到了开平方函数sqrt()，这是一个C++的库函数，它返回的开平方根值是一个double类型的双精度实数。当使用到C++提供的常用数学函数时，要包含头文件cmath，如程序中的A行所示。有关函数的用法，将在第4章介绍。D行中if(delta)等价于if(delta!=0)。

3.2.2 条件运算符“?:”

若在if语句中，当被判别的表达式的值为“真”或“假”时，都执行一个赋值语句且向同一个变量赋值时，可以用一个条件运算符来处理。例如，有以下if语句：

```
if(a>b)
```

```
    max = a;
else
    max = b;
```

其功能是：当 a＞b 时，将 a 的值赋给 max；当 a≤b 时，将 b 的值赋给 max。可以看到，无论 a＞b 是否满足，都是向同一个变量 max 赋值。在这种情况下，也可以用下面的条件运算符来处理：

```
max = (a>b) ? a : b
```

其中，"(a＞b) ? a : b"是一个由条件运算符构成的"条件表达式"。它是这样执行的：如果(a＞b)条件为真，则条件表达式取值 a，否则取值 b。

条件运算符使用格式为：

表达式 1? 表达式 2 : 表达式 3

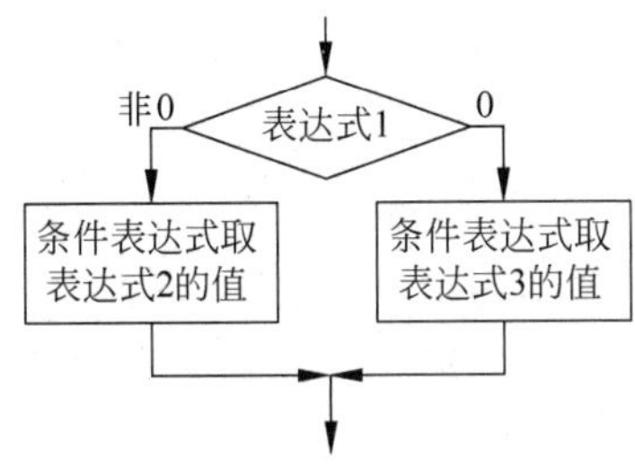

图 3.12　条件表达式执行流程

条件运算符是 C++ 语言中唯一的一个要求有三个操作数对象的运算符，称为三目(元)运算符，其中的三个表达式可以是任意的符合 C++ 语法规则的表达式。条件表达式的执行过程见图 3.12，运算时先求出表达式 1 的值，若其值不等于 0 时，则求出表达式 2 的值(不求表达式 3 的值)，并把该值作为运算的结果；若表达式 1 的值等于 0 时，则求出表达式 3 的值(不求表达式 2 的值)，并把它作为运算的结果。

说明：

(1) 条件运算符"? :"的优先级仅高于赋值运算符、复合赋值运算符和逗号运算符，而低于其他的算术、逻辑、关系等运算符。因此

```
max = ( a>b ) ? a : b ;
```

中括号可以不要，可以直接写成：

```
max = a>b ? a : b ;
```

同样，如果有语句

```
max = a>b ? a : b+1 ;
```

则它等效于

```
max = a>b ? a : ( b+1 ) ;
```

而不等效于

```
max = ( a>b ? a : b ) +1 ;
```

(2) 条件运算符的结合方向为"自右至左"。例如，表达式

```
a>b ? a : c>d ? c : d
```

相当于

```
a>b?a:(c>d?c:d)
```

(3) 条件运算符的三个表达式的类型可不同,此时条件表达式取转换级别较高的类型(见图 2.16)。例如:

```
cout<<(3>2? 'a': 20);
```

此时,程序输出 97 而不是 a,因为表达式 3 为 20 是整型,比字符'a'的类型转换级别高,故将字符'a'转换成整型。

【例 3.5】 输入一个字符,判别它是否是大写字母,如果是,将它转换成小写字母;如果不是,不转换。然后输出最后得到的字符。

算法分析:关于大小写字母之间的转换方法,在本书例 2.8 中已做了介绍,因此,可直接编写程序。

```
#include<iostream>
using namespace std;
int main()
{   char ch;
    cout<<"请输入一个字符: ";
    cin>>ch;
    ch=(ch>='A'&&ch<='Z')?(ch+32):ch;
    cout<<ch<<'\n';
    return 0;
}
```

程序的运行情况如下:

```
请输入一个字符: Y↙
y
```

程序中条件表达式"(ch>='A'&&ch<='Z')?(ch+32):ch"的作用是:如果字符变量 ch 的值为大写字母,则条件表达式的值为(ch+32),即相应的小写字母,32 是小写字母和大写字母 ASCII 码的差值。如果 ch 的值不是大写字母,则条件表达式的值为 ch,即不进行转换。

3.2.3 switch 语句

switch 语句又称为开关语句,它是一种多分支选择语句,其格式为:

```
switch(表达式)
{
    case 常量表达式 1:   语句 1
    case 常量表达式 2:   语句 2
    …
    case 常量表达式 n:   语句 n
    default:             语句 n+1
}
```

其中,switch 后的表达式可以是任意的符合 C++语法规则的表达式,但其值只能是整型或字符型。各常量表达式只能由常量组成,其值也只能是整型或字符型。case 后的语句均是任选的,它可以由一个或多个语句组成。default 子句也可省略。

switch 语句的执行过程是:先计算表达式的值,然后将其顺序地与 case 后面的常量表达式进行比较,若表达式的值与常量表达式的值相等,就由此开始进入相应的 case 后的语句执行,然后依次执行其后每个 case 后的语句,遇到 case 和 default 也不再进行判断,直至 switch 语句结束。如果要使其在执行完相应的语句后中止执行下面的语句,则应在相应语句后加 break 语句,以使流程跳出 switch 语句。

【例 3.6】 编写程序,将百分制的学生成绩转换为优秀、良好、中等、及格和不及格五级制成绩。标准如下。

优秀:90~100 分;

良好:80~89 分;

中等:70~79 分;

及格:60~69 分;

不及格:60 分以下。

算法分析:使用 switch 语句构成的多分支选择结构编写程序。成绩转换时是根据分数范围进行的。因此,构造一个整型表达式 grade/10 用于将分数段化为单个整数值。例如,对于分数段 60~69 中的各分数值,表达式的值均为 6。用该整数值配合 switch 语句中各 case 后常量表达式,并灵活运用 break 语句,即可编写出所需转换程序。程序如下:

```
#include <iostream>
using namespace std;
int main()
{   int grade;                          //百分制成绩
    cout <<"输入百分制成绩:";
    cin >> grade;
    cout <<"五级制成绩:";
    switch ( grade/10 )
    {
    case 10:                            //A
    case 9: cout <<"优秀\n";
          break;
    case 8: cout <<"良好\n";            //B
          break;                        //C
    case 7: cout <<"中等\n";
          break;
    case 6: cout <<"及格\n";
          break;
    default : cout <<"不及格\n";
    }
    return 0;
}
```

程序的运行情况如下:

```
输入百分制成绩: 89↙
五级制成绩: 良好
```

说明：

(1) switch 语句中“case 常量表达式”只起语句标号作用,并不是在该处进行条件判断。在执行 switch 语句时,根据 switch 后面表达式的值找到匹配的入口标号,就从此标号开始执行下去,不再进行判断。若遇到 break 语句,则终止程序流程,立即退出 switch 语句。如执行例 3.5 程序时输入 89,则表达式 grade/10 的值为 8,此值与 case 8 相匹配,因此执行 B、C 行后程序就结束了。

(2) 每一个 case 的常量表达式的值必须互不相同,否则就会出现互相矛盾的现象(对表达式的同一个值,有两种或多种执行方案)。

(3) 当省略 case 后面的语句时,则可实现多个入口共用一组语句。例如,例 3.6 中,若输入 100,则 grade/10 的值等于 10,从 case 10 进入执行程序。此时 A 行中没有语句,则顺序执行 case 9 后两条语句,即 case 10 和 case 9 共用了语句组“cout <<"优秀\n"; break;”。

(4) 各个 case 和 default 出现的前后次序不影响执行结果。

【例 3.7】 指出下面程序段中的错误。

```
float x = 2.5;
int a,b;
a = 3; b = 4;
switch ( x * 2 )                    //D
{
case 2.5 :  ...                     //E
case a + b :  ...                   //F
case 1 , 2 , 3 : ...                //G
}
```

解：该程序段中多处存在不符合语法规则的现象。D 行中的表达式的值为实数,这是不允许的,但写成(int)(x * 2)就符合语法规则了。E 行中 case 后的常量表达式的值是实型,不符合语法规则。F 行中 case 后的表达式不是常量表达式,也不符合语法规则。而 G 行中 case 后的表达方式也是不允许的。若要表达共用同一语句,则 G 行应改写成：

```
case 1 :
case 2 :
case 3 :  ...
```

注意：*在实际应用中,任一 switch 语句均可以用条件语句来实现,但并不是任何条件语句均可用 switch 语句来实现。这是因为 switch 语句中限定了表达式的取值类型为整型或是字符型,而条件语句中的条件表达式可取任意类型的值。*

【例 3.8】 设计程序,实现简单的计算器功能,即能完成加、减、乘和除算术运算。如输入：

```
2.5 * 4
```

则输出为

```
2.5 * 4 = 10
```

算法分析：运算符为字符类型,取值为+、-、*、/,可用 switch 语句中四个 case 来区分这四种情况。输入两个操作数及运算符后,根据运算符的种类,利用相应 case 后的语句完成相应的运算。源程序如下：

```
#include <iostream>
using namespace std;
int main()
{   float data1,data2;
    char op;
    cout <<"输入数据,格式为: 操作数 1   运算符   操作数 2 : \n";
    cin >> data1 >> op >> data2;              //从键盘输入的运算符存放在字符型变量 op 中
    switch (op )
    {
    case ' + ' : cout << data1 << op << data2 <<" = "<< data1 + data2 <<'\n';
            break;
    case ' - ' : cout << data1 << op << data2 <<" = "<< data1 - data2 <<'\n';
            break;
    case ' * ' : cout << data1 << op << data2 <<" = "<< data1 * data2 <<'\n';
            break;
    case '/' : if(data2)
                  cout << data1 << op << data2 <<" = "<< data1/data2 <<'\n';
               else cout <<"除数为 0!\n";
            break;
    default : cout << op <<"是一个无效的运算符!\n";
    }
    return 0;
}
```

程序的运行情况如下：

```
输入数据,格式为: 操作数 1   运算符   操作数 2:
2.5 * 4↙
2.5 * 4 = 10
```

用条件语句也可实现例 3.8 中的功能。如下面程序：

```
#include <iostream>
using namespace std;
int main()
{   float data1,data2;
    char op;
    cout <<"输入数据,格式为: 操作数 1   运算符   操作数 2 \n";
    cin >> data1 >> op >> data2;
    if(op == ' + ')
        cout << data1 << op << data2 <<" = "<< data1 + data2 <<'\n';
    else if(op == ' - ')
        cout << data1 << op << data2 <<" = "<< data1 - data2 <<'\n';
    else if(op == ' * ')
        cout << data1 << op << data2 <<" = "<< data1 * data2 <<'\n';
    else if(op == '/'){
        if(data2)
            cout << data1 << op << data2 <<" = "<< data1/data2 <<'\n';
        else cout <<"除数为 0!\n";
```

```
    }
    else cout << op <<"是一个无效的运算符!\n";
    return 0;
}
```

3.3 循环结构语句

循环结构是结构化程序设计的基本结构之一,用它来实现在某一条件成立时重复执行某一些操作的功能。例如,求1～100之间整数之和:

$$s=1+2+3+\cdots+100$$

显然,在程序中不可能依次列出1～100个数,要完成以上的求和,可按以下步骤操作:

(1) 给整型变量s赋初值0,变量i赋初值1;

(2) 令s=s+i,i=i+1;

(3) 若i≤100,则重复步骤(2);

(4) 输出s的值。

在以上步骤中,步骤(2)和(3)是要重复执行的操作。把这种重复执行的操作称为循环体。i≤100是重复执行的条件,称为循环条件。C++语言提供了三种实现循环结构的语句:while语句、do-while语句和for语句。

3.3.1 while语句

while语句可以实现"当型"循环结构。其一般格式为:

while (表达式) 语句

其中,表达式是循环条件,它可以是C++中任一符合语法规则的表达式。"语句"为循环体,可以是C++中的任一语句。while语句的执行过程是:先计算表达式的值,若表达式的值不等于0,则执行"语句",再计算表达式的值,重复以上过程,直到表达式的值等于0为止,执行流程见图3.13。

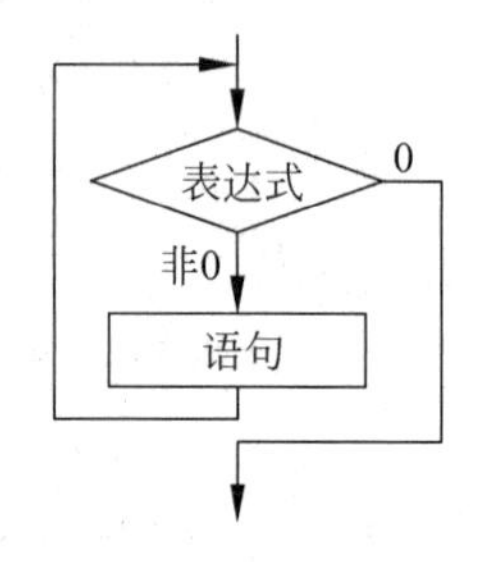

图3.13 while语句执行流程

【例3.9】 求1～100之间整数之和 $s=1+2+3+\cdots+100$。

算法分析:按照3.3节给出的4个步骤,程序如下。

```
#include <iostream>
using namespace std;
int main()
{   int i = 1,s = 0;                //循环变量赋初值
    while(i <= 100)                 //循环条件
    {   s = s + i;
        i++;                        //改变循环变量
    }
    cout <<"s = "<< s <<'\n';
    return 0;
}
```

程序的运行结果如下：

```
s = 5050
```

说明：

(1) while 语句的执行是先判断循环条件后执行循环体，所以循环体可能执行若干次，也可能一次都不执行。例如：

```
int n = 0;
while (n)   cout <<" *** "<<'\n';
```

该程序段中由于循环条件为假，循环体不被执行，所以屏幕上没有显示"***"。

(2) 在循环体中或表达式内应有使循环趋向于结束的成分。例如，本例中循环结束的条件是"i>100"，因此在循环体中应该有使 i 增值以最终导致 i>100 的语句，例中用"i++；"语句来达到此目的。如果无此语句，则 i 的值始终不改变，循环永不结束(称为死循环)。

(3) 当循环体有多个语句时，必须用{}把循环体括起来构成一个复合语句。如本例中，循环体应执行两条语句"s=s+i； i++；"，故将这两条语句用{}括起。如果没有{}，则 while 语句只能控制到其后的第一个分号处。

【例 3.10】 编程求表达式 $s=1+\frac{1}{3}+\frac{1}{5}+\frac{1}{7}+\cdots+\frac{1}{99}$。

算法分析：与例 3.9 类似，该题也是求多个数据的累加和，即为"s=s+t;"的形式，但通项 t 的形式与例 3.9 不同，是一个分母为 n，分子为 1 的浮点数，所以该题的关键是找出通项 t 的迭代规则。也就是说，在每次循环操作中，用前面一项推导出后面一项。具体地说，就是用$\frac{1}{3}$推导出$\frac{1}{5}$，用$\frac{1}{5}$推导出$\frac{1}{7}$……直到达到循环结束的要求为止。源程序如下：

```
#include < iostream >
using namespace std;
int main()
{    int i = 1;
     float s = 0,t;                     //累加和为浮点数
     while(i < 100)
     {    t = 1.0/i;                    //通项的表示
          i = i + 2;                    //分母进行迭代
          s = s + t;                    //计算累加和
     }
     cout <<"s = "<< s <<'\n';
     return 0;
}
```

程序的运行结果如下：

```
s = 2.93778
```

【例 3.11】 用公式 $\pi/4=1-\frac{1}{3}+\frac{1}{5}-\frac{1}{7}+\cdots$ 求 π 的近似值，直到最后一项的绝对值小

于 10^{-6} 为止。

算法分析：本题与例 3.10 类似，求多个数据的累加和，但是通项 t 的符号为一正一负，即每一项数据的符号都与前一项相反。在通项迭代时，设置一个符号标志 sign=1，使其在每次循环中都乘以－1，从而达到数据项一正一反的目的。源程序如下：

```
#include < iostream >
#include < cmath >
using namespace std;
int main()
{    int i = 1,sign = 1;              //设置符号标志
     float s = 0,t = 1;               //累加和为浮点数
     while(fabs(t)> 1e - 6)
     {    t = sign * 1.0/i;           //通项的表示
          sign =- sign;               //符号取反
          i = i + 2;                  //分母进行迭代
          s = s + t;                  //计算累加和
     }
     cout <<"pi = "<< 4 * s <<'\n';
     return 0;
}
```

程序的运行结果如下：

```
pi = 3.1416
```

3.3.2 do-while 语句

do-while 语句可以实现“直到型”循环结构，其一般格式为：

```
do
    循环体语句
while( 表达式 );
```

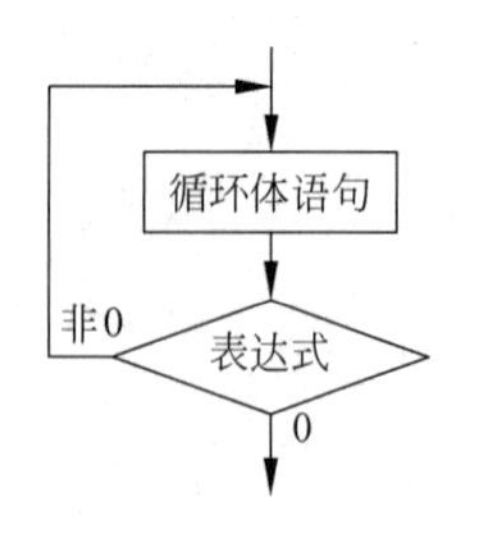

图 3.14　do-while 语句执行流程

其中，表达式是循环条件，可以是 C++ 中任一符合语法规则的表达式。循环体语句可以是 C++ 中的任一语句。do-while 语句的执行过程是：先执行循环体语句，然后再计算表达式的值，若表达式的值等于 0，则退出 do-while 语句；若表达式的值不等于 0，则继续执行循环体语句，直到表达式的值等于 0 时为止。因此，do-while 循环至少要执行一次循环体语句。图 3.14 给出了该语句的执行流程图。

【例 3.12】 用 do-while 语句编程，求 1～100 之间整数之和 $s=1+2+3+\cdots+100$。

源程序如下：

```
#include < iostream >
using namespace std;
int main()
```

```
{    int i = 1, s = 0;
     do
     {    s = s + i;
          i++;
     }while ( i <= 100 ) ;                    //注意 while 条件后的分号不能少
     cout <<"s = "<< s <<'\n';
     return 0;
}
```

程序的运行结果如下：

```
s = 5050
```

说明：

(1) 一般情况下，用 while 语句和 do-while 语句处理同一问题时，若二者的循环体部分是一样的，它们的结果也一样。如例 3.9 和本例程序中的循环体是相同的，得到结果也相同。但是如果 while 后面的表达式一开始就为假(0 值)时，两种循环的结果则不同。

(2) do-while 语句中 while 后面的分号“;”不可缺少，否则，会出现语法错误。

【例 3.13】 用迭代法求 $x=\sqrt{a}$ 的近似值。求平方根的迭代公式为

$$x_{n+1} = \frac{1}{2}\left(x_n + \frac{a}{x_n}\right)$$

要求前后两次求出的 x 的差的绝对值小于10^{-5}。

算法分析：这是典型的迭代算法。

首先给定一个 a 的平方根的初值 $x_0=a$ 或 $x_0=a/2$，然后根据上述公式求解：

$x_1=\frac{1}{2}\left(x_0+\frac{a}{x_0}\right)$，若$|x_1-x_0|>10^{-5}$，继续利用公式求解：

$x_2=\frac{1}{2}\left(x_1+\frac{a}{x_1}\right)$，若$|x_2-x_1|>10^{-5}$，继续利用公式求解：

$x_3=\frac{1}{2}\left(x_2+\frac{a}{x_2}\right)$，若$|x_3-x_2|>10^{-5}$，继续利用公式求解：

……直到

$x_{n+1}=\frac{1}{2}\left(x_n+\frac{a}{x_n}\right)$，当$|x_{n+1}-x_n|<10^{-5}$时，$x_{n+1}$就是 a 的平方根。

编写程序完成这个计算。因为每次迭代的算法是一致的，都是将前一次求解出的结果作为本次迭代的初值，再根据公式求出新的结果。因此，仅使用两个变量就可以描述迭代过程。在利用公式求解新值前，将前一次计算的结果 x_1 作为本次计算的初值 x_0，再根据公式求出新的 x_1，也就是说，不断重复以下的循环体：

```
{    x0 = x1;                                 //将 x1 作为新的 x0
     x1 = (x0 + a/x0)/2;                      //求出新的 x1
}
```

直到满足$|x_1-x_0|<10^{-5}$为止。源程序如下：

```
#include < iostream >
```

```
#include<cmath>                          //A
using namespace std;
int main()
{   float x0,x1,a;
    cout<<"输入一个正数:";
    cin>>a;
    if ( a<0 )  cout<<a<<"不能开平方!";
    else {   x1 = a/2;                   //迭代初值
             do {   x0 = x1;
                    x1 = (x0 + a/x0)/2;
             }while ( fabs( x1 - x0 )>1e-5 );   //B
             cout<<a<<"的平方根等于: "<<x1<<'\n';
    }
    return 0;
}
```

程序的运行情况如下：

```
输入一个正数:3↙
3 的平方根等于: 1.73205
```

注意：程序中 B 行用到了 C++提供的数学库函数 fabs( )，其功能是求实数的绝对值，使用时要包含数学库文件 cmath，如 A 行所示。

3.3.3 for 语句

在 C++语言中，for 语句使用最为灵活，它可以取代前两种循环语句。for 循环语句的一般格式为：

for (表达式 1 ; 表达式 2 ; 表达式 3) 循环体语句

其中，三个表达式都可以是 C++中的任一符合语法规则的表达式，循环体语句可以是任一 C++的语句。for 语句的执行流程见图 3.15，其执行过程如下：

(1) 先求解表达式 1；

(2) 求解表达式 2，若其值为非 0，则执行循环体语句，然后执行下面步骤(3)；若其值为 0，则结束循环，转到步骤(5)。

(3) 求解表达式 3。

(4) 转回步骤(2)继续执行。

(5) 循环结束，执行 for 语句下面的语句。

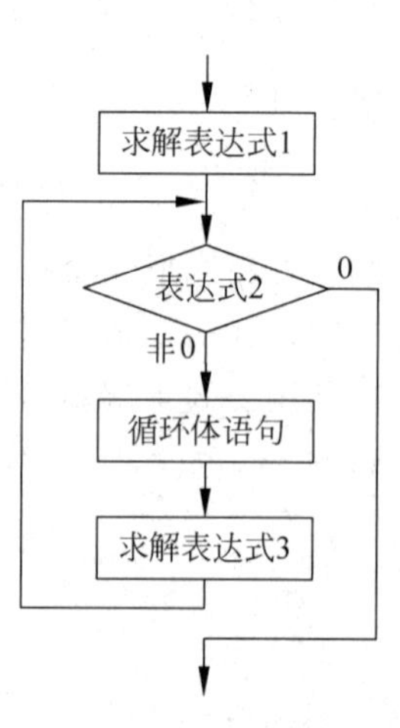

图 3.15 for 语句执行流程

【例 3.14】 用 for 语句编程，求 1～100 之间整数之和 $s=1+2+3+\cdots+100$。

源程序如下：

```
#include<iostream>
using namespace std;
int main()
{   int i , s = 0 ;
```

```
    for ( i = 1 ; i <= 100 ; i++)
        s = s + i;
    cout <<"s = "<< s <<'\n';
    return 0;
}
```

程序的运行结果如下：

```
S = 5050
```

显然，从运行结果看，例 3.9、例 3.12 和本例是一样的。

说明：

(1) for 语句中三个表达式的功能如下：

for (循环变量赋初值 ; 循环条件 ; 循环变量增量) 循环体语句

其中，循环变量赋初值(表达式 1)用来给循环控制变量赋初值；循环条件(表达式 2)决定什么时候退出循环；循环变量增量(表达式 3)规定循环控制变量每循环一次后按什么方式变化。这三个部分之间必须用分号"；"分开。

(2) for 循环语句中的三个表达式都是可选择项，即可以缺省，但分号"；"不能缺省。也就是说，for 语句中必须有两个分号。

(3) 省略"表达式 1"，表示不对循环控制变量赋初值(此前循环控制变量已经赋过初值时，可以省略"表达式 1")。如例 3.14 中程序可写为：

```
#include <iostream>
using namespace std;
int main()
{   int i = 0 , s = 0 ;
    for (  ; i <= 100 ; i++)
        s = s + i;
    cout <<"s = "<< s <<'\n';
    return 0;
}
```

(4) 省略"表达式 2"，表示循环条件一直为真(非 0)。此时，for 语句等同于：

```
for (  ; 1 ;  ) { … }
```

这种情况下，若不在循环体中做终止循环处理，便成为死循环。例如：

```
for ( i = 1 ;  ; i++) s += i ;
```

该循环为死循环，即程序不停地执行 s+=i; i++;这两条语句，不会自动终止。

(5) 省略"表达式 3"，则不对循环控制变量进行操作。此时可在循环体中加入修改循环控制变量的语句。如例 3.14 中程序可写为：

```
#include <iostream>
using namespace std;
int main()
```

```
{   int i , s =0 ;
    for ( i=1 ; i<=100 ; )
    {   s=s+i;
        i++;
    }
    cout <<"s="<< s <<'\n';
    return 0;
}
```

(6) 表达式 1 可以是设置循环变量初值的赋值表达式,也可以是其他表达式,同时还可以在此处定义变量。但需要注意的是,在表达式中定义的变量,只在循环体中有效。例如,例 3.14 中程序可写为:

```
#include <iostream>
using namespace std;
int main()
{   for ( int i =1 , s=0 ; i<=100 ; i++)  //A
        s=s+i;
    cout <<"s="<< s <<'\n';               //B
    return 0;
}
```

3.3.4 三种循环的比较及适用场合

对于任何一种重复结构的程序段,均可用这三种循环语句中的任何一个来实现。但对不同的重复结构,使用不同的循环语句,不仅可优化程序的结构,还可精简程序。它们之间的关系如下:

(1) 用 while 和 do-while 循环时,循环变量初始化的操作应在 while 和 do-while 语句之前完成,而 for 语句可以在表达式 1 中实现循环变量的初始化。

(2) 用 while 和 do-while 循环时,循环体或 while 后表达式中应包括使循环趋于结束的操作,而 for 语句中使循环趋于结束的操作由表达式 3 给出。

(3) for 语句和 while 语句都是先判断循环条件,并根据循环条件决定是否要执行循环体,循环体有可能执行若干次,也可能一次都不执行。而 do-while 语句是先执行循环体,后判断循环条件,所以循环体至少要执行一次。

因此,对于至少要执行一次重复结构的场合,可以使用 do-while 语句。对于执行重复结构次数要在运行过程中才能确定的场合,使用 while 或 do-while 语句比较方便。由于 for 语句功能最强,可以完成其他类型的循环功能,所以,一般在循环变量初值、循环变量增量给定及重复结构执行次数确定的情况下,使用 for 语句比较方便。

3.3.5 多重循环

一个循环体内又包含另一完整的循环结构,称为多重(层)循环,又称为循环的嵌套。内嵌的循环体中还可以嵌套循环。上述三种循环均可以互相嵌套,且 C++ 中对嵌套的层数没有限制。

【例 3.15】 打印出以下图案。

```
      *
    * * *
  * * * * *
* * * * * * *
  * * * * *
    * * *
      *
```

算法分析：该图案可看成由两部分构成：上面4行规律相同，由星号组成了一个正三角形；下面3行规律相同，由星号组成了一个倒三角形。首先输出前4行正三角形部分，其组成规律如表3.1所示。

表3.1 正三角形图案的组成规律

上面四行	第1行	第2行	第3行	第4行	第 i 行
空格(␣)	3	2	1	0	$4-i$
星号(*)	1	3	5	7	$2\times i-1$

对每一行来说，既要输出空格"␣"，又要输出星号"*"，且每次只能输出一个空格或星号。因此，如果设定外层循环是行数 i，内层就有两个并列的循环，依次输出 $4-i$ 个空格和 $2\times i-1$ 个星号，之后输出换行符'\n'，结束该行的输出。

如果用 j 表示空格数，用 k 表示星号数，则程序段为：

```
for(i = 1;i <= 4;i++)                    //i为行数,依次是1,2,3,4
{   for(j = 1;j <= 4 - i;j++)            //对每一行,输出的空格数不同
        cout <<' ';                      //执行一次循环,输出一个空格
    for(k = 1;k <= 2 * i - 1;k++)        //对每一行,输出的星号数不同
        cout <<'*';                      //执行一次循环,输出一个星号
    cout <<'\n';                         //输出完一行的空格和星号后输出换行符
}
```

同样，图案的后半部分倒三角形的组成规律见表3.2，其输出方法与上部分相同。

表3.2 倒三角形图案的组成规律

下面3行	第1行	第2行	第3行	第 i 行
空格(␣)	1	2	3	i
星号(*)	5	3	1	$2\times(3-i)+1$

源程序如下：

```
#include <iostream>
using namespace std;
int main()
{   int i , j , k ;
    for ( i = 1 ; i <= 4 ; i++){                //控制上面4行
        for ( j = 1 ; j <= 4 - i ; j++)         //控制*前的空格数
            cout <<' ';                         //输出一个空格
        for ( k = 1 ; k <= 2 * i - 1 ; k++)     //控制*个数
```

```
                cout <<' * ';
            cout <<'\n';                              //输出完一行后换行
        }
        for ( i = 1 ; i <= 3 ; i++){                   //控制下面 3 行
            for ( j = 1 ; j <= i ; j++)               //控制 * 前的空格数
                cout <<' ';                           //输出一个空格
            for ( k = 1 ; k <= 2 * (3 - i) + 1 ; k++)  //控制 * 个数
                cout <<' * ';
            cout <<'\n';
        }
        return 0;
    }
```

程序运行情况如图 3.16 所示。

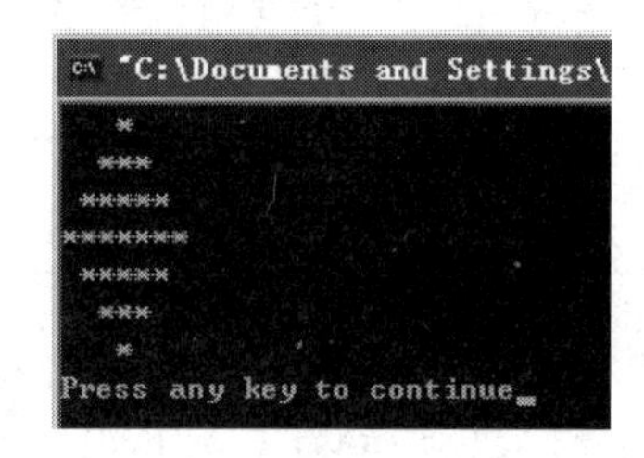

图 3.16　两重循环实现打印菱形图案

3.4　控制执行顺序的语句

前面已介绍的 C++语句都是根据其在程序中的先后次序,从主函数 main 开始,依次顺序执行的。从表面上看,循环语句或条件语句也改变了程序的执行顺序,但由于整个循环可以看成是一个语句体(条件语句也一样),因此它仍是顺序执行的。当要改变程序的执行顺序,即不依次执行紧跟着的语句,而是跳到另一个语句处接着执行时,就要用到下面介绍的一些控制语句。

3.4.1　break 语句

break 语句的使用格式为:

```
break ;
```

break 语句只能用在循环语句和 switch 语句(开关语句)中。当 break 用于 switch 语句中时,可使程序跳出 switch 语句而执行 switch 以后的语句。break 在 switch 语句中的用法已在前面介绍过,这里不再举例。当 break 语句用在循环语句体中并被执行时,可使程序终止循环,不再进行循环条件的判断,而直接跳出循环体,执行循环后面的语句。通常,break 语句总是与 if 语句联合在一起使用,即满足条件时便跳出循环体。

【例 3.16】　输入三个整数,求这三个整数的最小公倍数。

算法分析:根据定义,三个数 a、b、c 的最小公倍数是可以整除这三个数的最小的那一个数。因此,设定最小公倍数 x 的初值为 a(也可为 b 或 c),终值为 $a\times b\times c$,从小到大逐一判断,直到满足选择条件,此时的 x 就是最小公倍数。因为三个数的公倍数可能不止一个,第一个满足选择条件的就是最小的那个数,所以此时程序必须用 break 中止循环。源程序如下：

```
#include<iostream>
using namespace std;
int main()
{   int a,b,c,x;
    cout<<"请输入三个整数： ";
    cin>>a>>b>>c;
    for(x=a; x<a*b*c; x++)                     //x 从小到大逐一测试
        if(x%a==0&&x%b==0&&x%c==0)             //公倍数的选择条件
            break;                             //首先满足条件的是最小公倍数
    cout<<a<<","<<b<<","<<c<<"的最小公倍数是："<<x<<endl;
    return 0;
}
```

程序的运行情况如下：

```
请输入三个整数： 8 6 16↙
8,6,16 的最小公倍数是：48
```

注意：

(1) break 语句对 if 语句不起作用。

(2) 在多重循环中,一个 break 语句只能向外跳出一层。

【例 3.17】 输入一个整数,判断其是否为素数。

算法分析：素数是指除了 1 和该数本身之外,不能被其他任何整数整除的数。判断一个数 x 是否为素数,可以使 2、3、…、$x-1$ 依次作为除数,循环判断其能否被 x 整除,如果在循环过程中有一个数 i 可以被 x 整除,那么 x 就不是素数,其余比 i 大的数也不必再循环判断；如果上述所有除数循环结束,仍没有能被 x 整除的数,则 x 就是素数。源程序如下：

```
#include<iostream>
using namespace std;
int main()
{   int x,i;
    cout<<"请输入一个整数：";
    cin>>x;
    for(i=2;i<x;i++)                //i 作为除数,从 2～(x-1)循环
        if(x%i==0)                  //判断 i 是否为 x 的因子
            break;                  //如果 i 为因子, x 不是素数,不必再判断其他因子
    if(i>=x)                        //条件成立,从 i<x 退出循环,是素数
        cout<<x<<"是素数\n";
    else                            //从 break 退出循环,不是素数
        cout<<x<<"不是素数\n";
    return 0;
}
```

程序的运行情况如下(运行两次)：

```
请输入一个整数: 35↙
35 不是素数
```

```
请输入一个整数: 37↙
37 是素数
```

实际上,x 只需被 $2\sim x/2$ 间的整数甚至只需被 $2\sim\sqrt{x}$ 之间的整数除即可,这样可以减少运算次数。因此,源程序还可以这样修改:

```
#include< iostream >
using namespace std;
int main ()
{   int x,i;
    cout<<"请输入一个整数: ";
    cin>>x;
    for(i=2;i<x/2;i++)
        if(x%i==0)
            break;
    if(i>=x/2)
        cout<<x<<"是素数\n";
    else
        cout<<x<<"不是素数\n";
    return 0;
}
```

3.4.2 continue 语句

continue 语句的使用格式为:

```
continue ;
```

该语句只能用在循环语句的循环体中,作用是结束本次循环,即跳过循环体中剩余的语句,转到判断循环条件的位置,直接判断循环条件,决定是否重新开始下一次循环。continue 语句通常与 if 语句联合在一起使用,即满足某一条件时便终止该次循环。

【例 3.18】 输出 10～20 之间不是 3 的倍数的数。

算法分析:使用 for 循环结构对 10～20 之间的每一个整数进行检测,当能被 3 整除时,执行 continue 语句,不进行输出。只有当不能被 3 整除时才执行输出。程序如下:

```
#include< iostream >
using namespace std;
int main ()
{   int i;
    for ( i=10 ; i<=20 ; i++)
    {   if ( i%3==0 )  continue;
        cout<<i<<'\t';
    }
    cout<<'\n';
```

```
    return 0;
}
```

程序的运行结果如下：

```
10  11  13  14  16  17  19  20
```

注意：break 语句与 continue 语句两者之间的区别，前者是结束本层循环，而后者是结束本次循环。结束本次循环后，是否继续循环，要看循环条件表达式的值，由该值决定是否要开始下一次的循环。

*3.4.3 goto 语句

goto 语句是一种无条件转移语句，其使用格式为：

```
goto  语句标号;
```

其中，语句标号是一个有效的标识符，这个标识符加上一个冒号":"一起出现在程序中的某处，执行 goto 语句后，程序将跳转到该标号处并执行其后的语句。

【例 3.19】 用 goto 语句和 if 语句构成循环，计算 1～100 之间整数之和。

程序如下：

```
#include<iostream>
using namespace std;
int main()
{   int i=1,s=0;
loop:if ( i<=100 )                        //A
    {   s=s+i;
        i++;
        goto loop;                        //B
    }
    cout<<"s="<<s<<'\n';
    return 0;
}
```

程序中 A 行的 loop 是语句标号。当执行到 B 行时，程序流程跳转到 loop 标示的 if 语句处，执行 if 语句。当 i 的值增加到 101 时，if 语句的表达式的值为 0，if 语句的执行结束。显然，if 语句与 goto 语句联合使用相当于"当型循环结构"。

结构化程序设计方法主张限制使用 goto 语句，因为滥用 goto 语句将使程序流程无规律、可读性差。但也不是绝对禁止使用 goto 语句。一般来说，有两种用途：

(1) 与 if 语句一起构成循环结构，如例 3.19。

(2) 从循环体中跳转到循环体外。但在 C++语言中可以用 break 语句和 continue 语句跳出本层循环和结束本次循环。goto 语句的使用机会已大大减少，只是需要从多层循环的内层循环跳转到外层循环外时才用到 goto 语句。但是这种用法不符合结构化程序设计原则，一般不宜采用，只有在不得已时(如能大大提高效率)才使用。

*3.4.4 exit 和 abort 函数

exit 和 abort 函数都是 C++的库函数，其功能都是终止程序的执行，将流程控制返回给操作系统。通常，前者用于正常终止程序的执行，而后者用于异常终止程序的执行。

1) exit 函数

exit 函数的格式为：

```
exit( 表达式 );
```

其中，表达式的值只能是整型数。通常把表达式的值作为终止程序执行的原因。执行该函数时，将无条件地终止程序的执行而不管该函数处于程序中的什么位置，并将控制返回给操作系统。通常表达式的取值为一个常数：用 0 表示正常退出，而用其他的整数值作为异常退出的原因。

当执行 exit 函数时，系统要做终止程序执行前的收尾工作，如关闭该程序打开的文件、释放变量所占用的存储空间(不包括动态分配的存储空间)等。

2) abort 函数

abort 函数的格式为：

```
abort();
```

调用该函数时，括号内不能有任何参数。其作用是向标准错误流(std::cerr)发送程序异常终止的消息，然后终止程序。在执行该函数时，系统不做结束程序前的收尾工作，直接终止程序的执行。

除了上面介绍的语句或库函数可以改变程序的执行顺序外，还有 return 语句也可改变程序的执行顺序。return 语句将在第 4 章中介绍。

3.5 综合应用举例

【例 3.20】 用公式 $e=1+\frac{1}{1!}+\frac{1}{2!}+\cdots+\frac{1}{n!}+\cdots$求 e 的近似值，要求计算到通项$\frac{1}{n!}<10^{-7}$时为止。

算法分析：定义变量 e 存放已计算出的近似结果，n 存放当前项序号，t 存放当前通项值，其初始值分别为 e=1.0、$n=1$、$t=1.0$。当前通项值 t 是其前一项乘以$\frac{1}{n}$，即 $t=t*\frac{1}{n}$。由于级数求和时项数不确定，故可采用 while 循环语句。重复的操作是：将 t 加到 e 中，当计算完一项后，当前项序号 n 增 1，为下一项做准备。重复以上操作，直到满足精度要求。源程序如下：

```
#include <iostream>
using namespace std;
int main ()
{     double e = 1.0 , t = 1.0 ;
      int n = 1 ;
      while ( t >= 1e-7 )
```

```
    {     t = t/n ;
          e = e + t ;
          n++;
    }
    cout <<"e = "<< e <<'\n';
    return 0;
}
```

程序的运行结果如下：

```
e = 2.71828
```

该程序也可以使用 do-while 语句编写，同时也可以显示计算的级数项数。程序如下：

```
#include < iostream >
using namespace std;
int main ()
{  double e = 1.0 , t = 1.0 ;
   int n = 1 ;
   do
   {  t = t/n ;
      e = e + t ;
      n++;
   }while ( t >= 1.0e - 7 );
   cout <<"e = "<< e <<" (n = "<< n <<")"<<'\n';
    return 0;
}
```

程序的运行结果如下：

```
e = 2.71828 (n = 12)
```

【例 3.21】 利用 C++中产生随机数的库函数 rand，设计一个自动出题的程序，要求可给出加、减、乘三种运算；做何种运算也由随机数来确定；运算时的两个操作数的取值范围为 0～9；共出 10 题，每题 10 分，最后给出总的得分。

算法分析：

(1) 定义变量 a、b、op 分别表示两个操作数和运算符；定义变量 c、d 分别表示计算机的计算结果和用户的答案，用户的答案由键盘输入；定义循环变量 i，表示出题数；定义变量 sum，用以累计得分，初值为 0。

(2) 由于出题数确定，采用 for 循环语句控制出题，循环变量 i 取值 1～10。

(3) 在每一次出题时(即每一次循环时)，所做运算有三种，可用 switch 语句实现选择。

源程序如下：

```
#include < iostream >
#include < ctime >
using namespace std;
int main()
```

```
{   int i , a , b , sum = 0 ;
    int op , c , d ;
    srand(time(NULL));
    for ( i = 1 ; i <= 10 ; i++){
        a = rand() % 10 ;
        b = rand() % 10 ;
        op = rand() % 3 ;                    //共有三种运算,分别用 0、1、2 来表示
        switch (op){
        case 0: cout << a <<' + '<< b <<' = ' ;
                c = a + b ; break ;
        case 1: cout << a <<' - '<< b <<' = ' ;
                c = a - b ; break ;
        case 2: cout << a <<' * '<< b <<' = ' ;
                c = a * b ;
        }
        cin >> d ;                           //接收用户从键盘输入的答案
        if(d == c){                          //将用户输入的答案 d 与计算机运算的答案 c 比较
            cout <<"正确!\n";
            sum += 10;
        }
        else cout <<"错误!\n";
    }
    cout <<"10 题中答对: "<< sum/10 <<"题,"<<'\t'<<"得分:"<< sum <<'\n';
    return 0;
}
```

程序的运行结果如下：

```
2 - 0 = 2↙
正确!
6 + 9 = 15↙
正确!
3 + 6 = 9↙
正确!
3 * 4 = 12↙
正确!
3 - 4 = -1↙
正确!
7 - 3 = 4↙
正确!
4 * 6 = 24↙
正确!
6 + 1 = 7↙
正确!
8 + 8 = 16↙
正确!
3 * 5 = 15↙
正确!
10 题中答对: 10 题,        得分:100
```

其中,10 道四则运算的题目是随机产生的。

提示:随机数的产生方法。

C++函数库中有专门产生随机数的函数 rand,该函数产生的是一串固定序列的随机整数。因为随机数序列的顺序是固定的,如果每一次都从一个固定的位置开始输出这个序列,那么每次产生的随机数都是一样的,也就失去了"随机数"的意义了。因此,要产生真正意义上的随机数,关键是每次要从不同的位置处开始输出这个序列。函数 srand(n)便是用来选择初始位置的,称为"初始化随机数种子"。srand(100)是从序列的第 100 个数起开始输出,srand(1000)是从第 1000 个数起开始输出……一般用当前时间初始化随机数种子,因为每时每刻的当前时间都是不相同的,这样产生出的序列更接近真正的随机数。常用以下语句产生随机数:

```
#include <ctime>
using namespace std;
…
srand(time(NULL));                        //初始化种子
x = rand() % 10 ;                         //产生不大于 10 的数
```

程序中取该随机数除以 10 的余数作为操作数,从而保证操作数的取值范围为 0~9。

【例 3.22】 编程求出 2~100 之间的所有素数。

算法分析:与例 3.17 类似,将 x 由键盘输入改成循环赋值 2~100,然后输出其中的素数即可。当然,素数的算法还可以在例 3.17 的基础上再优化。如对于 2~100 之间的数,只需判断奇数是否是素数。

对任意一个奇数 x,其因子的范围为 $2\sim\sqrt{x}$,如果 x 能被 $2\sim\sqrt{x}$之间任何一个整数 i 整除,则提前结束循环,此时 i 的值必然小于或等于$\sqrt{x}$;如果 x 不能被 $2\sim\sqrt{x}$之间的任一整数 i 整除,则在完成最后一次循环后,i 的值还要增 1,此时 $i=\sqrt{x}+1$。在循环之后判别 i 的值是否大于或等于$\sqrt{x}+1$ 就成为 x 是否为素数的标准,若是,则表明 x 未曾被 $2\sim\sqrt{x}$之间任一整数整除过,因此 x 是素数。源程序如下:

```
#include <iostream>
#include <cmath>
#include <iomanip>
using namespace std;
int main()
{   int x , m , k , i ;
    cout << setw(8)<< 2 << setw(8)<< 3 ;      //先输出两个素数: 2 和 3
    for ( k = 2 , x = 5 ; x < 100 ; x += 2 )  //检测 5~100 间奇数
    {   m = sqrt((double)x) ;
        for ( i = 3 ; i <= m ; i++)
            if ( x % i == 0 ) break ;         //检测 x 是否为素数
         if ( i >= m + 1 )                    //条件成立,则 x 为素数,需输出; 否则不输出
         {  cout << setw(8)<< x ;
            k++;                              //统计输出素数的个数
            if ( k % 5 == 0 )cout <<'\n' ;    //控制每行输出 5 个素数
         }
     }
```

```
        cout <<'\n';
        return 0;
    }
```

程序的运行结果如下：

```
  2      3      5      7      11
 13     17     19     23      29
 31     37     41     43      47
 53     59     61     67      71
 73     79     83     89      97
```

练　习　题

一、选择题

1. 对下面三条语句(其中 s1 和 s2 为内嵌语句)，正确的论断是________。

```
if( a )s1 ; else s2 ;           //①
if( a == 0 )s2 ; else s1 ;      //②
if( a!= 0 )s1 ; else s2 ;       //③
```

A. 三者相互等价　　B. ①和②等价，但与③不等价

C. 三者互不等价　　D. ①和③等价，但与②不等价

2. 若有定义“ int a=1 , b=2 , c=3 , d=4 ; ”，则表达式 a > b? a:c > d? c:d 的值为________。

A. 1　　B. 2　　C. 3　　D. 4

3. 若有定义语句“int x = 4, y = 5;”，则表达式“y > x++? x--:y++”的值是________。

A. 3　　B. 4　　C. 5　　D. 6

4. 以下选项中与“if(a==1) a=b; else a++; ”语句功能不同的 switch 语句是________。

A. switch(a==1) {case 0: a=b; break; case 1: a++;}

B. switch(a==1) {case 1: a=b; break; default: a++;}

C. switch(a==1) { default: a++; break; case 1: a=b;}

D. switch(a==1){ case 1: a=b; break; case 0: a++;}

5. 执行下列语句序列：

```
int i = 0;
while(i < 25) i += 3;
cout << i;
```

输出结果是________。

A. 24　　B. 25　　C. 27　　D. 28

6. 有如下程序段：

```
int i = 5;
while(i = 0){cout <<'*'; i-- ;}
```

运行时输出“*”的个数是________。

A. 0　　B. 1　　C. 5　　D. 无穷

7. 程序段“ int x＝3; do{ cout << x－－; }while (!x); ”中循环体的执行次数是________。

A. 3　　B. 2　　C. 1　　D. 死循环

8. 下列循环语句中有语法错误的是________。

A. int i; for(i=1;i<10;i++)　cout <<'*';

B. int i,j; for(i=1,j=0;i<10; i++) cout <<'*';

C. int i=0; for(; i<10;i++) cout <<'*';

D. for(1) cout <<'*';

9. 有如下程序段：

```
int y = 9;
for(; y > 0; y-- )
    if(y % 3 == 0)   cout << -- y;
```

运行后输出结果是________。

A. 963　　B. 852　　C. 741　　D. 875421

10. 有如下程序段：

```
char b = 'a', c = 'A';
for(int i = 0;i < 6;i++)
    if(i % 2)   cout <<(char)(i + b);
    else cout <<(char)(i + c);
```

运行后输出结果是________。

A. ABCDEF　　B. aBcDeF　　C. abcdef　　D. AbCdEf

11. 以下程序段中的变量已正确定义

```
for(i = 0;i < 4;i++,i++)
    for(k = 1;k < 3;k++);
cout <<'*';
```

运行后输出结果是________。

A. ********　　B. ****　　C. **　　D. *

12. 有如下程序段：

```
int i,j,m = 55;
for(i = 1;i <= 3;i++)
    for(j = 3;j <= i;j++)   m = m % j;
cout << m << endl;
```

运行后输出结果是________。

A. 0　　B. 1　　C. 2　　D. 3

13. 在循环语句体中使用 break 和 continue 语句的作用是________。

A. 结束循环和结束本次循环　　B. 结束本次循环和结束循环

C. 两语句都结束本次循环　　D. 两语句都结束循环

14. 有如下程序段:

```
int i = 1;
while(1)
{    i++;
     if(i == 10)     break;
     if(i % 2 == 0)  cout <<' * ';
}
```

运行这个程序段,输出"*"的个数是________。

A. 10　　B. 3　　C. 4　　D. 5

二、填空题

1. 以下程序的运行结果是________。

```
#include <iostream>
using namespace std;
int main()
{    int x = 1, y = 2 , z = 3 ;
     x += y += z ;
     cout << ( x < y?x++ :y++ )<<'\n' ;
     return 0;
}
```

2. 以下程序的运行结果是________。

```
#include <iostream>
using namespace std;
int main()
{    int a = 1,b = 2,c = 3,d = 0;
     if(a == 1&&b++ == 2)
          if(b!= 2||c -- != 3)
               cout << a <<'\t'<< b <<'\t'<< c << endl;
          else
               cout << a <<'\t'<< b <<'\t'<< c << endl;
     return 0;
}
```

3. 以下程序的运行结果是________。

```
#include <iostream>
using namespace std;
int main()
{    int k = 5,n = 0;
     do
     {    switch(k)
          {
          case 1:
```

```
            case 3: n += 1;k -- ;break;
            default: n = 0; k -- ;
            case 2:
            case 4: n += 2;   k -- ; break;
            }
            cout << n;
    }while(k > 0&&n < 5);
    return 0;
}
```

4. 从键盘输入 abcz↙时，则下列程序的输出是________。

```
#include <iostream>
using namespace std;
int main()
{   char  ch;
    cin >> ch;
    while ( ch!= 'z' )
    {   switch ( ch )
        {   case 'a':
            case 'b':  cout <<'1'<< endl ;  break ;
            case 'c':  cout <<'3'<< endl ;
            default:  cout <<"default"<< endl ;
        }
        cin >> ch ;
    }
    return 0;
}
```

5. 以下程序的运行结果是________。

```
#include <iostream>
using namespace std;
int main()
{   int i = 5;
    do
    {   switch ( i % 2 )
        {
        case 0:  i -- ; break ;
        case 1:  i -- ; continue ;
        }
        i -- ;
        cout << i ;
    }while ( i>0 ) ;
    cout <<'\n';
    return 0;
}
```

三、编程题

1. 根据下面函数表达式编写一个程序，实现输入 x 的值后，能计算并输出相应的函数值 y。

$$y=\begin{cases}x^2 & x<0\\2.5x-1 & 0\leqslant x<1\\3x+1 & x\geqslant 1\end{cases}$$

2. 设计一个程序，要求对从键盘输入的一个不多于5位的正整数，能输出它的位数并输出它的各位数字之和。

3. 编程计算 $s=1!+2!+3!+\cdots+n!$，n 的值从键盘输入，要求输出 n 和 s 的值。

4. 编程求 $S_n=a+aa+aaa+\cdots+\underbrace{aa\cdots a}_{n个a}$之值，其中 a 是一个数字，n 表示 S_n 的项数和其最后一项的位数。例如 2+22+222+2222+22222(此时 $n=5$)。

5. 利用公式

$$\frac{\pi}{4}=1-\frac{1}{3}+\frac{1}{5}-\frac{1}{7}+\cdots$$

编程计算 π 的近似值，要求计算到最后一项的绝对值小于10^{-5}为止。

6. 编程求出所有的“水仙花数”。所谓“水仙花数”是指一个3位数，其各位数字立方和等于该数本身。例如，153是水仙花数，因为 $153=1^3+5^3+3^3$。

7. 编程求满足以下条件的三位整数 n，它除以11所得到的商等于 n 的各位数字的平方和，且其中至少有两位数字相同。例如，131除以11的商为11，各位数字的平方和为11，所以它是满足条件的三位数。

8. 设计一个求两正整数 m 和 n 的最大公约数的程序，m 和 n 的值由键盘输入。

第4章 函　　数

4.1 概　　述

函数是构成C++程序的基本模块，每个函数均具有相对独立的功能。任一C++程序都是由若干个函数组成的，即使最简单的程序，也要有一个主函数(即main函数)。因此，程序的设计最终都落实到一个个函数的设计和编写上。而合理地编写函数可以简化程序模块的结构，便于阅读和调试，是结构化程序设计方法的主要内容之一。

在C++中，关于函数的规定如下：

(1) 一个C++程序由一个或多个源程序文件(程序模块)组成。对较大的程序，一般不希望把所有内容全放在一个文件中，而是将它们分别放在若干个源程序文件中，再由若干个源程序文件组成一个C++程序。这样便于分别编写、分别编译，提高调试效率。一个源程序文件可以为多个C++程序共用。

(2) 一个源程序文件由一个或多个函数以及其他有关内容(如命令行、变量定义等)构成。一个源程序文件是一个编译单位，即在程序编译时是以源程序文件为单位进行编译的，而不是以函数为单位进行编译的。

(3) C++程序的执行是从main函数开始的，并在main函数中结束整个程序的运行。如果在main函数中调用其他函数，则在调用后流程还返回到main函数。

(4) 所有函数都是平等的。在定义函数时是分别进行的，即函数不能嵌套定义。函数间可以互相调用，但不能调用main函数。main函数是由系统调用的。

(5) 从用户使用的角度看，函数有如下两种。

① 标准函数。标准函数即库函数，它们是由系统提供的，用户不必自己定义而直接使用。使用库函数时，必须要包含相应的头文件。如例3.4中需要调用库函数sqrt进行开平方运算，而该函数在cmath文件中定义，因此例3.4中增加文件包含命令：

```
#include<cmath>
```

② 用户自定义函数。它们是用户自己定义的函数，用以实现用户专门需要的功能。

(6) 从函数的形式看，函数分为以下两类。

① 无参函数。在调用无参函数时，主调函数不向被调用函数传递数据。无参函数一般用来执行指定的一组操作。

② 有参函数。在调用该类函数时，主调函数通过参数向被调用函数传递数据。一般情况下，执行有参函数会得到一个函数值，供主调函数使用。

本章主要介绍用户自定义函数的定义和调用方法及相关内容。

4.2 函数的定义与调用

4.2.1 函数的定义

一个函数必须定义后才能使用。所谓定义函数,就是编写完成函数功能的程序块。

函数的定义格式:

```
类型标识符  函数名 ( 形参类型说明表 )
{函数体}
```

例如,定义一个求两个整数最大值功能的函数如下:

```
int max ( int a , int b )
{    return a > b?a:b ;
}
```

从宏观的角度来说,该函数的功能描述如图 4.1 所示。

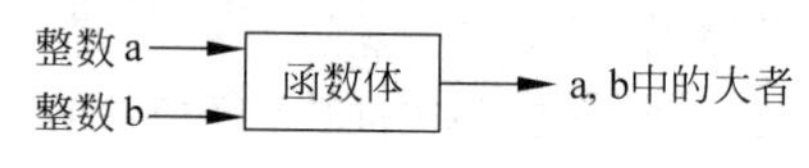

图 4.1 max 函数功能描述

或用公式 y=max(a,b)来描述,其中 y 即为函数的值,也就是 return 语句后的返回值。

但是用 C++语言表示的函数定义和上述数学公式在格式上是有明显差别的,函数的定义包含如下几个部分:

1. 函数名

C++语言中函数名的命名方式与变量名相同,满足标识符的命名规则,如函数 max。

2. 函数的参数

如果在函数名后定义有变量专门用来接收外部传递过来的数据,如图 4.1 中的整数 a、b,这类函数就称为有参函数。在有参函数中,接收外部数据的变量称为形式参数,而从外部传送过来的数据称为实际参数。

【例 4.1】 有参函数的例子。

```
#include < iostream >
using namespace std;
int max(int a, int b)                    //a、b 是形式参数,接收外部数据
{    int c;
     c = a > b?a:b;
     return c;
}
int main()
{    int x,y,z;
     cout <<"请输入两个整数: ";
     cin >> x >> y;
     z = max(x,y);                       //x、y 是实际参数,为被调函数提供数据
```

```
    cout << x <<"、"<< y <<"的最大值是："<< z << endl;
    return 0;
}
```

程序的运行情况如下：

```
请输入两个整数：3  7↙
3、7 的最大值是：7
```

例 4.1 中参数的调用情况分析：

(1) 首先程序从 main 函数开始运行，定义变量 x、y、z，并且为 x、y 输入数据 3 和 7，变量 z 为随机值，如图 4.2(a)所示；

(2) 运行调用语句"z=max(x,y);"，此时，程序运行到 max 函数，同时定义形参变量 a、b，并且将实参 x、y 的数据传递到 a、b 中，这个数据传递过程是单向的，如图 4.2(b)所示；

(3) 程序执行 max 函数体，定义变量 c，并且将 a、b 的大者 7 赋值给 c，如图 4.2(c)所示；

(4) 函数体执行完毕，运行 return 语句，将函数值 c 返回到 main 函数，执行语句"z=max(x,y);"，将函数值赋给变量 z，如图 4.2(d)所示；

(5) 程序从 max 函数返回后，所有在 max 函数中分配的变量空间均被系统释放，如图 4.2(e)所示。

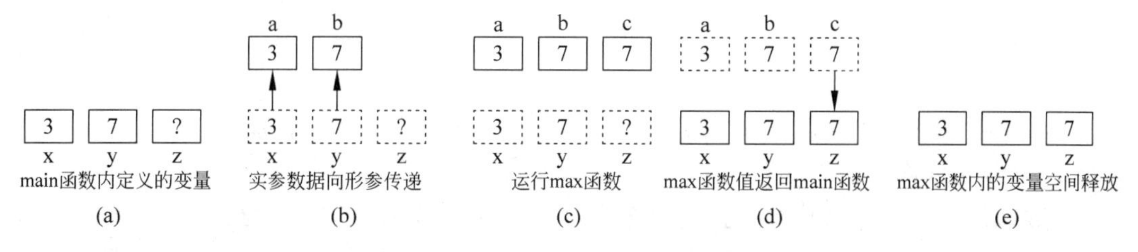

图 4.2 函数调用时实参与形参的内存情况

有参函数的参数传递应注意以下几点：

(1) 在未运行函数调用语句时，形参并不占内存的存储单元，只有在函数开始调用运行时，形参才分配内存单元。调用结束后，形参所占用的内存单元被系统释放。

(2) 实参对形参变量的传递是"值传递"，即单向传递。在内存中实参、形参分占不同的单元，且实参形参类型一致，调用时一一对应。

(3) 实参可以是常量、变量或表达式。如果是表达式，应该先计算其值后再调用。如例 4.1 的调用语句可以写成"z=max(x+y, x*y);"此时，传递给形参 a 的值是 10，b 的值是 21。

(4) 最后要特别注意的是，定义有参函数时形参一定要一一定义其类型。

如果函数的运行不需要从外部传递数据，则这类函数称为无参函数。无参函数的函数名后的圆括号不可省略，括号内可以写 void，也可以不写。如 main 函数就是一个无参函数，main 函数是由操作系统调用的，调用时操作系统并没有给 main 函数传递数据。

【例 4.2】 无参函数的例子。

```
#include<iostream>
using namespace std;
void message(void)
{    cout<<"1. 注册新用户\n";
     cout<<"2. 用户登录\n";
     cout<<"3. 取消\n";
     cout<<"请输入您的选择:  ";
}
int main()
{    char ch;
     message();
     ch=cin.get();
     cout<<endl<<"您选择了第"<<ch<<"项"<<endl;
     return 0;
}
```

程序的运行情况如下:

```
1. 注册新用户
2. 用户登录
3. 取消
请输入您的选择:  2↙

您选择了第 2 项
```

无参函数 message 仅仅完成了输出操作,与 main 函数没有数据传递。

3. 函数值的类型

函数值的类型又称函数的类型。大部分函数运行后都有一个确定的值,如 $y=\max(a,b)$,运行后函数返回 a、b 中的大者,这个值就是函数的值,那么这个值的类型也就是函数的类型。max 函数的类型是 int,用函数定义格式中函数名前的“类型标识符”来描述。又如以下函数:

```
double fun(float x)
{    return x*x+2*x+1;
}
```

完成的是给定任意变量 x,求出 x^2+2x+1 的值,这个值是 double 类型,因此函数的类型定义为 double。

注意:

(1) 如果函数运行后有一个确定的值,无论这个值是怎样求出的,使用者必须要通过 return 语句才能得到这个值。

(2) 如果函数的类型和 return 表达式中的类型不一致,则以函数的类型为准。也就是说,函数的类型决定返回值的类型。对数值型数据,可以自动进行类型转换。例如:

```
int add(double x, double y)
{    return x+y;   }
```

如果调用函数时，x 的值为 3.7，y 的值为 2.6，虽然 $x+y$ 的值为 6.3，但函数的值强制转换为整型值 6。

(3) 在函数体中允许有多个 return 语句，但每次调用只能有一个 return 语句被执行，因此函数只能返回一个函数值。例如：

```
int max(int a, int b)
{   if(a > b)  return a;
    else       return b;
}
```

若 a > b，执行 return a;语句，否则执行 return b;语句，每次运行函数只能得到一个值。

(4) 有些函数仅仅是完成一个操作，不需要求出函数值，如在函数中完成输出字符串的功能等。这种函数的类型为"空类型"，将其定义为 void 类型。例如：

```
void print(void)
{   cout <<"The C++programming Language\n";   }
```

4.2.2 函数的调用

函数的功能是通过函数的调用来完成的。调用一个函数，就是把流程控制转去执行该函数的函数体的过程。

1. 函数调用的格式

函数调用的一般格式为：

函数名 (实参表)

其中，实参表是调用函数时所提供的实际参数值，这些参数值可以是常量、变量或者表达式，各实参之间用逗号","分隔。实参与形参应该个数相等、类型匹配、顺序一致，如例 4.1 中 main 函数内的调用语句 z=max(x,y);。

如果调用的是无参函数，则实参列表为空，但括号不能省略，如例 4.2 中 main 函数内的调用语句 message();。

2. 函数调用的方式

按照函数在程序中出现的位置，函数调用有以下三种方式。

(1) 函数语句。在函数调用的一般格式后加上分号即构成函数语句。使用这种方式时，函数是没有返回值的，主要完成某些操作。例如调用例 4.2 定义的 message 函数完成字符串的打印。

```
int main()
{   char ch;
    message();                          //A
    ch = cin.get();
    cout << endl <<"您选择了第"<< ch <<"项"<< endl;
    return 0;
}
```

其中，A 行是一个函数语句。

(2) 函数表达式。函数作为表达式中的一项出现在表达式中，以函数返回值参与表达式的运算,这种表达式称为函数表达式。这种方式要求函数是有返回值的。例如例 4.1 中调用 max 函数求出 x 和 y 的最大值,并将其赋给变量 z 的表达式。

```
z = max ( x, y ) ;
```

(3) 函数参数。函数调用可以作为另一个函数调用的实际参数出现。这种情况是把该函数的返回值作为实参进行传送,因此要求该函数必须是有返回值的。例如,max 函数求 x、y、z 的最大值,可以用下面表达式运算。

```
m = max ( max(x , y) , z ) ;
```

其中,max (x , y)是一次函数调用,它的值作为 max 函数另一次调用的实参,最终 m 的值是 x、y 和 z 的最大者。

【例 4.3】 编程计算 $s=1!+2!+3!+\cdots+n!$,n 的值从键盘输入。

算法分析:该程序要求阶乘的累加和,可以定义一个函数 fact 来求 n 的阶乘,然后在 main 函数中调用 fact 依次返回 1!,2!,3!,…,n! 的值,然后求其累加和即可。

阶乘 $m!$ 的定义为 $m!=m*(m-1)*(m-2)*\cdots*2*1$,且规定 $0!=1$。根据该定义,实现阶乘的函数只需一个整型参数即可。若 $m<0$,则阶乘无定义,此时可要求函数返回 -1,以作为函数参数错误的标志。当 $m\geqslant1$ 时,要做的操作是一个连乘运算,可用循环语句实现,运算结果通过 return 语句返回。

在主函数中,通过调用 fact 函数来计算所给表达式各项的值。当从键盘输入 n 的值后,要计算的表达式的项数就确定了,因此可以采用 for 循环来控制表达式求和时的项数。源程序如下:

```
#include < iostream >
using namespace std;
float fact ( int m )
{   float product = 1 ;
    if (m < 0 ) return -1;
    else if ( m == 0 ) return 1;
    while ( m >= 1 )
    {   product = product * m ;
        m -- ;
    }
    return product ;
}
int main()
{   int i , n ;
    float s = 0 ;
    cout <<"输入一个正整数:";
    cin >> n ;
    for ( i = 1 ; i <= n ; i++)
        s += fact ( i ) ;           //A
    cout <<"s = "<< s <<'\n';
    return 0;
}
```

程序的运行情况如下:

```
输入一个正整数:4↙
s = 33
```

该例中,函数 fact 只有一个 int 型形参 m,在 A 行以函数表达式方式调用了 fact 函数,与形参对应的实参 i 也是 int 型。每次调用时将实参 i 的值传递给形参 m,执行完 fact 函数后将返回值 m! 加到 s 中。

【例 4.4】 输入三个数,编程求出这三个数的最大公约数。

算法分析:三个数的最大公约数就是可以被这三个数整除的最大的数。定义一个函数 gys,求三个数的最大公约数。在 main 函数中完成输入数据、调用函数和输出结果的操作。源程序如下:

```
#include <iostream>
using namespace std;
int gys(int a, int b, int c)
{   int i;
    for(i = a;i >= 1;i -- )                     //由大至小循环查找公约数
        if(a % i == 0&&b % i == 0&&c % i == 0)  //判断公约数的条件
            break;                              //满足条件,退出循环
    return i;
}
int main()
{   int a,b,c;
    cout <<"请输入三个整数: ";
    cin >> a >> b >> c;
    cout << a <<","<< b <<","<< c <<"的最大公约数是: "<< gys(a,b,c)<< endl;   //调用函数
    return 0;
}
```

程序的运行情况如下:

```
请输入三个整数: 16  40  24↙
16,40,24 的最大公约数是: 8
```

本例中,gys 函数在 main 函数中是作为 cout 语句中输出项参数的形式调用的。

3. 函数调用的过程

一个 C++ 程序经过编译后生成可执行代码,形成后缀为 exe 的可执行文件,存放在外存储器中。当程序被执行时,首先从外存将程序代码加载到内存的代码区,然后从 main 函数的起始处(入口地址)开始执行。程序在执行过程中如果遇到了对其他函数的调用(如例 4.3 中对 fact 函数的调用),则暂停当前函数的执行,保存下一条指令的地址(即返回地址,作为从被调用函数返回后继续执行的入口点),并保存现场相关参数,然后转到被调用函数的入口地址,执行被调用函数。在被调用函数体中,当遇到 return 语句或被调用函数结束时,则恢复先前保存的现场,并从先前保存的返回地址处开始继续执行主调函数的剩余语句,直到结束。图 4.3 给出了例 4.3 中函数调用和返回的过程,图中标号为执行的顺序。

4. 函数的原型声明

在一个函数中调用另一函数(即被调用函数)需要具备以下条件:

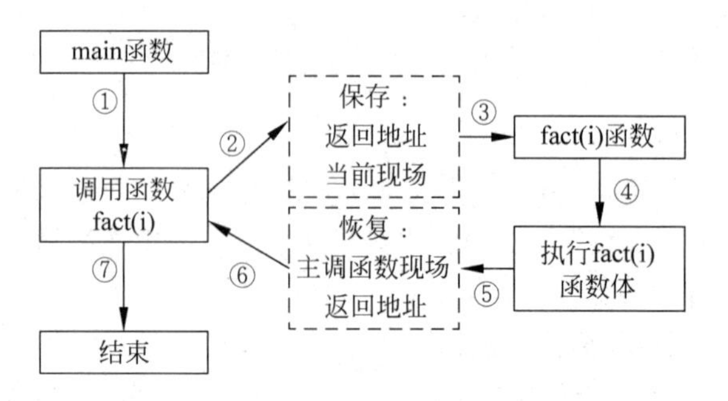

图 4.3　函数的调用过程

(1) 被调用的函数必须是已存在的函数。

(2) 如果使用系统已定义的函数，如 sin(x)、sqrt(x)等，必须在使用前用 #include < cmath >语句将该函数所在的库文件包含进来。

(3) 被调函数的调用遵循先定义、后调用的原则，即被调函数的函数体应出现在主调函数之前。

(4) 如果使用用户自己定义的函数，而该函数与调用它的函数(即主调函数)在同一个程序单位中且位置在主调函数之后，则必须在调用此函数之前对被调用的函数声明函数原型。

函数原型声明的一般形式为：

函数类型标识符 函数名(形参类型说明表);

其各部分的意义与函数定义相同。

函数的原型声明只是一条语句，只有函数定义的头部，没有函数体。也就是说，函数定义是一个完整的函数单位，而原型声明仅仅是说明函数的返回值及形参的类型。

【例 4.5】 重写例 4.1 求两数最大值的程序，将主调函数 main 函数写在被调函数 max 之前。

源程序如下：

```
#include <iostream>
using namespace std;
int main()
{    int x,y,z;
     int max(int a, int b);                    // A
     cout <<"请输入两个整数: ";
     cin >> x >> y;
     z = max(x,y);
     cout << x <<"、"<< y <<"的最大值是: "<< z << endl;
     return 0;
}
int max(int a, int b)
{    int c;
     c = a > b?a:b;
     return c;
}
```

A 行就是 max 函数的原型声明。需要说明的是：

(1) 函数原型声明与函数定义的区别在于：函数原型声明没有函数体部分，用分号结束，与变量的声明类似。

(2) 函数原型声明的位置可以在主调函数体内，也可以在主调函数体外，只要将其放在对该函数的调用语句之前，即使函数的定义放在其调用语句之后，也不会引起编译失败。

(3) 函数原型声明时，形参类型说明表中可以缺省形参变量名，只给出形参类型。如例 4.5 中的原型声明可以写成：

```
int max(int , int);或 int max( int m , int n);
```

也就是说，原型声明中的参数列表只强调参数类型，具体的变量名称并不重要，可以省略或用别的变量名替换。

4.2.3 引用作为函数参数

1. 引用

引用是 C++ 中一种特殊类型的变量，其本质是给一个已定义的变量起一个别名。系统不为引用变量分配内存空间，而是规定引用变量和与其相关联的变量使用同一个内存空间。因此，通过引用变量名和通过与其相关联的变量名访问变量的效果是一样的。

定义引用变量的格式为：

```
类型标识符 & 引用变量名 = 变量名;
```

例如：

```
int i , &refi = i ;
```

这里定义了一个类型为 int 的引用变量 refi，它是变量 i 的别名，并称 i 为 refi 引用的变量或关联的变量。经这样说明后，变量 i 与引用变量 refi 代表的是同一变量。因此对引用的操作就是对原变量的操作。例如：

```
int i =10 ,  &refi = i ;                    //见图 4.4(a)
refi  += 10 ;                               //见图 4.4(b)
cout << i << endl ;
```

其结果是变量 i 的值为 20。变量 i 及其引用 refi 在内存的存储情况如图 4.4 所示。

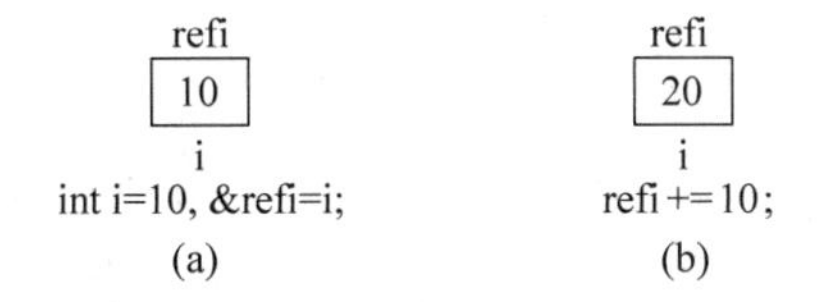

图 4.4　变量 i 及其引用在内存的存储情况

对引用类型的变量，主要说明以下三点：

(1) 引用在定义的时候要初始化，且引用类型变量的初始化值不能是一个常数。如下列定义语句均是非法的。

```
int &refi;
```

```
int &refi = 5;
```

(2) 不能定义引用的引用。如语句 int &refi=&m;是非法的。

(3) 如果在定义引用时使用 const,则表示禁止通过引用修改它所引用的变量的值。如有以下语句:

```
int i = 10;
const int &refi = i;
```

则语句 refi=5;是非法的。但变量的值可以通过变量本身来改变,如语句 i=5;是合法的。

2. 引用作为函数参数

C++引入引用变量的主要目的是为方便函数间数据的传递,在应用中主要是作为函数的参数。

【例 4.6】 利用引用编写实现"交换两个变量的值"的函数。

算法分析:利用引用变量作为函数形参编写 swap 函数。源程序如下:

```
#include <iostream>
using namespace std;
void  swap(float &x , float &y )
{   float  t;
    t = y ;
    y = x ;
    x = t ;
}
int main()
{   float  a = 10 , b = 20 ;
    cout <<"交换前: a = "<< a <<'\t'<<"b = "<< b <<'\n';
    swap( a , b ) ;
    cout <<"交换后: a = "<< a <<'\t'<<"b = "<< b <<'\n';
    return 0;
}
```

执行该程序后,输出情况如下:

```
交换前: a = 10      b = 20
交换后: a = 20      b = 10
```

其参数的具体传输过程如图 4.5 所示。

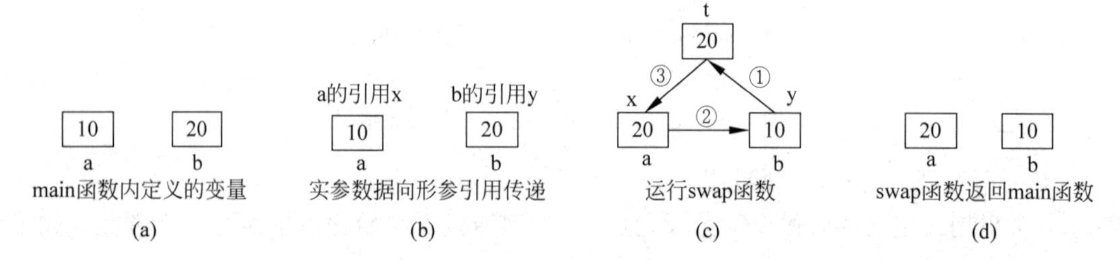

图 4.5 引用做函数参数的调用过程

从输出结果来看，在调用 swap 函数后，swap 函数完成了交换 a 和 b 两个变量值的功能。这是因为函数的参数是引用变量(x 是 a 的引用，y 是 b 的引用)，所以在函数中实质上是对引用关联的变量 a 和 b 进行的操作，即调用 swap 函数时实参 a 和 b 的值随引用型形参 x 和 y 一起变化。因此，如果函数的形参是引用类型，则函数实参与形参是同一空间，数据是共享的。

4.3 函数的嵌套调用

C++的函数定义都是平行、独立的。也就是说，在一个函数体内，不能再定义另一个函数，main 函数也是一样，即函数不能嵌套定义。但是函数之间允许嵌套调用，即可以在一个函数中调用另一个函数，程序的具体执行顺序如图 4.6 所示。

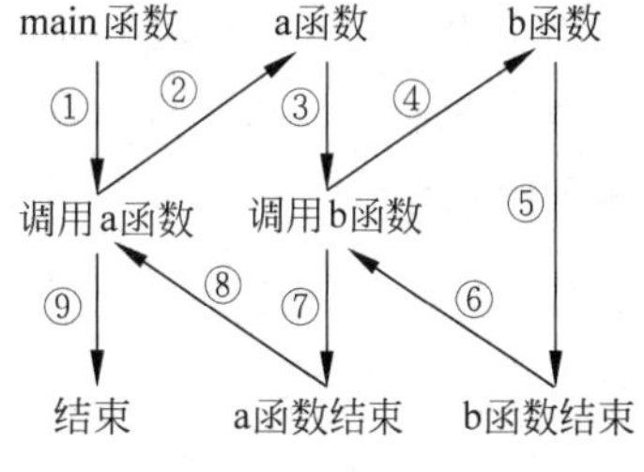

图 4.6 函数的嵌套调用顺序

由此可见，函数的调用原则是，遇到调用语句时，程序转而执行被调函数的语句，直至被调函数运行结束，程序返回到调用处，继续执行调用处的未完语句或下一条语句。

【例 4.7】 编程求解表达式 $f(k,n)=1^k+2^k+3^k+\cdots+n^k$，其中，$n$ 与 k 从键盘输入。

算法分析：该程序求 1～n 项的累加和，在 main 函数中完成输入数据、调用函数和输出结果的操作，用 sum(n,k)函数求各个项的累加和，而其中第 i 项又是 i 的 k 次幂，可以用 pow(i,k)函数实现。源程序如下：

```
#include<iostream>
using namespace std;
int pow(int m, int k)
{   int p=1;
    for(int i=1;i<=k;i++)
        p=p*m;
    return p;
}
int sum(int n,int k)
{   int i,s=0;
    for(i=1;i<=n;i++)
        s+=pow(i,k);
    return s;
}
int main()
{   int n,k;
    cout<<"请输入 n 和 k 的值: ";
    cin>>n>>k;
    cout<<"1^k+2^k+3^k+...+"<<n<<"^k="<<sum(n,k)<<endl;
    return 0;
}
```

程序的运行情况如下：

```
请输入 n 和 k 的值: 10  3↙
1^k+2^k+3^k+...+10^k=3025
```

由本例可见，源程序的三个函数 main、sum 和 pow 的定义是平行独立的，且每个被调函数都位于调用其的主调函数之前，故在主调函数中不需要对被调函数作函数原型声明。

4.4 函数的递归调用

当一个函数在它的函数体内直接或间接调用它自身时称为递归调用，这种函数称为递归函数。图 4.7 给出了直接递归调用的情况，而图 4.8 则是间接递归调用的情况，图中虚线框表示函数模块。

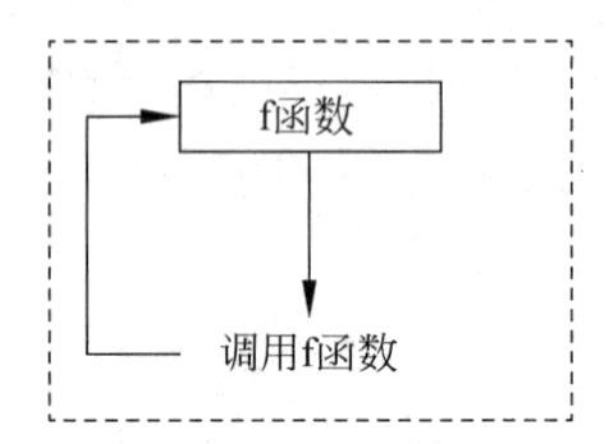

图 4.7 函数的直接递归调用

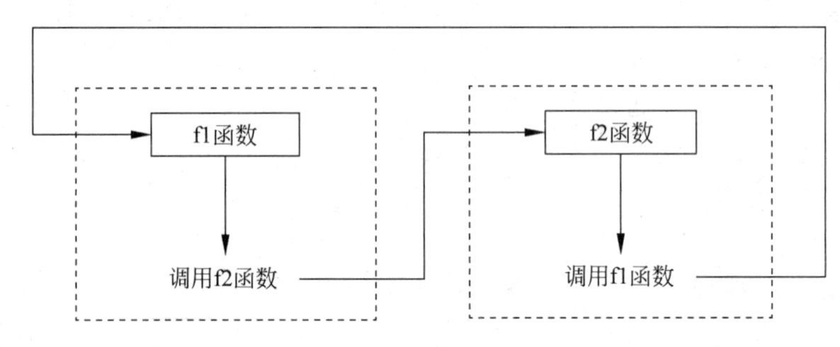

图 4.8 函数的间接递归调用

在递归调用中，主调函数又是被调函数，执行递归函数将反复调用其自身。例如：

```
float f (float x )
{     float y ;
      y = f ( x ) ;
      return y ;
}
```

这个函数是一个递归函数。但是运行该函数将无休止地调用其自身，这当然是不正确的。为了防止递归调用无终止地进行，必须在函数体内有终止递归调用的手段。这可用 if 语句来控制，只有满足某一条件时才继续执行递归，否则就不再作递归调用。

【例 4.8】 用递归方法计算 $n!$。

算法分析：因为 $n!=n\times(n-1)!$。若求 $n!$ 的函数为 fact(n)，求($n-1$)! 的函数为

fact(n−1)，则 fact(n)＝n * fact(n−1)，依次类推。若 n 为 5，则

```
fact(5) = 5 * fact(4)
fact(4) = 4 * fact(3)
fact(3) = 3 * fact(2)
fact(2) = 2 * fact(1)
fact(1) = 1
```

因此，这种方法可用公式表示为：

$$\text{fact}(n) = \begin{cases} 1 & n = 0 \\ 1 & n = 1 \\ n * \text{fact}(n-1) & n > 1 \end{cases}$$

可见，用递归法求解 $n!$，那么求 $n!$ 的问题可变为求(n−1)！的问题。同样地，(n−1)！的问题又可以变为求(n−2)！的问题。依次类推，直到变为求 1！或 0！的问题。

用递归方法计算 $n!$ 的程序如下：

```
#include< iostream >
using namespace std;
float fact( int n )
{    float p ;
     if( n == 0||n == 1 ) p = 1 ;                //A
     else   p = n * fact( n - 1 ) ;              //B
     return p ;
}
int main()
{    int n ;
     cout <<"n = " ;
     cin >> n ;
     cout << n <<"!=  "<< fact(n)<<'\n' ;        //C
     return 0;
}
```

程序的运行情况如下：

```
n = 5↙
5!= 120
```

递归函数的执行过程比较复杂，存在连续递推调用和回归的过程。下面以计算 5！为例来说明递归函数的执行过程。执行到 C 行时，流程转向调用 fact(5)，此时参数 n＞1，故执行该函数中的 B 行，即成为 5 * fact(4)。同理，fact(4)又成为 4 * fact(3)，以此类推，直到出现函数调用 fact(1)时，执行该函数中的 A 行，并通过 return 语句将 1 返回。当出现函数调用 fact(1)时，递推结束，进入回归的过程。将返回值 1 与 2 相乘后的结果作为 fact (2)的返回值，与 3 相乘后，结果值 6 作为 fact (3)的返回值，依次进行回归，最终计算出 5！＝120。图 4.9 给出了递推和回归过程的步骤和递归调用过程中各变量的值。从本例可以看出，每递推调用一次就进入新的一层，直至递推终止。终止递推调用后就开始回归，一直回归到第一次调用为止。

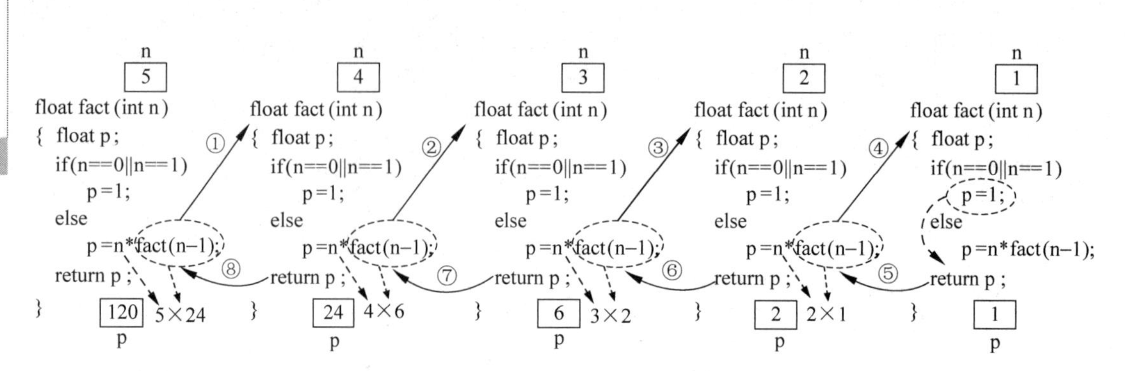

图 4.9　递归调用的步骤和各变量的值

利用递归方法求解问题时,一般注意两点:

(1) 存在递归的公式,在本例中为 $n!=n*(n-1)!$;

(2) 具有递归结束的条件,本例中是 0 或 1 的阶乘为 1。

【例 4.9】 阅读下面程序,分析程序运行的结果。

```
#include<iostream>
using namespace std;
void recu ( char c )
{   cout<<c ;
    if(c<'3') recu(c+1) ;
    cout<<c ;
}
int main()
{   recu ('0');
    return 0;
}
```

解:此程序中的函数 recu 是一个递归函数,递归结束的条件是 c=='3',其调用过程如图 4.10 所示。

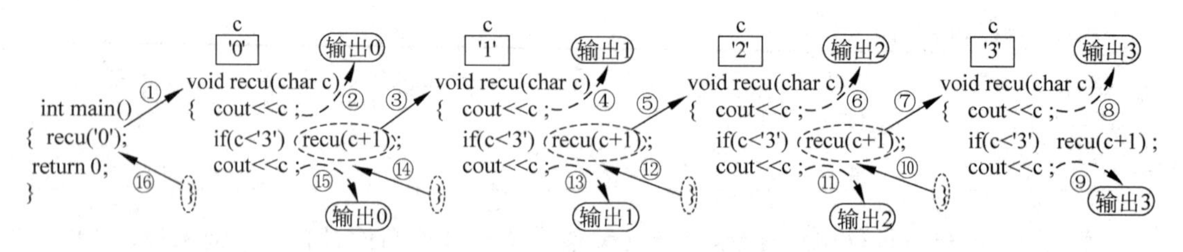

图 4.10　recu 函数调用过程及输出结果

程序运行后的输出结果如下:

```
01233210
```

可见,0123 是递归函数层层递推调用时的输出,当调用到形参 c 为'3'时,不满足“(c<'3')”的调用条件,函数开始回归,在回归的过程中再输出 3210。

4.5 内联函数

在调用函数时，系统要做许多工作，主要包括断点现场保护、参数入栈等工作，然后转去执行被调用函数的函数体。当执行完被调用函数后，还要保存返回值、恢复现场和断点等，系统开销很大。对于函数体比较短小、功能比较简单的函数，在调用时系统执行函数体所消耗的时间与函数调用时的其他时间开销相比就显得微不足道。如果这种函数被频繁调用，则附加的时间开销将大得不容忽视。

C++为了解决这一矛盾，提供了一种称作“内联函数”的机制。该机制将函数体的代码直接插入到函数调用处，将调用函数的方式改为顺序执行插入的程序代码，以此来节省调用函数的时间开销，这一过程叫做内联函数的扩展。由于每次调用函数时均要进行扩展，所以内联函数实际上是一种以空间(存储空间)换时间(执行时间)的方案。

定义一个内联函数，只需在定义函数时在函数的类型前增加关键字 inline 修饰即可。

【例 4.10】 用内联函数改写例 4.1 中实现求两个整型数中的大数的函数。

算法分析：例 4.1 中求两个整型数中的大数的函数 max 功能简单，函数体只有一个语句，因此可以将其定义为内联函数。源程序如下：

```
#include <iostream>
using namespace std;
inline int max(int a , int b )
{      return ( a>b?a:b ) ;  }
int main()
{    int  x , y ;
     cout <<"输入两个数: \n" ;
     cin>> x >> y ;
     cout <<"两数中的大数是: "<< max( x, y )<<'\n' ;
     return 0;
}
```

本例与例 4.1 的功能完全相同，但执行方式不同。在本例中不存在对 max 函数的调用，编译器把该例中的输出语句处理成如下形式：

```
cout <<"两数中的大数是: "<< x > y?x:y <<'\n' ;
```

使用内联函数时，应注意以下四点：

(1) 在 C++中，除在函数体内含有循环、switch 分支和复杂嵌套的 if 语句外，所有的函数均可定义为内联函数。

(2) 内联函数也遵循定义在前，调用在后的原则，且形参与实参之间也同样要一一对应。这是因为编译器在对函数调用语句进行代换时，必须事先知道代换该语句的代码是什么。

(3) 对于用户指定的内联函数，编译器是否作为内联函数来处理由编译器自行决定。说明内联函数时，只是请求编译器当出现这种函数调用时，作为内联函数的扩展来实现，而不是命令编译器必须要这样去做。

(4) 内联函数的实质是采用以空间换取时间的方法，即可加速程序的执行。当出现多次调用同一内联函数时,程序本身占用的空间将有所增加。因此,在具体编程时应权衡时间开销与空间开销之间的矛盾,以确定是否采用内联函数。

4.6 函数重载

函数重载是指完成不同功能的函数可以具有相同的函数名。C++的编译器是根据函数的实参来确定应该调用哪一个函数的。C++语言提供了两种重载:函数的重载和运算符的重载。本节介绍函数重载的定义与使用。

【例 4.11】 利用重载函数完成不同功能。

```
#include<iostream>
using namespace std;
int  fun(int a, int b)                          //A
{   return a+b;  }
int  fun (int a)                                //B
{   return a*a;  }
int main()
{   cout<<fun(3,5)<<endl;                       //两个实参,调用 A 行的 fun 函数
    cout<<fun(5)<<endl;                         //一个实参,调用 B 行的 fun 函数
    return 0;
}
```

程序的运行结果如下:

```
8
25
```

在本例中,A 行和 B 行的被调函数名是一样的,都是 fun,但参数的个数不一样。在主函数的调用语句中,是根据实参的情况来决定调用哪个函数的。故 fun(3, 5)调用 A 行的 fun 函数,fun(5)调用 B 行的 fun 函数。

【例 4.12】 利用函数重载求两个数的加法。

```
#include<iostream>
using namespace std;
int sum(int a, int b)                                //A
{   return a+b;}
double sum(double a, double b)                       //B
{   return a+b;}
int main()
{   cout<<"3+5="<<sum(3,5)<<endl;                    //实参为整数,调用 A 行的 sum 函数
    cout<<"3.5+8.7="<<sum(3.5,8.7)<<endl;            //实参为浮点数,调用 B 行的 sum 函数
    return 0;
}
```

程序的运行结果如下:

```
3+5=8
3.5+8.7=12.2
```

本例中 A 行和 B 行定义的两个 sum 函数中的参数数目相同，但类型不同。在 main 函数的调用语句中，sum(3,5)的实参是两个整型数，调用 A 行的 sum 函数，sum(3.5, 8.7)的实参是两个双精度浮点数，调用 B 行的 sum 函数。重载函数说明如下：

(1) 定义的重载函数必须具有不同的参数个数，或不同的参数类型，只有这样，编译系统才有可能根据不同的参数去调用不同的重载函数。

(2) 仅返回值不同时，不能定义为重载函数，或者换句话说，仅函数的定义类型不同，不能定义为重载函数。

例如下面两个 sum 函数，仅仅是函数定义类型不同，不构成重载函数。也就是说，这两个函数在调用时不能用函数的实参进行区别，具有二义性，形成语法错误。

```
int sum(int a, int b)
{    return a + b;}
double sum(int a, int b)
{    return (a + b) * 1.0 ;}
```

因此，重载函数之间必须在参数的类型或个数方面有所不同。只有返回值类型不同的函数不是重载函数。

重载函数体现了 C++对多态性的支持，即实现了面向对象(OOP)技术中所谓“一个名字，多个入口”，或称“同一接口，多种方法”的多态性机制。

4.7 带有默认参数的函数

C++允许在函数声明或函数定义时为参数预赋一个或多个默认值，这样的函数称为带有默认参数的函数(又称为具有默认参数的函数)。这样的函数在调用时，对于默认参数，可以给出实参值，也可以不给出实参值。如果给出实参，将实参传给形参进行调用，如果不给出实参值，则按默认值进行调用。

【例 4.13】 利用带有默认参数的函数编写计算长方形面积的程序。

```
#include< iostream>
using namespace std;
int  area(int lng = 4 , int width = 2)
{   return  lng * width;
}
int main()
{   int  a = 8,  b = 6;
    cout << area(a,b) << endl;                    //A  相当于调用 area(8, 6)
    cout << area(a) << endl;                      //B  相当于调用 area(8, 2)
    cout << area() << endl;                       //C  相当于调用 area(4, 2)
    return 0;
}
```

程序的运行结果如下：

```
48
16
8
```

程序的 B 行调用函数 area 时用到一个默认值,C 行调用函数 area 时用到两个默认值。

使用带有默认参数的函数时,应注意以下两点:

(1) 默认参数个数不限,但所有的默认参数必须放在参数表的最右端,即先定义所有的非默认参数,再定义默认的参数。例如具有一个默认值的函数应该写成:

```
int  area(int lng , int width = 2)
```

不能写成:

```
int  area(int lng = 4 , int width)
```

(2) 如果既有函数原型声明,又有函数定义,则默认参数必须在函数原型声明中给出,不能在函数定义中给出。在函数原型声明中的变量名可以省略。

例 4.13 的源程序可改写成:

```
#include <iostream>
using namespace std;
int main()
{    int   a = 8,   b = 6;
     int area(int = 4, int = 2);                //函数原型声明,变量名可省,必须给出默认值
     cout << area(a,b) << endl;
     cout << area(a) << endl;
     cout << area() << endl;
     return 0;
}
int   area(int lng , int width)                 //函数定义,不可再给出默认值
{   return   lng * width;
}
```

可见,默认的参数只能赋值一次,若是在函数原型声明中赋值,则后面的定义部分就不能再次赋值了。

4.8 局部变量和全局变量

程序中定义的变量由于定义的位置不同,在程序中的作用范围是不同的,这称为变量的作用域。根据作用域的不同,C++中将变量分为局部变量和全局变量两类。

4.8.1 局部变量

局部变量也称为内部变量,它是指在函数中定义的变量,其作用域只在本函数范围内。例如:

```
int f1( int a )                                 //函数 f1
{
     int b , c ;  ┐
     …            ├ a、b、c 有效
}                 ┘
int f2 ( int x )                                //函数 f2
```

```
{
    int y , z ;    } x、y、z 有效
    …
}
int main()
{
    int m , n ;    } m、n 有效
    …
}
```

在函数 f1 内定义了三个变量，a 为形参，b、c 为一般变量，它们均是局部变量。在 f1 的范围内(即函数体内)a、b、c 有效，或者说变量 a、b、c 的作用域限于函数 f1 内。同理，变量 x、y、z 的作用域限于函数 f2 内。变量 m、n 的作用域限于 main 函数内。

说明：

(1) 主函数中定义的变量也只能在主函数中使用，不能在其他函数中使用。同时，主函数中也不能使用其他函数中定义的变量。因为主函数也是一个函数，它与其他函数是平行关系。

(2) 形参变量是属于被调函数的局部变量。如本例函数 f1 中的形参 a，它只在 f1 中有效，其他函数可以调用 f1 函数，但不能引用 f1 中的形参 a。

(3) 允许在不同的函数中使用相同的变量名。不同函数中定义的同名变量的作用域被限制于各自的函数体内，它们代表不同的对象，系统为它们分配不同的存储单元，互不干扰，也不会发生混淆。如本例函数 f1 中的变量 b、c 也可换用 y、z，尽管它们与 f2 函数中定义的变量重名，但它们占有不同的存储单元，不会发生混淆。

注意，递归函数中的变量也属于这种情况。如例 4.8 中的 n 和 p，每一次递归调用时，虽然变量同名，但各自占有不同的存储单元。

(4) 在复合语句中也可定义变量，也属于局部变量，其作用域只在复合语句的范围内。当复合语句中出现与其外部同名变量时，在复合语句内则由复合语句定义的变量起作用。换句话说，变量名相同，作用域小的那个变量优先使用。

【例 4.14】 分析下面程序的输出。

```
#include <iostream>
using namespace std;
int main()
{   int a = 2 , b = 3 ;
    cout <<"first: "<< a <<'\t'<< b <<'\n' ;          //A
    {   int a = 5 ;
        b = a * 3 ;
        cout <<"second:"<< a <<'\t'<< b <<'\n' ;      //B
    }
    b += a;                                          //C
    cout <<"third: "<< a <<'\t'<< b <<'\n' ;
    return 0;
}
```

程序的运行结果如下：

```
first: 2      3
second:5      15
third: 2      17
```

本例在 main 函数中定义了 a、b 两个变量，在复合语句内又定义了一个变量 a，并赋初值为 5。注意这两个 a 不是同一个变量。在复合语句外由 main 定义的 a 起作用，而在复合语句内则由在复合语句内定义的 a 起作用。具体内存的存储情况如图 4.11 所示。

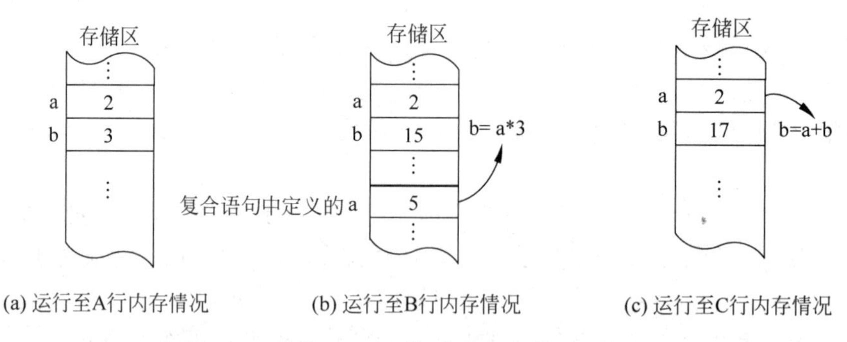

图 4.11　例 4.14 中局部变量的存储变化情况

4.8.2　全局变量

全局变量也称为外部变量，它是在函数外部定义的变量，其作用域是整个源程序。因此，全局变量可以为本源程序文件中位于该全局变量定义之后的所有函数共同使用。例如：

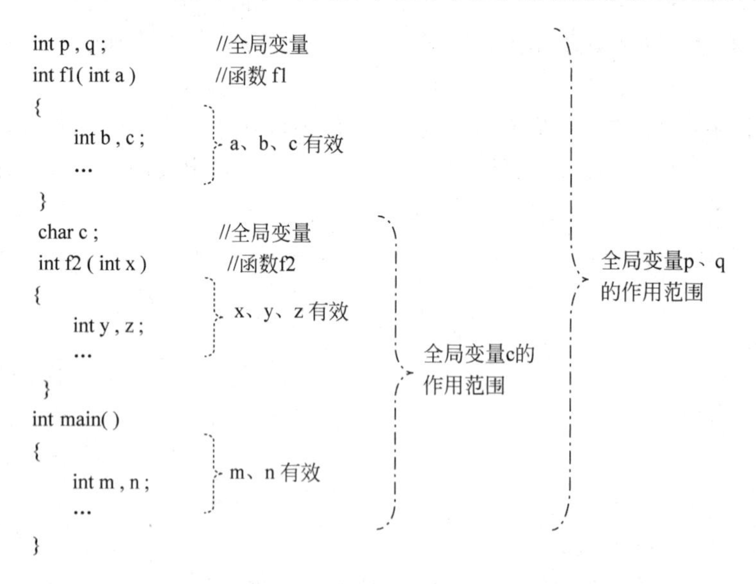

可以看出，p、q、c 都是在函数外部定义的变量，都是全局变量，但它们的作用域不同。p、q 定义在源程序最前面，因此在 f1、f2 及 main 函数内都可以被引用。c 定义在函数 f1 之后，所以它在 f1 内无效，但在 f2 及 main 函数内可以被引用。

说明：

(1) 全局变量定义后如果不赋初值，编译时自动赋初值 0。

(2) 全局变量增加了函数间数据联系的通道。因为同一文件中的所有函数都能引用全局变量,因此如果在一个函数中改变了全局变量的值,就能影响到其他函数,相当于各个函数间有直接的传递通道。所以,可以利用这一特点,通过函数调用能得到一个以上的值,而一般的函数调用只能由 return 语句带回一个返回值。

【例 4.15】 从键盘输入两个数,求其中的最大数和最小数。

算法分析:显然本例希望通过一次函数调用得到两个结果值。这一功能可以通过将函数的形参说明成引用型来实现(读者自行编写相应程序),但也可以利用全局变量来实现。因为可以从函数调用中得到一个返回值,另一个值利用全局变量获得。利用全局变量的程序如下:

```
#include<iostream>
using namespace std;
int mini;                                //全局变量,表示最小值,未赋初值时其值为0
int max ( int x , int y )                //返回最大值
{   int z ;
    mini = (x<y)?x : y ;
    z = (x>y)? x : y ;
    return z ;
}
int main ()
{   int a , b , c ;
    cin>>a>>b ;
    c = max ( a , b ) ;                  //A
    cout<<"The max is "<<c<<endl ;
    cout<<"The mini is "<<mini<<endl ;
    return 0;
}
```

执行该程序后,输出情况如下:

```
12  34↙
The max is 34
The mini is 12
```

程序中,全局变量 mini 在 max 函数和 main 函数之前定义,因此,在 max 函数和 main 函数中均可以引用它。当执行 A 行调用 max 函数时,在该函数内全局变量 mini 被赋以 x、y 中的最小值,而最大值由 max 函数的返回值带回。

由此看出,利用全局变量可以减少函数的参数个数,从而减少内存空间的使用及传递数据时的时间消耗。

(3) 全局变量可以为所有的函数所共用,使用灵活方便,但滥用全局变量会破坏程序的模块化结构,使程序难于理解和调试。因此,要尽量少用或不用全局变量。

(4) 若在同一源文件中全局变量与局部变量同名,则在局部变量的作用范围内全局变量不起作用,即被"屏蔽"。

【例 4.16】 全局变量与局部变量同名。

```
#include<iostream>
using namespace std;
int a=10 ;                                          //全局变量 a
int f1( int a )                                     //形参 a
{    return a*a ;   }
int f2( int b )
{    int a;                                         //局部变量 a
     a=b+1;
     return a*a ;
}
int main ()
{    cout<<"The result of f1 is: "<<f1(2)<<'\n';
     cout<<"The result of f2 is: "<<f2(2)<<'\n';
     cout<<"a="<<a<<'\n';                           //全局变量 a
     return 0;
}
```

程序的运行结果如下：

```
The result of f1 is: 4
The result of f2 is: 9
a=10
```

这个程序中共有三个 a 变量：一个是全局变量，一个是函数 f1 的形参，一个是函数 f2 中的局部变量。虽然说全局变量的作用范围是整个源程序，但就上面这段程序而言，只有在主函数中才能使用全局变量 a。在函数 f1 内，形参 a 有效，全局变量 a 不起作用。在函数 f2 内，局部变量 a 有效，全局变量 a 也不起作用。

(5) 如果在函数中要使用与其局部变量同名的全局变量，可以使用作用域运算符“::”来限定全局变量。

【例 4.17】 在局部变量作用域内引用同名的全局变量。

```
#include<iostream>
using namespace std;
double x=1.5 ;
int main()
{   double x=5 ;
    cout<<"全局变量: "<<::x<<'\n';                  //A 用域作用符访问全局变量
    cout<<"局部变量: "<<x<<'\n';
    return 0;
}
```

程序的运行结果如下：

```
全局变量: 1.5
局部变量: 5
```

4.9　变量的存储类别

4.9.1　变量的生存期和存储类别

变量的生存期就是变量占用内存单元的时间。例如，全局变量在程序开始执行时就在内存中开辟存储空间，并一直占据这个空间，直至程序运行结束；而一般局部变量则是在程序运行到其作用域的范围内才会动态开辟存储空间，在程序退出其作用域后释放所占用的空间。

一个C++源程序经编译和连接后，产生可执行程序文件。要执行该程序，系统必须为程序分配内存空间，并将程序装入所分配的内存空间内，然后才能执行该程序。一个程序在内存占用的存储空间可以分为三个部分：程序区、静态存储区和动态存储区，如图4.12所示。

用户区

程序区
静态存储区
动态存储区

图4.12　程序的存储空间分布

程序区是用来存放可执行程序的程序代码的。静态存储区和动态存储区用来存放数据。

动态存储区用于存放auto类型的局部变量、函数的形式参数、函数调用时的保护的现场和返回地址等数据。对以上这些数据，在函数调用开始时分配动态存储空间，函数结束时释放这些空间。这种分配和释放是动态的，如果在一个程序中两次调用同一函数，分配给此函数中动态变量的存储空间地址可能是不相同的。

静态存储区用来存放全局变量和局部静态变量。在程序开始执行时为变量分配存储单元，在程序执行过程中变量一直占据固定的存储单元，程序执行完毕后才释放该存储单元。

针对某一具体变量，其分配在静态存储区，还是分配在动态存储区由定义变量时的存储类型所确定。在C++中，变量的存储类型分为四种：自动(auto)类型、静态(static)类型、寄存器(register)类型和外部(extern)类型。下面分别作介绍。

4.9.2　auto型变量

在定义局部变量时，用关键字auto修饰的变量称为自动类型变量。自动类型变量属于动态变量。对于这种变量，在函数执行期间，当执行到变量作用域开始处时，系统动态地为变量分配存储空间；当执行到变量的作用域结束处时，系统收回这种变量所占用的存储空间。由于C++编译器默认局部变量为自动类型变量，所以在实际应用中，当定义局部变量时，一般不使用关键字auto来修饰变量。例如：

```
int fun ( int n )
{    auto int a ;
     float b ;
     …
}
```

其中，形参n、局部变量a和b都是自动(auto)变量。执行完函数fun后，系统自动释放n、a、b所占的存储单元。前面介绍的程序中定义的变量都没有声明为auto，其实都默认指定为自动变量。

注意,对于自动类型变量,若没有明确地赋初值时,其初值是不确定的。如上面的变量a和b都没有确定的初值。

4.9.3 static局部变量

对于静态局部变量,系统在程序开始执行时为这种变量分配存储空间,当调用函数并执行函数体后,系统并不收回这些变量所占用的存储空间,当再次调用函数时,变量仍使用原来分配的存储空间,因此这种变量仍保留上一次函数调用结束时的值。

【例4.18】 考察静态局部变量的值。

```
#include<iostream>
using namespace std;
int fun(int a)
{   static  int b=3;                          //存储在静态区,只赋一次初值
    b=b+a;
    return b;
}
int main()
{   int a=2,y;
    y=fun(a);
    cout<<"第1次调用y="<<y<<endl;
    y=fun(a);
    cout<<"第2次调用y="<<y<<endl;
    return 0;
}
```

程序的运行结果如下:

```
第1次调用y=5
第2次调用y=7
```

程序中b是静态局部变量,a是自动变量。在第1次调用fun函数时,b的初值为3,a的初值为2,第1次调用结束时,b为5,函数的值为b的值5。由于b是静态局部变量,在函数调用结束后,它所占用的内存空间并不释放,因此该值(b为5)仍然保留。在第2次调用fun函数时,b的初值为5(上一次函数调用结束时的值)而不是3,a的初值为2。因此第2次调用结束时b的值为7,函数返回此值。具体各变量在内存的存储情况如图4.13所示。

关于静态局部变量,须说明以下三点:

(1) 静态局部变量是在编译时赋初值的,即只赋初值一次,在程序运行时它已有初值。以后每次调用函数时不再重新赋初值而只是保留上次函数调用结束时的值。而自动变量赋初值是在函数调用时进行的,且每调用一次函数就重新初始化一次。

(2) 定义静态局部变量时,若没有明确地赋初值,则编译时系统自动赋以初值0(数值型变量)或空字符'\0'(字符变量)。

(3) 静态局部变量在函数调用结束后虽然仍存在,但由于变量的作用域所限,其他函数是不能引用它的。

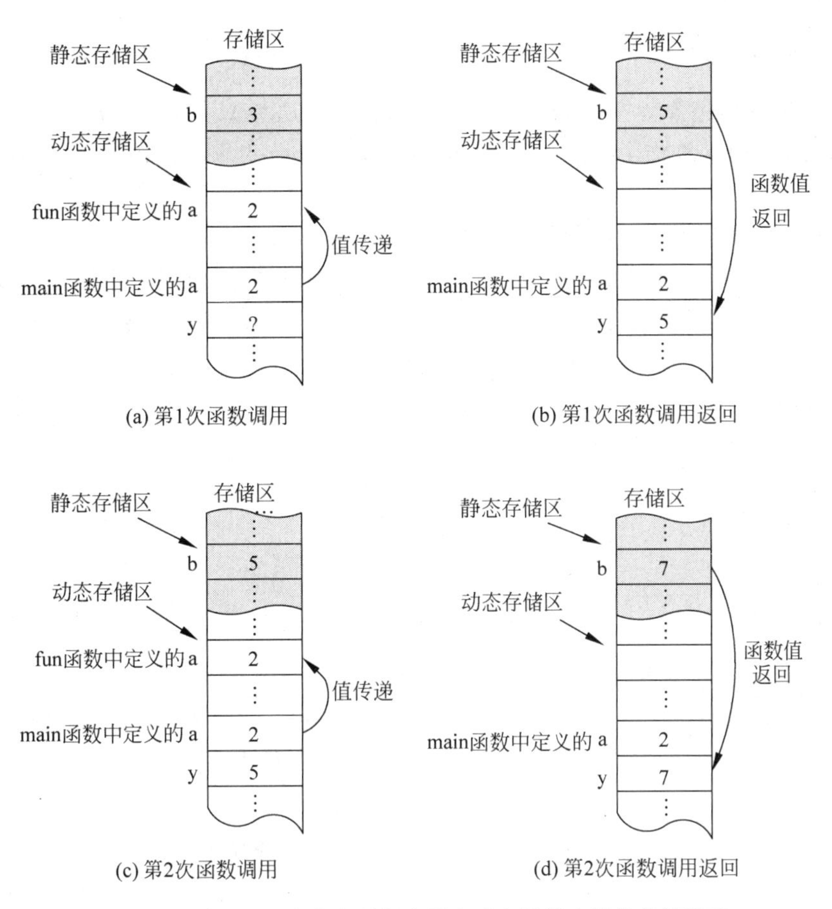

图 4.13　例 4.18 中静态局部变量和动态局部变量的存储情况

4.9.4　register 型变量

为了提高效率，C++语言允许将局部变量的值存放在 CPU 的寄存器中，这种变量称为寄存器类型变量，用关键字 register 作声明，其说明方式为：

```
register int i , j ;
```

寄存器类型变量采用动态存储方式。修饰词 register 指示编译器不要为这类变量分配内存空间，尽可能直接分配使用 CPU 中的寄存器，以便提高对这类变量的存取速度。使用寄存器类型变量时，应注意以下三点：

(1) 只有局部自动变量和形式参数可以作为寄存器变量。

(2) 一个计算机系统中的寄存器数目有限，不能定义任意多个寄存器变量。

(3) 静态局部变量不能定义为寄存器变量。

寄存器变量主要用于控制循环次数的临时变量等。当今的优化编译系统能够识别使用频繁的变量，从而自动地将这些变量放在寄存器中，而不需要程序设计者指定。因此，实际上用 register 声明变量是不必要的。

4.9.5 extern 型变量

在说明变量时,用关键字 extern 修饰的变量称为外部类型变量。外部类型变量一定是全局变量。用 extern 修饰全局变量时,其作用是扩展全局变量的作用域,此时有以下两种情况。

1. 在同一个源程序文件中修饰全局变量

如果全局变量不在文件的开头定义,其有效的作用范围只限于从定义处到文件结束。如果在定义点之前的函数想引用该全局变量,则应该在引用之前用关键字 extern 对该变量作“外部变量声明”,表示该变量是一个已经定义的全局变量,可以合法地使用。

【例 4.19】 用 extern 声明全局变量,扩展它在程序中的作用域。

```
#include<iostream>
using namespace std;
int max(int x , int y )
{   int z ;
    z = x > y?x:y ;
    return(z) ;
}
int main()
{   extern int  a , b ;                         //A 声明 a 和 b 为外部类型变量
    cout << max( a , b )<<'\n';                 //B 使用全局变量 a 和 b
    return 0;
}
int a = 10 , b =- 8 ;                           //C 定义全局变量 a 和 b
```

程序的运行结果如下:

```
10
```

在本程序的最后 1 行(C 行)定义了全局变量 a 和 b,但由于定义它们的位置在 main 函数之后,因此,若删除 A 行,则在 main 函数中不能引用全局变量 a 和 b。但在 main 函数中(A 行)用 extern 对 a 和 b 进行“外部变量声明”后,就可以从“声明”处合法地使用它们了。

2. 在多文件组成的程序中修饰全局变量

在本章 4.1 节已经说明,一个 C++程序可以由一个或多个源程序文件组成。如果程序由多个源程序文件组成,那么在 a 文件中若引用 b 文件中已定义的全局变量,则应在 a 文件中使用 extern 说明被引用的全局变量,即将全局变量的作用域扩展到 a 文件中。

【例 4.20】 输入 a 和 m 的值,求 a^3 和 a^m 的值。

该程序是由两个文件 file1. cpp 和 file2. cpp 组成的。

文件 file1. cpp 的内容如下:

```
#include<iostream>
using namespace std;
int   a;                                        //定义全局变量 a
int main()
{   extern   int   power (int);                 //声明被调函数是定义在其他文件中的函数
```

```
    int c,d, m;
    cout <<"请输入 a 和 m 的值:  ";
    cin >> a >> m;
    c = a * a * a;
    cout << a <<"^3"<<" = "<< c << endl;
    d = power(m);                                       //调用外部函数
    cout << a <<"^"<< m <<" = "<< d << endl;
    return 0;
}
```

文件 file2. cpp 的内容如下：

```
extern  int   a;                                        //声明变量 a 是引用其他文件中的外部变量
int power (int n )
{   int  i, y = 1;
    for (i = 1; i <= n; i++)
        y * = a;
    return   y;
}
```

将两个文件组成一个工程(Project)文件，编译后运行情况如下：

```
请输入 a 和 m 的值:  2  5↙
2^3 = 8
2^5 = 32
```

在该例的源文件 file1. cpp 中定义了一个全局变量 a，在源文件 file2. cpp 中引用 a 之前使用语句：

```
extern int a ;
```

对 a 进行了说明。在编译和连接时，系统会由此知道 a 是一个已在别处定义的全局变量，并将在另一文件中定义的全局变量的作用域扩展到本文件，从而在本文件中可以合法地引用该全局变量。

extern 既可以用来扩展全局变量在本文件中的作用域，又可以使全局变量的作用域从一个文件扩展到程序中的其他文件，那么系统怎么区别处理呢？实际上，在编译时遇到 extern 时，系统先在本文件中找全局变量的定义，如果找到，就在本文件中扩展作用域；如果找不到，就在连接时从其他文件中找全局变量的定义。如果从其他文件中找到了，就将作用域扩展到本文件；如果再找不到，就按出错处理。

4.9.6 用 static 声明全局变量

在定义全局变量时加上修饰词 static，则表示所定义的变量仅限于这个源程序文件内使用，而不能被其他文件引用。

【例 4.21】 限定全局变量的作用域。

假定程序由源文件 file1. cpp 和源文件 file2. cpp 组成，其中源文件 file1. cpp 的内容如下：

```
static int a = 10 ;                         //用 static 定义的全局变量,不能被其他文件引用
int b ;                                     //全局变量,可以被其他文件引用
extern void fun ( void ) ;                  //声明函数 fun()是在其他文件中定义的
int main()
{    fun();
     return 0;
}
```

源文件 file2. cpp 的内容如下:

```
#include <iostream>
extern int a ;                              //声明 a 是在其他文件中定义的全局变量
extern int b ;                              //声明 b 是在其他文件中定义的全局变量
void fun ( void )
{    a += 2;                                //A
     b *= 10 ;                              //B
     std::cout <<"a = "<< a <<'\n'<<"b = "<< b <<'\n';
}
```

该程序在文件 file1. cpp 中定义了全局变量 a 和 b,而在文件 file2. cpp 中引用了它们,编译时 A 行出现错误,B 行未出现错误。表明文件 file2. cpp 中可以使用 file1. cpp 中定义的全局变量 b,但不能使用 file1. cpp 中定义的静态全局变量 a。因为 A 行引用的变量 a 是另一文件 file1. cpp 中定义的静态全局变量,它的作用范围只限于文件 file1. cpp。而 B 行引用的变量 b 虽然也是 file1. cpp 中定义的全局变量,但它的作用范围未被用 static 限定,可以被其他文件引用。因此,用 static 修饰全局变量的作用是将该全局变量的作用域限定在本文件内。

在程序设计中,常由若干个人分别完成一程序的不同模块,为了使每个人独立地在其设计的文件中使用相同的全局变量名而互不干扰,只需在每个文件中的全局变量前加上 static 即可。这就为程序的模块化、通用性提供方便。

如果其他文件不需要引用本文件的全局变量,可以对本文件中的全局变量都加上 static,成为静态全局变量,以免被其他文件误用。

4.10 内部函数和外部函数

在由多个源文件组成的程序中,除前面介绍的一个文件中的函数引用另一个文件中定义的全局变量的问题外,还存在一个文件能否调用另一个文件中定义的函数的问题。根据函数能否被其他源文件调用,函数分为内部函数和外部函数两种。

4.10.1 内部函数

在一个源程序文件中定义的函数,若限定它只能在本源程序文件内使用,这种函数称为内部函数。

定义内部函数的方法是:在定义函数时,在函数的类型标识符前加修饰词 static。例如:

```
static int fun ()
```

```
{    …   }
```

使用内部函数可以使函数的作用域只局限于所在文件，从而同一程序中不同的文件可有同名的内部函数，但各自互不干扰。

4.10.2 外部函数

在由多个源文件组成的程序中，一个源程序文件中定义的函数，不仅能在本源程序文件内使用，而且也可以在其他源程序文件中使用，这种函数称为外部函数。

定义外部函数的方法是：在定义函数时，在函数的类型标识符前加修饰词 extern。若省略 extem 时，C++编译器也默认为外部函数。本书前面所定义的函数都是外部函数。

对于由多个源文件组成的程序，若要在一个文件中调用另一个文件中定义的外部函数，必须在调用文件中先对被调用的函数作原型声明，然后才能调用，并在函数原型说明的前面加上修饰词 extern，见例 4.21。

练　习　题

一、选择题

1. 对于一个完整可运行的 VC++源程序，下列说法中正确的是________。

   A. 至少有一个 main( )主函数

   B. 至多有一个 main( )主函数

   C. 必须有且只能有一个 main( )主函数

   D. 必须有一个 main( )主函数和一个以上的辅函数组成

2. 已知函数 f 的定义如下：

```
void f()
{    cout <<"That's great!";   }
```

则调用 f 函数的正确形式是________。

   A. f;　　　　B. f();　　　　C. f(void);　　　　D. f(1);

3. 已知函数 f 的定义如下：

```
int f(int a, int b)
{    if(a<b)   return (a, b);
     else return (b,a);
}
```

在 main 函数中若调用函数 f(2,3)，得到的返回值是________。

   A. 2　　　　B. 3　　　　C. 2 和 3　　　　D. 3 和 2

4. 有如下程序：

```
#include<iostream>
using namespace std;
int f(int x)
{    return x*x+1;   }
int main()
```

```
{    int a,b;
     for(a = 0,b = 0;a < 3;a++)
     {    b = b + f(a);
          cout <<(char)(b + 'A');
     }
     return 0;
}
```

运行后输出结果是________。

A. BCD　　B. BDI　　C. ABE　　D. BCF

5. 有如下的函数定义：

```
void func( int a, int &b) {a++; b++; }
```

若执行代码段：

```
int x = 0,y = 1;
func(x, y);
```

则 func 函数执行后,变量 x 和 y 的值分别为________。

A. 0 和 1　　B. 1 和 1　　C. 0 和 2　　D. 1 和 2

6. 有如下程序：

```
#include <iostream>
using namespace std;
int f(int x)
{    int y;
     if(x == 0||x == 1) return 3;
     y = x * x - f(x - 2);
     return y;
}
int main()
{    cout << f(3)<< endl;
     return 0;
}
```

运行后输出结果是________。

A. 9　　B. 0　　C. 6　　D. 8

7. 以下叙述中正确的是________。

A. 内联函数的参数传递关系与一般函数的参数传递关系不同

B. 建立内联函数的目的是为了提高程序的执行效率

C. 建立内联函数的目的是为了减少程序文件占用的内存空间

D. 任意函数均可以定义成为内联函数

8. 下列函数原型声明中,错误的是________。

A. int function(int m, int n);　　B. int function(int, int);

C. int function(int m=3, int n);　　D. int function(int &m, int &n);

9. 在程序中,每种变量都有各自的有效作用范围和生存期,其中________在整个程序运行过程中都存在,但只在函数调用时有效。

A. 自动变量　　　　B. 静态全局变量　　C. 寄存器变量　　　D. 静态局部变量

10. 有如下程序：

```
#include<iostream>
using namespace std;
int a = 1, b = 2;
void fun1(int a, int b)
{ cout << a << b;}
void fun2(void)
{   a = 3;b = 4; }
int main()
{   fun1(5,6); fun2();
    cout << a << b;
    return 0;
}
```

运行后输出结果是________。

A. 3456　　　　B. 1256　　　　C. 5612　　　　D. 5634

二、填空题

1. 以下程序的运行结果是________。

```
#include<iostream>
using namespace std;
int fun( int m )
{   int i ;
    if(m == 2||m == 3) return 1 ;
    if(m < 2||m % 2 == 0) return 0 ;
    for( i = 3 ; i < m ; i = i + 2 )
        if(m % i == 0) return 0 ;
    return 1;
}
int main()
{   int n ;
    for( n = 1 ; n < 10 ; n++)
        if ( fun(n) == 1 )cout << n ;
    cout <<'\n';
    return 0;
}
```

2. 以下程序的运行结果是________。

```
#include<iostream>
using namespace std;
int func(int x)
{   if(x < 100)   return x % 10;
    else
        return func(x/100) * 10 + x % 10;
}
int main()
{   cout <<"The result is: "<<(func(132645))<< endl;
    return 0;
}
```

3. 下面程序中函数 double mycos(double x)的功能是根据下列公式计算 cos(x)的近似值。

$$\cos(x)=1-\frac{x^2}{2!}+\frac{x^4}{4!}-\frac{x^6}{6!}+\cdots+(-1)^n\frac{x^{2n}}{(2n)!}$$

精度要求：当通项的绝对值小于等于 10^{-6} 时为止。请在画线处完善程序。

```
#include <iostream>
#include <________>
using namespace std;
double mycos( double x )
{    int n = 1 ;
     double  sum = 0, term = 1.0 ;
     while(________>= 1e - 6)
     {    sum += term ;
          term * = ________;
          n = n + 2 ;
     }
     return sum ;
}
int main()
{    double x ;
     cout <<"x = " ;
     cin >> x ;
     cout <<"mycos( x ) = "<< mycos (x )<<'\n' ;
     return 0;
}
```

4. 以下程序验证一个猜想：任意一个十进制正整数与其反序数相加后得到一个新的正整数,重复该步骤最终可得到一个回文数。所谓反序数,是指按原数从右向左读所得到的数。例如,123 的反序数是 321。所谓回文数,是指一个数从左向右读的值与从右向左读的值相等。例如,12321、234432 都是回文数。

```
#include <iostream>
using namespace std;
int invert(int  x)
{    int   s;
     for(s = 0; x > 0; ________)
          s = s * 10 + x % 10;
     return s;
}
int main()
{    int   n, c = 0;
     cout <<"input a number:";
     cin >> n;
     while( ________ )
     {    cout <<"input a number: ";
          cin >> n;
     }
     n = n + invert(n);
```

```
    c++;
    while( ________ )
    {   n = n + invert(n);
        c++;
    }
    cout << n <<", count = "<< c << endl;
    return 0;
}
```

5. 以下程序的运行结果是________。

```
#include < iostream >
using namespace std;
int a = 2 ;
int main()
{   int b = 3 ;
    if (++a||b-- )
        cout <<"first:"<< a <<'\t'<< b << endl ;
    {   int a = 5 ;
        b = a * 3 ;
        cout <<"second:"<< a <<'\t'<< b << endl ;
    }
    a += b ;
    cout <<"third:"<< a <<'\t'<< b << endl ;
    return 0;
}
```

6. 以下程序的运行结果是________。

```
#include < iostream >
using namespace std;
int a;
int m(int a)
{   static int s;
    return (++s) + ( -- a);
}
int main()
{   int a = 2;
    cout << m(m(a));
    return 0;
}
```

7. 以下程序的运行结果是________。

```
#include < iostream >
using namespace std;
int a = 0 ;
void fun()
{   int a = 10 ;
    cout <<( ::a -=-- a)<<'\n';
}
int main()
```

```
{   int a = 10 ;
    for(int i =- 10 ; i< a + ::a ; i++)
        fun () ;
    return 0;
}
```

三、编程题

1. 设计一个程序，要求输入三个整数，能求出其中的最大数并输出。程序中必须用函数实现求两数中大数的功能。

2. 设计一个程序，求出100～200之间的所有素数，要求每行输出5个素数。判断一个整数是否为素数用一个函数来实现。

3. 回文数是指其各位数字左右对称的整数，如12321是回文数。定义一个判断回文数的函数，并打印1000～2000之间的所有回文数。

4. 用函数实现求两正整数的最大公约数的功能，并在主函数中调用该函数求出两正整数的最小公倍数。

5. 用递归函数实现Hermite多项式求值。当$x>1$时，Hermite多项式定义为：

$$H_n(x)=\begin{cases}1 & n=0\\ 2x & n=1\\ 2xH_{n-1}(x)-2(n-1)H_{n-2}(x) & n>1\end{cases}$$

当输入实数x和整数n后，求出Hermite多项式前n项的值。

6. 分别设计两个函数，一个实现整数的正序输出，另一个则实现反序输出。如输入一个整数3456，则输出3456和6543。算法提示：重复除以10求余，直到商为0为止。如3456/10的余数为6，商为345；345/10的余数为5，商为34；34/10的余数为4，商为3；3/10的余数为3，商为0，至此结束。先输出余数，后递归，则为反序输出；先递归，后输出余数，则为正序输出。

第5章 编译预处理

编译预处理是在编译源程序之前，由预处理器对源程序进行一些加工处理工作，如图5.1所示。所谓预处理器，是包含在编译器中的预处理程序。源程序中的编译预处理命令一律以“#”开头，回车符结束，每条命令占一行，并且通常放在源程序文件的开始部分。

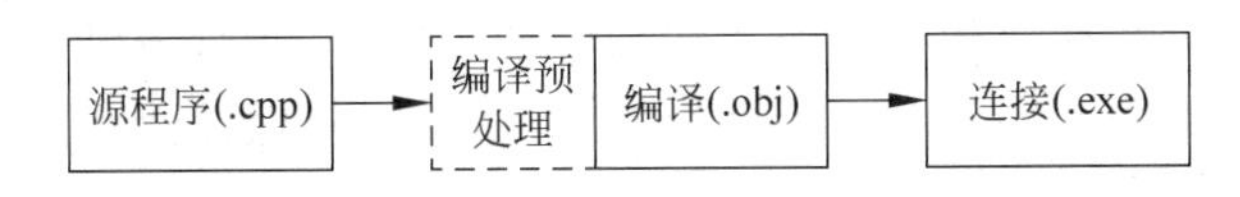

图5.1 编译预处理过程示意

编译预处理的作用是将源程序文件中的预处理命令进行处理，生成一个中间文件，编译系统再对此中间文件进行编译并生成目标代码，最后生成的目标代码中并不包括预处理命令。

C++提供的预处理功能主要有宏定义、文件包含和条件编译三种。

5.1 宏 定 义

5.1.1 不带参数的宏定义

用一个指定的标识符来代表一个字符串，这个指定的标识符称为宏名，格式为：

#define 宏名 字符串

宏命令后，凡出现宏名的地方均用其对应的字符串来替换，替换的过程称为宏展开。例如，有以下宏命令：

```
#define  PI  3.1415926
```

则PI为宏名，凡在程序中出现宏名PI的地方均用3.1415926替换。

【例5.1】 不带参数的宏替换。

```
#include <iostream>
#define PI 3.1415926
using namespace std;
int main()
{    double area,r,peri;
     cout<<"请输入圆的半径: ";
     cin>>r;
     area = PI * r*r;
```

```
    peri = 2.0 * PI * r;
    cout <<"圆的面积为: "<< area << endl;
    cout <<"圆的周长为: "<< peri << endl;
    return 0;
}
```


程序的运行结果如下：

```
请输入圆的半径:3↙
圆的面积为: 28.2743
圆的周长为: 18.8496
```

在上述源程序编译之前，首先执行预编译命令＃define PI　3.1415926，将源程序内的所有宏名PI都替换成3.1415926，然后再执行正常的编译命令，将源程序转换为目标代码。可见，"宏替换"是一种"机械替换"，因为是在编译之前进行，所以不对宏名(PI)替换的对象(3.1415926)作语法检查，此时的3.1415926不应该看成是实数类型，而认为是一串普通的字符串常量。

特别注意的是，宏定义语句的行末一般不加分号，因为它仅具有替换功能，并不是具体的代码语句。如果行末有分号，那么分号也属于替换对象的一部分，参与宏名的置换，很容易在置换后编译时发生语法错误。例如，例5.1中如果宏定义行末出现分号：

```
#define PI  3.1415926;
```

源程序中语句area＝PI＊r＊r;经宏展开后变成：

```
area = 3.1415926; * r * r;
```

该语句在随后的编译过程中显然会出现语法错误。

使用宏定义时，具体说明如下：

(1) 宏展开只是一个简单的"机械"替换，不做语法检查，不是一个语句，其后不加分号";"。

(2) ＃define命令出现在函数的外面，其有效范围为定义处至本源文件结束，可以用＃undef命令终止宏定义的作用域。例如：

```
#define  PI 3.1415926  ┐
double  fun()          │
{                      │
   ...                 ├ PI的有效范围
}                      │
#undef PI              ┘
int main()
{
   ...
}
```

(3) 在进行宏定义中，可以用已定义的宏名，进行层层置换。

(4) 对程序中用双引号括起来的字符串内容，即使与宏名相同，也不进行置换。

【例5.2】 写出下列程序的运行结果。

```
#include <iostream>
#define PI  3.1415926
#define R  3.0
#define PERI  2.0*PI*R
#define AREA  PI*R*R
using namespace std;
int main()
{    cout<<"PERI = "<<PERI<<'\t'<<"AREA = "<<AREA<<endl;
     return 0;
}
```

程序的运行结果如下：

```
PERI = 18.8496      AREA = 28.2743
```

在宏定义#define PERI 2.0*PI*R 中，包含了另外的宏名 PI 和 R，置换后宏名 PERI 用字符串"2.0*3.1415926*3.0"替换进源程序中，同样宏名 AREA 也用字符串"3.1415926*3.0*3.0"替换。

在输出语句 cout 中，双引号内的"PERI"和"AREA"直接输出，不进行置换。

5.1.2 带参数的宏定义

宏名也可以带参数定义，支持参数替换，其格式为：

#define 宏名(参数表) 字符串

例如：

```
#define S(a,b)   a*b
```

这里，参数表中的参数 a、b 称为宏名的形式参数，源程序语句中的宏名仍使用右端的字符串替换，只不过替换时将字符串中的形式参数用语句中宏名所带的实际参数取代而已。若源程序中存在如下的语句：

```
double  area;
area = S(3,2);
```

此时，3 为 a 的实际参数，2 为 b 的实际参数，则宏名 S(3,2)经预处理后，用字符串 3*2 替换再进行编译。即 S(a,b)等同于 a*b，而 S(3,2)等同于 3*2。

带参数的宏替换过程可描述如下：

按#define 命令行中指定的字符串从左至右置换宏名，字符串中的形参以相应的实参代替，字符串中的非形参字符保持不变，如图 5.2 所示。

【例 5.3】 已知矩形的长和宽，计算矩形面积。

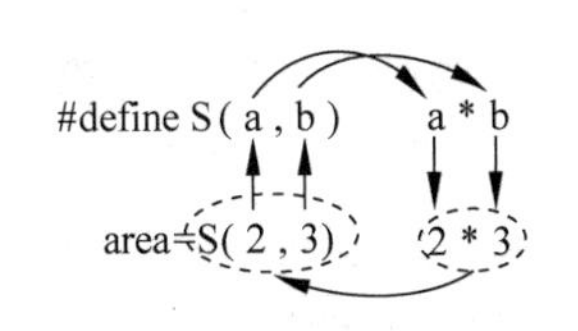

图 5.2 带参数的宏替换过程

```
#include <iostream>
using namespace std;
#define S(a,b)    a*b
int main()
{    double x = 1,y = 2;
```

```
    double area;
    area = S(x,y);                          //A
    cout <<"area = "<< area << endl;
    return 0;
}
```

程序的运行结果如下：

```
area = 2
```

将实参 x、y 替换字符串 a * b 中的形参 a、b 后，非形参字符“ * ”保持不变，预编译后 A 行实际的语句代码为 area＝x * y;。

【例 5.4】 重新作例 5.3，已知矩形的长和宽，计算矩形面积。

```
#include < iostream >
#define S(a,b)    a * b
using namespace std;
int main()
{   double x = 1,y = 2;
    double area;
    area = S(x + y, x + y);                 //A
    cout <<"area = "<< area << endl;
    return 0;
}
```

程序的运行结果如下：

```
area = 5
```

分析：预编译处理将两个实参 x＋y、x＋y 替换字符串 a * b 中的形参 a、b，非形参字符保持不变，替换后 A 行的代码为：

```
area = x + y * x + y;
```

编译程序将这行语句编译运行，得到 area＝1＋2 * 1＋2＝5。

由此可见，宏替换是编译前的“机械替换”，在替换时，除了字符串中的形参外，任何字符都不应该被改动。

如果要使替换后的语句或实参不产生“歧义”，则例 5.4 中的宏定义应写成：

```
#define  S(a,b)  (a) * (b)
```

这时，A 行宏替换后的语句应是 area＝(x＋y) * (x＋y);，不容易发生错误。

带参数的宏定义与第 4 章介绍的函数调用书写格式有些类似，都有形式参数与实际参数，且都有参数代入的过程，但两者有本质的不同。

(1) 宏定义与函数调用计算机处理的时间不同。

宏定义是编译预处理，计算机还未正式编译程序，就先处理预处理命令，因此，宏定义的实参对形参的代入是“机械”替换，同时宏定义的形参也不要标注数据类型，因为系统这时候还根本不“认识”这些参数的类型，不进行语法检查，更谈不上为其分配内存单元了。

函数调用是在程序已经编译连接成为二进制码可执行程序后，在执行这个函数时发生的，此时需要分配形参的存储单元，完成实参到形参的具体值的传递，所以函数的形参要定义数据类型，且有时函数需要返回一个具体的值，函数也需要有明确的类型说明。

(2) 宏定义和函数调用的侧重点不同。

宏定义在程序运行时已经不存在了，所以其目的仅仅是为了书写时使程序清晰、简洁。宏展开只占用编译时间，不占用运行时间，宏展开后使源程序增长，占用程序的“空间”。

被调函数无论被调用了多少次，其生成的机器代码长度是不变的。但当程序运行时，每次调用该函数时，系统都要完成调用前后的准备和收尾工作，如分配形参单元，保存调用时刻现场地址、参数、值传递、函数值返回、恢复现场等，这些工作都要占用一定的运行时间，因此函数调用占用程序的“时间”。

5.2 文件包含

文件包含用＃include 命令，预处理后将指令中指明的源程序文件嵌入到当前源文件的指令位置处，如图 5.3 所示。格式为：

```
#include<文件名>
```

或

```
#include "文件名"
```

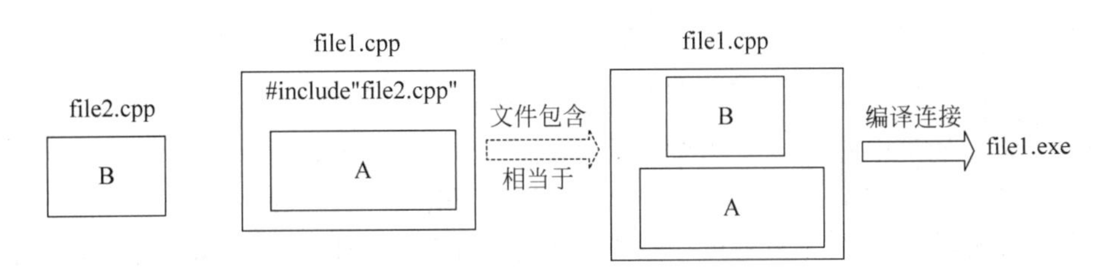

图 5.3 “文件包含”预处理命令示意图

含有文件包含命令的源程序，在编译预处理时将所包含的文件全部内容复制到该命令行处，生成一个中间文件，然后编译连接这个文件，得到实际上包含两个(或多个)源程序的可执行程序。

注意：

(1) 一个＃include 命令只能包含一个文件。

(2) 文件包含命令所包含的文件必须是文本文件(ASCII 码文件)，一般是 C++源文件(如 file2.cpp)或系统库文件(如 iostream)，不可以是可执行程序或目标程序。

文件包含有两种格式，用＃include <文件名>的格式时，预处理编译器就直接到存放 C++系统的目录中查找要包含的文件，若找不到，编译系统给出出错信息。一般来说，系统标准头文件和库文件都是用这种方式包含的，如＃include < cmath >;。用＃include"文件名"的格式时，预编译处理器首先在当前被编译文件所在的目录中进行搜索，如果找不到，再去 C++系统目录中进行搜索；也可以在包含命令中指定首先搜索的目录，如 #include "D:\Njust\file2.cpp"，可指定在 D:\Njust 目录下搜索 file2.cpp，若找不到，再去 C++系统目录下搜索；如果还找不到，就给出出错信息。一般这种方式用来包含用户自己建立的文件。

文件包含在程序设计中非常重要，当用户定义了一些常用的函数或常用的宏，可以将这些定义放在一个文件中，如 head.h。凡是需要使用这些函数或宏的程序，只要用文件包含命令将 head.h 包含到该程序中，就可以在程序中直接使用这些函数或宏，既能避免重复劳动，又可减少出错。

5.3 条件编译

在通常情况下，源程序中的所有语句都要被编译，生成机器码可执行程序。但有时希望源程序的某些语句在满足一定的条件下才被编译，或者说对源程序的部分语句有选择地进行编译，如图 5.4 所示，这就是条件编译。

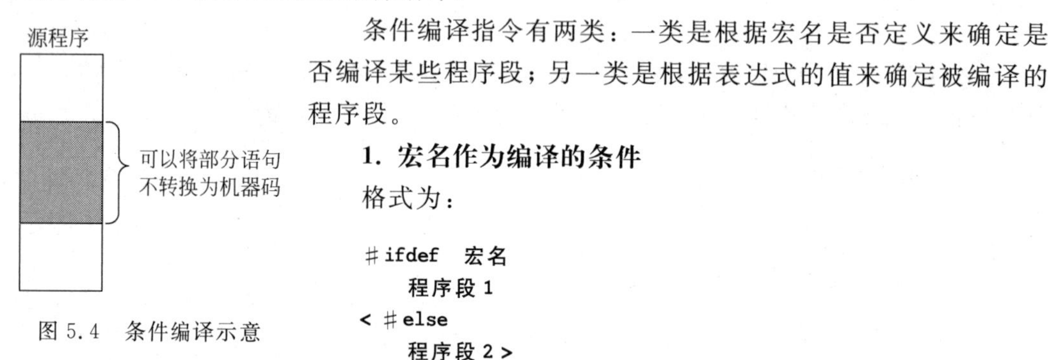

图 5.4　条件编译示意

条件编译指令有两类：一类是根据宏名是否定义来确定是否编译某些程序段；另一类是根据表达式的值来确定被编译的程序段。

1. 宏名作为编译的条件

格式为：

```
#ifdef  宏名
    程序段 1
< #else
    程序段 2 >
#endif
```

其中，尖括号< >中的内容可以省略。

如果源程序前面定义了宏名，则编译程序段 1，否则编译程序段 2。

例如，在调试程序时常常要输出一些变量在运行过程中的值，以此来检查程序运行中的错误，而调试完成后不需要输出这些信息，就可以将输出这些值的语句段作为条件编译的语句。

【例 5.5】 利用条件编译检查程序。

```
#include <iostream>
#define  DEBUG                                    //A 定义了宏名 DEBUG
using namespace std;
int main()
{    int n = 5, s = 1;
     for(int i = 1; i <= n; i++)
     {    s = s * i;
          #ifdef  DEBUG                           //B 如果 DEBUG 有定义则编译
          cout << "i = " << i << '\t' << "s = " << s << endl; //C 条件编译语句
          #endif                                  //条件编译结束
     }
     cout << n << "! = " << s << endl;
     return 0;
}
```

分析：这是求 5 的阶乘 5! 的程序。A 行定义了宏名 DEBUG，B 行表示当宏名 DEBUG 已经被定义了之后，C 行语句要被编译执行，即程序输出各个数的阶乘，用以检查求阶乘的循环语句是否错误。程序执行后的输出如下：

```
i = 1    s = 1
i = 2    s = 2
i = 3    s = 6
i = 4    s = 24
i = 5    s = 120
5!= 120
```

显示出程序运行过程中各个阶乘的值，表示程序运行正确。

在程序调试正确后，不需要输出各个数的阶乘值，这时，将 A 行语句去掉或注释掉如下：

```
#include <iostream>
//#define DEBUG                                    //A 注释掉该行,即该行不执行
using namespace std;
int main()
{    int n = 5, s = 1;
     for(int i = 1; i <= n; i++)
     {    s = s * i;
          #ifdef  DEBUG                            //B 条件编译的条件不成立
          cout <<"i = "<< i <<'\t'<<"s = "<< s << endl; //C 该行不被编译,不生成机器码
          #endif
     }
     cout << n <<"!= "<< s << endl;
     return 0;
}
```

重新编译源程序，此时宏名 DEBUG 没有在程序中定义，所以 C 行语句不进行编译，因而也就不会被执行，程序的输出如下：

```
5!= 120
```

当条件编译的程序段较大时，用这种方法比直接从程序中删除相应的程序段简单得多。

#ifndef 与 #ifdef 作用一样，只是选择的条件相反。

2. 表达式的值作为编译条件

格式为：

```
# if  表达式
    程序段 1
<#else
    程序段 2>
#endif
```

其中,尖括号< >中的内容可以省略。

当表达式的值为非 0 时,编译程序段 1,否则编译程序段 2。当然,表达式应该是一些常量的运算。

【例 5.6】 用表达式的值作为编译条件。

```
#include <iostream>
using namespace std;
int main()
{   int n=5,s=1;
    for(int i=1;i<=n;i++)
    {   s=s*i;
        #if  1                                   //A 表达式为 1,表示下面语句进行条件编译
        cout<<"i="<<i<<'\t'<<"s="<<s<<endl; //B
        #endif                                   //条件编译结束
    }
    cout<<n<<"!="<<s<<endl;
    return 0;
}
```

本题的输出与例 5.5 一样。在调试程序阶段,使 A 行的表达式为 1,编译 B 行,输出循环的中间结果;当程序调试正确后,将 A 行改为:

```
#if  0
```

重新编译运行程序,B 行不进行编译,程序直接输出最后的结果。

练　习　题

一、选择题

1. 以下关于宏的叙述中正确的是________。
   A. 宏定义必须位于源程序中所有语句之前
   B. 宏名必须用大写字母表示
   C. 宏调用比函数调用耗费时间
   D. 宏替换没有数据类型限制

2. 设有宏定义#define IsDiv(k,n) ((k%n==1)? 1:0),且变量 m 已正确定义并赋值,则宏调用 IsDiv(m,5)&&IsDiv(m,7)为真时所要表达的是________。
   A. 判断 m 是否能被 5 和 7 整除　　　　B. 判断 m 被 5 或者 7 整除是否余 1
   C. 判断 m 被 5 和 7 整涂是否都余 1　　D. 判断 m 是否能被 5 或者 7 整除

3. 已知某程序如下:

```
#include <iostream>
float p=1.5;
#define  p  2.5
using namespace std;
int main()
{cout<<p<<endl;  return 0;}
```

则 main 函数中标识符 p 代表的操作数是________。

A. float 型变量　　B. double 型变量　　C. float 型常量　　D. double 型常量

4. 设有宏定义：

```
#define f(x) (-x*2)
```

执行语句 cout << f(3+4)<< endl;则输出为________。

A. －14　　B. 2　　C. 5　　D. －7

5. 以下程序的运行结果是________。

```
#include<iostream>
#define  MIN(x, y)  (x)<(y)? (x): (y)
using namespace std;
int main()
{  int i = 10, j = 15, k;
   k = 10 * MIN(i,j);
   cout << k << endl;
   return 0;
}
```

A. 10　　B. 15　　C. 100　　D. 150

6. 以下程序的运行结果是________。

```
#include<iostream>
#define PLUS(X, Y)  X + Y
using namespace std;
int main()
{    int x = 1, y = 2, z = 3, sum;
     sum = PLUS(x + y, z) * PLUS( y, z);
     cout <<"SUM = "<< sum << endl;
     return 0;
}
```

A. SUM＝9　　B. SUM＝12　　C. SUM＝18　　D. SUM＝28

7. 以下程序的运行结果是________。

```
#include<iostream>
#define N  5
#define M  N + 1
#define f(x)  (x * M)
using namespace std;
int main()
{    int i1, i2;
     i1 = f(2);
     i2 = f(1 + 1);
     cout << i1 <<'\t'<< i2 << endl;
     return 0;
}
```

A. 12　12　　B. 11　7　　C. 11　11　　D. 12　7

8. 以下叙述中正确的是________。

A. 在包含文件中,不得再包含其他文件

B. #include 命令行不能出现在程序文件的中间

C. 在一个程序中,允许使用任意数量的#include 命令行

D. 虽然包含文件被修改了,包含该文件的源程序也可以不重新进行编译和连接

二、填空题

1. 设有如下的宏定义:

```
#define  MYSWAP(z, x, y)
{    z = x;   x = y;   y = z;   }
```

以下程序段通过宏调用实现变量 a、b 内容交换,请填空。

```
float a = 5, b = 16, c;
MYSWAP( ________ , ________ ,  a  );
```

2. 若有宏定义 #define max(a,b) (a > b? a:b),则表达式 max(2, max(3,1))的值是________。

3. 以下程序的运行结果是________。

```
#include <iostream>
#define  MAX(a, b) (a > b? a: b)  + 1
using namespace std;
int main()
{    int i = 6, j = 8, k;
     k = MAX(i, j);
     cout << k << endl;
     return 0;
}
```

4. 以下程序的运行结果是________。

```
#include <iostream>
using namespace std;
int x = 1;
int f(int);
int main()
{    cout << f(x);   return 0;}
#define  x  2
int f(int y)
{    return x + y;   }
```

三、编程题

(1) 编写一个宏 MAX(a,b,c),求 a、b、c 中的最大值。a、b、c 从键盘输入。

(2) 已知三角形的三条边 a、b、c,则三角形的面积为 area$=\sqrt{s(s-a)(s-b)(s-c)}$,其中,$s=(a+b+c)/2$。编写程序,用带参数的宏求三角形的面积。

第6章 数　组

基本数据类型(整型、实型、字符型)只能用于定义简单的单一变量。如果在程序设计中需要存储同一数据类型的、彼此相关的多个数据时,如存储数学上使用的一个数列或一个矩阵中的全部数据时,采用定义简单变量的方法是不行的,这就要求能够定义同时存储多个值的变量,这种变量在程序设计中称为数组。本章中介绍数组的定义及应用,包括一维数组、多维数组和字符数组。

6.1 数组的定义和引用

数组是一组具有相同类型的有序变量的集合。这些变量按照一定的规则排列,在内存中占据了一块连续的存储区域,数组名就是这块空间的名称。其中的变量称为数组的元素,用数组名和下标来唯一地确定数组中的元素。

6.1.1 一维数组的定义

一维数组的定义方式为:

```
类型说明符    数组名[常量表达式];
```

例如:

```
int  a[5];
```

这里,int 是类型名,说明数组的元素都是整型。a 表示数组名,数组有 5 个元素。

说明:

(1) 数组名和变量名相同,遵循标识符命名规则。

(2) 常量表达式表示数组元素的个数,即数组长度。例如,int a[5];中 5 表示 a 数组有 5 个元素,下标从 0 开始,这 5 个元素是 a[0]、a[1]、a[2]、a[3]、a[4]。注意不能使用 a[5],数组的下标是 0～常量表达式－1。

(3) 常量表达式中可以包括整型常量和符号常量,不能包含变量,即 C++不允许对数组的大小作动态定义,也就是说数组的大小不能依赖程序运行过程中变量的值决定。例如,下面的定义是合法的:

```
#define    N  256
```

```
const  int  SIZE = 500;
 ⋮
int   a[N];
float  b[SIZE];
char  c['a'];
```

而下面的定义是不合法的：

```
int  n;
cin >> n;
float  a[n];
```

此时，在定义数组 a 时，变量 n 没有确定的值，即在程序执行之前，无法给数组 a 分配确定的内存单元。

(4) 如果有定义语句 int a[5];，C++编译程序将为数组 a 在内存中分配 5 个连续的存储单元。由于定义的是整型数组，故每个元素在内存中占用 4 个字节的长度。假设数组从地址 0x2000 开始存储，则其在内存中的存储情况如图 6.1 所示。其中 a[0]、a[1]、a[2]、a[3]、a[4]表示每个存储单元的名字，可以用这样的名字直接来引用各存储单元。

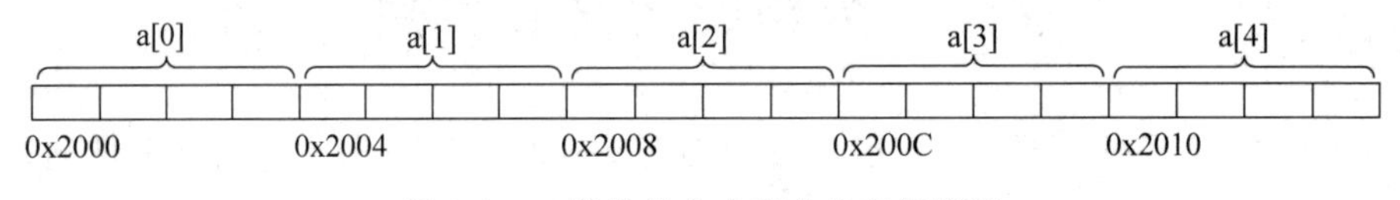

图 6.1 一维数组在内存中的存储情况

(5) 数组名的作用域与第 4 章中介绍的变量的作用域相同。当把数组定义为局部变量时，其作用域为块作用域；而把数组定义为全局变量时，其作用域为文件作用域。

6.1.2 一维数组的引用

通过变量定义语句定义了一个数组后，用户便可以随时使用其中的任何元素。数组元素的引用是通过下标运算符[ ]指明和访问的，格式为：

数组名[下标]

一个数组元素又称为下标变量，所使用的下标可以为常量，也可以为变量或表达式，但其值必须是整数，否则将产生编译错误。

使用一个下标变量如同使用一个简单变量一样，可以对它赋值，也可以读取它的值。例如：

```
a[2] = a[3] + a[2 * 2];
```

【例 6.1】 输入 5 个整数，并将这 5 个整数反向输出。

```
#include <iostream>
using namespace std;
int main()
{   int  a[5],i;
    cout <<"输入 5 个数:\n";
```

```
    for(i = 0;i < 5;i++)
        cin >> a[i];
    cout <<"反向输出这 5 个数为:\n";
    for(i = 4;i >= 0;i -- )
        cout << a[i]<<'\t';
    cout << endl;
    return 0;
}
```

程序的运行情况及结果如下：

```
输入 5 个数:
4  5  6  7  8↙
反向输出这 5 个数为:
8  7  6  5  4
```

6.1.3 一维数组的初始化

可以在数组定义时，给数组元素指定初值，称为数组的初始化。在定义数组时完成数组元素的初始化，可以用以下方法实现。

(1) 对数组中的所有元素赋初值。例如：

```
int  a[10] = { 0,1,2,3,4,5,6,7,8,9};
```

将数组元素的初值依次放在一对花括号中，数值必须与所说明的类型一致，在数与数之间用逗号隔开，数组的元素个数与所列举的初值个数相同。当所赋初值多于所定义数组的元素个数时，在编译时将给出出错信息。

经过上面定义和初始化之后，a[0]＝0，a[1]＝1，a[2]＝2，a[3]＝3，a[4]＝4，a[5]＝5，a[6]＝6，a[7]＝7，a[8]＝8，a[9]＝9。

(2) 可以对数组中的部分元素赋初值。例如：

```
int  a[10] = { 1,2,3,4,5};
```

定义数组 a 有 10 个元素，但花括号内只提供 5 个初值，表示前 5 个元素的初值分别为 1、2、3、4、5，数组中的其余元素的初值为 0。

(3) 在定义数组时，当给出数组的全部元素的初值时，可以不指定数组的大小。例如：

```
int a[9] = { 0,1,2,3,4,5,6,7,8};
```

可以写成：

```
int a[ ] = { 0,1,2,3,4,5,6,7,8};
```

在花括号中列举了 9 个值，因此 C++编译器认定数组 a 的元素个数为 9。若要定义的数组大小比列举数组初值的个数大时，必须说明数组的大小。

(4) 当把数组定义为全局变量或静态局部变量时,C++编译器自动地将所有元素的初值置为0。当把数组定义为其他存储类型的局部变量时,数组的元素没有确定的初值,即其值是随机的。例如:

```
static int a[10];
```

则数组 a 的每个元素都为 0,若定义语句为:

```
int a[10];
```

则数组 a 的每个元素都为不确定的随机值。

6.1.4 一维数组程序举例

【例 6.2】 从数组 a 中找出值最大的元素并显示出来。

算法分析:从若干个数中求最大者的方法很多,现在采用"打擂台"的算法。如果有若干人比武,首先指定第 1 个人为"擂主",先站在台上,第 2 个人上去与其交手,败者下台,胜者留台上。第 3 个人再上台与在台上者比,同样是败者下台,胜者留台上。如此比下去,直到所有人都上台比过为止。最后留在台上的就是胜者。程序模拟这个方法,开始时把 a[0] 的值赋给变量 max,max 就是开始时的擂主,然后让下一个元素与它比较,将二者中值大者保存在 max 中,然后再让下一个元素与新的 max 比,直到最后一个元素比完为止。max 最后的值就是数组所有元素中的最大值。源程序如下:

```
#include <iostream>
using namespace std;
const int N = 7;
int main()
{    double a[N] = {2.6, 7.3, 4.2, 5.4, 6.2, 3.8, 1.4}, max;  // 数组初始化
     int i;
     max = a[0];
     for(i = 1;i < N;i++)
       if(a[i]> max)    max = a[i];                          //将两个数中大的赋给 max
     cout <<"最大值 = "<< max << endl;
     return 0;
}
```

程序的运行结果如下:

```
最大值 = 7.3
```

【例 6.3】 用冒泡法对 10 个数由小到大排序。

算法分析:将相邻的两个数两两比较,将小的数调到前头,比较过程如图 6.2 所示。表 6.1 总结了冒泡法双重循环循环次数的特点。

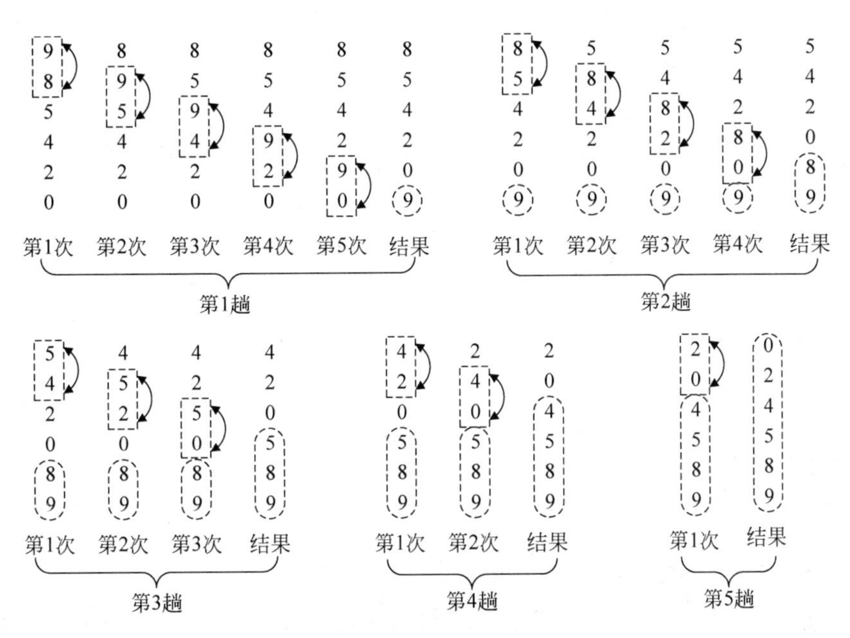

图 6.2　冒泡算法说明

表 6.1　冒泡法双重循环的循环次数

	共有 6 个数					有 n 个数
趟数(大循环)	1	2	3	4	5	第 i 趟(i 取值 $1\sim n-1$)
每趟次数(小循环)	5	4	3	2	1	循环($n-i$)次

由于数组元素的序号从 0 开始,所以将表 6.1 的大循环起始点微调改进后如表 6.2 所示。

表 6.2　冒泡法双重循环的循环次数(改进)

	共有 6 个数					有 n 个数
趟数(大循环)	0	1	2	3	4	第 i 趟(i 取值 $0\sim n-2$)
每趟次数(小循环)	5	4	3	2	1	循环($n-i-1$)次

源程序如下:

```
#include <iostream>
using namespace std;
int main()
{   int a[10];
    int i,j,t;
    cout <<"Input 10 number :\n";
    for (i = 0;i < 10; i++)                                    //输入数组
      cin >> a[i];
    for (i = 0; i < 10 - 1; i++)
       for (j = 0; j < 10 - i - 1 ; j++)
        {    if (a[j]> a[j + 1])
```

```
            {    t = a[j];                                  //交换两个数
                 a[j] = a[j + 1];
                 a[j + 1] = t;
            }
        }
    for (i = 0;i < 10; i++)                                 //输出数组
      cout << a[i]<<'\t';
    return 0;
}
```

程序的运行结果如下：

```
Input 10 number:
7 6 5 3 4 0 1 2 9 8↙
0 1 2 3 4 5 6 7 8 9
```

【例 6.4】 将数组中指定的数据删除。

算法分析：将一维数组中指定的数据删除，实际上用指定数据后面的数组元素将其覆盖，如图 6.3 所示。因此整个过程分两个步骤，一是遍历数组，找出欲删除的数据；二是从这个数据开始，依次用后面数组的元素覆盖前面的数据，如图 6.4 所示。

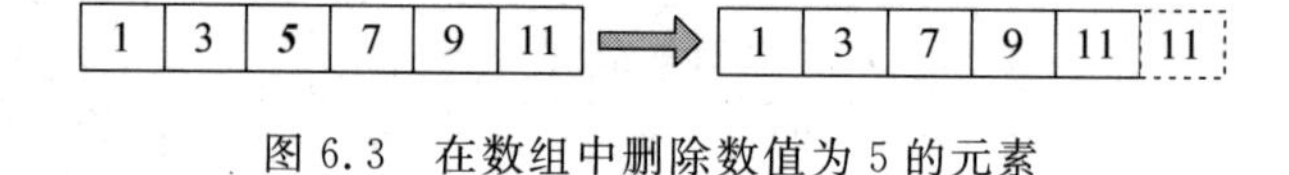

图 6.3　在数组中删除数值为 5 的元素

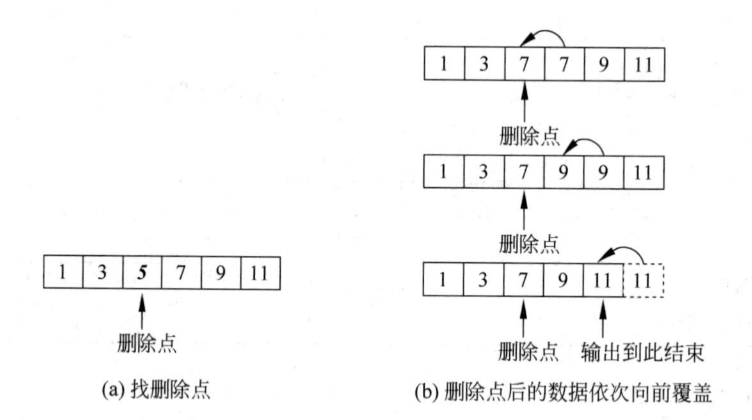

(a) 找删除点　　(b) 删除点后的数据依次向前覆盖

图 6.4　从数组中删除指定数据的算法

源程序如下：

```
#include < iostream >
using namespace std;
int main()
{    int a[6] = {1,3,5,7,9,11},i,j,x;
     cout <<"原数组是: \n";
     for(i = 0;i < 6;i++)
         cout << a[i]<<'\t';
     cout <<"\n 请输入要删除的数据: ";
```

```
    cin>>x;
    for(i = 0;i<6;i++)
    {   if(a[i] == x)                           //找删除点
        {   for(j = i;j<5;j++)
                a[j] = a[j + 1];                //从删除点开始数据依次向前覆盖
            break;                              //覆盖完数据后退出循环
        }
    }
    if(i == 6)                                  //不是从 break 退出循环,说明未找到删除点
        cout<<"数组中没有要删除的数据\n";
    else
    {   cout<<"删除数据 "<<x<<" 后的数组是: \n";
        for(i = 0;i<5;i++)
            cout<<a[i]<<'\t';
        cout<<endl;
    }
    return 0;
}
```

程序的运行结果如下：

```
原数组是:
1   3   5   7   9   11
请输入要删除的数据: 5↙
删除数据 5 后的数组是:
1   3   7   9   11
```

6.2 二维数组的定义和引用

6.2.1 二维数组的定义

二维数组定义的一般形式为：

类型说明符 数组名[常量表达式][常量表达式];

例如：

```
int a[3][4];
```

定义 a 为 3×4(3 行 4 列)的整型数组。注意不能说明为 int a[3,4];。

其元素分别为：

```
a[0][0],a[0][1],a[0][2],a[0][3],
a[1][0],a[1][1],a[1][2],a[1][3],
a[2][0],a[2][1],a[2][2],a[2][3]
```

二维数组在内存中是“按行存放”,即先顺序存放第一行的所有元素,接着存放第二行所有元素……直到存完最后一行的所有元素。如上例中,int a[3][4];数组共占用内存 12×

4＝48 个字节，它在内存的存储如图 6.5 所示。

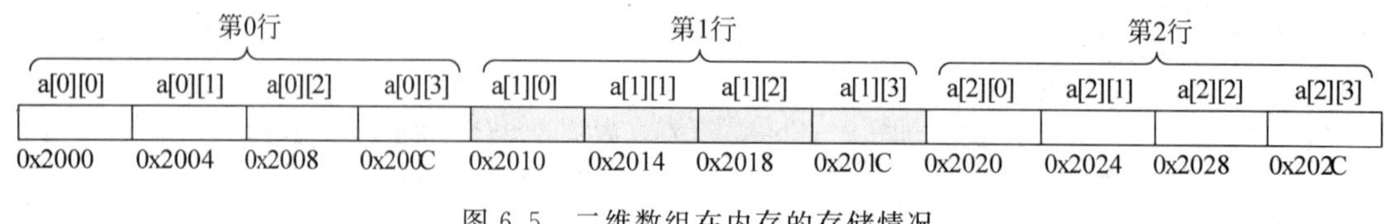

图 6.5　二维数组在内存的存储情况

与定义一维数组一样，在定义二维数组的行数和列数时，只能是一个常量表达式，不能含有变量，并且其值只能是一个正整数。

在 C++ 中，允许定义多维数组，对数组的维数没有限制，可由二维数组直接推广到三维、四维和更高维数组。

6.2.2　二维数组的引用

引用二维数组中的某一元素的一般格式为：

数组名[下标][下标]

其中，两个下标表达式均为一般表达式，与一维数组一样可包含变量，但其值只能是一个整数，且其值必须在该数组的定义范围之内。例如：

```
a[2][3] = a[1][2] + 6;
```

表示将 a[1][2]＋6 赋给二维数组 a 的第 2 行第 3 列元素。

6.2.3　二维数组的初始化

在定义数组的同时给数组元素赋值，即在编译阶段给数组所在的内存赋值。与一维数组类同，可对所有的元素初始化，也可只对部分元素初始化。

(1) 分行给二维数组初始化。例如：

```
int  a[3][4] = {{1,2,3,4},{5,6,7,8},{9,10,11,12}};
```

这种方法把第一个花括号内数据{1, 2, 3, 4}依次赋给数组 a 的第 0 行的元素，即 a[0][0]＝1、a[0][1]＝2、a[0][2]＝3、a[0][3]＝4；把第二个花括号内数据依次赋给数组 a 的第 1 行的元素……将最后一个花括号内数据依次赋给数组 a 的最后一行的元素，即按行赋初值。

(2) 按数组元素的排列顺序，依次列出各个元素的值，并只用一个花括号括起来。例如：

```
int  a[3][4] = { 1,2,3,4, 5,6,7,8, 9,10,11,12};
```

和第一种初始化方法效果相同，但不提倡这种方法，这种方法如果数据多时容易遗漏，不易检查。不如第一种方法简单直观。

(3) 可以部分数组元素赋初值。例如：

```
int  a[3][4] = { { 1,2}, {3}, {4,5 ,6}};
```

没有被赋值的元素，其值均为 0，赋初值后数组各元素的值为

$$\begin{bmatrix} 1 & 2 & 0 & 0 \\ 3 & 0 & 0 & 0 \\ 4 & 5 & 6 & 0 \end{bmatrix}$$

定义数组分行或全部赋值时，可以省略第一维，第二维不可省。例如：

```
int  a[ ][4] = {{1,2},{5,6,7,8,},{9,10,11,12}};
```

(4) 不能给数组整体赋值，只能一个一个地赋值。例如：

```
int  a[3][4] = { 1,2,3,4, 5,6,7,8, 9,10,11,12};
```

而 int a[3][4]={1,2,3,…,12};是错误的，在定义的花括号中不能出现省略号。

(5) 用 static 定义的数组不赋初值时，系统均默认其为'\0'，即数字 0。例如若有：static int a[2][3];，则数组 a 的各元素的值为：

$$\begin{bmatrix} 0 & 0 & 0 \\ 0 & 0 & 0 \end{bmatrix}$$

6.2.4 二维数组程序举例

【例 6.5】 求二维数组中的最小元素的值及其位置。

算法分析：与例 6.2 类似，采用“打擂台”的算法。不同的是在二维数组中寻找“擂主”需要双重循环。如果数组有 n 行 m 列，那么首先是行循环($0\sim n-1$)，其次在每一行中，都要依次对列($0\sim m-1$)循环一遍，才能遍历二维数组。源程序如下：

```
#include <iostream>
using namespace std;
int main()
{    int i,j,row = 0, col  = 0,min;          // row 记录最小值的行号, col 记录列号
     int a[3][3] = {1, - 2,0,4, - 5,6,2,4};   //数组初始化
     min = a[0][0];                           //指定最小值
     for (i = 0;i < 3;i++)                    //双重循环遍历数组
       for (j = 0;j < 3;j++)
         if (a[i][j]< min)
         {    min = a[i][j];
              row = i;
              col = j;
         }
     cout <<"a 数组的最小元素是: a["<< row <<"]["<< col <<"] = "<< min << endl;
     return 0;
}
```

程序的运行结果如下：

```
a 数组的最小元素是: a[1][1] =- 5
```

【例 6.6】 将一个 3 行 3 列的二维数组中行和列元素互换(数学上称为矩阵的转置)。例如:

$$变换前\begin{bmatrix}1 & 2 & 3\\4 & 5 & 6\\7 & 8 & 9\end{bmatrix}\qquad 变换后\begin{bmatrix}1 & 4 & 7\\2 & 5 & 8\\3 & 6 & 9\end{bmatrix}$$

算法分析:这个变换可以采用两种方法来实现,一是在同一个数组内交换,二是将数组 a 交换后的数据放在数组 b 中,两种情况的程序是有区别的。

程序 1:将数组 a 交换后的数据放在数组 b 中,需要将 a 数组的所有数据都放到 b 数组的相应位置上,故此程序要遍历 a 数组中所有元素,源程序如下:

```
#include <iostream>
using namespace std;
int main()
{    int a[3][3] = {{1, 2, 3},{4,5,6},{7,8,9}};
     int b[3][3],i,j;
     cout <<"数组 a:\n";
     for( i = 0;i < 3;i++)
     {    for( j = 0;j < 3;j++) cout << a[i][j]<<'\t';
          cout <<'\n';
     }
     for( i = 0;i < 3;i++)
         for(j = 0;j < 3;j++)   b[j][i] = a[i][j];   //将 a 数组的 i 行 j 列赋给 b 数组的 j 行 i 列
     cout <<"数组 b:\n";
     for(i = 0;i < 3;i++)
     {    for(j = 0;j < 3;j++) cout << b[i][j]<<'\t';
          cout <<'\n';
     }
     return 0;
}
```

程序的运行结果如下:

```
数组 a:
1   2   3
4   5   6
7   8   9
数组 b:
1   4   7
2   5   8
3   6   9
```

程序 2:直接在数组 a 中将行列互换。因为交换一次数据,影响的是 a[i][j]和 a[j][i]两个元素,所以只要交换一半的元素就能达到目的了。可以在程序中以对角线为界,只交换对角线上半部分或下半部分的元素。源程序如下:

```
#include <iostream>
```

```
using namespace std;
int main()
{    int a[3][3] = {{1, 2, 3},{4,5,6},{7,8,9}};
     int i,j,t;
     cout <<" 转置前的数组 a:\n";
     for( i = 0;i < 3;i++)
     {    for( j = 0;j < 3;j++) cout << a[i][j]<<'\t';
          cout <<'\n';
     }
     for( i = 0;i < 3;i++)
          for(j = i;j < 3;j++)                 //遍历对角线上方的元素进行交换
          {    t = a[j][i];
               a[j][i] = a[i][j];              //行列互换
               a[i][j] = t;
          }
     cout <<"转置后的数组 a:\n";
     for(i = 0;i < 3;i++)
     {    for(j = 0;j < 3;j++) cout << a[i][j]<<'\t';
          cout <<'\n';
     }
     return 0;
}
```

程序 2 的运行结果和程序 1 相同。

6.3 数组作为函数的参数

函数可以把数组的一个元素作为函数的实参,也可以把数组名作为函数的实参。数组名作为实参时,传递的是整个数组。

6.3.1 数组元素作为函数的实参

数组元素本身就是普通变量,因此,在调用函数时,数组元素作为函数的实参,与用变量作实参一样,是单向传递,即从实参向形参单向值传递。

【例 6.7】 有两个数据系列分别为:

```
int a[8] = {26,1007,956,705,574,371,416,517};
int b[8] = {994,631,772,201,262,763,1000,781};
```

求第三个数据系列 c,要求 c 中的数据是 a、b 中对应数的最大公约数。

算法分析:题目中要求 c[0]的值是 a[0]和 b[0]的最大公约数,即 c[0]的值是 26 和 994 的最大公约数 2。同样,c[1]的值是 a[1]的值 1007 和 b[1]的值 631 的最大公约数 1……而求解两个数 m 和 n 的公约数的算法有两种。一是仿照例 3.16,利用公约数的定义,在 $1\sim m-1$ 或 $1\sim n-1$ 的范围内,逐一测试,找出同为两个数因子中的最大的那个数;二是利用欧几里得算法,可以用较少的迭代次数求出两个数的最大公约数。欧几里得算法描述如下:

设有两个正整数 m、n，且要求 $m>n$，

(1) m 被 n 除，得到余数 $r(0\leqslant r\leqslant n)$ 即 $r=m\%n$；

(2) 若 $r=0$，则算法结束，n 为最大公约数，否则执行步骤(3)；

(3) $n\rightarrow m$，$r\rightarrow n$，回到步骤(1)。

本题用欧几里得算法求解，源程序如下：

```
#include<iostream>
using namespace std;
int gys(int m,int n)                           //求两个数的最大公约数,形参是变量
{   int r;
    if(m<n)                                    //算法要求 m>n
    {   r=m;
        m=n;
        n=r;
    }
    while(r=m%n)
    {   m=n;
        n=r;
    }
    return n;
}
int main()
{   int a[8]={26,1007,956,705,574,371,416,517};
    int b[8]={994,631,772,201,262,763,1000,781};
    int c[8],i;
    for(i=0;i<8;i++)
        c[i]=gys(a[i],b[i]);                   //对应元素的公约数,实参是数组元素
    for(i=0;i<8;i++)
        cout<<c[i]<<'\t';
    cout<<endl;
    return 0;
}
```

程序的运行结果如下：

```
2   1   4   3   2   7   8   11
```

6.3.2 数组名作为函数的实参

在C++中，数组名被认为是数组在内存中存放的首地址。用数组名作函数参数，实参与形参都应用数组名。这时，函数传递的是数组在内存中的地址。由于内存的地址是唯一、连续的，因此实参中的数组地址传到形参中，实参形参共用同一段内存。形参数组中的值发生变化，也相当于实参数组中的值发生变化。

【例6.8】 阅读以下程序，分析输出结果。

```
#include<iostream>
```

```
using namespace std;
void fun(int a[2])
{    for(int i = 0;i<2;i++)
         a[i] = a[i] * a[i];
}
int main()
{    int b[2] = {2,4};
     cout << b[0]<<'\t'<< b[1]<< endl;         //A
     fun(b);                                   //B
     cout << b[0]<<'\t'<< b[1]<< endl;         //C
     return 0;
}
```

程序的运行结果如下：

```
2  4
4  16
```

程序分析：

(1) 在 main 函数中定义了一个数组 b，如图 6.6(a)所示，A 行输出该数组的元素值；

(2) 当执行到 B 行时，将数组名 b 作为参数，程序运行到 fun 函数，同时定义形参数组 a，接收传递过来的数组 b。值得注意的是，数组 b 和数组 a 都是数组名，代表数组在内存中存储的首地址，而内存中的地址是唯一的，因此实际上，数组 b 和数组 a 占据的是同一段内存。也就是说，数组 b 所占据的内存在 fun 函数中被标记成数组 a，如图 6.6(b)所示。

(3) 在 fun 函数中，数组 a 中的元素值被平方，数组中的元素值发生了变化，如图 6.6(c)所示。

(4) fun 函数体执行完，程序返回 main 函数。在 main 函数中，该数组被称为数组 b，数组 a 的名称消失，但由于数组 a 和数组 b 的内存地址重合，所以在 fun 函数中数组 a 被改变的元素值依然被保留下来，如图 6.6(d)所示，C 行输出该数组的元素值。

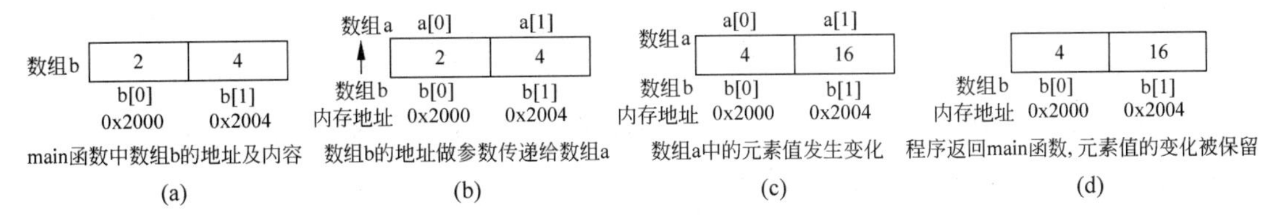

图 6.6　数组名作函数参数，形参和实参共占一段内存

数组名作函数参数时应注意以下三点：

(1) 用数组名作函数参数，应在主调函数和被调函数中分别定义数组，且类型一致。

(2) 需指定实参数组大小，形参数组的大小可不指定。数组名作实参实际上是传递数组的首地址。

例如，在例 6.8 中，fun 函数首部可以写成 void fun(int a[])，也就是说，实参数组和形参数组的大小可以不一致。实际上,C++编译系统对形参数组的大小不做检查,只是将实参数组的首地址传给形参数组。

(3) C++语言规定,数组名代表数组在内存中存储的首地址,这样,数组名作函数实参,实际上传递的是数组在内存中的首地址。实参和形参共占一段内存单元,形参数组中的值发生变化,也相当于实参数组中的值发生变化,如图 6.6 所示。在编程时可以有意识地利用这一点改变实参数组的值。

【例 6.9】 用选择法对 10 个数由小到大排序。

算法分析:在 main 函数中完成:①数组的输入;②将数组名作为实际参数进行排序算法的调用;③最后结果的输出。具体排序的算法在被调函数 sort 中实现。

所谓选择法就是不断找出数组的最小值,并将其依次与数组前面第 $i(i=0\sim n-2)$个元素调换。

以 6 个数为例,具体步骤如图 6.7 所示。

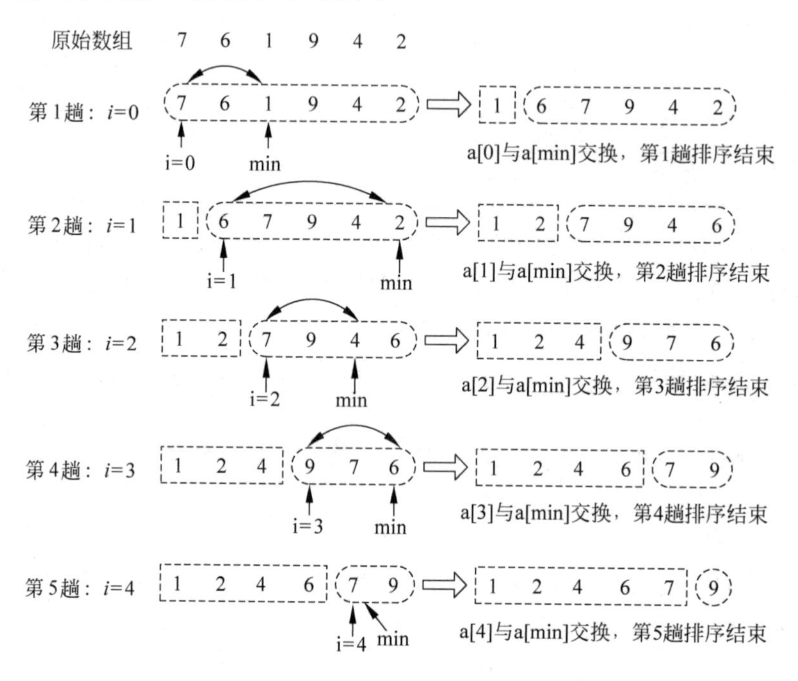

图 6.7 选择法排序算法说明

在第 i 趟中,要比较 $n-i$ 个数,找出最小数的序号存放在 min 中,然后将 a[i]与 a[min]交换。表 6.3 总结了以上双重循环的循环次数的特点。

表 6.3 选择法双重循环的循环次数

	共有 6 个数					有 n 个数
趟数(大循环)	0	1	2	3	4	第 i 趟(i 取值 $0\sim n-2$)
每趟次数(小循环)	5	4	3	2	1	循环($n-i-1$)次

源程序如下:

```
#include<iostream>
```

```
using namespace std;
void sort(int a[],int n)                    //选择法排序
{   int i,j,min,t;
    for(i = 0;i < n - 1;i++)
    {   min = i;                            //设置 min 的初值
        for(j = i + 1;j < n;j++)            //循环找出最小值的序号赋给 min
            if(a[min]> a[j])
                min = j;
        t = a[i];                           //交换 a[i]和 a[min]
        a[i] = a[min];
        a[min] = t;
    }
}
int main()
{   int b[] = {6,5,2,3,4,0,9,8,7,1},i,n;
    n = sizeof(b)/sizeof(b[0]);
    sort(b,n);                              //调用选择法排序函数
    cout <<"排序后的数组如下：\n";
    for (i = 0;i < n; i++)                  //输出数组
        cout << b[i]<<'\t';
    cout << endl;
    return 0;
}
```

程序的运行结果如下：

```
排序后的数组如下：
0  1  2  3  4  5  6  7  8  9
```

可以发现在主函数调用排序函数后，形参 a 数组中各元素的值发生了改变，从无序变成了有序，形参数组 a 的改变也使实参数组 b 发生了改变。实参数组和形参数组共用一段内存单元，其调用函数前后内存情况如图 6.8 所示。

图 6.8　数组名作函数参数，调用函数前后的内存情况

【例 6.10】 编写程序,在被调函数中删去一维数组中所有相同的数,使之只剩一个。数组中的数已按由小到大的顺序排列,被调函数返回删除后数组中数据的个数。

算法分析:在 main 函数中完成:①数组的输入;②将数组名作为实际参数调用 del 函数;③最后结果的输出。需要注意的是,由于删除数据后数组的长度减少,所以要将删除后数组中数据的个数作为 del 的函数值返回到 main 函数中。

删除相同数据的算法在被调函数 del 中实现,具体的算法是比较相邻的两数是否相等。若相等,则将后面所有的数据依次前移,删除前一个数;若不等,则继续比较后面的数。重复这一过程,直到比较完数组中所有的数据。

源程序如下:

```
#include <iostream>
using namespace std;
int del(int a[],int n)                        //删除相同数据
{    int i,j;
     for(i=0;i<n-1;i++)
     {    if(a[i]==a[i+1])                    //判断相邻数据是否相等
          {    for(j=i;j<n-1;j++)             //若相等删除前一个数
                    a[j]=a[j+1];
               n--;                           //删除后数组元素个数减少
               i--;                           //继续判断是否有多个数据相同
          }
     }
     return n;                                //将删除后的数据个数返回
}
int main()
{    int b[]={1,1,1,2,2,2,3,3,4,4,4,5,5,6,6,6,6},i,n;
     n=sizeof(b)/sizeof(b[0]);
     n=del(b,n);                              //调用 del 函数,返回删除数据后数组的元素个数
     cout<<"删除相同数据后的数组为:\n";
     for (i=0;i<n; i++)                       //输出数组
          cout<<b[i]<<'\t';
     cout<<endl;
     return 0;
}
```

程序的运行结果如下:

```
删除相同数据后的数组为:
1  2  3  4  5  6
```

6.3.3 二维数组作为函数的参数

二维数组名作函数参数的用法与一维数组的用法类同。在函数定义时,可以明确指定二维数组的行数和列数,也可以不指定行数,但必须指定二维数组的列数。例如形参定义为:

```
int array[3][4];
```

或

```
int array[ ][4];
```

两者都合法而且等价。而写成下面的形式是不合法的：

```
int array[ ][ ];
int array[3][ ];
```

因为从实参传送来的是数组的起始地址，而根据数组在内存中的排列规则，上述声明的存放形式并不足以区分行和列。如果在形参中不说明列数，则系统无法决定该数组应分为多少行多少列。

【例 6.11】 有一个 3×4 的矩阵，求其中的最大元素。

算法分析：在 main 函数中完成：①数组的输入；②将数组名作为实际参数，调用求最大值的函数；③将最大值作为函数值返回后输出。

求数组元素最大值算法在被调函数 max_value 中实现，具体的算法已在例 6.5 给出，在这里就不赘述了。

源程序如下：

```
#include <iostream>
using namespace std;
int max_value (int array[ ][4])
{   int  i, j, max;
    max = array[0][0];
    for (i = 0; i < 3; i++)
        for (j = 0; j < 4; j++)
            if (array[i][j]> max)
                max = array[i][j];
     return (max);
}
int main()
{   int  a[3][4] = {{1,3,5,7},{2,4,6,8},{15,17,34,12}};
    cout <<"最大值为: "<< max_value(a)<<'\n';
    return 0;
}
```

程序的运行结果如下：

```
最大值为: 34
```

6.4 字符数组

用来存放字符数据的数组是字符数组。字符数组中的一个元素存放一个字符的 ASCII 码。

6.4.1 字符数组的定义

字符数组定义的形式与前面介绍的数值数组相同。

例如：

```
char ch[10];
```

字符数组也可以是二维或多维数组。

例如：

```
char ch[10][10];
```

即为二维字符数组。

在 C++语言中，可以将字符的值作为整数来处理，整数也可以作为字符来处理(整数的值应在 0～255 之间)。从这个意义上讲，字符型和整型之间是通用的，但二者又是有区别的。例如：

```
char   ch1[100];
int    ch2[100];
```

为 ch1 分配的存储空间为 100 个字节，而为 ch2 分配的存储空间为 400 个字节。

6.4.2 字符数组的初始化

(1) 与数值数组的初始化相同，取其相应字符的 ASCII 值。例如：

```
char  str[5] = {'C', 'H', 'I', 'N', 'A'};
```

定义 str 为字符数组，包含 5 个元素，初始化后数组的状态如图 6.9 所示。

str[0]	str[1]	str[2]	str[3]	str[4]
'C'	'H'	'I'	'N'	'A'

图 6.9 字符数组初始化

因为字符在内存是以 ASCII 码的形式存储的，所以 str 数组在内存中的实际存储状态如图 6.10 所示。

str[0]	str[1]	str[2]	str[3]	str[4]
01000011	01001000	01001001	01010101	01000001

图 6.10 字符数组在内存中的存储情况

(2) 如果字符个数大于数组长度，做错误处理；如果字符个数小于数组长度，后面的字节全部为'\0'。例如：

```
char str[10] = {'C', 'H', 'I', 'N', 'A' };
```

其前 5 个元素分别是定义时指定的值，后 5 个元素的值都是'\0'，即 str[5]、str[6]、str[7]、str[8]、str[9]的值都是'\0'。实际存储情况如图 6.11 所示。

str[0]	str[1]	str[2]	str[3]	str[4]	str[5]	str[6]	str[7]	str[8]	str[9]
01000011	01001000	01001001	01010101	01000001	00000000	00000000	00000000	00000000	00000000

图 6.11 部分初始化的数组存储情况

(3) 如果省略数组长度,则字符数即为数组长度。例如:

```
char  ch[ ] = {'I', ' ', 'a', 'm', ' ', 'a' , 's' , 't', 'u', 'd' , 'e' , 'n' , 't '};
```

数组 ch 的长度是 13。

同理,也可定义和初始化一个二维或多维的字符数组。

6.4.3 字符串和字符串结束标志

C++语言将字符串作为字符数组来处理,约定用'\0'作为字符串的结束标志,它占内存空间,但不计入串长度。有了结束标志'\0'后,程序往往依据它判断字符串是否结束,而不是根据定义时设定的长度。

C++语言允许用字符串的方式对数组作初始化赋值。

例如:

```
char str[ ] = {'C', 'H','I','N','A'};
```

数组长度为 5 个字节,在内存中的存储情况如图 6.9 或图 6.10 所示。

如果用字符串的方式赋值可写为

```
char str[ ] = {"CHINA"};
```

长度为 6 个字节,以'\0'结尾,在内存中的存储情况如图 6.12 所示。

str[0]	str[1]	str[2]	str[3]	str[4]	str[5]	
'C'	'H'	'I'	'N'	'A'	'\0'	字符形式表示
01000011	01001000	01001001	01010101	01000001	00000000	实际存储情况

图 6.12　字符串在内存中的存储情况

上述字符串也可以去掉{}直接赋值:

```
char str[ ] = "CHINA";
```

可见,用字符串方式赋值比用字符逐个赋值要多占一个字节,用于存放字符串结束标志'\0'。

'\0'是由 C++编译系统自动加上的。由于采用了'\0'标志,所以在用字符串赋初值时,一般无须指定数组的长度,而由系统自行处理。

6.4.4 字符数组的输入输出

字符数组的输入输出方法有两种。

(1) 逐个字符的输入输出。

这种输入输出的方法,通常是使用循环语句来实现的。例如:

```
char  str[10];
cout <<"输入 10 个字符: ";
for(int i = 0;i < 10;i++)  cin >> str[i];       //A
…
```

A 行将输入的 10 个字符依次送给数组 str 中的各个元素。

这种输入形式与其他类型(如整型)数组一样,不能体现字符数组输入输出的特性。因此字符数组的输入输出一般不采用此方法。

(2) 把字符数组作为字符串输入输出。

对于一维字符数组的输入,在 cin 中仅给出数组名;输出时,在 cout 中也只给出数组名。

【例 6.12】 通过键盘输入字符串给字符数组,并把这个数组中的字符串输出。

```
#include <iostream>
using namespace std;
int main()
{   char  s1[50];
    cout <<"输入字符串:  ";
    cin >> s1;
    cout <<"s1  =  " << s1 << endl;
    return 0;
}
```

程序的运行情况及结果如下:

```
输入字符串: this is a book↙
s1  =  this
```

注意:

(1) 把字符数组作为字符串,在输入输出时,不必逐个字符循环输入输出,可以以字符串为单位,整体输入输出。此时,输入字符串时,在 cin 中仅给出数组名;输出字符串时,在 cout 中也只给出数组名。

(2) 如果用 cin 格式输入字符串时,空格和回车均作为字符串的输入结束符。在例 6.12 中,输入的字符串 this 后面有空格,系统认为输入结束,因此只将 this 作为一个字符串送入 s1 数组中。s1 数组的存储情况如图 6.13 所示。

s1	't'	'h'	'i'	's'	'\0'	?	?	?	…	?

图 6.13　用 cin 输入字符串,以空格或回车结束输入

(3) 用 cout 格式整体输出字符串时,从数组首地址处开始输出字符,直至遇到字符'\0'时,结束输出。如例 6.12 中,输出从字符 t 开始,直到输出字符 s 后,遇到字符串结束符'\0',输出结束。

当要把包括空格的一行字符作为一个字符串输入到字符数组中,如例 6.12 中要输入 this is a book 到数组 s1 中,则要使用输入函数 cin.getline。该函数的第一个参数为字符数组名,第二个参数减去 1 为允许输入的最大字符个数。使用格式如下:

```
cin.getline(数组名,数组最大字符个数 + 1);
```

【例 6.13】 使用函数 cin.getline 实现字符串的输入。

```
#include  <iostream>
using namespace std;
```

```
int main ()
{   char s1[81];
    cout <<"输入一行字符串:";
    cin.getline(s1,81);                    //A
    cout <<"s1 = "<< s1 <<'\n';            //B
    return 0;
}
```

程序的运行情况及结果如下：

```
输入一行字符串: this is a book ↙
s1 = this is a book
```

使用 cin. getline 时注意如下问题：

(1) 当输入行中的字符个数小于 80 时，将实际输入的字符串(不包括换行符)全部送给 s1；当输入行中的字符个数大于 80 时，只取前面的 80 个字符送给字符串。

(2) 在使用 cin. getline 函数时，系统自动在输入的字符串后面加了一个字符串结束标志'\0'，因此，该数组可以正确地用 cout 格式整体输出。

值得注意的是，字符串结束标志'\0'是判断字符串有效长度的重要指标，在字符串遍历循环、整体输出中都作为结束标志，不可或缺。

【例 6.14】 用逐个元素初始化字符数组。

```
#include <iostream>
using namespace std;
int main ()
{   char c[] = {'C', 'h', 'i', 'n', 'a'};
    cout <<"c = "<< c <<'\n';
    return 0;
}
```

此时，程序的输出除了 c 数组的 5 个元素“China”之外，在字符串后面还有其他的字符，这是因为在给数组初始化时没有在'a'的后面加上字符串结束标志。把 c 中的字符作为字符串输出时，仍把紧跟其后存储空间中的值作为字符输出，直至遇到字符串结束字符'\0'为止。所以，当把字符数组中的字符作为字符串输出时，必须保证在这个数组中包含字符串结束符'\0'。

6.4.5 字符串处理函数

C++ 中没有对字符串变量进行赋值、合并、比较的运算符，但提供了许多字符串处理函数，使用这些函数可大大减轻编程的负担。使用字符串处理函数则应包含头文件"string"。

下面介绍几个最常用的字符串处理函数，需要注意的是字符串处理函数的所有实参都是数组名，或是字符类地址。

1. 字符串连接函数 strcat 或 strcat_s

1) strcat

格式：`strcat (字符数组名 1,字符数组名 2);`

功能：把字符数组 2 中的字符串连接到字符数组 1 中字符串的后面，字符串 2 覆盖字符串 1 后的串结束标志'\0'，得到两个拼接起来的字符串。本函数返回值是字符数组 1 的首地址。例如：

```
char str1[12] = "I am a ";
char str2[ ] = "boy";
cout << strcat(str1,str2);
```

输出拼接后的字符串 1：

```
I am a boy
```

连接前后的状况如图 6.14 所示。

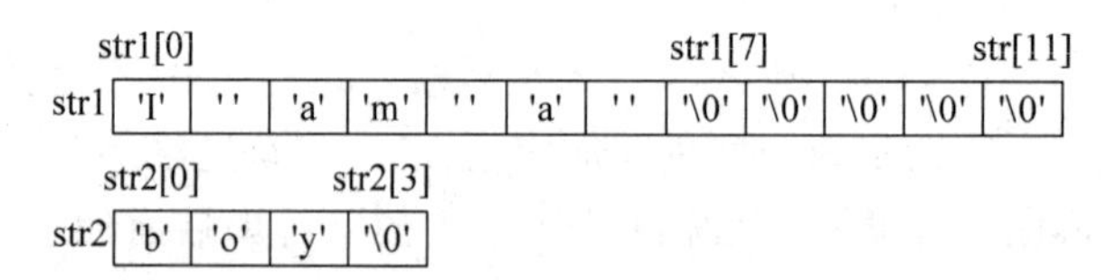

(a) 连接前的字符数组

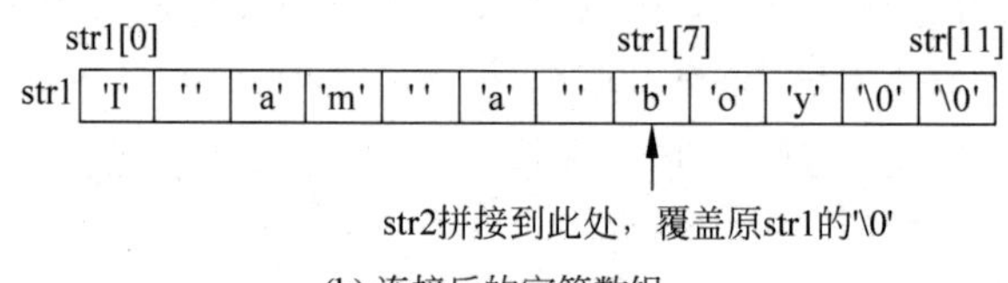

(b) 连接后的字符数组

图 6.14　连接前后的字符串在内存中的存储情况

注意：字符数组 str1 应定义足够的长度，否则不能全部装入被连接的字符串。

2) strcat_s

格式：**strcat_s (字符数组名 1,合并字符串后的字符数量 + 1,字符数组名 2);**

功能：与 strcat 的功能完全一致。但 strcat_s 的函数返回值是一个整型数据，代表错误号码，为 0 表示没有错误，为 1 表示出现错误等。

在 VS 2005 之后，为了防止数据溢出问题，引进了安全函数系列。加了_s 的函数称为安全函数 safe，它比 strcat 考虑了更多的安全性，即多了一个最大长度的参数。需要注意的是，第二个参数是合并字符串后的字符数量：

源串大小 + 目标串大小 + 字符串结束符大小('\0')

例如：

```
char str1[12] = "I am a ";
char str2[ ] = "boy";
cout << strcat_s(str1,strlen(str1) + strlen(str2) + 1, str2)<< endl;
cout << str1;
```

第 1 行输出 strcat_s 的返回值 0，第 2 行输出合并后的字符串。

```
0
I am a boy
```

2. 字符串复制函数 strcpy 或 strcpy_s

1) strcpy

格式：**strcpy(字符数组名 1,字符数组名 2);**

功能：把字符数组 2 中的字符串连'\0'全部复制到字符数组 1 中。例如：

```
char  str1[12] = "I am a ";
char  str2[] = "boy";
strcpy(str1,str2);
cout << str1;
```

输出复制后的 str1 数组中的字符串：

```
boy
```

复制前后的情况如图 6.15 所示。

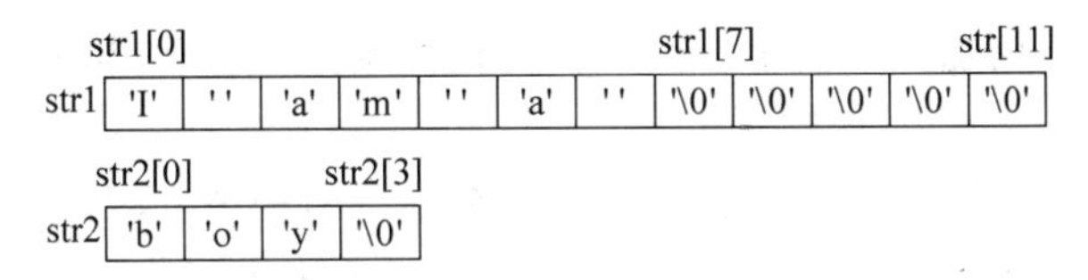

(a) 复制前的字符数组

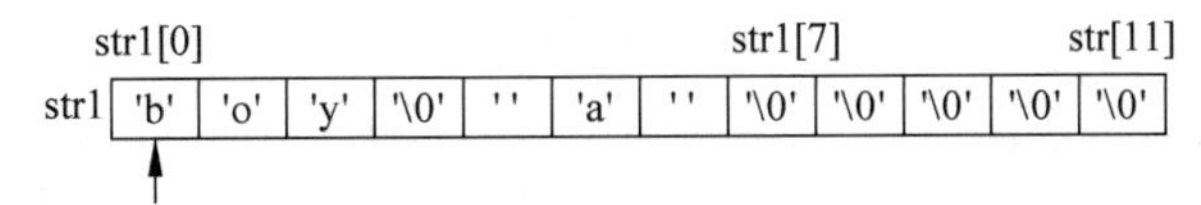

(b) 复制后的字符数组

图 6.15　复制前后的字符串在内存中的存储情况

注意：

(1) strcpy 函数具有对字符串数组赋值的功能。

例如，将数组 str2 的内容赋值到 str1 数组中。若在程序中使用 str1=str2;，是错误的。因为数组名代表这个数组在内存中的首地址，一经编译，这个地址就是固定的，因此可以把数组名看作是常量。赋值运算符的左边出现常量 str1 是错误的。此时，只能使用 strcpy (str1, str2);来进行赋值。

(2) 函数 strcpy( )的第二个参数也可以是一个常量字符串。

例如，有定义 char ss[12];，若把字符串"student"赋值给 ss 数组，在程序中使用 ss="student";是错误的，原因同上。此时，只能使用 strcpy(ss, "student");来进行赋值。执行后字符数组 ss 中的内容就是"student"。

2) strcpy_s

格式：**strcpy_s(字符数组名 1,目标缓冲区的大小,字符数组名 2);**

功能：与 strcpy 的功能完全一致。同样，strcpy_s 的函数返回值是一个整型数据，代表错误号码，为 0 表示没有错误，为 1 表示出现错误。

原则上第二个参数是复制后的字符串的字符数量+1，实际应用中可以是字符数组名 1 的字符串的长度，但要保证该字符串的长度大于复制后的字符串的长度。

把字符数组 2 中的字符串连'\0'全部复制到字符数组 1 中。例如：

```
char  str1[12] = "I am a ";
char  str2[] = "boy";
strcpy_s(str1,strlen(str1), str2);          //或 strcpy_s(str1,strlen(str2) + 1, str2);
cout << str1;
```

输出复制后的 str1 数组中的字符串：

```
boy
```

3. 字符串比较函数 strcmp

格式：**strcmp(字符数组名 1,字符数组名 2);**

功能：该函数用来比较 str1 和 str2 中字符串的内容。函数对两个字符串中的 ASCII 字符逐个两两比较，直到遇到不同字符或'\0'为止。函数返回值是两字符串对应的第一个不同的 ASCII 码的差值。

如果两个字符串中的字符均相同，则认为两个字符串相等，函数返回值为 0；若返回一个正整数，则表示字符串 1 大于字符串 2；若返回一个负整数，则表示字符串 1 小于字符串 2。例如：

```
char str1[12] = {"CHINA"};
char str2[ ] = {"CHINB"};
cout << strcmp (str1, str2)<< endl;
```

输出比较结果－1，即'A'－'B'的 ASCII 值，表明"CHINB"大于"CHINA"。

又如：

```
char str1[12] = {"CHINA"};
char str2[ ] = {"AHINB"};
cout << strcmp (str1, str2)<< endl;
```

输出比较结果 2，即'C'－'A'的 ASCII 值，表明"CHINA"大于"AHINB"。

注意：

若有定义 char str1[12]={"CHINA"}，str2[12]={"CHINB"}；

判断两个字符串 str1，str2 是否相等，在程序中使用语句：

```
if(str1 == str2) { … }
```

是错误的，因为 str1 与 str2 为数组首地址，是常数。比较这两个地址是肯定不相等的，应该比较地址内存储的内容，因此必须使用语句：

```
if(strcmp(str1, str2) == 0) { … }
```

4. 求字符串的长度函数 strlen

格式：**strlen(字符数组名);**

功能：计算字符串的有效长度，其返回值为数组首字符到第一个字符串结束标志'\0'的长度，而并非数组在内存中存储空间的大小。例如：

```
char c1[80] = "china";
cout << strlen(c1)<< endl;
```

输出结果是：5

注意该函数和运算符 sizeof 的区别。sizeof 运算符是求出系统分配给数组的所有字节数，执行 cout << sizeof(c1)<< endl;语句后的输出结果是 80。

5. 大写字母变换成小写字母函数 strlwr

格式：**strlwr(字符数组名);**

功能：该函数将字符数组中存放的字符串中的所有大写字母变换成小写字母。

6. 小写字母变换成大写字母函数 strupr

格式：**strupr(字符数组名);**

功能：该函数将字符数组中存放的字符串中的所有小写字母变换成大写字母。

7. 函数 strncmp

格式：**strncmp(字符串 1,字符串 2 , maxlen);**

功能：该函数的第一个和第二个参数均可为字符数组名或字符串，第三个参数为正整数，它限定了至多比较的字符个数。若字符串 1 或字符串 2 的长度小于 maxlen 的值时，该函数的功能与 strcmp 相同。当两个字符串的长度均大于 maxlen 的值时，maxlen 为至多要比较的字符个数。例如：

```
cout << strncmp("China" , "Chifjsl;kf" , 3)<<'\n';
```

因两个字符串的前三个字符相同，所以输出结果为 0。

8. 函数 strncpy

格式：**strncpy(字符数组名 1,字符串 2, maxlen);**

功能：第二个参数可以是数组名，也可以是字符串，第三个参数为一个正整数。当字符串 2 的长度小于 maxlen 的值时，该函数的功能与 strcpy 完全相同；当字符串 2 的长度大于 maxlen 的值时，只把字符串 2 中前面的 maxlen 个字符复制到第一个参数所指定的数组中。例如：

```
char s[90], s1[90];
strncpy(s,"abcdssfsdfk",3);             //A
strncpy(s1,"abcdef",90);                //B
```

A 行仅复制前面的三个字符，s 中的字符串为"abc"。在 B 行中，由于字符串"abcdef"的长度小于 90，将这个字符串全部复制到 s1 中。

实际上，字符串处理函数中的参数类型是字符地址类型，可以是数组名，也可以是任何合法的字符数组地址。

【例 6.15】 阅读程序，分析程序的输出结果。

```
#include <iostream>
#include <string>
using namespace std;
int main()
{    char str[10] = "12345",str1[10] = "ABCDE", str2[] = "abcde";
     strcpy(str1 + 4,str2 + 3);                 //A
     strcat(str, str1 + 2);                     //B
     cout << str << endl;
     return 0;
}
```

程序的运行结果如下：

```
12345CDde
```

程序分析：

A 行运行前 str1 和 str2 数组存储情况如图 6.16 所示。A 行表示从 str2＋3 地址处开始,将其后的内容复制到 str1＋4 的地址处。A 行运行后 str1 数组的存储情况如图 6.17 所示。

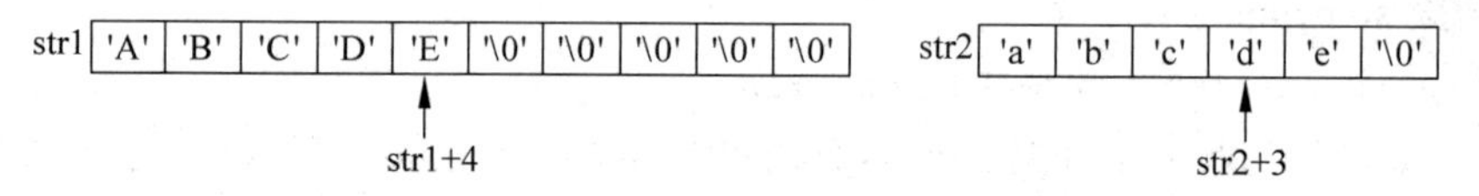

图 6.16　strcpy(str1＋4,str2＋3);运行前数组的存储情况

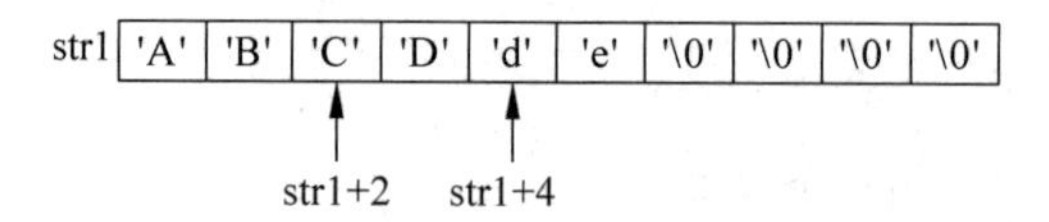

图 6.17　strcpy(str1＋4,str2＋3);运行后 str1 数组的存储情况

注意：A 行也可以写成 strcpy_s(str1＋4, strlen(str2＋3)＋1, str2＋3);。

B 行表示从地址 str1＋2 处,将其后至'\0'的内容连接到数组 str 后。连接后 str 数组的存储情况如图 6.18 所示。

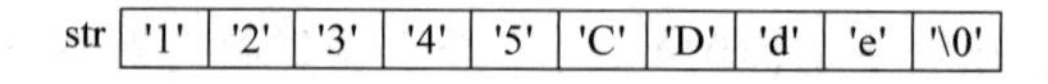

图 6.18　strcat(str, str1＋2);运行后 str 数组的存储情况

注意：B 行也可以写成 strcat_s(str, strlen(str)＋strlen(str1＋2)＋1, str1＋2);。

6.4.6　字符数组的应用举例

【例 6.16】 输入三个字符串,按升序排序后输出。

算法分析：A、B、C 三个字符串排序与三个数据排序一样,采用冒泡法两两比较。即将 AB、AC 与 BC 两两比较,若前者大于后者,则将两个字符串交换。需要注意的是,由于操作的对象是字符串,所以其中的比较和交换赋值操作均需使用字符串处理函数来完成。

源程序如下：

```
#include <iostream>
#include <string>
using namespace std;
void swap(char a[],char b[])                    //实现两个字符串的交换
{   char t[80];
    strcpy( t, a);  strcpy( a, b);  strcpy( b, t);
}
int main ()
{   char  s1[80],s2[80],s3[80];
    cout <<"输入三行字符串:\n";
    cin.getline( s1,80);                        //输入字符串
    cin.getline( s2,80);
    cin.getline( s3,80);
    if ( strcmp( s1, s2) > 0 ) swap(s1, s2);   //判断字符串大小
    if ( strcmp( s1, s3) > 0 ) swap(s1, s3);
    if ( strcmp( s2, s3) > 0 ) swap(s2, s3);
    cout <<"排序后的结果为 : \n";
    cout << s1 << endl << s2 << endl << s3 << endl;
    return 0;
}
```

程序的运行情况及结果如下：

```
输入三行字符串:
JAPAN↙
AMERICA↙
CHINA↙
排序后的结果为:
AMERICA
CHINA
JAPAN
```

【例 6.17】 将字符串中所有的数字字符删除。假如原字符串为"AB12CD345GH"，则程序运行后结果应为"ABCDGH"。

算法分析：首先应遍历数组，判断当前字符是否为数字字符，若是，则用后面的字符串覆盖当前字符。其中，main 函数完成字符串的输入、算法调用和结果字符串的输出，具体的算法实现则在被调函数 del 中完成。

源程序如下：

```
#include <iostream>
#include <string>
using namespace std;
void del(char s[])
{   int i = 0;
    while(s[i])                         //遍历数组
    {   if(s[i]>= '0'&&s[i]<= '9')      //当前字符为数字字符
        {   strcpy(s + i, s + i + 1);   //A  将当前字符后面的字符串覆盖当前字符
```

```
            i--;                    //当前字符保持不变,下一循环继续判断覆盖过的当前字符
        }
        i++;
    }
}
int main()
{   char str[80];
    cout<<"请输入一个字符串\n";
    cin.getline(str,80);            //输入字符串
    del(str);                       //调用算法函数
    cout<<str<<endl;                //输出结果
    return 0;
}
```

程序的运行情况及结果如下:

```
请输入一个字符串
AB12CD345GH↙
ABCDGH
```

其中,A 行是利用字符串复制函数将当前数字字符删除。当 i 判断到数字字符时,内存的存储情况如图 6.19 所示。此时,执行语句 strcpy(s+i, s+i+1);,将 i 指向的数字字符删除,删除后数组的存储情况如图 6.20 所示。

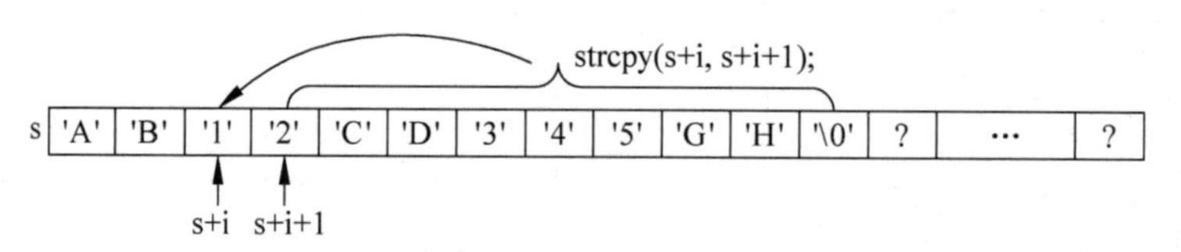

图 6.19 用字符串处理函数删除当前字符

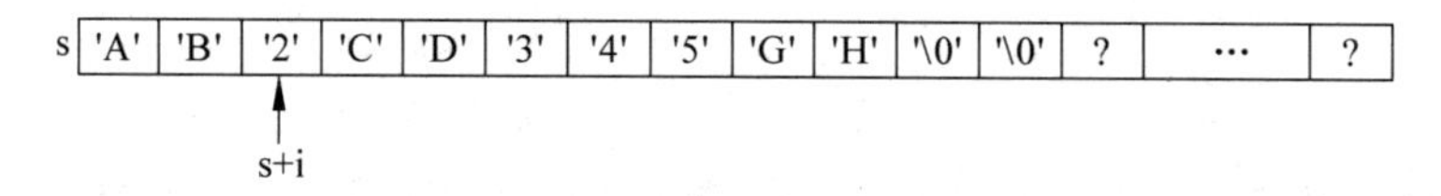

图 6.20 删除后数组的存储情况

注意:A 行也可以写成 strcpy_s(s+i,strlen(s)+1, s+i+1);。

【例 6.18】 输入一个字符串和一个子串,将字符串中所有子串删除。例如,原字符串为"AB123CD1123GH",子串为"123",则程序运行后结果应为"ABCD1GH"。

算法分析:在母串中查找子串,是字符串处理的基本算法。步骤如下:

(1) 首先遍历母串,对母串的每一个当前字符,都要判断是否为子串的首字符,如图 6.21 所示。

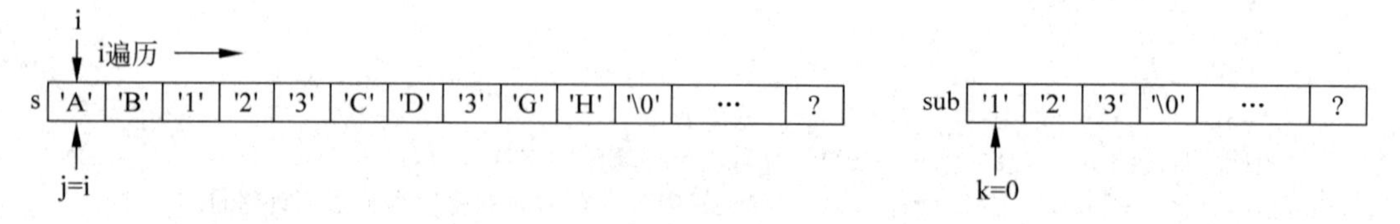

图 6.21 比较 s[j]与 sub[k]是否相等

（2）若是子串的首字符，则遍历子串和母串的后续字符，看二者是否一一对应，直至找到第一个不对应的字符或子串的'\0'为止，如图 6.22 所示。

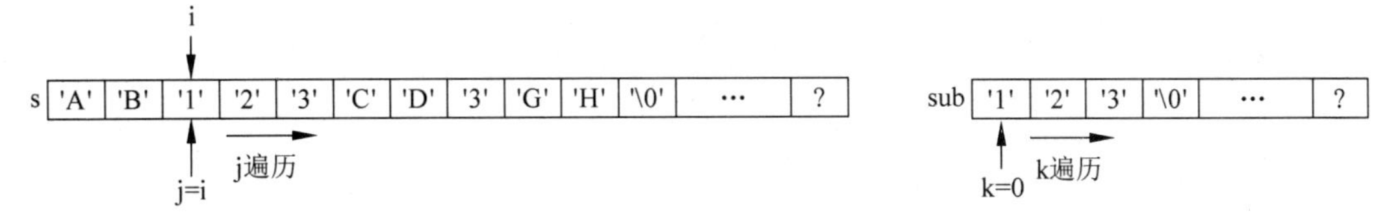

图 6.22　若 s[j]与 sub[k]相等，开始比较后续字符

（3）若遍历到子串的'\0'，则表示母串中存在子串，将子串从母串中删除，如图 6.23 所示。

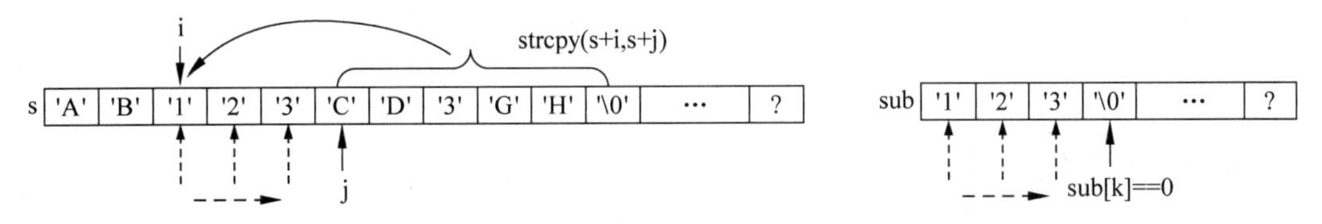

图 6.23　若 sub[k]=='\0'，将母串中的子串删除

（4）删除子串后母串的存储情况如图 6.24 所示。

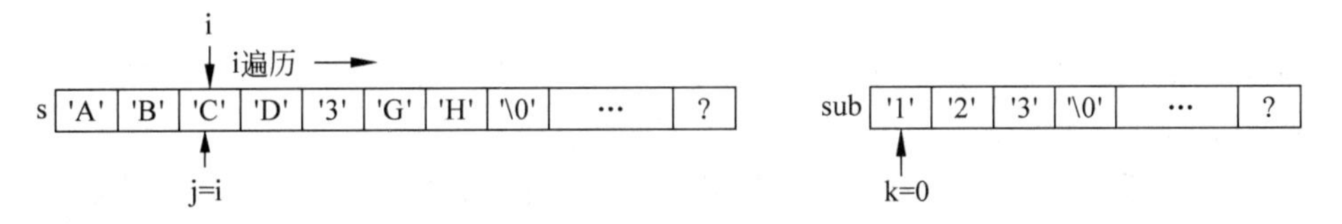

图 6.24　删除子串后母串中的存储情况，程序继续遍历判断

其中，main 函数完成字符串的输入、算法调用和结果字符串的输出，具体的算法实现则在被调函数 del 中完成。因为母串中可能没有包含子串，故被调函数应有返回值表示这一状态。若母串中存在子串，被调函数返回 1，否则返回 0。

源程序如下：

```
#include <iostream>
#include <string>
using namespace std;
int del(char s[], char sub[])
{   int i = 0,j,k,flag = 0;
    while(s[i])                        //遍历母串
    {   j = i;  k = 0;
        while(s[j] == sub[k]&&s[j]!= '\0')   //遍历子串比较
        {   j++; k++;   }
        if(sub[k] == '\0')
        {   flag = 1;                  //找到子串后设置标志位
            strcpy(s + i,s + j);       //删除子串,也可写成 strcpy_s(s + i,strlen(s) + 1,s + j);
            i--;
        }
        i++;
```

```
    }
    if(flag)  return 1;             //若找到子串,返回 1
    else      return 0;             //若找不到,返回 0
}
int main()
{   char str[80], substr[10];
    int n;
    cout<<"请输入一个字符串: ";
    cin.getline(str,80);
    cout<<"请输入一个子串: ";
    cin.getline(substr,10);
    n = del(str,substr);
    if(n == 1)  cout<<"删除子串后的字符串为: "<<str<<endl;
    else        cout<<str<<"中未找到"<<substr<<"子串"<<endl;
    return 0;
}
```

程序的运行情况及结果如下：

```
请输入一个字符串: AB123CD1123GH↙
请输入一个子串: 123↙
删除子串后的字符串为: ABCD1GH
```

【例 6.19】 将字符串中所有数字字符子串前插入一个符号'-'。假如原字符串为"AB12CD345GH",则程序运行后结果应为"AB-12CD-345GH"。

算法分析：数字字符串的出现的判断可以这样考虑,如果测出某一个字符为数字字符,而它前面的字符是非数字字符,则表示新的数字字符串开始了,此时在数字字符串前面加一个符号'—'。如果当前的字符是数字字符而其前面的字符也是数字字符,则意味着仍然是原来的数字字符串的继续,不用加符号'—'。

因此对当前字符的判断共有三种情况：

(1) 当前字符为非数字字符,将状态变量 flag 设置为 1,复制字符到新串；

(2) 当前字符为数字字符且 flag 为 1,表示数字字符串开始,加符号'-',且将 flag 设置为 0,复制字符到新串；

(3) 当前字符为数字字符且 flag 为 0,表示数字字符串继续,复制字符到新串。

具体分析见表 6.4。

表 6.4　输入"AB12CD345GH"后每个有关参数的状态

当前字符	'A'	'B'	'1'	'2'	'C'	'D'	'3'	'4'	'5'	'G'	'H'
是否数字	否	否	是	是	否	否	是	是	是	否	否
flag 值	1	1	1	0	1	1	1	0	0	1	1
新数字字符串开始否	否	否	是	否	否	否	是	否	否	否	否
插入'—'否	否	否	是	否	否	否	是	否	否	否	否

可见,必须要同时判断当前字符和 flag 这两个状态,程序才能正确识别数字字符串的起始位置。

源程序如下：

```
#include <iostream>
#include <string>
using namespace std;
void insert(char a[],char b[])
{    int i,j,flag = 0;
     for(i = 0,j = 0;a[i]!= '\0';i++)
     {    if(!(a[i]>= '0'&&a[i]<= '9'))                    //不是数字字符,将字符复制到数组 b
          {    b[j++] = a[i]; flag = 1;   }
          else                                             //数字字符
          {    if(flag == 1) { b[j++] = '-';  flag = 0;}   //第一个数字字符,插入'-'
               b[j++] = a[i];                              //其余数字字符,依次复制到数组 b
          }
     }
     b[j] = '\0';
}
int main()
{    char str1[80],str2[80];
     cout <<"请输入一个字符串: ";
     cin.getline(str1,80);
     insert(str1,str2);
     cout << str2 << endl;
     return 0;
}
```

程序的运行情况及结果如下：

```
请输入一个字符串: AB12CD345GH↙
AB-12CD-345GH
```

练 习 题

一、选择题

1. 若有定义 int a[10];,则对 a 数组元素的正确引用是________。

   A. a[10]　　B. a(10)　　C. a[10－10]　　D. a[10.0]

2. 下列一维数组的声明中正确的是________。

   A. int a[];　　B. int n=10,a[n];

   C. int a[10+1]={0};　　D. int a[3]={1,2,3,4};

3. 以下程序的运行结果是________。

```
#include <iostream>
using namespace std;
int main()
{    int s[12] = {1,2,3,4,4,3,2,1,1,1,2,3},c[5] = {0},i;
     for(i = 0;i < 12;i++)  c[s[i]]++;
     for(i = 1;i < 5;i++)  cout << c[i];
```

```
    cout << endl;
    return 0;
}
```


A. 4332　　B. 2344　　C. 1234　　D. 1123

4. 下列程序的功能是________。

```
#include <iostream>
using namespace std;
int main()
{   int j,k,e,t,a[] = {4,0,6,2,64,1};
    for(j = 0;j < 5;j++)
    {   t = j;
        for(k = j;k < 6;k++)  if(a[k]> a[t])  t = k;
        e = a[t];a[t] = a[j];a[j] = e;
    }
    for(k = 0;k < 6;k++)
        cout << a[k]<<'\t';
    return 0;
}
```

A. 对数组进行气泡法排序(升序)　　B. 对数组进行气泡法排序(降序)

C. 对数组进行选择法排序(升序)　　D. 对数组进行选择法排序(降序)

5. 以下能对二维数组 a 进行正确初始化的语句是________。

A. int a[2][]={{1,0,1},{5,2,3}};　　B. int a[][3]={{1,2,3},{3,2,1}};

C. int a[2][4]={{1,2,3},{4,5},{6}};　　D. int a[][3]={{1,1,1,1},{3,3}};

6. 若有定义 int s[][3]={1,2,3,4,5,6,7};,则 s 数组第一维的大小是________。

A. 2　　B. 3　　C. 4　　D. 不确定

7. 若有声明语句 int a[10], b[3][3];,则以下对数组元素的赋值操作中,不会出现越界访问的是________。

A. a[-1]=0　　B. a[10]=0　　C. b[3][0]=0　　D. b[0][3]=0

8. 以下能正确定义字符串的语句是________。

A. char str="\x43";　　B. char str[]="\0";

C. char str='';　　D. char str[]={'\064'};

9. 以下选项中,不能正确赋值的是________。

A. char s1[10]; s1="China";　　B. char s2[]={'C','h','i','n','a'};

C. char s3[10]="China";　　D. char s4[10]={"China"};

10. 有语句序列 char str[10]; cin >> str;,当从键盘输入"I love this game"时,str 中的字符串是________。

A. "I love this game"　　B. "I love this"

C. "I love"　　D. "I"

11. 有以下程序段:

```
char s[] = "abcde";
s += 2;
```

```
cout << s[0];
```

运行后的输出结果是________。

A. 输出字符 c 的 ASCII 码　　B. 输出字符 c

C. 输出字符 a 的 ASCII 码　　D. 程序出错

12. 以下程序输出的结果是________。

```
#include <iostream>
#include <string>
using namespace std;
int main()
{   char st[20] = "hello\0\t\'\\";
    cout << strlen(st)<< endl;
    return 0;
}
```

A. 9　　B. 5　　C. 13　　D. 10

二、填空题

1. 以下程序的运行结果是________。

```
#include <iostream>
using namespace std;
int main()
{   int i,k,x[10] = {1,2,3,4,5,6,7,8,9,10}, y[3] = {0};
    for(i = 0;i < 10;i++)
    {   k = x[i] % 3;y[k] += x[i];  }
    cout << y[0]<<'\t'<< y[1]<<'\t'<< y[2]<< endl;
    return 0;
}
```

2. 以下程序的运行结果是________。

```
#include <iostream>
using namespace std;
int main()
{   int a[] = {2,3,5,4},i;
    for(i = 0;i < 4;i++)
    switch(i % 2)
    {   case 0:switch(a[i] % 2)
               {   case 0: a[i]++;break;
                   case 1: a[i] -- ;
               } break;
        case 1: a[i] = 0;
    }
    for(i = 0;i < 4;i++)  cout << a[i]<<'\t';
    return 0;
}
```

3. 以下程序的运行结果是________。

```
#include <iostream>
```

```
using namespace std;
int main()
{   int a[2][3],i,j,n=1;
    for(i=0;i<2;i++)
        for(j=0;j<3;j++)
            a[i][j]=n++;
    for(i=0;i<2;i++)
    {   for(j=0;j<3;j++)
            cout<<a[i][j]<<'\t';
        cout<<endl;
    }
    return 0;
}
```

4. 以下程序的运行结果是________。

```
#include <iostream>
using namespace std;
void fun(int a[], int n)
{   int i,t;
    for(i=0;i<n/2;i++)
    {   t=a[i]; a[i]=a[n-1-i]; a[n-1-i]=t;   }
}
int main()
{   int k[10]={1,2,3,4,5,6,7,8,9,10},i;
    fun(k,5);
    for(i=2;i<8;i++)  cout<<k[i];
    return 0;
}
```

5. 以下程序的运行结果是________。

```
#include <iostream>
using namespace std;
const int N=3;
void fun(int a[][N], int b[])
{   int i,j;
    for(i=0;i<N;i++)
    {   b[i]=a[i][0];
        for(j=1;j<N;j++)
            if(b[i]<a[i][j]) b[i]=a[i][j];
    }
}
int main()
{   int x[N][N]={1,2,3,4,5,6,7,8,9},y[N],i;
    fun(x,y);
    for(i=0;i<N;i++) cout<<y[i]<<",";
    cout<<endl;
    return 0;
}
```

6. 以下程序的运行结果是________。

```
#include <iostream>
#include <string>
using namespace std;
int main()
{   char b[30];
    strcpy(b,"GH");
    strcpy(&b[1],"DEF");
    strcpy(&b[2],"ABC");
    cout << b << endl;
    return 0;
}
```

7. 以下程序的运行结果是________。

```
#include <iostream>
using namespace std;
int main()
{   char ch[] = {"652ab31"};
    int i,s = 0;
    for(i = 0;ch[i]>= '0'&&ch[i]<= '9';i += 2)
        s = s * 10 + ch[i] - '0';
    cout << s << endl;
    return 0;
}
```

8. 以下程序的运行结果是________。

```
#include <iostream>
#include <string>
using namespace std;
int convert(char s1[], char s2[])
{   int i = 0, j,s;
    char tab[8][4] = {"000","001","010","011","100","101","110","111"};
    for(i = 0,j = 0;s1[i]!= '\0';i++,j = j + 3)
        strcpy(&s2[j], tab[s1[i] - '0']);
    for(i = 0,s = 0;i < strlen(s2);i++)
        s = s * 2 + s2[i] - '0';
    return s;
}
int main()
{   char ss1[] = "15",ss2[80];
    int y;
    y = convert(ss1,ss2);
    cout << y <<'\t'<< ss2 << endl;
    return 0;
}
```

三、完善程序

1. 以下程序的功能是寻找并输出 11～999 之间所有整数 m，满足条件 m、m^2、m^3 均为回文数(所谓回文数，是指其各位数字左右对称的整数。例如，121、12321 都是回文数)。

```
#include <iostream>
```

```
using namespace std;
int f(int n)
{    int i = 0, j = 0, a[10];
     while(n!= 0)
     {    a[j++] = n % 10;
          n = ________;
     }
     j -- ;
     while(________)
     {    if(a[i] == a[j])   i++, j -- ;
          else     return 0;
     }
     return 1;
}
int main()
{    int m;
     for(m = 11; m < 1000; m++)
          if(f(m)&&f(m * m)&&f(________))
               cout <<"m = "<< m <<" m * m = "<< m * m <<" m * m * m = "<< m * m * m << endl;
     return 0;
}
```

2. 如果一个数及该数的反序数都是素数,则称该数为可逆素数。例如,17 是素数,71 也是素数,因此 17 便是一个可逆素数。以下程序中,函数 f 在[m, n]区间内查找所有可逆素数并将这些素数依次保存到 a 指向的数组中,函数返回 a 数组中可逆素数的数目。

```
#include < iostream >
#include < cmath >
using namespace std;
int p( int n)
{    int i, j = sqrt((double)n);
     for(i = 2; i <= j; i++)
          if(________) return 0;
     return 1;
}
int convert(int n)
{    int m = 0;
     while(n > 0)
     {    m = ________; n = n/10;   }
     return m;
}
int f(int m , int n, int a[])
{    int i, j = 0;
     for(i = m; i <= n; i++)
          if(p(i)&& ________)   a[j++] = i;
     return j;
}
int main()
{    int i, n, a[50];
     n = f(50, 150, a);
     for(i = 0; i < n; i++)   cout << a[i]<<'\t';
```

```
    return 0;
}
```

3. 函数 itoa16 的功能是将 int 型整数 a 转换成十六进制数字字符串,并保存到 p 指向的字符数组中。例如,当 a=127 时,程序输出的结果为 0x7F。

```
#include <iostream>
using namespace std;
void itoa16(int a, char p[])
{   int i = 0, j = 0, k, r,t[10];
    if(a < 0)  {   p[j++] = '-';  a =- a;  }
    p[j++] = '0';  p[j++] = 'x';
    while(________)
    {   r = a % 16;
        if(________)  t[i] = r + '0';
        else  t[i] = r - 10 + 'A';
        a = a/16;
        i++;
    }
    for(k = ________; k >= 0;k -- , j++)  p[j] = t[k];
    p[j] = '\0';
}
int main()
{   int a = 127;
    char b[10];
    itoa16(a,b);
    cout << b << endl;
    return 0;
}
```

四、编程题

1. 求一个 4×4 矩阵两对角线元素之和。

2. 输出以下的杨辉三角形(要求输出 8 行)

```
1
1  1
1  2  1
1  3  3  1
1  4  6  4  1
1  5  10  10  5  1
⋮  ⋮  ⋮   ⋮   ⋮  ⋮
```

3. 找出二维数组中的鞍点,即该位置上的元素在该行最大、在该列最小,也可能没有鞍点。

4. 从键盘输入一个字符串,删除字符串中的所有空格后输出这个字符串。

5. 从键盘将一个字符串输入到字符数组中,按反序存放。例如,输入"Abcd e",则输出"e dcbA"。

6. 编写一个函数将一个十进制数转换成十六进制数。

7. 编写一个函数 void strcpy(char a[ ], char b[]);,将 b 中的字符串复制到数组 a 中(要求不使用 C++的库函数 strcpy())。

8. 编写一个函数：void strcat(char a[ ], char b[]);,将 b 中的字符串拼接到数组 a 中的字符串的后面,构成一个字符串(要求不使用 C++的库函数 strcat())。

9. 用筛选法求出 2～200 之间的所有素数。

10. 编写一个程序：从键盘输入一个整型数,把这个整型数的各位数按降序输出。例如,输入整型数 34125,输出 54321。

第7章 指 针

7.1 指针与地址

7.1.1 指针概念

指针是 C++语言中广泛使用的一种数据类型，也是 C++语言的特色和精华所在。C++语言拥有在运行时获得变量地址和操纵地址的能力，这一点对有关计算机底层的程序设计是非常重要的。这种可用来操纵地址的变量类型就是指针。指针可以用于数组，作为函数的参数，还可以有效地表示复杂的数据结构。正确使用指针，可以使程序简洁、紧凑、高效。指针的功能很强，但又最危险，使用不当会带来严重的后果。

在编程应用中，数据都存储在变量或数组中，在程序中使用变量名或数组名来引用数据。而源程序经编译系统处理后，每个变量在程序的执行前都被分配在内存指定的位置上，即占据一定的内存单元。而内存所有的单元都有固定的地址，因此这些变量一旦被分配存储单元，其所占据的内存地址也是固定的。计算机在运行程序时，正是通过这些变量所对应的内存地址来存取数据的。例如，在程序中有定义：

```
int i, j;
```

则计算机对每个整型变量分配四个字节的内存单元。变量被分配了内存单元后，其所在单元的地址就是已知的。例如，变量 i 占据地址 0x2000～0x2003 四个字节的存储单元，变量 j 占据地址 0x2004～0x2007 四个字节的存储单元，如图 7.1 所示。因为每种数据类型所占据的字节数是固定的，如字符型占一个字节、整型占四个字节等，所以，知道了变量所在单元的首地址，就知道了变量在内存单元中的存储位置，可以用 0x2000 来找到变量 i。而程序在编译后已经将变量名转换成了变量的首地址，计算机在运行过程中正是通过这个首地址来引用变量的值的。例如，对于语句 i=6；计算机首先找到 0x2000，然后将 6 保存到 0x2000～0x2003 的内存单元中。这种按变量的地址直接存取变量的方法称为“直接访问”方式。存储变量的内存空间的首地址称为变量的地址。

另外，还可以通过“间接访问”的方式引用变量 i。把变量 i 的地址 0x2000 存放到另一个变量 p 中，通过对变量 p 的访问来间接地找到变量 i，如图 7.2 所示。C++语言允许定义这样一种专门存储地址的变量，称为指针变量。

如果将一个变量的地址放在另一个变量中，则存放地址的变量称为指针型变量。

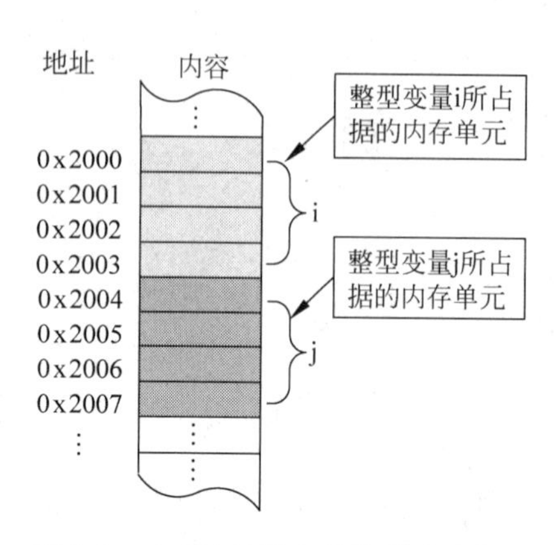

图 7.1　内存地址及变量的关系示意图

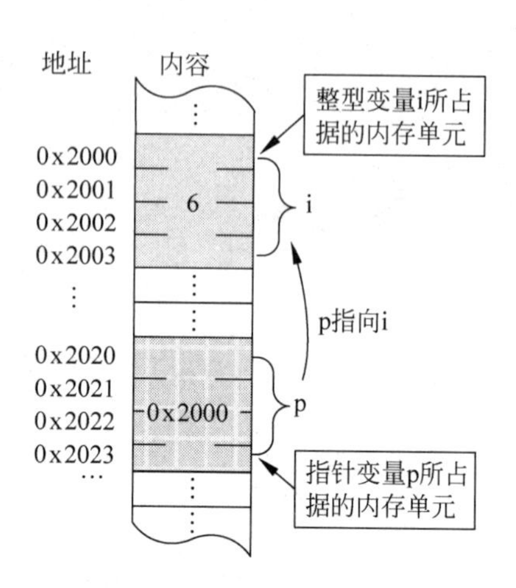

图 7.2　变量与指针变量的关系示意图

如果知道了指针变量 p,那么就可以通过引用变量 p 的内容(0x2000)找到变量 i 的地址,从而通过这个地址完成对变量 i 的存取操作。这种关系称为指针变量 p“指向”变量 i,变量 p 中的值也简称为指针,所以指针就是地址。

7.1.2　指针变量的定义

指针变量的类型可以按它指向的变量类型来区分。因为有具体指向的指针变量中存储的都是某个变量的首地址,而不同类型的变量所占用存储单元的字节数和存储的方式都是不同的,所以,仅仅有首地址不足以表述具体的“指向”关系,必须有所“指向”单元的类型信息。简而言之,就是整型指针变量内必须存放整型数据的地址,字符型指针变量内必须存放字符型数据的地址,依此类推。

指针类型定义语句的格式如下:

类型　* 指针变量名;

这里“ * ”没有任何计算意义,仅是一个类型说明符,表明变量是指针型的变量。例如:

```
int * p1;
double * p2;
```

表明了 p1 是一个用来存储整型数据地址的指针变量,它在存储空间中的内容是整型数据的地址,而 p2 是一个用来存储双精度浮点型数据地址的指针变量。

C++语言提供了两个专门的运算符与指针有关。

(1) “&”取地址运算符,用于取得一个可寻址数据在内存的存储地址。

(2) “ * ”间接引用运算符,用于访问该指针所指向的内存数据。

【例 7.1】 有关指针运算。

```
#include<iostream>
using namespace std;
int main()
{   int a = 2,b = 4;
    int  * p1, * p2;              //定义两个整型指针变量,其中" * "是类型说明符
```

```
    p1 = &a;                    //把变量 a 的地址赋给 p1
    p2 = &b;                    //把变量 b 的地址赋给 p2
    cout <<"a = "<< a <<'\t'<<"b = "<< b << endl;
    cout <<" * p1 = "<< * p1 <<'\t'<<" * p2 = "<< * p2 << endl;
                                //输出 p1、p2 所指向的内存的数据," * "表示"指向"
    return 0;
}
```

程序的运行结果如下：

```
a = 2      b = 4
 * p1 = 2    * p2 = 4
```

例 7.1 中有关指针变量及其指向关系的说明见图 7.3。

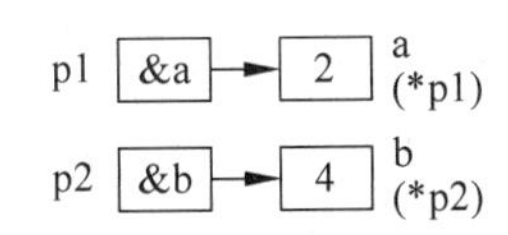

图 7.3 变量 a、b 与指针变量 p1、p2 的关系

有关的指针说明如下：

(1) 在定义指针变量时，如 int * p1;，此时"*"只表示类型说明符，说明变量 p1 是一个存放地址的指针变量，而不是运算符，没有计算意义；而非定义语句中的"*"具有"指向"的运算含义，如 cout << * p1;，表明输出 p1 所"指向"的内存中的数据。

(2) 变量的指针是变量的地址，如 &a，表示变量在内存存储空间的首地址，是一个常量；指向变量的指针变量，如 p1=&a; ，其中 p1 是一个变量，可以放任意一个同类型变量的地址，如 p1=&b; 。

(3) 指针变量如果没有赋值，其值是不确定的，即指向一个未知的存储空间。此时，不能用它的"指向"操作，否则，后果难以预计。例如：

```
int * p;                        //定义一个指针变量，其内容为随机的不确定的值
cout << * p << endl;            //输出其值所表示的内存地址中的数据
```

语句被编译后，在 Visual Studio 2010 环境下运行时，程序由于内存错误被强制中断运行。

因此，指针变量必须被赋值后才可进行"指向"操作。

(4) 可以给指针变量赋空值 0(或 NULL)，使指针不指向任何变量。如 int * p=NULL;。

(5) 指针变量只能接收相同类型的变量的地址，即一个指针变量只能指向同一个类型的变量。例如，整型指针变量只能存放整型变量的地址，字符型指针变量只能存放字符型变量的地址。

【例 7.2】 输入任意两个数，按大小顺序输出这两个数。

```
#include < iostream >
using namespace std;
int main()
{   int a, b;
    int * p1, * p2, * p;
    p1 = &a;
```

```
    p2 = &b;
    cout <<"请输入两个数: ";
    cin >> a >> b;
    if(a < b)
    {    p = p1;  p1 = p2;  p2 = p;  }          //A 交换 p1、p2 的值
    cout <<"按大小顺序输出: ";
    cout << * p1 <<'\t'<< * p2 << endl;
    cout <<"a = "<< a <<'\t'<<"b = "<< b << endl;
    return 0;
}
```

程序的运行结果如下：

```
请输入两个数: 4  6↙
按大小顺序输出: 6       4
a = 4     b = 6
```

程序分析：

当输入 a 为 4、b 为 6 时，由于 a < b，执行 A 行语句，将 p1 和 p2 交换，最后输出 p1 和 p2 指向的单元的内容。执行 A 行前的情况如图 7.4(a)所示，执行 A 行后的情况如图 7.4(b)所示。

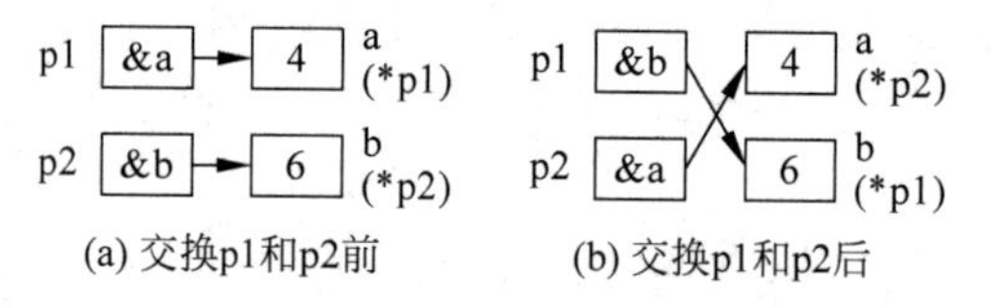

图 7.4　交换指针变量

【例 7.3】 用交换指针指向的数据的方式重新做例 7.2。

```
#include < iostream >
using namespace std;
int main()
{   int a,b,t;
    int * p1, * p2;
    p1 = &a;
    p2 = &b;
    cout <<"请输入两个数: ";
    cin >> a >> b;
    if(a < b)
    {   t = * p1;   * p1 = * p2;   * p2 = t;  }  //A 交换 * p1 和 * p2 的值
    cout <<"按大小顺序输出: ";
    cout << * p1 <<'\t'<< * p2 << endl;
    cout <<"a = "<< a <<'\t'<<"b = "<< b << endl;
    return 0;
}
```

程序的运行结果如下：

```
请输入两个数: 4      6↙
按大小顺序输出: 6      4
a = 6    b = 4
```

程序分析：

当输入 a 为 4、b 为 6 时，由于 a<b，执行 A 行语句，交换的不是 p1 和 p2 指针变量中的内容，而是 p1 和 p2 所指向的数据的内容 ＊p1 和 ＊p2。交换前的情况如图 7.5(a)所示，交换之后的情况如图 7.5(b)所示。

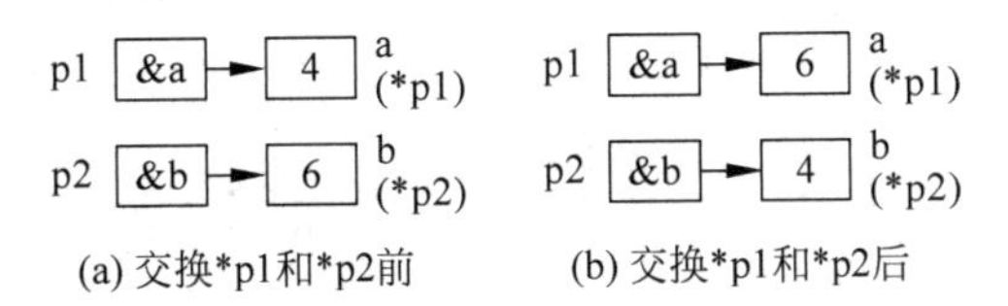

图 7.5　交换指针变量指向的数据内容

7.1.3　指针变量作为函数参数

函数的参数不仅可以是整型、实型、字符型等数据，还可以是指针类型。它的作用是将一个变量的地址传递到另一个函数中。此时，变量的地址在调用函数时作为实参，被调用函数使用指针变量作为形参接收实参传递的地址。要求实参与形参的数据类型一致。

【例 7.4】 用指针变量作函数参数的方法重新做例 7.2。

```
#include<iostream>
using namespace std;
void change(int *p1, int *p2)
{   int t;
    t = *p1; *p1 = *p2; *p2 = t;
}
int main()
{   int a,b;
    cout<<"请输入两个数: ";
    cin>>a>>b;
    if(a<b)  change(&a,&b);                 //A 行
    cout<<"按大小顺序输出: ";
    cout<<"a = "<<a<<'\t'<<"b = "<<b<<endl;
    return 0;
}
```

程序的运行结果如下：

```
请输入两个数: 4    6↙
按大小顺序输出: a = 6     b = 4
```

程序分析：

程序运行时，先输入 a 和 b 的值(a 为 4、b 为 6，见图 7.6(a))。由于 a<b，所以执行 change 函数，将变量 a 的地址(常数)传递给指针变量 p1，变量 b 的地址传递给指针变量 p2，

如图 7.6(b)所示。继续执行 change 函数体,交换 * p1 和 * p2 的值,也就是交换 a 和 b 的值,如图 7.6(c)所示。函数调用结束后,指针变量 p1 和 p2 被系统释放,但在 change 函数中由指针指向而间接交换过的 a、b 变量的值却不变,如图 7.6(d)所示。

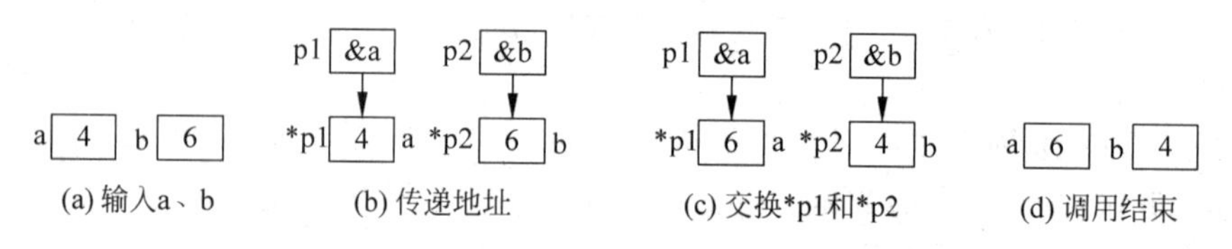

图 7.6 利用指针变量作函数参数交换数据

7.2 指针与一维数组

7.2.1 通过指针引用一维数组中的元素

数组表示在内存中顺序存放的相同类型的若干数据,数组名就代表该数组在内存中存储的起始地址,与变量的地址一样,是个常数。同样,可以定义一个指针变量,存放数组的起始地址,进而通过这个指针变量来引用数组元素。例如:

```
int a[10];                    //定义一个具有 10 个元素的整型数组 a
int *p;                       //定义存放整型数据地址的指针变量 p
p = &a[0];                    //将数组首个元素的地址赋值给指针变量
```

以上程序段所表示的关系如图 7.7 所示。

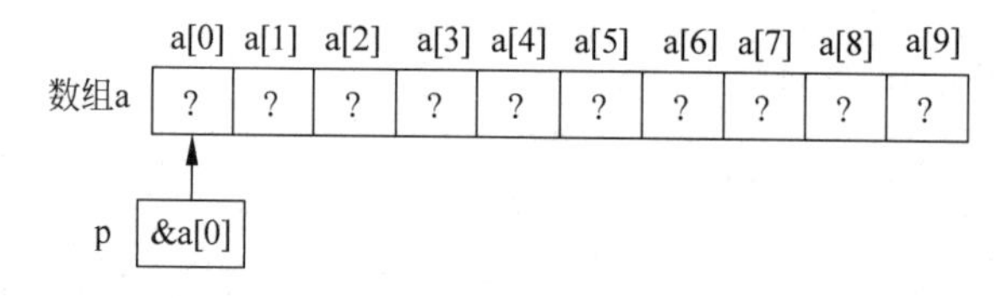

图 7.7 数组 a 与指针变量 p 的关系

因为数组名就表示数组的首地址,所以,p=&a[0];又可以表示为 p=a;。

关于数组和指针的关系说明如下:

(1) 虽然在上述程序段的描述中,p 和 a 都表示数组的首地址,但两者有本质的不同,a 是数组在内存中存储的首地址,是常量;p 是指针变量,被赋值为数组 a 的首地址,但也可以指向别的存储空间。

(2) 指针可以与正整数进行加减运算。若 p 指向 a 数组的首地址,p=&a[0];,则 p+1 表示的是元素 a[1]的地址 &a[1],而不是下一个字节的地址。同样,数组名 a 表示的是数组的首地址,那么 a+1 也表示的是元素 a[1]的地址 &a[1]。

(3) *(p+1)或*(a+1)表示的是 p+1 或 a+1 地址指向的数据内容 a[1],在 C++语言中,也可以用 p[1]来表示 a[1],即 a[i]可以有多种表示形式:a[i]、*(a+i)、p[i]、*(p+i)。其中,a 是地址常量,p 是指针变量。

(4) 指向同一数组的两个指针变量可以比较大小,实际比较的是其指向的数据的地址。例如,int a[10], *p=a, *q=a+9;,则 q>p,而 q−p 等于 9,表示指针 q 和 p 间隔的元素个数。两个指针变量只能相减，不能相加。

(5) 指向运算符“*”与++、--同一优先级，结合方向也为从右至左。

【例7.5】 写出以下程序的运行结果。

```
#include<iostream>
using namespace std;
int main()
{    int a[4] = {3,5,7,9};
     int *p = a;
     cout << *p++ << endl;                    //A
     cout <<( *p)++ << endl;                  //B
     cout <<++ *p << endl;                    //C
     cout <<++( *p)<< endl;                   //D
     cout << * ++p << endl;                   //E
     cout << * (++p)<< endl;                  //F
     for(int i = 0;i < 4;i++)
         cout << * (a + i)<<'\t';
     cout << endl;
     return 0;
}
```

程序的运行结果如下：

```
3
5
7
8
7
9
3       8       7       9
```

程序分析：

程序开始定义的内存存储情况如图7.8所示。

执行A行语句，输出*p++。因为运算符“*”与++同一优先级，且由于右结合性，*p++相当于*(p++)，先输出*p(输出值为3)，然后执行p++，即p=p+1，p指向数组的下一个元素a[1]，如图7.9所示。

执行B行语句，输出(*p)++。目前(*p)的值为5，由于++在后，先输出这个值(输出值为5)后(*p)自加1，a[1]的值变为6，如图7.10所示。

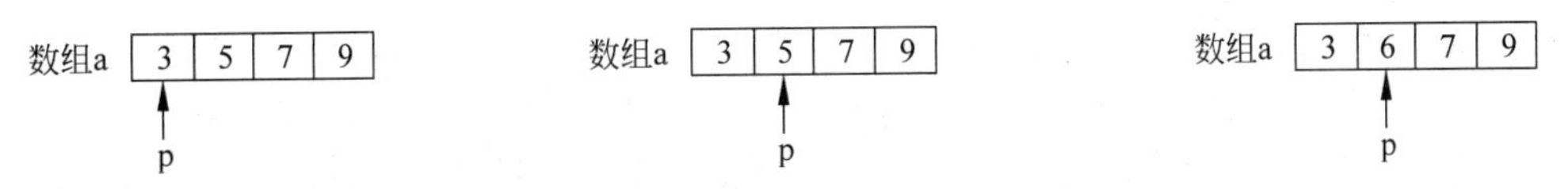

图7.8 数组与指针赋初值　　图7.9 执行*p++后的结果　　图7.10 执行(*p)++的结果

执行C行语句，输出++*p，同样由于优先级和结合性，++*p相当于++(*p)，++在前，(*p)先自加1后再输出，a[1]变为7，输出值为7，如图7.11所示。

执行D行语句，输出++(*p)，与C行的分析相同，(*p)先自加1后再输出，a[1]变为 8,输出值为 8,如图 7.12 所示。

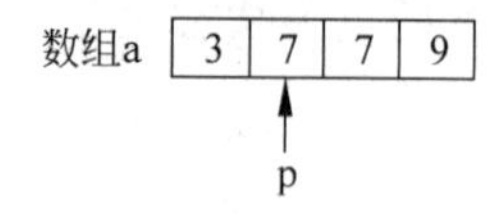

图 7.11　执行++＊p 后的结果

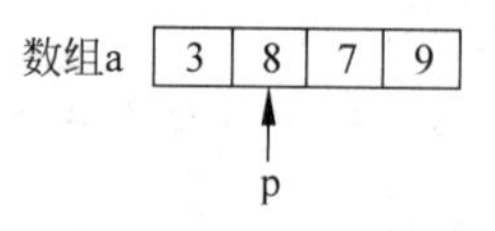

图 7.12　执行++(＊p)的结果

执行 E 行语句,输出＊++p,由于优先级和结合性,＊++p 相当于＊(++p),++在前,p 先自加 1,指针变量 p 指向了数组的下一个元素 a[2],如图 7.13 所示,然后输出当前 p 所指向的数据内容,输出值为 7。

执行 F 行语句,输出＊(++p),与上一条语句一样,p 先自加 1,指向下一元素 a[3],然后输出其内容,输出值为 9,如图 7.14 所示。

图 7.13　执行＊++p 的结果

图 7.14　执行＊(++p)的结果

程序最后输出的数组内容依次为 3　8　7　9。

7.2.2　通过指针在函数间传递一维数组

数组名代表数组的首地址,用数组名作实参,调用函数时是把数组的首地址传递给形参,而不是把数组的值传递给形参。对形参而言,能接收并存放数组地址值的只能是指针变量,实际上,C++编译系统都是把形参数组名作为指针变量来处理的。

【例 7.6】　编写函数,将 a 数组中的数据反向排列。例如,原数组中的数据为 0,1,2,3,4,5,6,7,8,9,反向排列后数组中的数据为 9,8,7,6,5,4,3,2,1,0。

算法分析:将数组中的数据反向排列,实际上就是将数组第 1 个数据和最后一个数据互换,第 2 个数据和倒数第 2 个数据互换,依次类推,直到所有数据都交换一遍为止。本程序中,main 函数完成数据的输入、算法调用和输出,而在被调函数中实现这一算法。

源程序如下:

```
#include<iostream>
using namespace std;
void inverse(int *p, int n)                  //A
{   int *q=p+n-1;                            //指针变量 q 指向数组最后一个元素
    int t;
    while(p<q)
    {   t=*p; *p=*q; *q=t;                   //交换*p 和*q
        p++; q--;                            //移动指针变量
    }
}
int main()
{   int a[10]={1,2,3,4,5,6,7,8,9,10};
    inverse(a,10);                           //B
    for(int i=0;i<10;i++)
        cout<<a[i]<<'\t';
```

```
    cout << endl;
    return 0;
}
```

程序的运行结果如下：

```
10  9  8  7  6  5  4  3  2  1
```

程序分析：

(1) 在B行中，用数组名作函数实参，传递的是数组的首地址，即一个地址常量。在A行中，这个地址用指针变量p接收，p即指向数组a的首地址。另外，在inverse函数中又定义了另一个指针变量q，指向数组的最后一个元素，如图7.15所示。

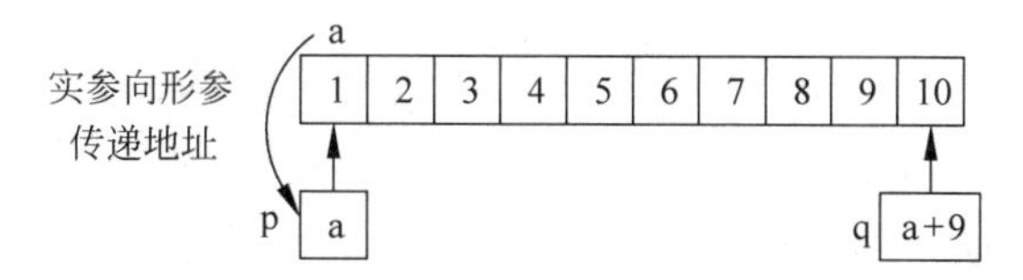

图7.15 数组地址作函数参数

(2) ＊p和＊q交换了之后，p指针向后移动一个元素(p＋＋)，q指针向前移动一个元素(q－－)，继续交换，直至移动到p≥q为止，如图7.16所示。

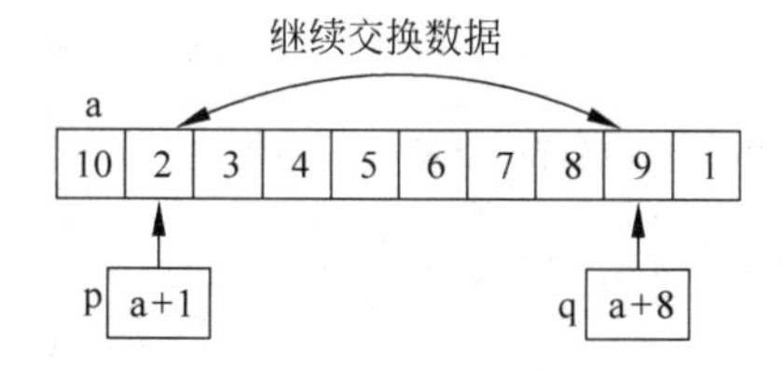

图7.16 利用指针交换数组中的数据

(3) 可以将A行改写为：

```
void inverse( int p[10], int n)
```

虽然int p[10]是数组的书写形式，但是C++编译系统实际上还是为p分配了一个指针单元，接收实参数组首地址。从逻辑上讲，是实参数组int a[10]和形参数组int p[10]共用一段内存单元，所以在被调函数中对形参数组的处理实际就是对调用函数的实参数组的处理。从程序实际运行的角度考虑，因为C++只传递数组的首地址，而对数组边界不加检查，所以形参数组的元素个数在定义时可以不指定或任意指定，因此，也可以将A行改写为：

```
void inverse (int p[ ], int n)
```

7.3 字符指针与字符串

7.3.1 字符数组与字符指针

存放字符串的字符数组是一种特殊的数组，以'\0'作为结束标志。在C++中，有两类字符串,一类是字符数组,一类是字符串常量。

```
char str[] = "study";                    //A
cout <<"hard"<< endl;                    //B
```

A 行语句定义了一个字符数组并赋初值,该数组占用 6 个字节的存储单元,首地址为 str,且数组元素均为字符变量,可以被重新赋值,如 str [2]='a';。

B 行语句中的"hard"是一个字符串常量,占用 5 个字节的存储单元,首地址在程序中用"hard"表示,且这 5 个存储单元的内容均为常量,不可被重新赋值。

字符指针变量存放字符型数据的地址,可以用字符数组或字符串常量为字符指针变量赋值。

```
char *p1, *p2;
char str[] = "study";
p1 = str;                                //p1 指向字符数组首地址
p2 = "hard";                             //p2 指向字符串常量首地址,用"hard"表示
```

语句赋值情况如图 7.17 所示。

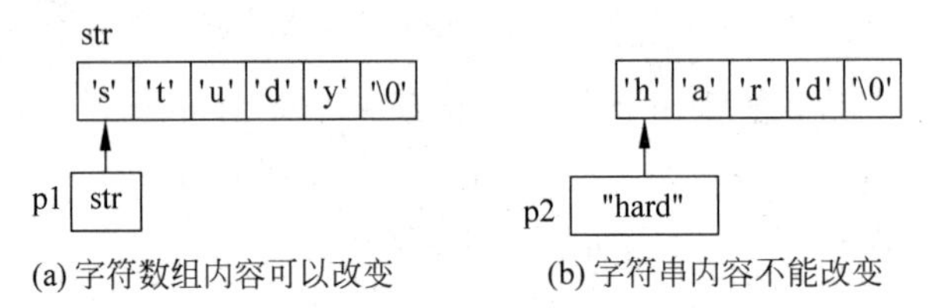

图 7.17　字符数组和字符串常量

也可以用字符指针变量直接引用字符串常量。

```
char *p2 = "hard";
```

说明:

(1) 输出字符指针就是输出字符串,即输出从字符指针指向的字符开始,直至'\0'结束。例如在上述程序段有效的情况下,执行 cout << p1 << endl;,输出 study; 执行 cout << p1+2 << endl;,输出 udy。

(2) 输出字符指针的间接引用就是输出单个字符。例如,执行 cout << *p1 << endl;,输出 s; 执行 cout << *(p1+2)<< endl;,输出 u。

(3) 字符指针变量是变量,字符数组名为常量。

```
char str[20], *p1;
str = "study";                           //错误,不能为地址常量赋值
p1 = "study";                            //正确,为指针变量赋字符串首地址
cin.getline(str, 20);                    //正确,向已定义的存储空间输入字符
cin.getline(p1,6);                       //错误,字符串常量"study"的空间不能被重新赋值
```

7.3.2 字符串操作的特点

由于字符串以'\0'作为结束标志,在字符串的处理中,多是以'\0'作为循环结束标志,而存放字符串的字符数组的长度就不那么重要了。

【例 7.7】 将字符数组 a 中的字符串复制到 b 中。

```
#include<iostream>
using namespace std;
int main()
{    char a[100] = "Hello,world!", b[100];
     char *p1 = a, *p2 = b;
     while(*p1)   *p2++ = *p1++;      //A
     *p2 = '\0';                      //B
     cout << b << endl;
     return 0;
}
```

程序的运行结果如下：

```
Hello,world!
```

程序分析：

(1) A 行语句执行过程是，若 *p1!='\0'时，先执行 *p2=*p1，然后再执行 p1++、p2++，如图 7.18 所示。

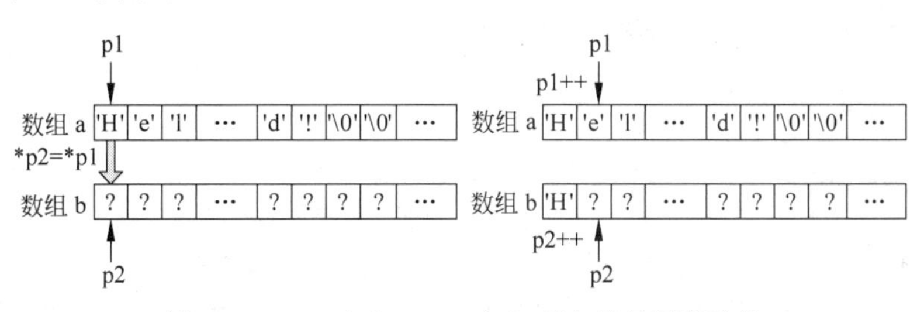

图 7.18　*p2++=*p1++;语句执行顺序示意

(2) 当 p1 指向数组 a 的最后一个字符'!'时，同样进行赋值，之后 p1 指向'\0'，不满足循环条件，退出循环，如图 7.19 所示。

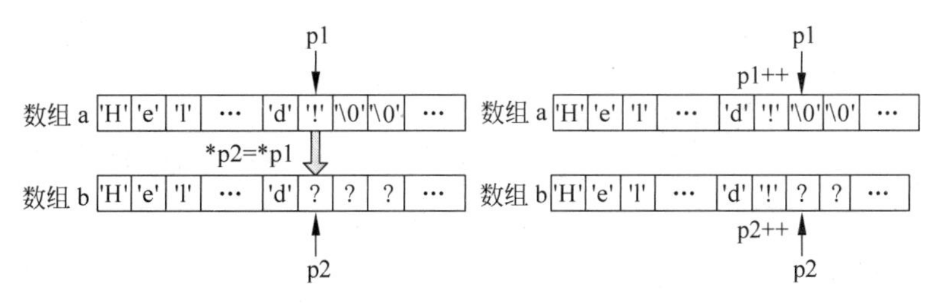

图 7.19　退出循环时数组的存储情况

B 行语句是在数组 b 中放置字符串结束标志，使得最后 b 数组中对字符串的输出可以正确结束，如图 7.20 所示。

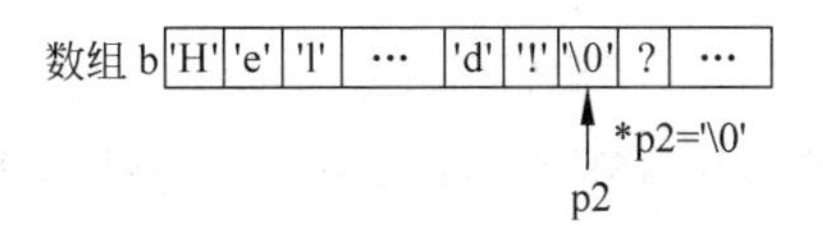

图 7.20　向数组 b 中放置字符串结束标志

(3) A 行语句还可以改写为:

```
while( * p2++ = * p1++);
```

此时,当 * p1 为'\0'并赋值后循环才结束,所以就不需要 B 行语句了。退出循环时数组的存储情况如图 7.21 所示。

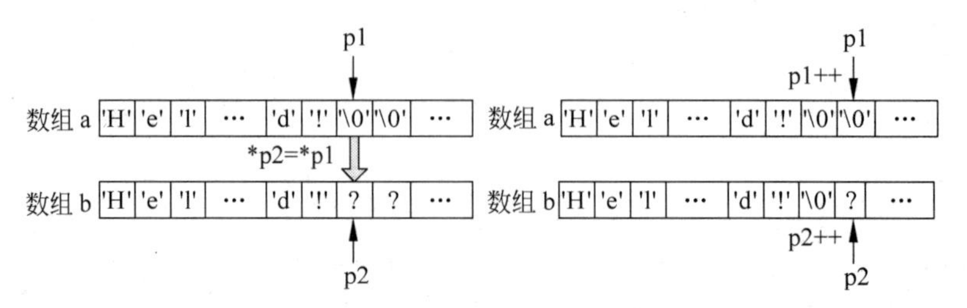

图 7.21　while(* p2++= * p1++);退出循环时数组的存储情况

【例 7.8】 编写程序,通过函数调用在字符串中删除指定的字符。

算法分析:首先遍历字符串,找出指定删除的字符,然后用后面的字符将欲删除的字符覆盖即可。在 main 函数中完成字符串的输入、算法调用和字符串的输出,具体删除字符的算法在被调函数 delchar 中实现。

源程序如下:

```
#include<iostream>
#include<string>
using namespace std;
void delchar(char * p, char c)          //p 指向 a 数组首地址,c 为字符't'
{   while( * p)
    {   if( * p == c)
        {   strcpy(p,p + 1);            //A
            continue;
        }
        p++;
    }
}
int main()
{   char a[100] = "student", c = 't';
    delchar(a, c);                      //删除字符串"student"中的字符't'
    cout << a << endl;
    return 0;
}
```

程序的运行结果如下:

```
suden
```

说明:

在 A 行中,若当前字符 * p 与被删除的字符't'一致时,将该字符后的字符串复制到当前指针 p 的位置,将字符't'覆盖,如图 7.22 所示。

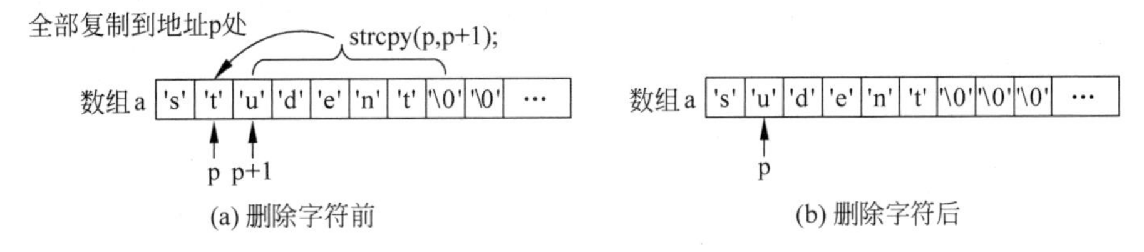

(a) 删除字符前　　(b) 删除字符后

图 7.22　利用字符串处理函数删除指定字符

7.4　指针与函数

7.4.1　函数指针变量

1. 定义函数指针变量

在 C++语言中，一个函数总是占用一段连续的内存区域，C++语言规定，函数名就是该函数所占内存区域的首地址。因此，可以将这个函数的首地址(或称作入口地址)赋予一个指针变量，通过这个指针变量间接引用该函数。这种指向函数的指针变量被称为“函数指针变量”。

函数指针变量定义的一般形式为：

```
类型标识符  (*指针变量名)(参数类型说明列表);
```

其中，类型标识符为函数返回值的类型，参数类型说明列表为函数的参数类型说明。

例如，定义一个函数指针：

```
int (*p)(int, int);
```

p 为存放函数地址的指针变量，而函数必须满足具有两个整型参数，返回值为整型这一条件。如果有以下函数：

```
int add(int a, int b)
{    return a + b;   }
```

可以看到，函数 add 满足函数指针的要求，可以将 add 函数的入口地址放入指针变量 p 中，使 p 指向该函数的首地址，具体赋值语句为 p=add;，其执行情况如图 7.23 所示。

p 为指针变量，也可以指向别的满足参数要求的函数，而 add 是地址常量，一旦定义就有固定的内存地址。

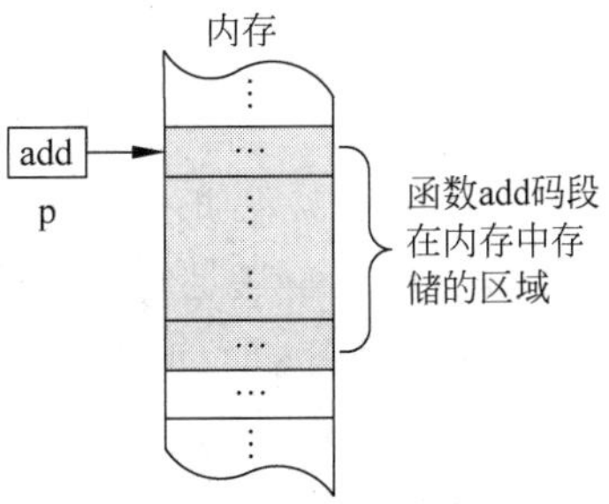

内存　add　p　函数add码段在内存中存储的区域

图 7.23　函数指针示意图

【例 7.9】 通过函数指针调用函数。

```
#include <iostream>
using namespace std;
int add(int a, int b)
{    return a + b;   }
int main()
{    int x = 2, y = 3,t;
     int (*p)(int, int);                    //定义函数指针
     p = add;                               //将 add 函数入口地址赋给函数指针
```

```
    t = p(x, y);                        //A  通过函数指针调用 add 函数
    cout << t << endl;
    return 0;
}
```

程序的运行结果如下：

```
5
```

说明：

(1) A 行是函数指针调用函数的格式,等价于 t=add(x, y);,还可以写成 t=(*p)(x,y);的形式。

(2) 函数指针不能进行算术运算,如 p++或 p+n 等都是无意义的。

2. 函数指针作为函数参数

函数指针变量经常用作函数参数,通过函数地址的传递,来实现一些"通用算法"。

【例 7.10】 用二分法求以下方程的根。

(1) $f_1(x)=x^3+x^2-3x+1$,初值为 $x_1=-2,x_2=2$。

(2) $f_2(x)=x^2-2x-8$,初值为 $x_1=-3,x_2=3$。

(3) $f_3(x)=x^3+2x^2+2x+1$,初值为 $x_1=-2,x_2=3$。

算法分析：

二分法是求解方程的常用算法,具体算法步骤如下：

(1) 在 x 轴上取两点 x_1 和 x_2,要确保 x_1 与 x_2 之间有且只有方程唯一的解。判别方法是满足条件 $f(x_1)\times f(x_2)<0$,如图 7.24(a)所示。

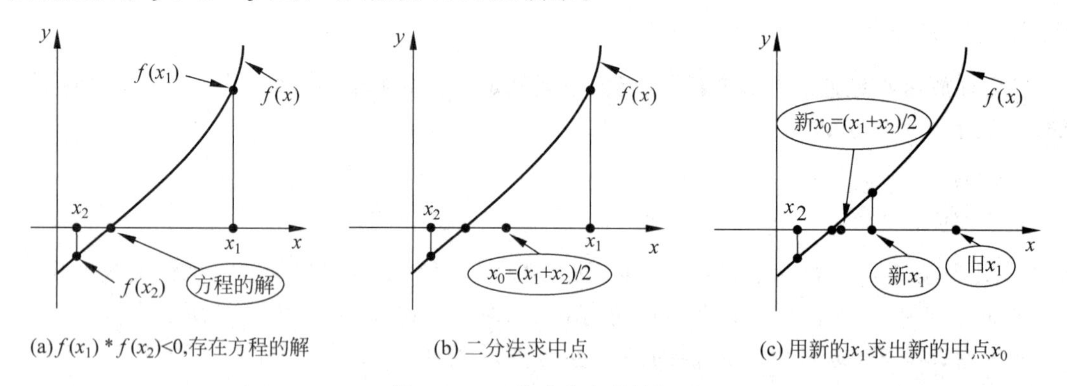

(a) $f(x_1)*f(x_2)<0$,存在方程的解　(b) 二分法求中点　(c) 用新的 x_1 求出新的中点 x_0

图 7.24　二分法求方程的解

(2) 求出 x_1 至 x_2 的中点 x_0,如图 7.24(b)所示。

(3) 若 $|f(x_0)|$ 满足给定的精度,则 x_0 即是方程的解,否则,若 $f(x_0)\times f(x_1)<0$,则方程的解应在 x_1 与 x_0 之间,令 $x_2=x_0$,继续步骤(2)。同理,若 $f(x_0)\times f(x_1)>0$,则方程的解应在 x_2 与 x_0 之间,令 $x_1=x_0$,继续步骤(2),直至满足精度为止,如图 7.24(c)所示。

因此如果方程的解的初值是 x_1 和 x_2,则二分法求解方程的具体算法如下：

```
do
{    x0 = (x1 + x2)/2;
```

```
    if(f(x1) * f(x0)> 0)
        x1 = x0;
    else
        x2 = x0;
}while( fabs(f(x0))> 1e - 6);
```

可见,如果方程不同,计算出的 f(x)值也不同,虽然算法步骤一样,但需要编写不同的程序。但是用指向函数的指针变量作函数参数,就可以设计一个通用函数,用相同的算法来求解不同的方程的解。

具体到本例,函数 divide 是实现二分法算法的通用函数,用指向函数的指针变量 p 作为函数参数,调用时,将实际的函数名赋给 p(实参传递给形参,即 f1→p、f2→p、f3→p),在 divide 函数中,所有用指针 p 调用的语句实际上都是由实参指定的函数调用的。这样,就实现不同的函数共用一个算法程序的"通用算法"函数。

源程序如下:

```
#include <iostream>
#include <cmath>
using namespace std;
float f1(float x)                                    //f1(x)
{   return x * x * x + x * x - 3 * x + 1;}
float f2(float x)                                    //f2(x)
{   return x * x - 2 * x - 8;}
float f3(float x)                                    //f3(x)
{   return x * x * x + 2 * x * x + 2 * x + 1;}
float divide(float ( * p)(float), float x1, float x2) //二分法计算方程的解
{   float x0;
    do
    {   x0 = (x1 + x2)/2;
        if(p(x1) * p(x0)> 0)
            x1 = x0;
        else
            x2 = x0;
    }while( fabs(p(x0))> 1e - 6);
    return x0;
}
int main()
{   cout <<"f1 方程的解为: "<< divide(f1, - 2, 2)<< endl;
    cout <<"f2 方程的解为: "<< divide(f2, - 3, 3)<< endl;
    cout <<"f3 方程的解为: "<< divide(f3, - 2, 3)<< endl;
    return 0;
}
```

程序的运行结果如下:

```
f1 方程的解为: 1
f2 方程的解为: - 2
f3 方程的解为: - 1
```

7.4.2 指针型函数

函数的类型是指函数返回值的类型。函数的返回值可以是整型值、字符值、实型值等，C++语言也允许函数的返回值是一个指针(地址)，这种返回指针值的函数称为指针型函数。

指针型函数的定义形式为：

```
类型说明符  * 函数名(参数表)
{
    …                                          //函数体
}
```

其中，“函数名”前加了“ * ”号表明这是一个指针型函数，即返回值是一个指针。“类型说明符”表示了返回的指针值所指向数据的类型。

【例 7.11】 利用指针型函数求两个变量的最大值。

```
#include <iostream>
using namespace std;
int * max(int * p1, int * p2)
{    if( * p1 > * p2)  return  p1;
     else    return  p2;
}
int main()
{    int a, b, * p;
     cout <<"请输入两个数：";
     cin >> a >> b;
     p = max(&a, &b);
     cout << a <<"和"<< b <<"中的最大的数为："<< * p << endl;
     return 0;
}
```

程序的运行情况及结果如下：

```
请输入两个数：4  8↙
4 和 8 中的最大的数为：8
```

具体程序的执行情况如图 7.25 所示。

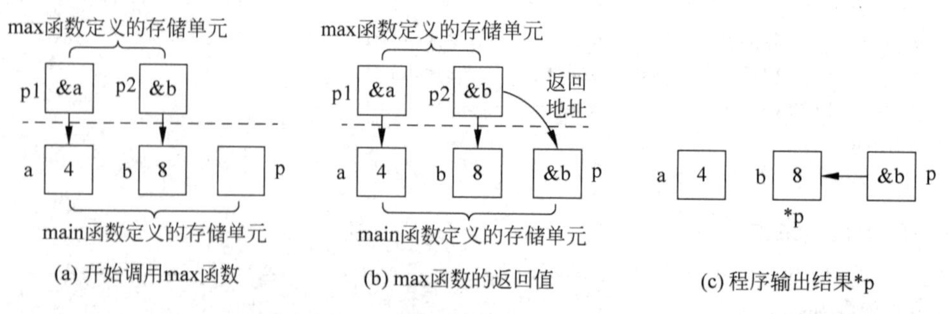

图 7.25 返回指针型的函数执行说明

注意：指针型函数与一般函数类似，只是返回的函数值不是数值数据，而是一个存储单元的地址。指针型函数可以返回存储在静态存储区的变量地址，如全局变量或静态局部变量的地址，也可以返回在主调函数中定义的变量的地址，但是不可以把在指针型函数内说明的、存储在动态存储区中的变量的地址或数组名作为返回值。因为局部数据的作用范围仅限于该函数的内部，当函数返回后，这些局部数据所占用的内存空间都被系统释放，不能再被程序引用，否则会发生内存错误。

7.5 指针与二维数组

7.5.1 二维数组的地址

数组不仅有一维数组，还有多维数组，本书主要讨论二维数组。

设有一个 3 行 4 列的整型二维数组，其定义为：

```
int a[3][4] = {{1,2,3,4},{5,6,7,8},{9,10,11,12}};
```

二维数组在习惯上表现为矩阵的形式，如图 7.26 所示。

图 7.26 二维数组的矩阵形式

但计算机的内存地址是连续的，是直线排列、一维编址的，实际上多维数组在内存中都是以一维数组的形式排列的。为了表述方便，假设内存地址是 16 位的，即 4 位十六进制，上述二维数组 a 在内存中的首地址为 0x2000，则数组的实际存储情况如图 7.27 所示。

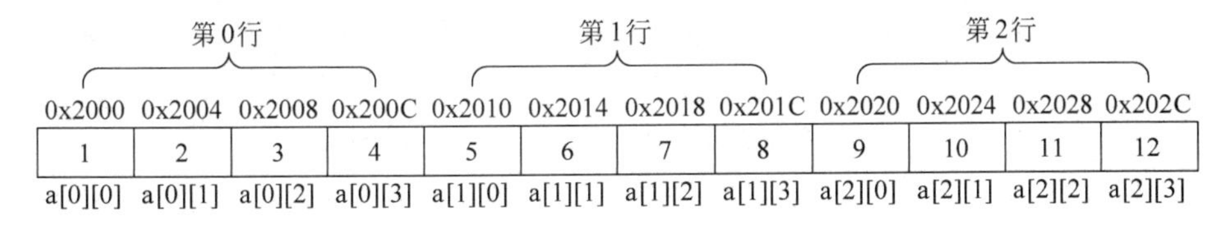

图 7.27 二维数组在内存中的实际存储形式

可以把二维数组的每一行看成一个一维数组，如可以把第 0 行的四个元素 a[0][0]、a[0][1]、a[0][2]和 a[0][3]看成是一个一维数组，在 C++程序语言中把这个一维数组名规定为 a[0]；同样，第 1 行的四个元素组成的一维数组名是 a[1]，第 2 行是 a[2]。由于数组名就表示数组的首地址，所以数组 a 这三行的首地址可以记为 a[0]、a[1]和 a[2]，于是：

a[0][0]的地址可以写作 a[0]+0；a[0][0]又可以写作 *(a[0]+0)。

a[0][1]的地址可以写作 a[0]+1；a[0][1]又可以写作 *(a[0]+1)。

a[0][2]的地址可以写作 a[0]+2；a[0][2]又可以写作 *(a[0]+2)。

⋮

a[i][j]的地址可以写作 a[i]+j；a[i][j]又可以写作 *(a[i]+j)。

如图 7.28 所示。

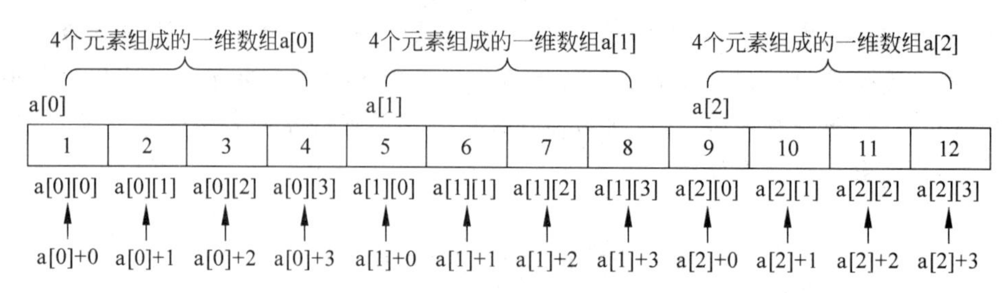

图 7.28　二维数组元素的表示方法

进一步地，由于 a[0]、a[1]、a[2]是数组元素的形式，所以可以把二维数组 a 看成是由三个元素 a[0]、a[1]、a[2]组成的一维数组，且每个元素都是一个由四个元素组成的一维数组，如图 7.29 所示。

	a				
a+0 →	a[0]	1	2	3	4
a+1 →	a[1]	5	6	7	8
a+2 →	a[2]	9	10	11	12

图 7.29　二维数组用一维数组的形式表示

这样，a 是由三个元素组成的，a[0]、a[1]、a[2]，于是：

a[0]的地址可以写作 a+0；a[0]又可以写作 *(a+0)

a[1]的地址可以写作 a+1；a[1]又可以写作 *(a+1)

a[2]的地址可以写作 a+2；a[2]又可以写作 *(a+2)

联系前面二维数组的表示方法，可以看到：

a[0][0]的地址是 a[0]+0；又可以写作 *(a+0)+0；a[0][0]可以写作 *(*(a+0)+0)

a[0][1]的地址是 a[0]+1；又可以写作 *(a+0)+1；a[0][1]可以写作 *(*(a+0)+1)

a[0][2]的地址是 a[0]+2；又可以写作 *(a+0)+2；a[0][2]可以写作 *(*(a+0)+2)

⋮

a[i][j]的地址是 a[i]+j；又可以写作 *(a+i)+j；a[i][j]可以写作 *(*(a+i)+j)

因为 a 是数组 int a[3][4]的数组名，也是数组的首地址，如果这个地址为 0x2000(见图 7.27)，则数组第 0 行的首地址 a+0 也为 0x2000，第 1 行的首地址 a+1 为 0x2010，第 2 行的首地址 a+2 为 0x2020。由此可见，a+1 并不是指向下一个元素，而是指向下一行数组，每行数组有 4 个元素，因而下一行的首地址是 0x2000+4×4 个字节为 0x2010。因此将 a 称为"行地址"或"行指针"，其基本计数单位是具有 4 个元素的一维数组。

a[0]是将第 0 行元素看成是一个一维数组时的一维数组名，也就是第 0 行数组元素 a[0][0]的首地址，为 0x2000(见图 7.27)，a[0]+1 是 a[0][1]的地址为 0x2004，a[0]+2 是 a[0][2]的地址为 0x2008……可见 a[0]+1 才是下一个元素的地址，因此将 a[0]称为"列地址"或"列指针"，其基本计数单位是元素，也就是以前介绍的"整型变量指针"。

可见，a、a[0]都表示的是内存元素 &a[0][0]的地址，其值均为 0x2000，但这两种地址的计数单位不同，a 是以行为单位计数的"行指针"，a+1 指向下一行的地址；a[0]是以数组元素为计数单位的"列指针"，a[0]+1 指向下一个数组元素。实际上，a[0]、a[1]、a[2]在内存中是不存在的，即不占数组的存储空间，只是 C++语言为了表述方便而引用的书写形式。

为了更清楚地表述指针的性质，举一个例子来说明。用一栋 3 层 4 列的楼房来表示一个 3 行 4 列的数组 int a[3][4];，如图 7.30 所示。为了更好地写出标注说明，在这栋楼房上添加了电梯和走廊（图中阴影部分）。可以看出，非阴影部分就是数组的元素，也就是楼房的房间，而房间上方则是具体的数组元素的地址，也可以认为是房间的房间号。

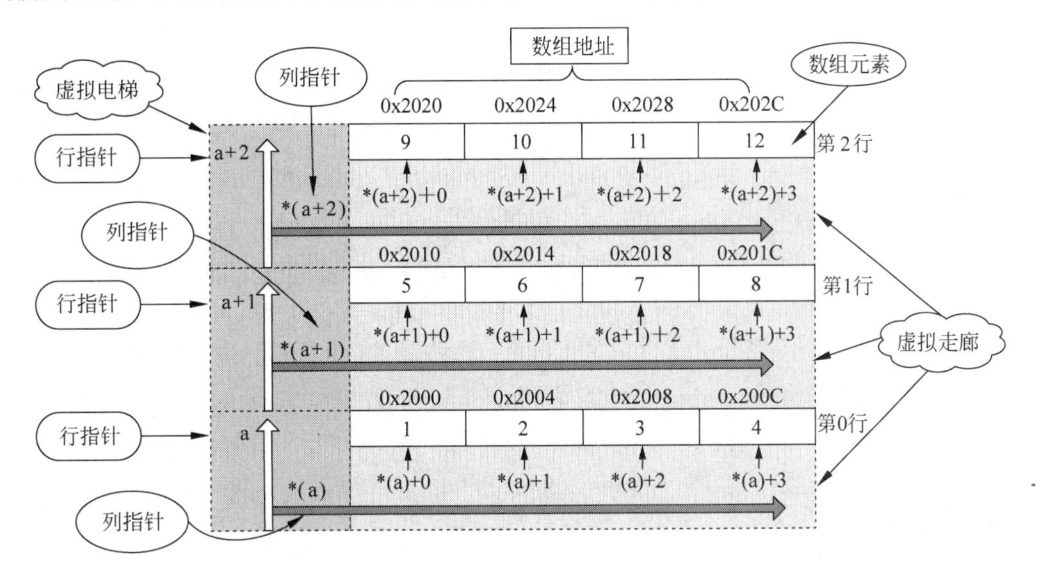

图 7.30　二维数组指针说明

假设某人（如小明）要访问这栋楼的某一个房间，那么他首先要乘电梯到具体的楼层。电梯的运动方向与走廊垂直，也就是说，小明如果一直坐电梯上下，他终究是无法到房间内的。我们可以把电梯看作是“行指针”，每层楼的行地址依次是 a、a＋1、a＋2，可见，电梯每上一层，行地址加 1，越过一层 4 个房间，如图 7.30 中纵向宽箭头所示。但是如果小明到了具体的楼层，从电梯出来“转向”，顺着走廊运动，那么他就可以走到具体的房间门口了。这个“转向”的过程就是由“行指针”转变为“列指针”的过程，具体体现到语句中就是行指针加上了“指向”运算符，依次变成 *(a)、*(a＋1)、*(a＋2)。这时候小明还没有进入房间，因此 *(a)、*(a＋1)、*(a＋2)依然是内存的地址，但是这个地址是沿着走廊运动的地址，地址每次加 1 都是过一个房间，而不是一个楼层，如图 7.30 中横向宽箭头所示。如果小明要去 a[2][3]房间，即元素值为 12 的房间，那么他坐电梯到 a＋2 楼层，然后出电梯转向成为 *(a＋2)，即顺着第 2 行的走廊向前走，依次通过 *(a＋2)＋0、*(a＋2)＋1、*(a＋2)＋2，到了 *(a＋2)＋3 这个房间的门口。此时 *(a＋2)＋3 是元素 a[2][3]的地址，也就是房间号，如果要进入房间，还要作“指向”运算，即 *(*(a＋2)＋3)，这才是 a[2][3]的元素值，即 12。

其实 C++编译系统存取二维数组中的某个元素也是按照这个顺序寻址的。例如要寻址 a[2][3]这个元素，步骤如下：

(1) 找到数组地址：a；

(2) 上电梯到第 2 行：a＋2；

(3) 出电梯转向顺着走廊运动：*(a＋2)；

(4) 过3个房间到a[2][3]门口：*(a+2)+3；

(5) 找到元素值：*(*(a+2)+3)。

7.5.2 通过指针引用二维数组中的元素

1. 用指针变量引用二维数组中的元素

在图7.28中,如果定义一个整型指针变量 int *p=&a[0][0];或 int *p=a[0];,那么p指向二维数组的首地址&a[0][0],p+1则是元素a[0][1]的地址&a[0][1],如图7.31所示。数组中任一元素a[i][j]的地址&a[i][j]用p表示为p+i*4+j,元素值a[i][j]为*(p+i*4+j)。

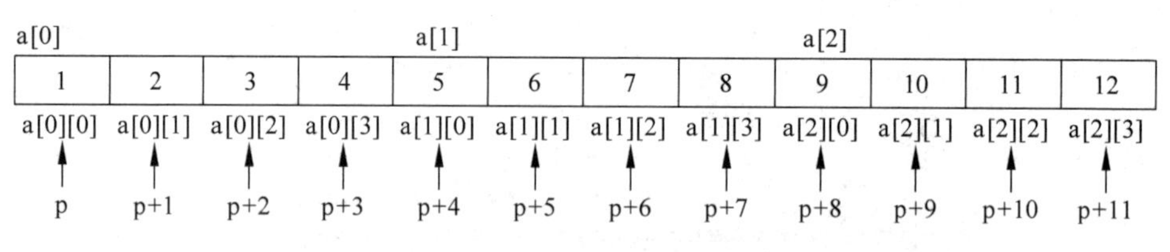

图7.31 用指针变量表示二维数组中的元素

如果有以下定义：

```
int a[M][N], *p = a[0];
```

则a[i][j]的地址&a[i][j]为 p+i*N+j,而a[i][j]为*(p+i*N+j)。

【例7.12】 用指针变量输出二维数组中的元素。

```
#include <iostream>
using namespace std;
int main()
{    int a[3][4] = {1,2,3,4,5,6,7,8,9,10,11,12},k = 0;
     int *p;
     for( p = a[0];p < a[0] + 12; )           //为指针变量赋值
     {    cout << *p++<<'\t';                 //输出指针变量所指向的数据后指针变量自加
          k++;
          if(k % 4 == 0)
               cout << endl;
     }
     return 0;
}
```

程序的运行结果如下：

```
1       2       3       4
5       6       7       8
9       10      11      12
```

2. 用指向一维数组的行指针引用二维数组中的元素

在例7.12中，p和a[0]是一种计数单位,即是一个"基类型",均是以数组元素为单位加减的。而a也是地址,a+1是数组下一行的地址,与a相同的"基类型"的指针变量称为指向一维数组的行指针变量，其定义形式如下：

```
数据类型 (*指针变量)[N];
```

其中，N 是确定的常量，表示所指向的一维数组的元素个数。例如：

```
int (*p)[4];
```

表示 p 是指向具有 4 个整型元素的数组的行指针变量，p+1 指向下一个数组，即地址移动 4×4 个字节，如图 7.32 所示。

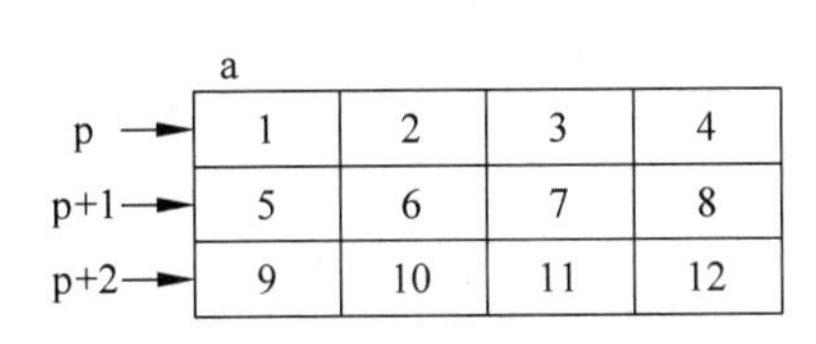

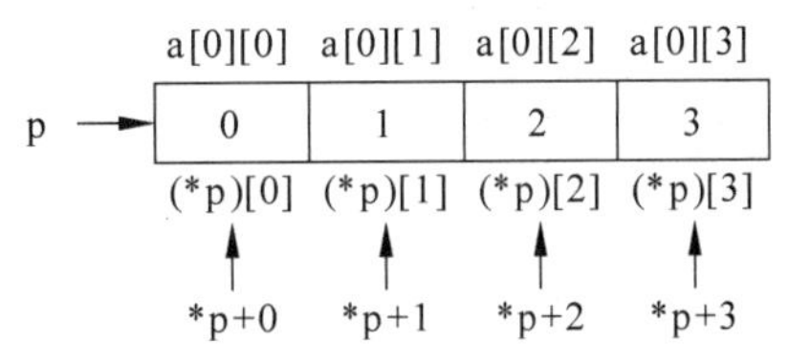

图 7.32 行指针引用数组元素

如果将数组 a 的首地址赋给 p，即有 p=a;，则

p 和 a 等价，表示二维数组第 0 行的首地址（行指针）；

*p 和 a[0]等价，表示地址 &a[0][0]（列指针）；

a[0][0]和(*p)[0]等价，表示数组元素 a[0][0]（数据）。

进一步，

p+i 和 a+i 等价，表示二维数组第 i 行的首地址；

*(p+i)和 a[i]等价，表示地址 &a[i][0]，是列地址；

(*(p+i))[j]、*(*(p+i)+j)或 p[i][j]和 a[i][j]等价，都表示数组元素。

注意：a 是常量，p 是行指针变量，可以进行 p++的运算，表示当前行指针指向下一行数组。

【例 7.13】 有一个班，3 个学生，各 4 门课，试计算总的平均分数及输出不及格的分数。

算法分析：每一个学生有 4 门成绩，构成了一个一维数组，而 3 个学生的成绩则构成了由 3 个一维数组组成的二维数组。在 main 函数中完成这个二维数组的初始化，再在 average 函数中计算平均成绩，在 output 函数中输出不及格的分数。

其中，不论是计算平均成绩还是找出不及格的分数，都要用到二维数组，需要涉及二维数组地址在函数间的传递。二维数组的地址分为行地址和列地址两种，这两种地址都可以作为函数的参数。

源程序如下：

```
#include <iostream>
using namespace std;
float average(int (*p)[4],int n)              //用行指针变量作形参
{    float aver = 0;
     for(int i = 0;i < n;i++,p++)              //行指针变量自加，指向下一行
         for(int j = 0; j < 4;j++)
             aver = aver + (*p)[j];
     aver = aver/n/4;
     return aver;
}
```

```
void output(int * p, int n)
{   for(int i = 0;i < n; i++,p++)              //列指针变量自加,指向下一个元素
        if( * p < 60)
            cout << * p <<'\t';
    cout << endl;
}
int main()
{   int a[3][4] = {{80,90,80,70},{60,50,70,75},{55,80,75,75}};
    float aver;
    aver = average(a,3);                       //A 用行地址作实参
    output(a[0],12);                           //B 用列地址作实参
    cout <<"average = "<< aver << endl;
    return 0;
}
```

程序的运行结果如下：

```
50      55
average = 71.6667
```

需要注意的是,如果实参是行地址(A 行),那么形参也必须用行指针来接收,如 average 函数；如果实参是列地址(B 行),那么形参也必须用列指针来接收,如 output 函数。

7.6 指针数组与指向指针的指针

7.6.1 指针数组

数组是在内存中顺序存储的同一类型的数据。这种顺序存储的数据的类型可以是整型、字符型、浮点型等。如果存储的数据类型为指针型,即存储的是内存地址,这种数组就称为指针数组。一维指针数组的定义形式为：

类型名 * 数组名[数组长度];

例如 int * p[4];,表示 p 是一个具有 4 个元素的一维数组的数组名,该数组中的元素均是整型指针变量。由于[ ]的优先级比 * 高,所以 p 首先与[4]结合,表示一个数组,然后再与 * 结合,表示数组元素的类型是指针类型。

【例 7.14】 写出以下程序的输出结果。

```
#include< iostream >
using namespace std;
int main()
{   int  a[12] = {1,2,3,4,5,6,7,8,9,10,11,12};
    int  * p[4], i;
    for(i = 0; i < 4;i++)
        p[i] = &a[i * 3];                      //A 把变量地址赋给指针数组元素
    cout << p[3][2]<< endl;
    return 0;
}
```

程序的运行结果如下：

```
12
```

程序分析：

A 行对指针数组 p 赋值的示意如图 7.33 所示。

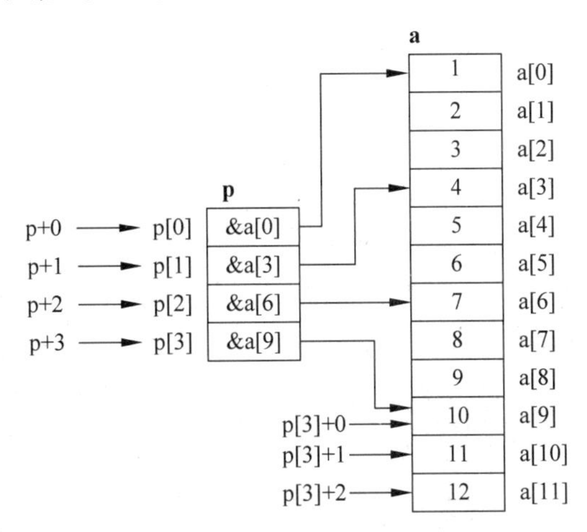

图 7.33 指针数组指向示意

其中，*(p+3)可写成 p[3]，其值是 &a[9]，为 a[9]的地址，p[3]+2 即为 &a[9]+2，是 a[9]后两个元素的地址 &a[11]，*(p[3]+2)即为 a[11]，也就是 12。而 *(p[3]+2)等同于 *(*(p+3)+2)，也等同于 p[3][2]。

需要注意的是，p 为指针数组的数组名，也是指针数组的首地址，是地址常量。而 p[i]才是指针变量，可以被赋予一个变量的地址。

指针数组常用来指向若干个字符串，使字符串的处理更加方便灵活。

【例 7.15】 将若干字符串按字母顺序由小到大顺序输出。

算法分析：字符串排序与数字排序类似，可以用起泡法或选择法等。本题采用起泡法用被调函数 sort 排序。

```
#include<iostream>
#include<string>
using namespace std;
void sort(char *str[],int n)                    //起泡法排序
{   char *p;
    int i, j;
    for(i=0;i<n-1;i++)
        for(j=0;j<n-i-1;j++)
            if(strcmp(str[j],str[j+1])>0)
            {   p=str[j];   str[j]=str[j+1];   str[j+1]=p;   }
}
int main()
{   char *week[]={"Monday","Tuesday","Wednesday","Thursday","Friday"};
    sort(week,5);                               //对字符串排序
```

```
    for(int i = 0;i < 5;i++)                    //输出字符串
      cout << week[ i]<<'\n';
    return 0;
}
```


程序的运行结果如下：

```
Friday
Monday
Thursday
Tuesday
Wednesday
```

需要注意的是，本题中需要排序的字符串均为字符串常量。一经定义，在内存中就有固定的常量存储空间，其存储空间的首地址和存储空间的内容都不能被改变。这些字符串的首地址被存放到指针数组 week 中，如图 7.34(a)所示。所谓排序就是调整了指针数组内指针变量的指向，如图 7.34(b)所示。因此顺序输出指针数组内指针变量所指向的字符串时，实际上就实现了字符串的排序输出。

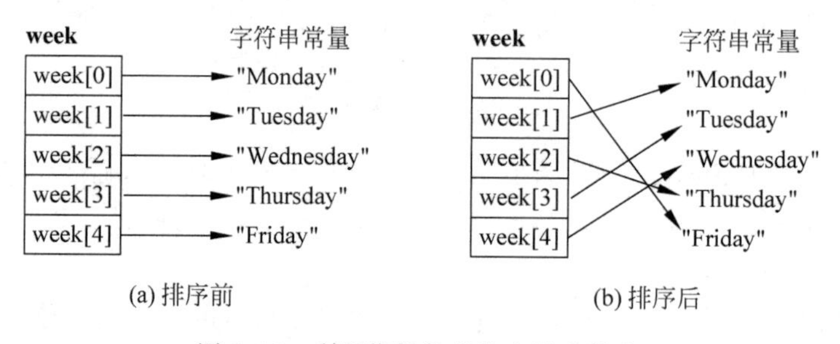

图 7.34　利用指针数组为字符串排序

7.6.2　指向指针的指针

一个指针可以指向任何一种数据类型，包括指向一个指针。当指针变量 ptr 中存放另一个指针 p 的地址时，则称 ptr 为指针型指针变量，也称多级指针。在这里主要讨论二级指针。

指向指针的指针变量的定义形式为：

类型标识符　** 指针变量名;

例如：

```
int  x = 8;                             //定义整型变量 x
int  * p = &x;                          //定义指向整型变量 x 的指针变量 p
int  ** ptr = &p;                       //定义指向指针变量 p 的指针变量 ptr
```

以上三个变量的关系如图 7.35 所示。

说明：

(1) 虽然 p 和 ptr 同样是存放内存地址的变量，但两者所面向数据的“基类型”不同，p 所面向的是整型数据 x，ptr 所面向的是整型数据指针 p，因此两者不能等同。语句 ptr＝p;

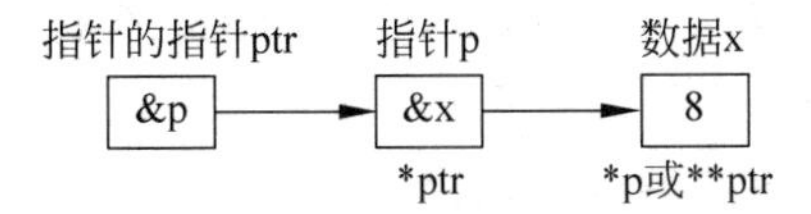

图 7.35　变量 x、指针变量 p、指向指针的指针变量 ptr

ptr=&x;或 p=ptr;均是错误的。

(2) 可以用 * p 或 ** ptr 来引用变量 x,如语句 ** ptr=6;即将 x 的值重新赋值为 6。

【例 7.16】 写出下列程序的运行结果。

```
#include<iostream>
using namespace std;
int main()
{    int a[9] = {1,2,3,4,5,6,7,8,9};
     int * b[] = {&a[0], &a[3], &a[6]};
     int ** p = b;
     for(int i = 0;i<3;i++)
         cout<<p[i][i]<<'\t';
     return 0;
}
```

程序的运行结果如下:

```
1   5   9
```

程序分析:

数组 a、指针数组 b 和指针的指针 p 在内存中的存储和赋值关系如图 7.36 所示。

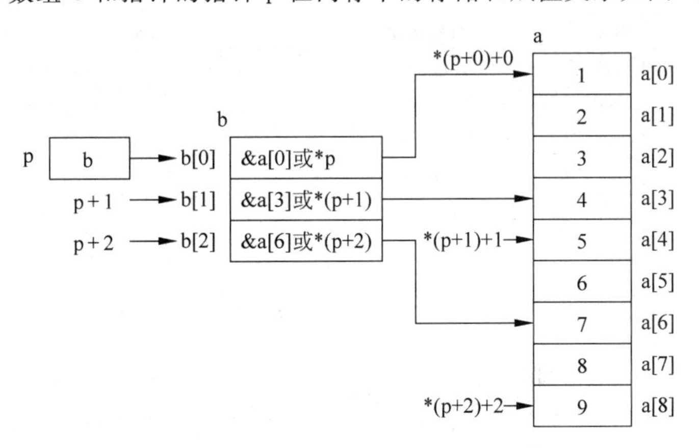

图 7.36　用指向指针的指针变量引用变量

以 i 为 1 时输出 p[1][1]为例进行说明。

p[1][1]又可以写作 *(*(p+1)+1),寻址步骤如下:

(1) p 指向指针数组 b,p+1 等同于 b+1,为 b[1]的地址 &b[1];

(2) *(p+1)等同于 b[1],而 b[1]中存放的是数组 a 中 a[3]元素的地址,等同于 &a[3];

(3) *(p+1)+1 等同于 &a[3]+1,是 a[4]的地址 &a[4];

(4) *(*(p+1)+1)就是 a[4],其值为 5。

【例 7.17】 写出下列程序的运行结果。

```
#include<iostream>
using namespace std;
int main()
{   char *week[] = {"Monday","Tuesday","Wednesday","Thursday","Friday"};
    char **p;
    for(p = week;p < week + 5;p++)
        cout << *p << endl;                    //A
    return 0;
}
```

程序的运行结果如下:

```
Monday
Tuesday
Wednesday
Thursday
Friday
```

程序分析:

week 为指针数组,依次存放 Monday 等字符串常量的首地址,p 为指向指针的指针变量,存放指针数组 week 的首地址,如图 7.37 所示。A 行语句输出 *p 的内容,实际上就是输出当前 *p 指向的字符串常量。

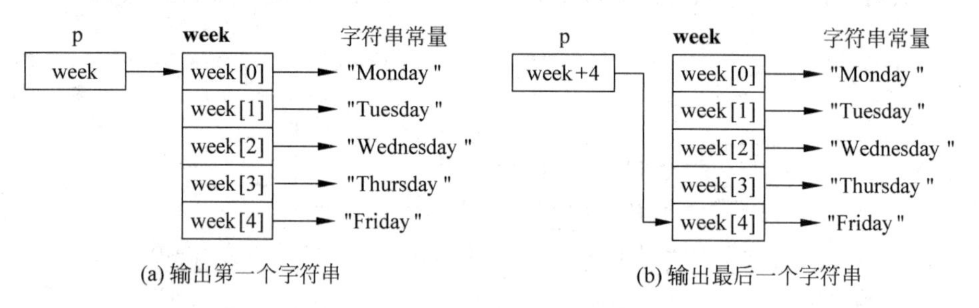

图 7.37 引用指向指针的指针变量输出字符串

需要注意的是,p 是指向指针的指针变量,所以可以进行自加运算;而 week 是指针数组名,为地址常量。循环结束条件 week+5 也是内存中确定的地址常量,程序用该地址常量判断循环是否结束。

7.6.3 多级指针小结

由于指针的基类型不同,所以同样是内存地址,但其所代表的含义却有很大的不同。其中,多级指针是 C++语言的难点,本小节主要对诸多二级指针作一个小结。

本章涉及的二级指针有四种,分别是二维数组名、指针数组名、指向一维指针的行指针变量和指向指针的指针变量。举例如下:

```
int a[3][4] = {1,2,3,4,5,6,7,8,9,10,11,12}; //定义了 3 行 4 列的整型二维数组
int ( * p)[4];                              //定义了指向具有四个整型数组元素的行指针变量
int * b[3];                                 //定义了具有三个元素的整型指针数组
int ** ptr;                                 //定义了指向整型指针的指针变量
```

为了进一步比较说明这四种二级指针的特点，将它们均赋值为对数组 a 的引用，如图 7.38 所示。

```
p = a;
ptr = b;
for(int i = 0;i < 3;i++)
   b[i] = a[i];
```

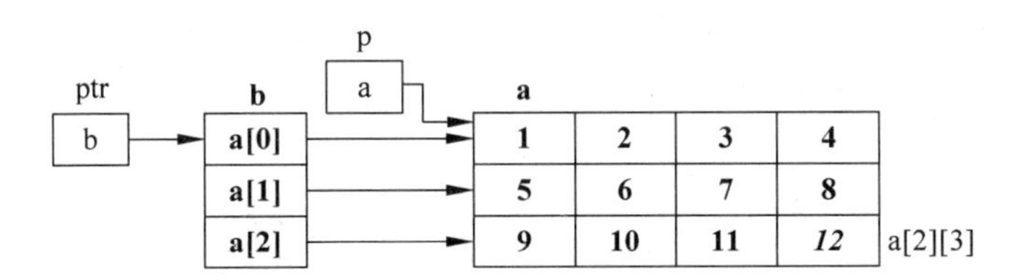

图 7.38　用二级指针引用二维数组元素

可以看到，这四种指针都是行指针，指针加 1 向下移动一行，如 a＋1、b＋1、p＋1、ptr＋1 都表示数组 a 第 1 行的地址，而不是数组元素的地址。

如果希望它们指向的是整型数据的地址，那么首先要将"行指针"转向成为"列指针"，即进行"指向运算"，如 *（a＋1）、*（b＋1）、*（p＋1）、*（ptr＋1）都表示 a[1][0]的地址 &a[1][0]，将这个指针加 1（如 *（a＋1）＋1）才是数组中下一个数据的地址。

二维数组中的任意元素，用行指针表示的时候要进行两次"指向运算"。例如 a[2][3]，分别用上述指针表示为 *（*（a＋2）＋3）、*（*（b＋2）＋3）、*（*（p＋2）＋3）、*（*（ptr＋2）＋3），也可以表示成 a[2][3]、b[2][3]、p[2][3]、ptr[2][3]。

需要注意的是，虽然上述四种形式都是二级指针，但还是有很大的区别的。

a 是二维数组的地址，是地址常量，a 数组中的元素是整型变量。

b 是指针数组的地址，是地址常量，b 数组中的元素是整型指针变量。

p 是指向一维数组的行指针，是二级指针变量，存放有固定元素个数的数组行地址。

ptr 是指向指针的指针，是二级指针变量，存放指针的地址。

7.7　const 指针

指针也是变量，可以将 const 用于指针，将指针变量视为常量，即始终保持它的初值。然而指针是一个特殊的变量，还可利用指针修改其所指向的内存单元的数据。因此，const 指针有以下三种应用。

1. 指针常量

指针变量内存放的地址是常量，不能修改，但可改变指针所指向的数据，即可以对指针指向的数据重新赋值。

指针常量的定义形式为：

类型名 * const 指针变量名;

例如:

```
int a = 2,b = 3;
int * const p = &a;
*p = 4;                              //合法,可以对指针指向的数据重新赋值,相当于 a = 4;
p = &b;                              //非法,指针常量内存放的地址为 &a,不能改变
```

2. 指向常量的指针变量

指针指向的数据为常量,不能修改,但可以修改指针变量内存放的地址,即指针变量可以存放其他数据的地址。

指向常量的指针变量的定义形式为:

const 类型名 * 指针变量名;

例如:

```
int a = 2,b = 3;
const int *p = &a;
p = &b;                              //合法,可以改变指针变量内存放的地址
*p = 5;                              //非法,不可以对指针指向的数据重新赋值
```

3. 指向常量的常指针

指针内存放的地址是常量,不能修改。同时,指针指向的数据也为常量,不能重新赋值。

指向常量的常指针的定义形式为:

const 类型名 * const 指针变量名;

例如:

```
int a = 2,b = 3;
const int *const p = &a;
p = &b;                              //非法,不可以改变指针变量内存放的地址
*p = 5;                              //非法,不可以对指针指向的数据重新赋值
```

7.8 动态存储分配

存储分配就是为程序中用到的数据分配内存,也就是定义变量或数组。通常变量或数组都是先定义再使用,定义后编译器就可根据其类型确定其所占存储空间的大小,这种定义方式称为静态分配内存。

静态分配存储空间的优点是用户在编程时只需定义变量或数组即可,等到变量或数组的生存期结束,编译器自动释放其分配的空间,不需要用户自己编程释放存储空间;其缺点是静态分配的存储空间的大小必须是常量。

例如,定义一个数组,数组的元素个数必须是常数。这就带来了一些问题,假如编程计算班级的平均成绩,需要把每个人的成绩放在数组里。由于每个班级的人数不同,所以一般就要根据人数最多的班级来定义数组的长度,这样,就造成了内存的浪费。

如果数组的元素个数只有在程序的运行时才能确定，这样编译器在编译时就无法为它们预定存储空间，只能在程序运行时，系统根据运行时的要求分配内存，这种方法称为动态存储分配。

在 C++ 中，用 new 运算符来动态分配存储空间，其使用的格式为：

```
指针变量名 = new 类型名(初始化值);
```

系统分配与类型名一致的一个变量空间，并用初值为这个空间赋值，同时将该空间的首地址返回。例如：

```
int *p;
p = new int(8);
```

表示系统在内存中分配了一个整型变量的空间，同时初始化为 8，并将其首地址赋给指针变量 p，如图 7.39 所示。

p → 8

new分配的空间

图 7.39　new 分配空间

说明：

(1) new 运算符分配完空间后，返回这个空间的首地址。这时，这个地址必须用一个指针保存下来才不会丢失，且只能用该指针引用这个空间的值，如 * p=6；表示重新为此空间赋值。

(2) 可以使用语句 p=new int；分配一个整型变量空间，此时该空间未被初始化。

(3) 如果要分配连续的空间（数组），使用的格式如下：

```
指针变量名 = new 类型名[元素个数];
```

例如：

```
int *p;
p = new int[n];
```

其中，n 是要分配的变量空间的个数。

需要注意的是，分配连续空间的时候不能初始化。

(4) 因为内存的资源是有限的，所以动态分配存储空间，尤其是较大的数组空间时有可能失败，这时 new 返回一个空指针（NULL），表示发生了异常，资源不足，分配失败。在程序中，常常在分配空间后判断这个返回值，来防止程序出现异常。

(5) 用 new 运算符分配的存储空间，系统不能自动释放。如果不再使用该空间时，要显式释放它所占用的存储空间，否则，该空间会一直保留。释放存储空间的运算符是 delete，其使用的格式为：

```
delete 指针名;
```

如果释放的是连续的空间，其使用的格式是：

```
delete [ ]指针名;
```

【例 7.18】 根据学生人数动态分配存储空间，计算学生的平均成绩。

```
#include <iostream>
using namespace std;
```

```
int main()
{   int *p, n;
    double s = 0;
    cout <<"请输入学生的人数: ";
    cin >> n;
    p = new int[n];                    //根据n的数目动态分配存储空间,空间的首地址为p
    if(p == NULL)                      //判断分配是否成功
    {   cout <<"动态存储分配失败,程序终止运行";
        exit(1);                       //程序中止运行,返回操作系统
    }
    for(int i = 0; i < n;i++)
    {   cout <<"请输入第"<< i + 1 <<"个学生的成绩: ";
        cin >> p[i];                   //向已分配的空间输入数据
        s = s + p[i];
    }
    cout <<"学生的平均成绩是:  "<< s/n << endl;
    delete []p;                        //释放动态分配的存储空间
    return 0;
}
```

程序的运行情况及结果如下:

```
请输入学生的人数:3↙
请输入第1个学生的成绩: 80↙
请输入第2个学生的成绩: 90↙
请输入第3个学生的成绩: 70↙
学生的平均成绩是:  80
```

练 习 题

一、选择题

1. 若有定义语句“int year=2009, * p=&year;”,以下不能使变量year中的值增至2010的语句是________。

A. (* p)++;　　B. ++(* p);　　C. * p++;　　D. * p+=1;

2. 以下程序的运行结果是________。

```
#include< iostream >
using namespace std;
void ww(int * x)
{   cout <<++ * x << endl;   }
int main()
{   int a = 24;
    ww(&a);
    return 0;
}
```

A. 23　　B. 24　　C. 25　　D. 26

3. 以下程序的运行结果是________。

```
#include< iostream >
using namespace std;
void f(int *p, int *q)
{   p=p+1; *q= *q+1; }
int main()
{   int m=1,n=2, *r=&n;
    f(r,&n);
    cout << m <<','<< n << endl;
    return 0;
}
```

A. 2,3　　B. 1,3　　C. 1,4　　D. 1,2

4. 以下程序的运行结果是________。

```
#include< iostream >
using namespace std;
void fun(int n, int *s)
{   int f;
    if(n==1) *s=n+1;
    else {   fun(n-1,&f); *s=f;   }
}
int main()
{   int x=0;
    fun(4,&x);
    cout << x << endl;
    return 0;
}
```

A. 1　　B. 3　　C. 4　　D. 2

5. 设已有声明" int x[]={1,2,3,4,5,6}, *p=&x[2];",则值为 3 的表达式是________。

A. *++p　　B. *(p++)　　C. ++*p　　D. ++(*p)

6. 假定已有声明" char a[30], *p=a; ",则下列语句中能将字符串"This is a C program."正确地保存到数组 a 中的语句是________。

A. a[30]="This is a C program.";　　B. a="This is a C program.";

C. p="This is a C program.";　　D. strcpy(p, "This is a C program.");

7. 已知 char b[5], *p=b;则正确的赋值语句是________。

A. b="abcd";　　B. *b="abcd";　　C. p="abcd";　　D. *p="abcd";

8. 下列程序的输出是________。

```
#include< string >
#include< iostream >
using namespace std;
int main()
{   char  p1[20]="abcd", *p2="ABCD";
    char  str[50]="xyz";
```

```
    strcpy(str + 2,strcat(p1 + 2,p2 + 1));
    cout << str << endl;
    return 0;
}
```

A. xyabcAB　　B. abcABz　　C. ABabcz　　D. xycdBCD

9. 有以下程序：

```
int add(int a, int b){    return a + b;   }
int main()
{    int k, ( * f)(int,int), a = 5,b = 10;
     f = add;
     …
}
```

则以下函数调用语句错误的是________。

A. k=add(a,b)；　B. k=(* f)(a,b)；　C. k= * f(a,b)；　D. k=f(a,b)；

10. 已知“int a[4][3]={1,2,3,4,5,6,7,8,9,10,11,12}; int (* ptr)[3]=a, * p=a[0];”,则以下能够正确表示数组元素 a[1][2]的表达式是________。

A. * ((ptr+1)[2])　　B. * (* (p+5))

C. (* ptr+1)+2　　D. * (* (a+1)+2)

二、填空题

1. 以下程序的运行结果是________。

```
#include <iostream>
using namespace std;
void f(int a, int * b)
{    a++; b++; ( * b)++;   }
int main()
{    int  x[2] = {4,4};
     f(x[0], &x[0]);
     cout << x[0]<<'\t'<< x[1]<< endl;
     return 0;
}
```

2. 以下程序的运行结果是________。

```
#include <iostream>
using namespace std;
void fun(int * p1, int  * p2)
{    int t;
     if(p1 < p2)
     {    t = * p1;  * p1 = * p2;   * p2 = t;
          fun(p1 += 2, p2 -= 2);
     }
}
int main()
{    int i,a[6] = {1,2,3,4,5,6};
     fun(a, a + 5);
     for(i = 0;i < = 5;i++)   cout << a[i]<<'\t';
```

```
    return 0;
}
```

3. 以下程序的运行结果是________。

```
#include<iostream>
using namespace std;
int main()
{   char *s, *s1 = "Here";
    s = s1;
    while(*s1)  s1++;
    cout<<(s1 - s)<<endl;
    return 0;
}
```

4. 以下程序的运行结果是________。

```
#include<iostream>
using namespace std;
int fun(char s[])
{   int n = 0;
    while(*s<='9'&&*s>='0'){ n=10*n+ *s-'0'; s++;}
    return n;
}
int main()
{   char s[10] = {'6','1','*','4','*','9','*','0','*'};
    cout<<fun(s)<<endl;
    return 0;
}
```

5. 执行以下程序段后，x 的值为________。

```
int a[3][2] = {{1,2},{10, 20},{15, 30}};
int x, *p;
p = &a[0][0];
x = *p*(*(p+3))*(*(p+5));
```

6. 以下程序的运行结果是________。

```
#include<iostream>
using namespace std;
void fun(int **p, int x[2][3])
{   **p = x[1][1];   }
int main()
{   int y[2][3] = {1,2,3,4,5,6}, *t;
    t = new int[2];
    fun(&t,y);
    cout<<*t<<endl;
    return 0;
}
```

7. 以下程序的运行结果是________。

```
#include< iostream >
using namespace std;
void fun(int *p1,int *p2,int *s)
{    s = new int;
     *s = *p1 + *(p2++);
}
int main()
{    int a[2] = {1,2}, b[2] = {10,20}, *s = a;
     fun(a,b,s);
     cout << *s << endl;
     return 0;
}
```

三、编程题

1. 将 n 个整数按输入顺序的逆序排列,要求应用带指针参数的函数实现。

2. 编程输入一行文字,找出其中的大写字母、小写字母、空格、数字以及其他字符各有多少。

3. 编写一个从 n 个字符串中寻找最长字符串的函数 char * longstr(char * z[],int n),其中 z 是指向多个字符串的指针数组,n 是字符串的个数,数组返回值是最长串的首地址,并编写 main 函数验证程序。

4. 编写一个将一个字符串插入到另一个字符串指定位置的函数,并编写 main 函数验证程序。

第8章 结构体和共用体

8.1 结 构 体

8.1.1 结构体与结构体类型的声明

C++用数组存储许多相同涵义和类型的相关信息，如一个班的C++成绩等。但是有些数据信息是由若干不同数据类型和不同涵义的数据所组成，如一个学生的基本情况包括姓名、学号、年龄、性别、成绩等，这些数据信息的类型是不一样的，不能用数组的形式把它们组织起来。

C++允许用户定义一种新的数据类型，把属于同一事物的若干个相关数据构成一个整体，统一管理。这种新的数据类型可根据用户的需要具体规定其组成形式，称为结构体类型。

结构体数据类型声明的形式如下：

```
struct 结构体类型名
{ 数据类型 成员 1;
  数据类型 成员 2;
   ⋮
  数据类型 成员 n;
};
```

其中，struct 是结构体类型声明的关键字；结构体类型名是用户为所处理的数据集所起的名字，必须是合法的C++标识符；成员1，成员2，…，成员n是互不同名的成员项，表示数据集中所包括的各项数据。例如，可以声明一个描述上述学生基本情况的结构体类型：

```
struct student                  //student 是结构体类型名
{     int num;                  //学号
      char name[20];            //姓名
      char sex;                 //性别,为'M'(male)或'F'(female)
};
```

需要特别强调的是，以上结构体类型声明只是描述了一种数据形式，student 是一个类型名，它和系统提供的标准类型（如 int、char、float、double 等）一样，都可以用来定义变量，只不过这种类型是用户自己定义的，包括 num、name、sex 等不同类型的数据项（成员）。声明结构体类型的意义在于定义了其使用内存的基本模式，也就是说它只是告诉编译器，以后遇到该种类型的变量时，应以怎样的模式去分配内存，但其本身并没有占用内存。

8.1.2 结构体类型变量

1. 定义结构体类型变量

有以下三种方法定义结构体类型的变量。

(1) 先声明结构体类型再定义变量。

如上述学生类型的结构体,如果已经有了类型的声明,就可以用类型名 student 定义变量:

```
student   stu1, stu2;
```

定义了两个结构体类型的变量,即在内存中分配空间,存放两个 student 结构体类型的变量,每个变量所占据的字节数是所有成员字节数的总和,如图 8.1 所示。

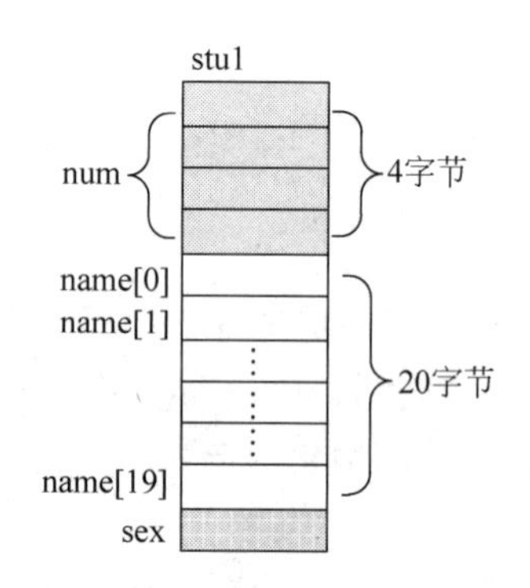

图 8.1 结构体类型变量 stu1 所占据的存储空间示意

每个 student 类型的变量占据 25 字节,其变量的各个成员是顺序排列的。

注意:计算机对内存的管理是以"字"为单位的(许多计算机系统以 4 字节为一个"字")。如果在一个"字"中只存放了一个字节,但该"字"中的其他 3 字节不会接着存放下一个类型的数据,而会从下一个"字"开始存放其他数据。因此在用 sizeof 运算符测量 student 类型的长度时,得到的不是理论值 25,而是 4 的倍数 28。

(2) 在声明结构体类型的同时定义变量。

例如:

```
struct student                      //student 是结构体类型名
{    int num;                       //学号
     char name[20];                 //姓名
     char sex;                      //性别,为'M'(male)或'F'(female)
} stu1, stu2 ;
```

(3) 直接定义结构体类型的变量。

例如:

```
struct
{    int num;                       //学号
     char name[20];                 //姓名
     char sex;                      //性别,为'M'(male)或'F'(female)
} stu1, stu2 ;
```

注意,用这种形式声明的结构体类型没有类型名,不能再去定义新的变量。

说明:

(1) 结构体变量的成员也可以是一个结构体变量。

例如:

```
struct date                         //声明一个日期类型的结构体 date
{   int year;                       //年
```

```
    int month;                      //月
    int day;                        //日
};
struct person
{   int id;
    char name[20];
    date birthday;                  //日期类型的结构体变量 birthday 作为 person 的成员
};
```

结构体 person 的成员 birthday 是另一个结构体 date 的类型。

(2) 结构体变量可以在定义的时候初始化。

例如：

```
struct student                      //student 是结构体类型名
{   int num;                        //学号
    char name[20];                  //姓名
    char sex;                       //性别,为'M'(male)或'F'(female)
} stu1 = {111, "LiHong", 'F'}, stu2 ;
```

或当结构体类型声明在前，变量可以直接定义如下：

```
student stu1 = {111, "LiHong", 'F'};
```

其存储情况如图 8.2 所示。

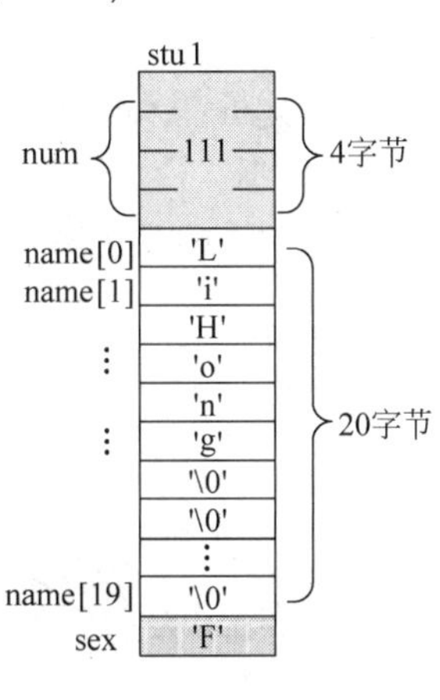

图 8.2　stu1 初始化后内存的存储情况

(3) 与数组的初始化一样，如果是不完全初始化，余下的成员的值均为 0。例如：

```
student stu1 = {111, "LiHong"};
```

则 stu1 内成员 sex 中的内容为 0('\0')。

2. 结构体变量的引用

由于结构体变量是多种标准数据类型的组合，所以不能以变量的形式整体进行赋值或运算。例如，如果有定义：

```
struct student                      //student 是结构体类型名
{   int num;                        //学号
    char name[20];                  //姓名
    char sex;                       //性别,为'M'(male)或'F'(female)
} stu1, stu2 ;                      //定义了两个 student 类型的变量
```

则

```
stu1 = {111, "LiHong", 'F'};
```

是错误的。也就是说，除了在定义的时候初始化，结构体变量不可以整体赋值。

同样，cout << stu1;也是错误的。

参加运算的操作数一般只能是结构体变量中的各个成员。引用结构体变量成员的形式是：

结构体变量名.成员名

其中,小数点"."是成员名运算符,在所有 C++的运算符中优先级最高,指出了对该变量的操作对象。

例如,在上例中,可分别对变量 stu1 的各个成员赋值,以完成对变量的赋值。

```
stu1.num = 111; strcpy(stu1.name, "LiHong");  stu1.sex = 'F';
```

各个成员的运算形式遵守其成员类型本身的规则,如果是系统标准类型,运算规则与普通的变量是一致的。

【例 8.1】 若描述学生的某结构体类型定义如下,输入某学生的学号、姓名、成绩,并计算其平均成绩。

```
struct student                          //声明 student 结构体类型
{    int id;                            //学号
     char name[20];                     //姓名
     float score[4];                    //成绩
     float aver;                        //平均成绩
};
```

算法分析:student 是用户自定义的结构体类型,需要定义该类型的一个变量 stu,并向 stu 输入数据。由于 stu 是由多个数据成员组成的,所以需要引用"结构体变量名.成员名"的形式向对应的成员输入相应的数据。

```
#include <iostream>
using namespace std;
struct student                          //声明 student 结构体类型
{    int id;                            //学号
     char name[20];                     //姓名
     float score[4];                    //成绩
     float aver;                        //平均成绩
};
int main()
{    student stu;                       //定义结构体类型的变量
     cout <<"请输入学生的学号: ";
     cin >> stu.id;                     //输入学号
     cin.get();                         //去除输入缓冲区中的回车
     cout <<"请输入学生的姓名: ";
     cin.getline(stu.name,20);          //输入学生姓名
     stu.aver = 0;
     cout <<"请输入"<< stu.name <<"四门课程的成绩: ";
     for(int i = 0;i < 4;i++)
     {    cin >> stu.score[i];
          stu.aver += stu.score[i];
     }
     stu.aver = stu.aver/4;
     cout << stu.name <<"的信息如下: \n";//输出结构体变量中的各个成员
     cout <<"学号: "<< stu.id <<"\t 姓名: "<< stu.name << endl;
     cout <<"成绩: ";
     for(int i = 0;i < 4;i++)
          cout << stu.score[i]<<'\t';
     cout <<"\n 平均成绩: "<< stu.aver << endl;
```

```
    return 0;
}
```

程序的运行情况及结果如下：

```
请输入学生的学号: 1011↙
请输入学生的姓名: Liu Hong↙
请输入 Liu Hong 四门课程的成绩: 90 80 85 95↙
Liu Hong 的信息如下:
学号: 1011        姓名: Liu Hong
成绩: 90          80        85        95
平均成绩: 87.5
```

注意：虽然结构体变量在输入输出或运算的时候只能对其成员进行引用，不能作为一个整体参与运算。但是也有一种例外，就是可以将一个结构体变量的值赋给另一个具有相同类型的结构体变量，换句话说，两个类型相同的结构体变量可以相互赋值，等同于对应的成员间一一赋值。

例如：

```
struct person
{   int id;
    char name[20];
}stu1 = {1011, "LiMing"}, stu2;
```

在程序中可以使用赋值语句 stu2＝stu1；使得变量 stu2 的成员和 stu1 中的成员内容完全一致，也就是说，此时 stu2. id 为 1011，stu2. name 为"LiMing"。

利用这个性质，结构体变量就可以作为函数的参数，在主调函数和被调函数间传递结构体变量的成员内容。

8.1.3 结构体数组和指针

1. 结构体数组及其初始化

数组是在内存中顺序存放的同一类型的数据的集合，多个结构体变量也可以构成数组。结构体数组的定义方法和结构体类型变量类似。

例如：

```
struct student
{   int num;
    char name[20];
    char sex;
};
student num[20];
```

定义了数组 num，可以存放 20 个学生数据，数组中的每个元素又是一个结构体类型的变量，由三个成员组成。

结构体数组也可以在定义的时候初始化。特别注意的是，赋给结构体数组各元素的初始数据的顺序、数据类型等，必须与每个元素各成员的要求完全一致。

例如：

```
struct student
{   int id;
    char name[20];
    char sex;
};
student num[3] = {{1011, "Zhang",'F'},{1012, "Liu", 'M'},{1013, "Wang",'M'}};
```

另外,数组元素的个数声明也可以缺省。

```
struct student
{   int id;
    char name[20];
    char sex;
};
student num[] = {{1011, "Zhang",'F'},{1012, "Liu", 'M'},{1013, "Wang",'M'}};
```

【例 8.2】 编写程序,对班级中的学生姓名按字典顺序排序,并输出排序后的学生学号、姓名、性别等。

算法分析:采用起泡法对结构体数组元素中的 name 成员进行排序。程序中用字符串处理函数 strcmp 比较各个元素中成员 name 的字符串的大小,然后通过变量整体赋值来交换数组元素的顺序。

```
#include <iostream>
#include <string>
using namespace std;
struct student
{   int id;
    char name[20];
    char sex;
};
student num[] = {{1011, "Zhang",'F'},{1012, "Liu", 'M'},{1013, "Wang",'M'}};//初始化数组元素
int main()
{   int n = sizeof(num)/sizeof(student);//计算数组的元素个数
    student temp;
    int i,j;
    for(i = 0;i < n - 1;i++)             //起泡法排序
        for(j = 0;j < n - i - 1;j++)
            if(strcmp(num[j].name ,num[j + 1].name )> 0)  //用字符串处理函数比较 name 大小
            {   temp = num[j];           //数组元素整体互换
                num[j] = num[j + 1];
                num[j + 1] = temp;
            }
    for(i = 0;i < n;i++)
        cout << num[i].id <<'\t'<< num[i].name <<'\t'<< num[i].sex << endl;
    return 0;
}
```

程序的运行结果如下：

```
1012    Liu     M
1013    Wang    M
1011    Zhang   F
```

2. 指向结构体变量的指针

结构体变量的指针就是结构体变量的地址，也就是该结构体变量所占内存单元的首地址，其定义形式为：

结构体类型名 * 指针变量名；

例如：

```
struct student
{    int id;
     char name[20];
     char sex;
}stu = {1011,"LiHong",'F'};
student  * p;
```

定义了 student 类型的指针变量，存放该类型数据的首地址。

```
p = &stu;
```

表示指针 p 指向 stu，如图 8.3 所示。

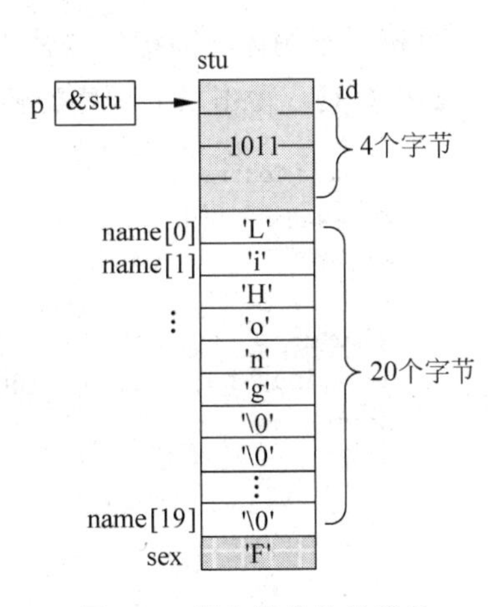

图 8.3　指向结构体的指针

用指针引用结构体变量的成员有两种形式：

1)（ * 指针名）. 成员名

由于“.”的优先级最高，所以“.”左边要用括号括起，表示指针指向的内容是一个整体。例如，(* p). id 引用变量 stu 的成员 id，其值为 1011。

2) 指针名->成员名

例如，p-> id 引用变量 stu 的成员 id。“->”(减号和大于号)的优先级也是最高的，因此，++p-> id 相当于 ++(p-> id)。

以上两种表示方式是完全等价的。

【例 8.3】 通过结构体类型的指针来引用结构体变量的成员。

算法分析：以下程序用两种形式引用结构体变量的成员。一种是“变量名. 成员名”的形式；另一种是“指针名->成员名”的形式。

```
#include<iostream>
#include<string>
using namespace std;
struct student
{    int id;
     char name[20];
     float score[4];
};
int main()
```

```
{    student stu, * p;
     p = &stu;                              //为结构体指针变量赋值
     stu.id = 1011;                         //用变量名.成员名的形式引用成员
     strcpy(stu.name,"Zhang");
     stu.score[0] = 90;
     stu.score[1] = 95;
     stu.score[2] = 80;
     stu.score[3] = 88;
     cout << p -> name <<"的信息如下:\n";//用指针名 ->成员名的形式引用成员
     cout << p -> id <<'\t'<< p -> name <<'\t';
     for(int i = 0;i < 4;i++)
         cout << p -> score[i]<<'\t';
     cout << endl;
     return 0;
}
```

程序的运行结果如下：

```
Zhang 的信息如下:
1011    Zhang   90      95      80      88
```

也可用结构体类的指针变量引用结构体数组中的成员数据。

【例 8.4】 写出以下程序的输出结果。

```
#include < iostream >
using namespace std;
struct code
{    int i;
     char c;
}a[ ] = {{100,'A'},{200,'B'},{300,'C'},{400,'D'}};
int main()
{    code * p = a;                      //A
     cout <<++p -> i <<'\t';            //B
     cout <<(++p) -> c <<'\t';          //C
     cout <<(p++) -> i <<'\t';          //D
     cout <<++p -> c <<'\t';            //E
     cout << p -> i++<<'\t';            //F
     cout << p -> i << endl;            //G
     return 0;
}
```

程序的运行结果如下：

```
101     B       200     D       300     301
```

程序分析：

A 行中，a 是结构体类型的数组，指针 p 指向数组的首地址，如图 8.4(a)所示。

B 行输出++p->i，由于->的优先级高，相当于++(p->i)，即 p->i 自加 1，结果为 101，如图 8.4(b)所示。

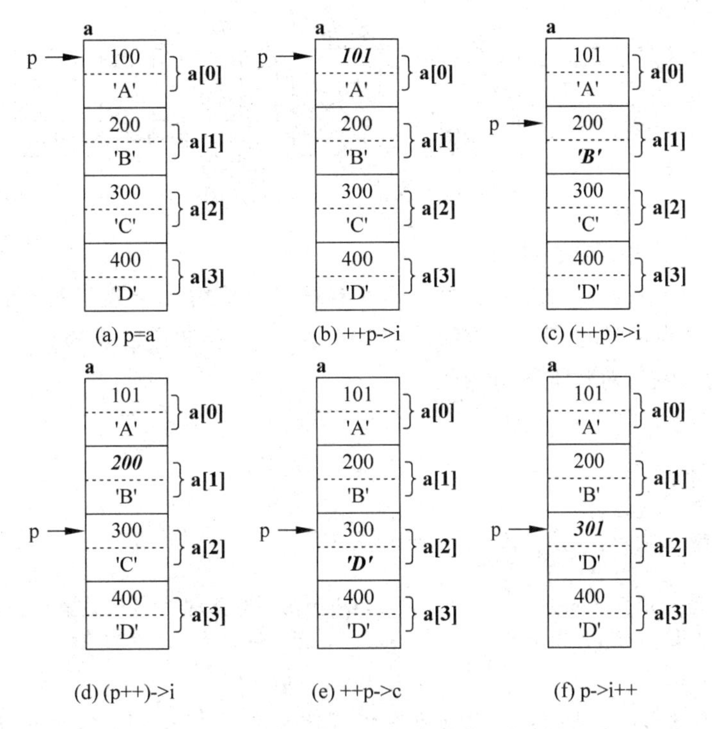

图 8.4　例 8.4 程序分析

C 行输出(++p)->c,首先指针变量 p 自加 1,指向数组的下一个元素 a[1],然后再输出成员 a[1].c,结果为 B,如图 8.4(c)所示。

D 行输出(p++)->i,由于++在后,首先输出 p 当前所指的变量中的成员 a[1].i,结果为 200,然后 p 再自加 1,指向数组的下一个元素 a[2],如图 8.4(d)所示。

E 行输出++p->c,与 B 行相似,相当于++(p->c),p->c 自加 1,即 a[2].c 自加 1,结果为字符'D',如图 8.4(e)所示。

F 行输出 p->i++,相当于(p->i)++,先输出 p->i(a[2].i)后,(p->i)再自加 1,输出 300,而 a[2].i 变为 301,如图 8.4(f)所示。

G 行输出 p->i,输出当前指针所指向的成员 a[2].i,结果为 301,如图 8.4(f)所示。

8.2　链　　表

8.2.1　正向链表

1. 链表的基本结构

链表是一种最常用、最典型的动态数据结构,假设内存地址是 16 位的(4 位十六进制),图 8.5 给出了单向链表的数据结构示意图。

组成链表的每个元素称为“结点”,每个结点由两部分组成:数据部分和指向下一个结点的指针。其中,head 是结点类型的指针变量,称为“头指针”,存放链表第一个结点的地址,即指向链表的第一个结点。第一个结点的第二部分存放第二个结点的地址,第二个结点的第二部分存放第三个结点的地址……最后一个结点的第二部分地址为零,不指向任何元

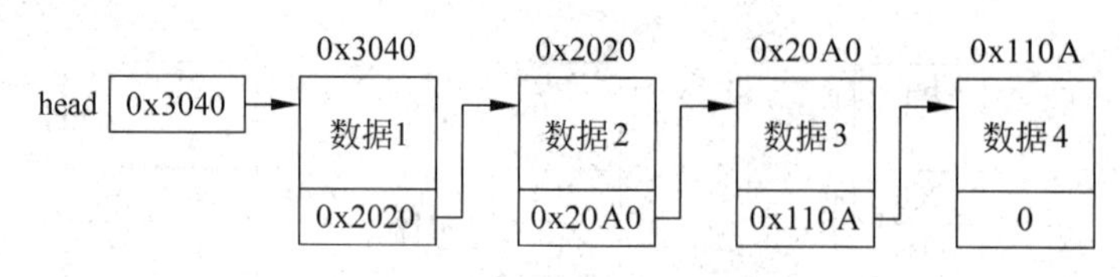

图 8.5　单向链表结构示意图

素,程序据此来判断链表是否结束。

链表是一种常用的数据结构,其特点是所有结点都是用 new 运算符在程序的运行过程中动态生成的,结点的地址不一定连续。链表生成后,只要知道链表的头指针 head,就可以遍历链表的所有结点,对数据进行操作。

结点的定义形式如下:

```
struct 结构体名
{    成员类型    成员名 1;
     成员类型    成员名 2;
     …
     成员类型    成员名 n;                 //以上为第一部分,存放结点数据
     结构体类型   * 指针变量名;              //第二部分,存放下一结点的地址
};
```

第一部分为结点的数据部分,具体数据的类型及形式根据用户需要设定;第二部分是结构体类型的指针变量,存放下一结点的地址。

例如:

```
struct student
{    int id;                               //学号
     int score;                            //成绩
     student * next;
};
```

数据部分包括学号和成绩;指针变量名为 next。

2. 建立单向链表

假设结点的结构体类型声明如下:

```
struct student
{    int id;                               //学号
     int score;                            //成绩
     student * next;
};
student * p1, * p2, * head = NULL;
```

(1) 建立第一个结点。

```
p1 = new student;                //在内存中开辟存储空间,如图 8.6(a)所示
cin >> p1 -> id >> p1 -> score;  //输入学号和成绩 如输入 2003   90↙ ,如图 8.6(b) 所示
if(p1 -> id!= 0)                 //当学号不为 0 时,表示以上动态生成的结点有效
{    head = p1;                  //因为是第一个结点,所以将头指针指向该结点,如图 8.6(c) 所示
     p2 = p1;                    //p2 也指向该结点
}
```

程序示意如图 8.6 所示。

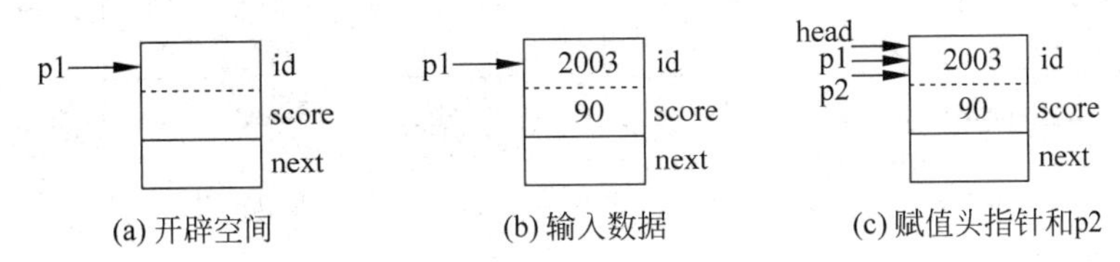

(a) 开辟空间　(b) 输入数据　(c) 赋值头指针和p2

图 8.6　建立第一个结点

(2) 建立第二个结点。

```
p1 = new student;                //在内存继续动态生成第二个结点,如图 8.7(a) 所示
cin >> p1 -> id >> p1 -> score;  //输入学号和成绩 如输入 2004  95↙,如图 8.7(b) 所示
if(p1 -> id!= 0)                 //此次生成的结点有效
{   p2 -> next = p1;             //将第一个结点和第二个结点链接起来,如图 8.7(c) 所示
    p2 = p1;                     //p2 指向第二个结点,如图 8.7(d) 所示
}
```

程序示意如图 8.7 所示。

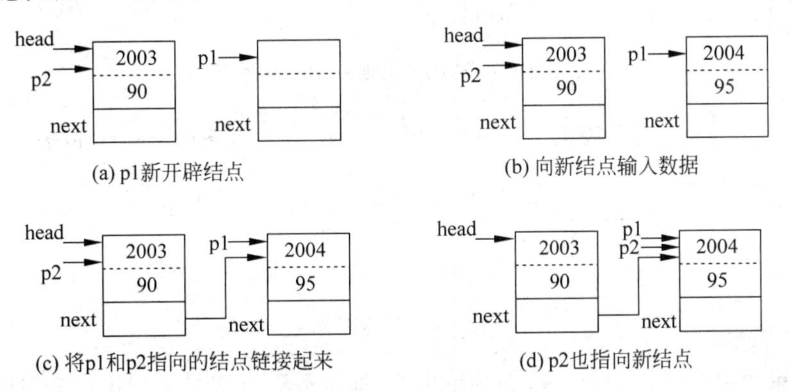

(a) p1新开辟结点　(b) 向新结点输入数据

(c) 将p1和p2指向的结点链接起来　(d) p2也指向新结点

图 8.7　建立第二个结点

(3) 建立第三个结点。

```
p1 = new student;                //在内存继续动态生成第三个结点,如图 8.8(a) 所示
cin >> p1 -> id >> p1 -> score;  //输入学号和成绩 如输入 2005  85↙,如图 8.8(b) 所示
if(p1 -> id!= 0)                 //此次生成的结点有效
{   p2 -> next = p1;             //将第二个结点和第三个结点链接起来,如图 8.8(c) 所示
    p2 = p1;                     //p2 指向第三个结点,如图 8.8(d) 所示
}
```

可见,第三个结点建立的步骤和第二个结点完全一样,由此可知,从第二个结点至第 n 个结点的建立方法均一样,用循环语句就可以完成,如图 8.8 所示。

(4) 链表结束,如图 8.9 所示。

```
p1 = new student;                //在内存继续动态生成新结点
cin >> p1 -> id >> p1 -> score;  //输入学号和成绩 如输入 0  0↙,如图 8.9(a)所示
if(p1 -> id == 0)                //此次生成的结点无效,表明链表建立完所有的结点
    p2 -> next = NULL;           //设置链表的结束标志,如图 8.9(b) 所示
return  head;                    //返回链表的头指针
```

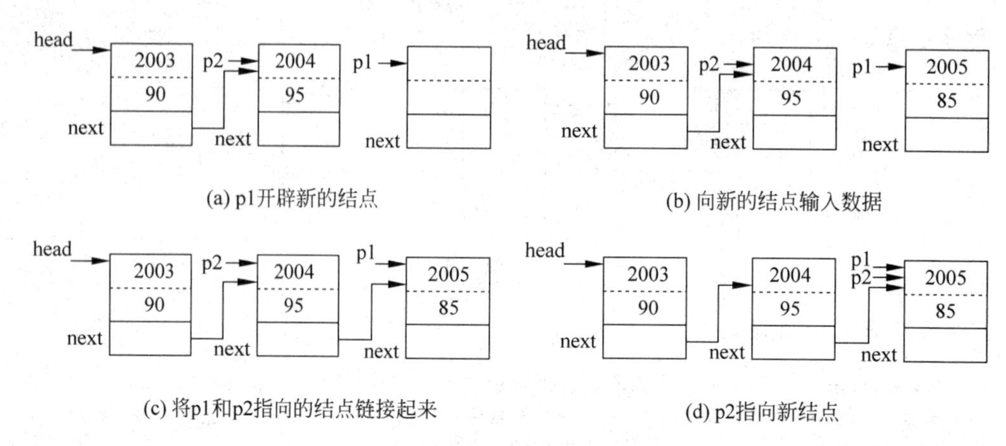

图 8.8　建立新结点

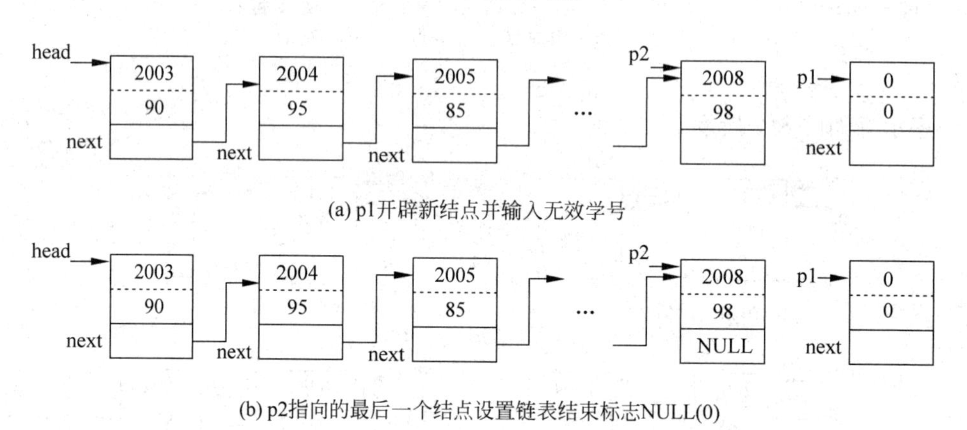

图 8.9　链表结束

链表结束的主要任务是建立链表结束标志，即将最后一个结点的指针变量赋值为 0(空指针)，由于系统将宏名 NULL 定义为 0，所以也可以赋值为宏名 NULL。

可见，一个链表的建立除了头结点和尾结点外，中间结点建立的步骤是完全相同的。链表的其他操作(如插入、删除)也是一样的，因此在链表的操作过程中，既要掌握中间结点的一般情况，又要注意首尾结点的特殊情况。

综上所述，建立链表的函数如下：

```
student * create()
{    student * head = NULL, * p1, * p2;
     p1 = new student;                          //建立第一个结点
     cout <<"请输入学生的学号和成绩(输入 0 结束):  ";
     cin >> p1 -> id >> p1 -> score;            //输入结点数据
     while(p1 -> id!= 0)                        //建立的结点有效
     {    if(head == NULL)                      //如果建立的结点是头结点
               head = p1;                       //赋值链表头指针
          else
               p2 -> next = p1;                 //如果不是头结点,将 p1 结点与 p2 结点链接起来
          p2 = p1;
          p1 = new student;                     //继续建立新的结点
```

```
        cout <<"请输入学生的学号和成绩(输入 0 结束)：  ";
        cin >> p1 -> id >> p1 -> score;
    }
    p2 -> next = NULL;                    //建立完全部结点,设置链表结束标志
    return head;                          //返回新建链表的头指针
}
```

3. 单向链表的输出

将链表中各个结点的数据逐个输出。

链表各结点的地址是不连续的,所以不能用地址加 1 的方法遍历结点。下一个结点的地址在当前结点的第二部分 next 中保存。如果当前结点的指针是 p,那么下一个结点的地址就是 p-> next。所以,可以将 p-> next 赋给 p,即用 p＝p-> next 的方法遍历所有结点,直至 p 为链表结束标志 NULL 时为止。

输出链表各个结点数据的函数如下：

```
void print(student * head)                          //head 为链表的头指针
{   student * p = head;
    while(p!= NULL)                                 //当结点地址不为 0 时
    {   cout << p -> id <<'\t'<< p -> score << endl;  //输出当前结点的数据
        p = p -> next;                              //指针指向下一个结点
    }
}
```

4. 删除链表中指定的结点

从链表中删除结点,首先要找到欲删除的特定结点,假定有如图 8.10 所示的链表。

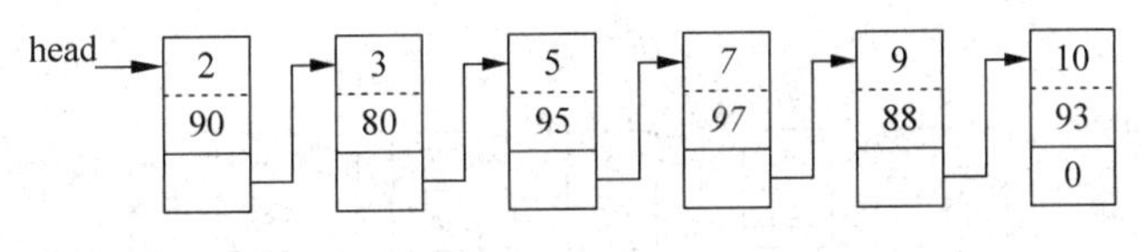

图 8.10　单向链表

要删除学号为 x(x 值为 7)的结点,则要进行下述步骤：

(1) 将链表头指针赋值给 p1,并判断 p1 所指向的结点是否为欲删除的结点。如果不是,p2 指向当前结点,p1 指向下一结点,如图 8.11 所示。

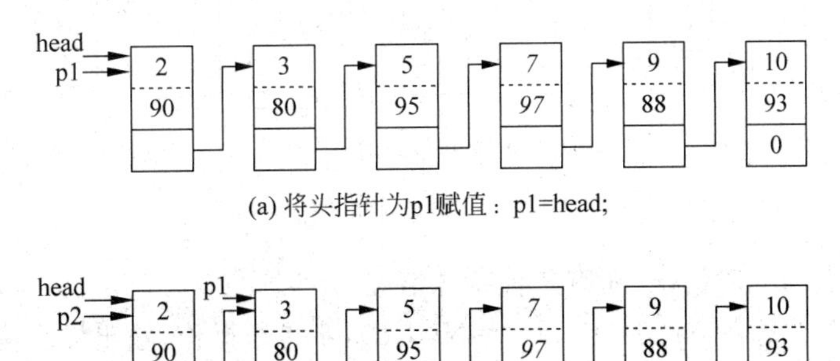

(a) 将头指针为p1赋值：p1=head;

(b) 若p1->id!=x，则p2=p1, p1=p1->next;

图 8.11　查找要删除的结点

```
p1 = head;
if(p1 -> id!= x)
{    p2 = p1;  p1 = p1 -> next;  }
```


(2) p1 继续查找欲删除的结点,即继续判断 p1-> id 是否等于 x,若不等,则将 p1 赋值给 p2(p2=p1), p1=p1-> next;,直至判断到 p1-> id 等于 x 为止,如图 8.12 所示。

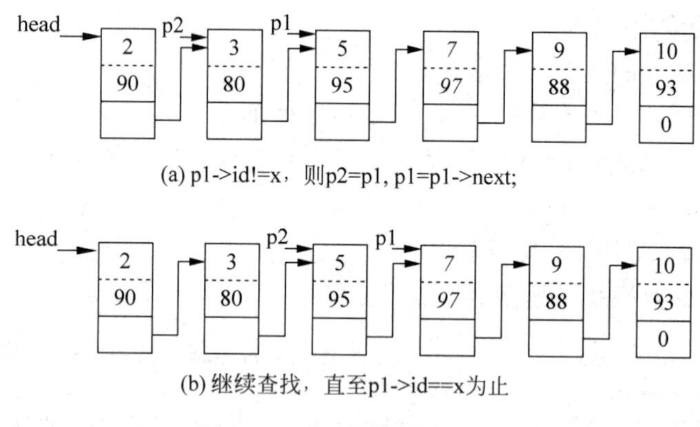

(a) p1->id!=x,则p2=p1, p1=p1->next;

(b) 继续查找,直至p1->id==x为止

图 8.12　找到要删除的结点

(3) 要删除 p1 指向的结点,就要把 p1 后面的那个结点和 p2 指向的结点链接起来,也就是把 p1 后面结点的地址 p1-> next 赋给 p2 结点的地址部分 p2-> next,即

```
p2 -> next = p1 -> next;
```

这样 p2 就与 p1 断开。同时,在内存中释放 p1 指向的结点(delete　p1;),如图 8.13 所示。

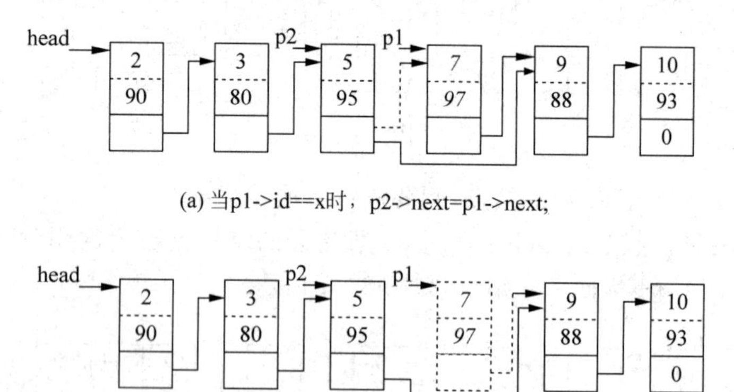

(a) 当p1->id==x时, p2->next=p1->next;

(b) delete p1; 释放p1指向的空间

图 8.13　删除指定结点

这是删除结点的一般情况,还有三种特殊情况:

(1) 如果链表本身为空链表(head==NULL),不进行操作,输出提示信息后返回。

(2) 如果被删除的是头结点 head,那么 p1=head; head=head-> next; delete p1;。

(3) 如果链表中没有要删除的结点,那么当 p1 查找到链表结束标志 NULL 时(p1-> next==NULL),结束查找,如果目前的 p1-> id 不是 x,则输出未找到结点的提示信息。

综上所述,删除指定结点的函数如下:

```
student *del(student *head, int x)
//head为链表头指针,x为指定结点的 id,函数返回删除结点后的链表头指针
{   student *p1, *p2;
    p1 = head;                                  //p1 指向表头
    if(head == NULL)                            //特殊情况,如果链表为空链表
    {   cout <<"NULL List\n";                   //输出提示信息
        return head;                            //返回空链表表头
    }
    while(p1 -> id!= x&&p1 -> next!= NULL)      //沿链表结点依次查找指定结点
    {   p2 = p1;
        p1 = p1 -> next;
    }
    if(p1 -> id == x)                           //如果找到指定的结点
    {   if(p1 == head)                          //特殊情况,指定的结点为头指针
            head = head -> next;                //头指针向后移动一个结点
        else                                    //指定结点不是头结点
            p2 -> next = p1 -> next;            //将后一结点地址赋给前一结点的地址成员
        delete p1;
    }
    else                                        //遍历链表,未找到指定结点
        cout <<"Not Found node number: "<< x << endl;  //输出提示信息
    return head;
}
```

5. 有序链表的插入

链表的插入操作十分普遍。由于链表结点的地址不是连续的,链表中结点的排序实际上是通过结点的有序插入操作完成的。

以上面的单向链表为例,如果欲将一个 id 为 6 的 student 类型的结点插入到链表中,步骤如下:

(1) 找出新结点的插入点。

假设 p0 是新插入的结点指针,p1 指向链表头结点,p1=head;,比较 p1-> id 和 p0-> id,判断 p0 是否插入到 p1 之前,如果 p0-> id > p1-> id(升序排列结点),表明 p0 应插入到 p1 的后面,此时 p2=p1; p1=p1-> next;,即 p1 继续向后寻找插入点,直到比较到 p1-> id > p0-> id 为止。此时,结点 p0 应插入到结点 p1 和 p2 之间,如图 8.14 所示。

(2) 将 p0 结点插入到 p1 和 p2 之间。

具体操作是 p0-> next= p1; p2-> next=p0;,如图 8.15 所示。

这是插入结点的一般情况,还有三种特殊情况:

(1) 如果链表本身为空链表(head==NULL),要插入的结点就是链表的唯一结点,使 head=p0; head-> next=NULL;,然后返回这个头指针。

(2) 如果 p0 被插入到头结点之前,即 p0-> id < head-> id,则 p0-> next=head; head=p0;,然后返回新的头结点,如图 8.16 所示。

(3) 如果 p0-> id 大于所有结点的 id 成员,那么 p0 应插在最后一个结点后面,作为新的最后的结点。此时 p1 指向最后一个结点,则 p1-> next=p0; p0-> next=NULL;,如图 8.17 所示。

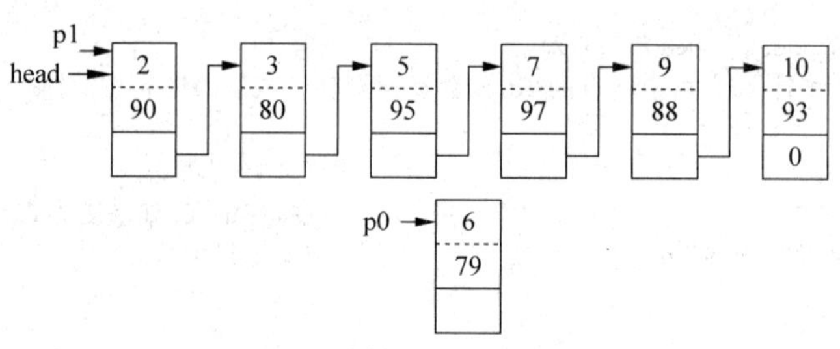

(a) p1=head; 比较p1->id与p0->id的大小

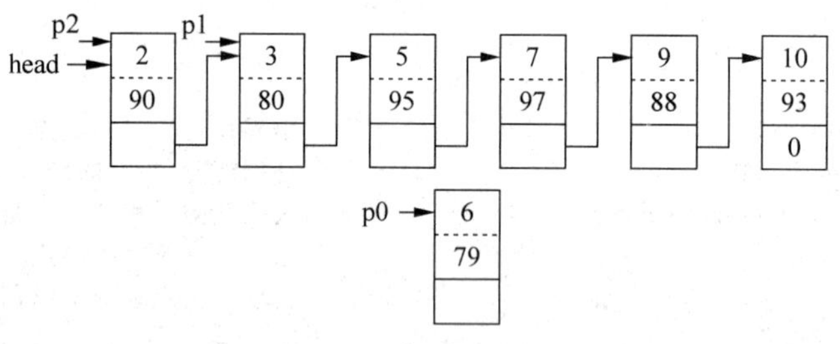

(b) 当p0->id>p1->id时，p2=p1, p1=p1->next;

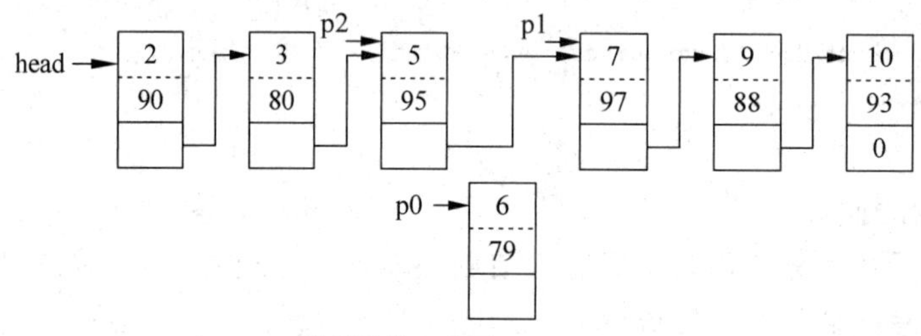

(c) 继续比较，直至p1->id>p0->id

图 8.14　找出新结点的插入点

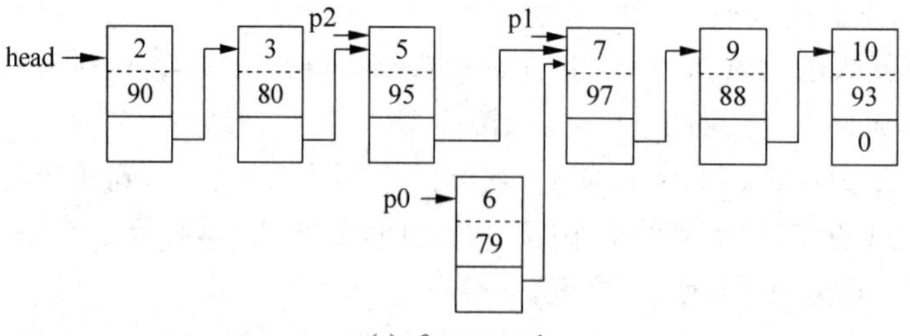

(a) p0->next=p1;

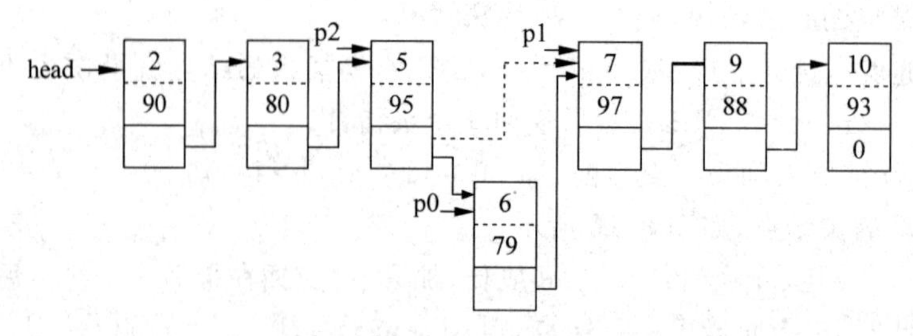

(b) p2->next=p0;

图 8.15　p0 插入到 p1 和 p2 之间

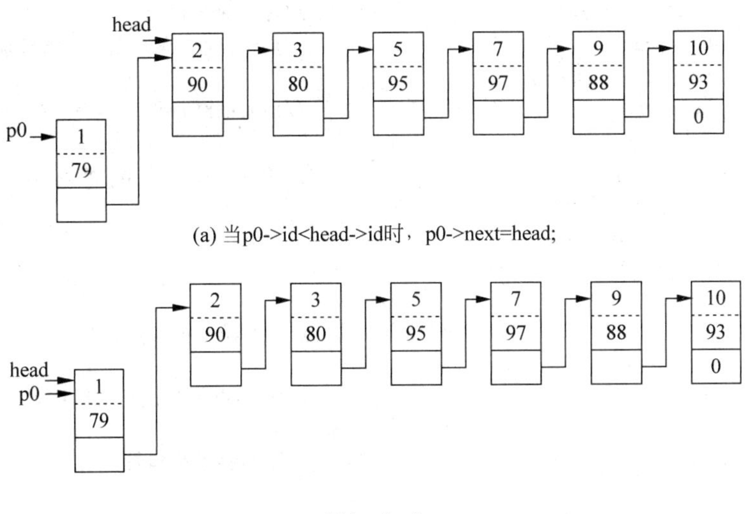

(a) 当p0->id<head->id时，p0->next=head;

(b) head=p0;

图 8.16　新结点 p0 插入到链表头结点之前

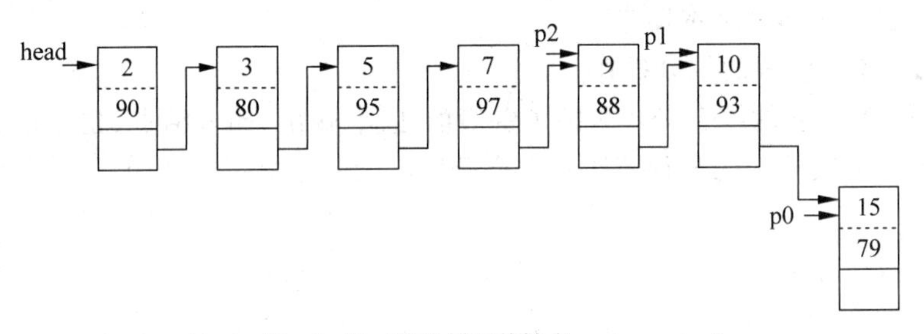

(a) p0->id>p1->id p0作为最后的结点，p1->next=p0;

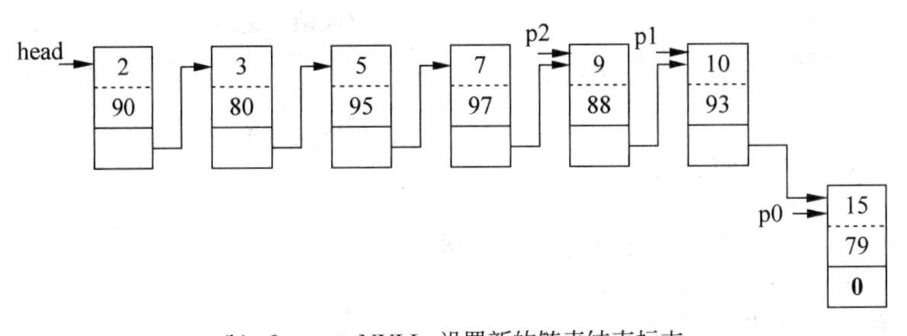

(b) p0->next=NULL; 设置新的链表结束标志

图 8.17　新结点作为最后一个结点

综上所述，顺序插入结点的函数如下：

```
student * insert(student * head, student * p0)
//head 为链表头指针,p0 为插入结点指针,函数返回插入新结点后的链表头指针
{   student * p1, * p2;
    if(head == NULL)                //特殊情况,当链表为空链表,插入的结点成为链表的唯一结点
    {   head = p0;head -> next = 0; return head;   }
    p1 = head;
    while(p1 -> id < p0 -> id&&p1 -> next!= NULL)   //寻找插入点
    {   p2 = p1;p1 = p1 -> next;   }
```

```
    if(p1 -> id > p0 -> id)                    //找到插入点
    {   if(p1 == head)                         //特殊情况,插入点在头指针前
        {   p0 -> next = head;
            head = p0;                         //插入的结点作为链表的头指针
        }
        else                                   //p0 结点插入在 p1 和 p2 结点之间
        {   p0 -> next = p1;
            p2 -> next = p0;
        }
    }
    else                            //链表中的结点之间没有插入点,p0 结点应插入在链表尾部
    {   p1 -> next = p0;
        p0 -> next = NULL;                     //p0 结点作为链表的尾结点
    }
    return head;                               //返回链表头指针
}
```

6. 对链表的综合操作

以上分别介绍了单向链表的建立、输出、删除、插入操作,这些操作均为被调函数,完整的链表操作应包含这四个基本操作。

【例 8.5】 单向链表的综合操作。

算法分析:对链表的综合操作包括了链表的建立、输出、插入结点、删除结点的操作,也是对上述几节中链表结构的各种算法的综合应用。

```
#include< iostream >
using namespace std;
struct student
{   int id;                                    //学号
    int score;                                 //成绩
    student * next;
};
student * create()                             //建立链表
{   student * head = NULL, * p1, * p2;
    p1 = new student;
    cout <<"请输入学生的学号和成绩(输入 0 结束):  ";
    cin >> p1 -> id >> p1 -> score;
    while(p1 -> id!= 0)
    {   if(head == NULL)
            head = p1;
        else
            p2 -> next = p1;
        p2 = p1;
        p1 = new student;
        cout <<"请输入学生的学号和成绩(输入 0 结束):  ";
        cin >> p1 -> id >> p1 -> score;
    }
    p2 -> next = NULL;
    return head;                               //返回新建链表的头指针
}
void print(student * head)                     //输出链表的全部结点内容
```

```
{   student *p = head;
    while(p!= NULL)
    {   cout << p -> id <<'\t'<< p -> score << endl;
        p = p -> next;
    }
}
student *del(student *head, int x)              //删除链表中指定的结点
{   student *p1, *p2;
    p1 = head;
    if(head == NULL)
    {   cout <<"NULL List\n";
        return head;
    }
    while(p1 -> id!= x&&p1 -> next!= NULL)
    {   p2 = p1;
        p1 = p1 -> next;
    }
    if(p1 -> id == x)
    {   if(p1 == head)
            head = head -> next;
        else
            p2 -> next = p1 -> next;
        delete p1;
    }
    else
        cout <<"Not Found node number: "<< x << endl;
    return head;
}
student *insert(student *head, student *p0)    //在链表中插入一个结点
{   student *p1, *p2;
    if(head == NULL)
    {   head = p0;head -> next = 0; return head;   }
    p1 = head;
    while(p1 -> id < p0 -> id&&p1 -> next!= NULL)
    {   p2 = p1;p1 = p1 -> next;   }
    if(p1 -> id > p0 -> id)
    {   if(p1 == head)
        {   p0 -> next = head;
            head = p0;
        }
        else
        {   p0 -> next = p1;
            p2 -> next = p0;
        }
    }
    else
    {   p1 -> next = p0;
        p0 -> next = NULL;
    }
    return head;
}
```

```
int main()
{    student * head, * p0;
     int x,score;
     head = create();                                //建立链表
     print(head);                                    //输出链表
     cout <<"请输入要删除的结点的 id: ";
     cin >> x;
     while(x!= 0)                                    //可以删除多个结点
     {    head = del(head, x);
          print(head);
          cout <<"请输入要删除的结点的 id: ";
          cin >> x;
     }
     cout <<"请输入要插入的结点的 id 和 score : ";
     cin >> x >> score;
     while(x)                                        //可以顺序插入多个结点
     {    p0 = new student;
          p0 - > id = x;
          p0 - > score = score;
          head = insert(head,p0);
          print(head);
          cout <<"请输入要插入的结点的 id 和 score : ";
          cin >> x >> score;
     }
     print(head);
     return 0;
}
```

程序的运行情况及结果如下：

```
请输入学生的学号和成绩(输入 0 结束): 2  89↙
请输入学生的学号和成绩(输入 0 结束): 5  97↙
请输入学生的学号和成绩(输入 0 结束): 7  88↙
请输入学生的学号和成绩(输入 0 结束): 0  0↙
2       89
5       97
7       88
请输入要删除的结点的 id: 5↙
2       89
7       88
请输入要删除的结点的 id: 0
请输入要插入的结点的 id 和 score :4  95↙
2       89
4       95
7       88
请输入要插入的结点的 id 和 score : 0  0↙
2       89
4       95
7       88
```

8.2.2 建立反向链表

8.2.1 节中所介绍的链表建立方法是“先入先出”法，其特点是输入数据的顺序与结点的连接顺序相同。它的基本思路是顺序输入数据，然后把新结点连接到单链表的末尾。

在本小节中介绍另一种建立链表的方法——“先入后出”法。它的特点是输入数据的顺序与结点的连接顺序刚好相反。其基本思路是顺序输入数据，建立新结点，然后把新结点放在链表的开头，作为链表的首结点。

假设结点的数据类型同例 8.5 一致：

```
struct student
{   int id;                                  //学号
    int score;                               //成绩
    student * next;
};
```

建立反向链表的步骤如下：

```
student * p, * head = NULL;
```

(1) 建立第一个结点。

```
p = new student;                    //在内存中动态生成存储空间
cin >> p -> id >> p -> score;       //输入学号和成绩，如输入 2  90↙
if(p -> id!= 0)                     //当学号不为 0 时，表示以上生成的结点有效
{   head = p1;                      //因为是第一个结点，所以将头指针指向该结点
    head -> next = 0;               //该结点也是链表的最后一个结点
}
```

程序示意如图 8.18 所示。

图 8.18 建立第一个结点

(2) 建立第二个结点。

```
p = new student;                    //在内存继续动态生成第二个结点
cin >> p -> id >> p -> score;       //输入学号和成绩，如输入 4  95↙
if(p -> id!= 0)                     //此次生成的结点有效
{   p -> next = head;               //将第一个结点和第二个结点链接起来
    head = p;                       //新开辟的结点作为头结点
}
```

程序示意如图 8.19 所示。

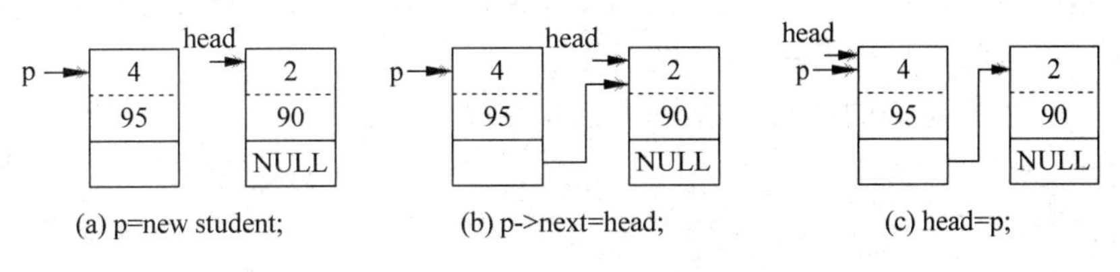

图 8.19 建立第二个结点

(3) 建立第三个结点。

```
p = new student;                    //在内存继续动态生成第三个结点
```

```
cin>>p->id>>p->score;            //输入学号和成绩,如输入6  85↙
if(p->id!=0)                     //此次生成的结点有效
{   p->next=head;                //将第二个结点和第三个结点链接起来
    head=p;                      //新开辟的结点作为头结点
}
```

程序示意如图8.20所示。

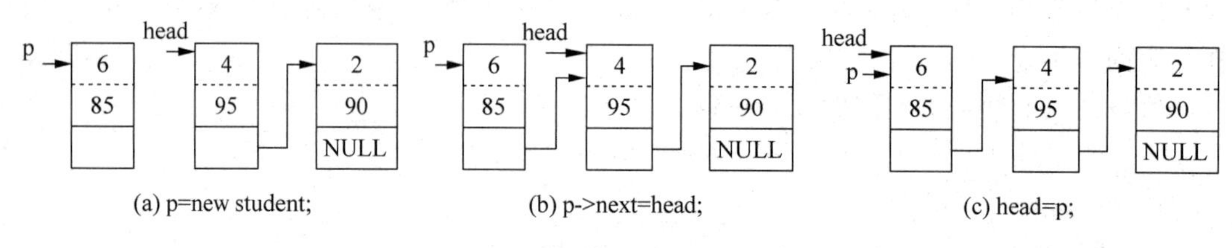

图8.20　建立第三个结点

可见,建立第三个结点的步骤与第二个结点的完全一样。特点就是每次都将新建结点作为头结点插入到链表中。建立反向链表的函数如下:

```
student *createtop()
{   student *head=NULL, *p;
    p=new student;
    cout<<"请输入学生的学号和成绩(输入0结束):  ";
    cin>>p->id>>p->score;
    while(p->id!=0)
    {   if(head==NULL)            //建立第一个结点
        {   head=p;
            head->next=NULL;
        }
        else                      //新结点作为头结点
        {   p->next=head;
            head=p;
        }
        p=new student;
        cout<<"请输入学生的学号和成绩(输入0结束):  ";
        cin>>p->id>>p->score;
    }
    return head;                  //返回新建链表的头结点地址
}
```

反向链表建立后,返回链表首结点的指针,成为了单向链表。链表的其他操作,如输出、删除、插入等均与例8.5所述一致,这里不再赘述。

【例8.6】 已知链表的结点数据类型node定义如下:

```
struct node
{   int data;
    node *next;
};
```

下列程序中的函数change(node *pa,int x)的功能是调整pa指向的链表中结点的位置。根据参数x的值,使链表中各结点数据域data中小于x的结点放在链表的前半部,大于等于 x 的结点放在链表的后半部，并将 x 插入这两部分结点之间。

例如，原链表上各结点的数据域 data 依次为 4、2、8、9、6、10。

若 x=7，经插入新结点后，新链表的各结点数据域依次为 6、4、2、7、8、9、10。

算法分析：实现函数功能需要以下步骤：

(1) 将数据域为 x 的结点插入到链表中，使得 x 的结点之前的结点的 data 值均小于 x。就本例而言，x 插入到 8 之前，插入后链表的数据域依次为 4、2、7、8、9、6、10；

(2) 将该插入点后的链表结点中所有数据域小于 x 的各个结点从原链表中断开，并插入到链表的头部，作为链表的新的头结点。就本例而言，将数据域为 6 的结点从链表中断开，然后将其插入链首，成为头结点。因此，函数执行后链表的数据域依次为 6、4、2、7、8、9、10。

源程序如下：

```
struct node
{    int data;
     node * next;
};
node * change(node * pa, int x)                    //链表头指针为 pa
{    node * p1, * p2, * p;
     p1 = p2 = pa;
     p = new node;                                 //以 x 为 data 生成新结点 p
     p -> data = x;
     while(p2 -> data < x&&p2 -> next!= 0)         //A  步骤 1 开始，寻找 x 应插入的位置
     {    p1 = p2;
          p2 = p2 -> next ;
     }
     if(p2 -> next!= 0)
     {    if(p2 == pa)                             //B  如果插入的位置是头结点 pa 之前
               pa = p;
          else
               p1 -> next  = p;                    //C  插入的位置是 p1 和 p2 之间
          p -> next = p2;                          //步骤 1 完成，p 插入到链表中
          while(p2!= 0)                            //步骤 2 开始，从 x 结点处开始向后遍历查找
          {    if(p2 -> data < x)                  //D 找到要删除的结点
               {    p1 -> next = p2 -> next ;      //E 将结点从链表中断开
                    p2 -> next = pa;               //F 插入到链表首结点 pa 之前
                    pa = p2;                       //G 新插入的结点成为首结点
                    p2 = p1 -> next;               //H 继续向后查找小于 x 的结点
               }
               else                                //未找到删除的结点，继续向后遍历链表
               {    p1 =  p2;
                    p2 = p2 -> next;
               }
          }
     }
   else            //I 步骤 1 特例，x 大于所有结点的数据域，则在链尾插入以 x 为数据域的新结点
     {    p2 -> next = p;
          p -> next = NULL;
     }
```

```
    return pa;                                  //返回链表头指针
}
```

程序分析：

A 行语句是执行步骤 1，遍历链表，寻找欲插入的位置。其中，p2 从链表头结点 pa 开始，比较 p2-> data 和 x，如果 x 大于 p2 所指向的数据域，p2 向前遍历链表继续比较。而 p1 紧跟着 p2，为插入结点做准备，如图 8.21 所示。

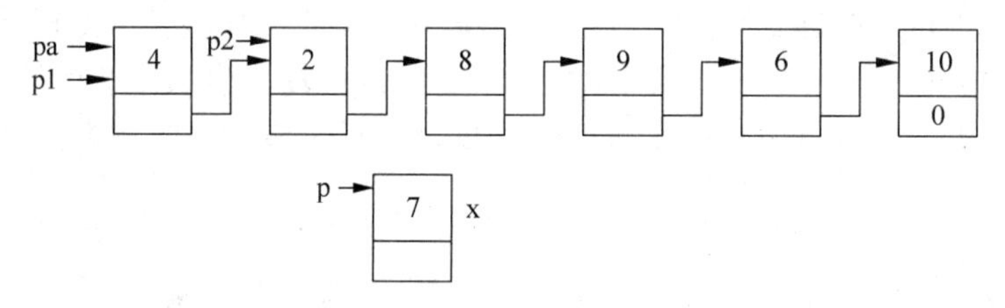

图 8.21　若 p2-> data < x，则 p1＝p2，p2＝p2-> next；

B 行语句是针对特殊情况，假设 x 为 1，x 小于链表头结点的数据域 pa-> data，此时结点 p 插入到 pa 之前，然后将 p 赋值给 pa，成为新的头结点，如图 8.22 所示。

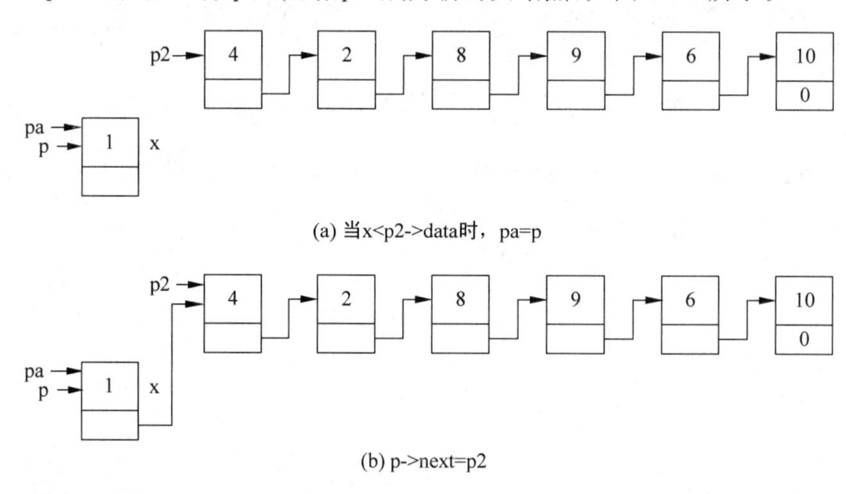

图 8.22　特殊情况，当 x < pa-> data 时，新结点作为链表头

C 行语句是针对一般情况，假设 x 为 7，p 结点插入到数据域为 2 和 8 的结点之间。此时，p2 指向数据域为 8 的结点，p1 紧跟 p2，指向数据域为 2 的结点，如图 8.23(a)所示。具体操作是 p1-> next ＝p；　p-> next＝p2；，如图 8.23(b)所示。

插入 x 结点后，步骤(1)结束，执行步骤(2)。p2 继续向前遍历链表，寻找数据域小于 x 的结点。p1 继续紧跟 p2，为删除结点做准备。当找到欲删除的结点时(D 行)，链表的情况如图 8.24 所示。

E 行是将 p2 所指向的结点从链表中断开，即将 p1 结点与 p2 的前向结点连接到一起，p1-> next＝p2-> next，如图 8.25 所示。

F 行是将 p2 所指向的结点插入到链表头结点 pa 之前，即 p2-> next＝pa；，如图 8.26 所示。

G 行是将新插入的结点设置为首结点，即 pa＝p2，如图 8.27 所示。

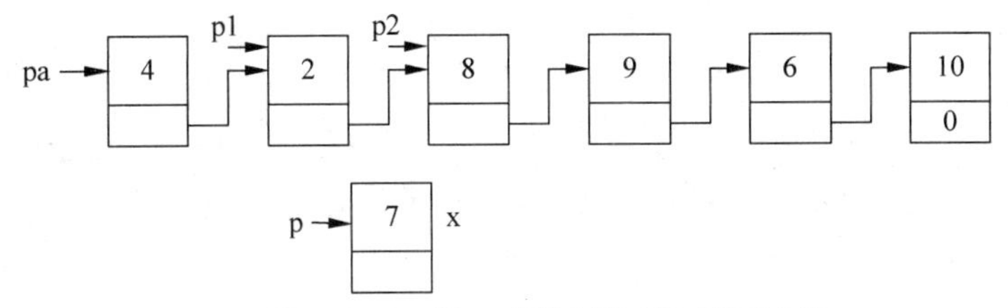

(a) 当x<p2->data时，p应插入到p1和p2结点之间

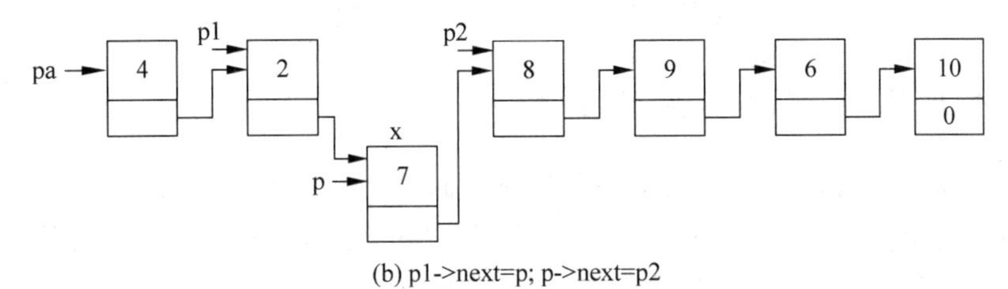

(b) p1->next=p; p->next=p2

图 8.23　将 x 所在的结点插入到链表中

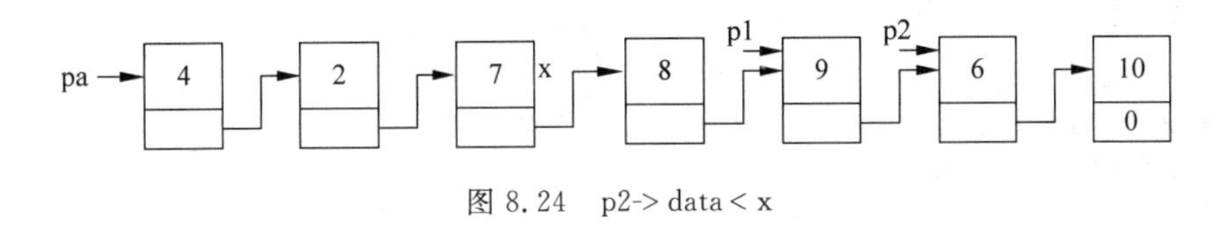

图 8.24　p2-> data < x

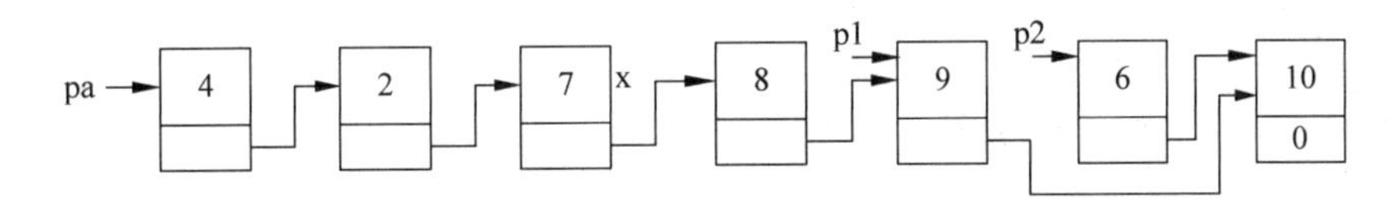

图 8.25　p1-> next＝p2-> next，将 p2 结点从链表中断开

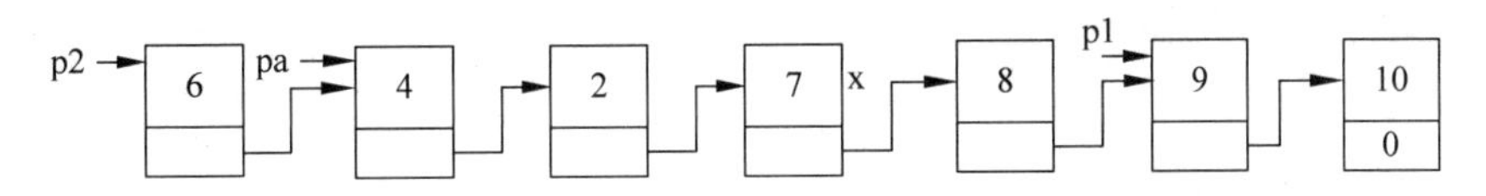

图 8.26　将 p2 插入到头结点之前，p2-> next＝pa；

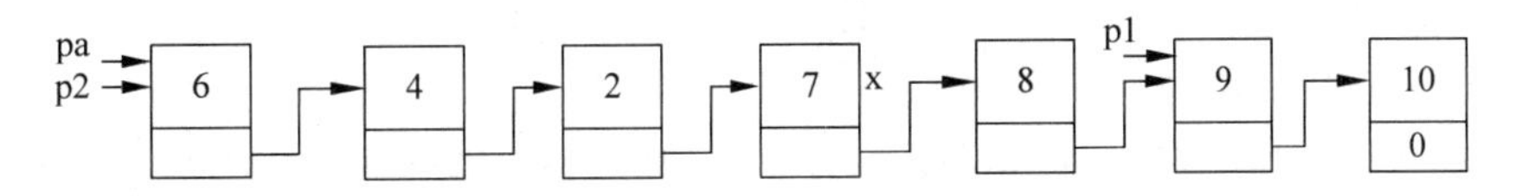

图 8.27　将 p2 赋给 pa：pa＝p2；成为链表新的头结点

H 行是重新设置 p2 指针，将 p2 指针指向 p1 的前向结点，即 p2＝p1-> next；，执行步骤(2)，继续查找小于 x 的结点，找到后重复 E、F、G 行的操作步骤。

I 行是步骤(1)的特例，假设 x 为 20，大于链表中的所有结点的数据域，此时在链表中找不到 x 的插入点，则将 x 所在的结点插入到链表的尾部成为新的尾结点，p2-> next＝p；p-> next＝NULL；，如图 8.28 所示。

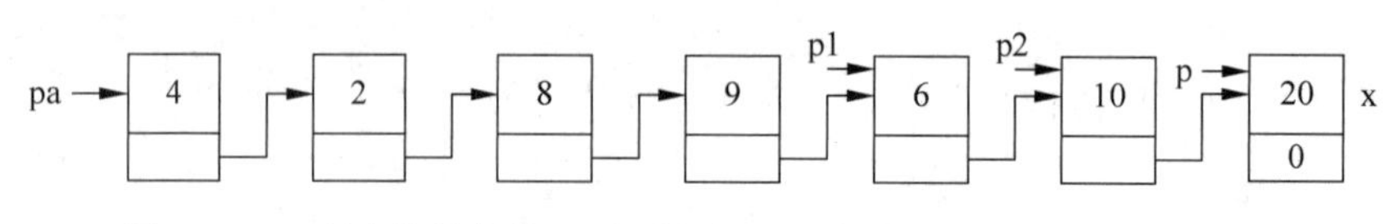

图 8.28　x所在的结点插入到原链表之后,p2-> next=p; p-> next=0;

8.3　共　用　体

8.3.1　共用体类型与共用体变量

共用体类型是一种多个不同类型数据共享存储空间的构造数据类型,即共用体变量的所有成员将占有同一个存储空间。C++系统使用了覆盖技术,使得多个不同类型数据的首地址是相同的,所以这些数据内容可以相互覆盖,只有最新存储的数据是有效的。运用共用体类型的优点是节省空间。

共用体类型声明的一般形式是:

```
union 共用体类型名
{   数据类型 1    成员名 1;
    数据类型 2    成员名 2;
    …
    数据类型 n    成员名 n;
};
```

其中,union 是关键字。例如:

```
union data
{   char ch[4];
    int a;
    double f;
};
```

与结构体的类型声明相似,共用体类型声明只是说明此类型数据的组成情况,并不分配空间,只有定义共用体类型变量的时候,才为变量分配内存空间。

共用体类型变量的定义也与结构体类似,有以下三种形式:

(1) 先声明共用类型再定义变量。

如上述 data 类型的共用体,如果已经有了类型的声明,就可以用类型名 data 定义变量。例如:

```
data  d1,d2;
```

(2) 在声明共用体类型的同时定义变量。

例如:

```
union data
{   char ch[4];
    int a;
    double f;
```

```
} d1,d2;
```

(3) 直接定义共用体类型的变量。

例如：

```
union
{   char ch[4];
    int a;
    double f;
}d1, d2;
```

8.3.2 共用体变量的引用

共用体变量的引用方式与结构体变量相同，可以通过“.”和“->”来引用其成员。

例如：

```
union data
{   char ch[4];
    int a;
    double f;
};
data d, *p = &d;
d.a = 0x4342;
p->ch[0] = 'a';
```

注意：

(1) 共用体变量的各个成员共享同一块存储空间，所以在任一时刻只能有一个成员起作用。共用体变量中的内容是其最后一次赋值的成员内容。

(2) 共用体变量的地址和它的各成员的地址都是同一地址。

(3) 共用体变量的长度是它最长的成员的长度。例如，sizeof(data)的值为 8，是其 f 成员的长度。

(4) 不能对共用体变量名赋值，也不能在定义共用体变量的时候对其初始化。例如，以下操作是非法的：

```
union data
{   char ch[4];
    int a;
    double f;
}d = {"abc", 123, 4.67};
```

(5) 不能把共用体变量作为函数的参数，但可以使用指向共用体变量的指针。

【例 8.7】 写出以下程序的输出结果。

```
#include<iostream>
using namespace std;
union  data
{    int i;
     char s[4];
     char ch;
```

```
};
int main()
{    data d;
     d.i = 0x424344;
     cout << d.s << endl;
     cout << d.ch << endl;
     cout << sizeof(data)<< endl;
     return 0;
}
```

程序的运行结果如下：

```
DCB
D
4
```

程序分析：

在共用体变量 d 中，整型成员 i、字符数组成员 s[4]和字符成员 ch 共享同一内存，该内存的长度为 4 个字节。各个成员分量全部都是从低地址方向开始使用内存单元，成员 d.i 是整型变量，占用 4 个字节，其数据高位存放在高地址，低位存放在低地址，0x424344 相当于 0x00424344，从最低位开始存放，最低位的字节是 0x44(二进制形式为 0100 0100)，存放在低地址，0x43 是次低位字节，依次向高地址方向存放……对 d.i 赋值后变量的内存单元内容如图 8.29 所示。

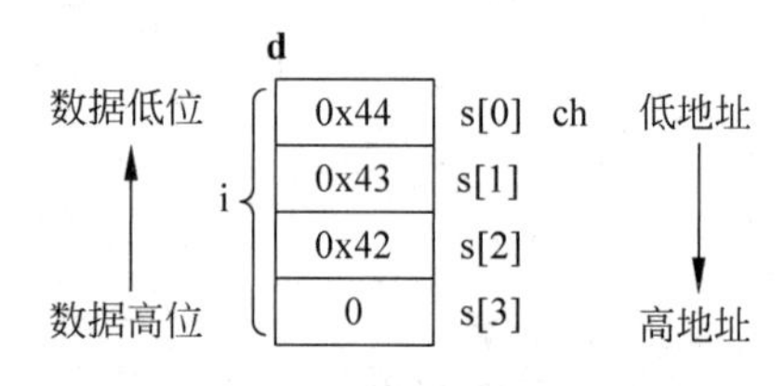

图 8.29　共用体成员存储示意

当输出地址 d.s 时，实际输出的是字符串 d.s 的内容，至'\0'结束。因为 0x44 是字符 D 的 ASCII 码，0x43 是字符 C 的 ASCII 码……故输出字符串 d.s 的内容为 DCB；输出成员字符 d.ch 时输出该字节的字符形式，是字符 D；最后输出变量类型占用的字节数 4。

8.4　枚　　举

当一个变量只能取给定的几个值时，则可以定义其为枚举类型。所谓"枚举"，是指将变量的可能取值一一列举出来，变量的值只限于所列举出来的值的范围。枚举类型的声明形式是：

enum 枚举类型名 {枚举常量 1, 枚举常量 2, …, 枚举常量 n};

例如：

```
enum weekday{ Sun, Mon, Tue, Wed, Thu, Fir, Sat};
```

其中，enum 为声明枚举类型的关键字，weekday 是枚举类型名，花括号内的枚举常量是指该类型的枚举变量可能取的值。

与结构体类型相似，声明了枚举类型后，编译系统并不为其分配存储空间，只有定义枚举类型变量的时候，才为变量分配内存空间。变量的定义也与结构体变量的定义类似。

(1) 声明枚举类型的同时定义枚举变量。

```
enum weekday{ Sun, Mon, Tue, Wed, Thu, Fir, Sat} day1, day2;
```

(2) 先声明类型，再定义变量。

```
enum weekday{ Sun, Mon, Tue, Wed, Thu, Fir, Sat};
weekday day1, day2;
```

枚举类型实际上是一个 int 型常量的"集合"，每个枚举常量实际上是一个 int 型的常量，而每一个枚举变量实际上是只能取有限个值的 int 型变量。使用枚举类型时需要注意以下几点：

(1) 枚举常量不可赋值运算。

(2) 在声明枚举类型的同时，编译程序按顺序给每个枚举常量一个对应的序号，序号从 0 开始，后续元素依次加 1。例如：

```
enum weekday{ Sun, Mon, Tue, Wed, Thu, Fir, Sat};
```

Sun 的序号是 0，Mon 是 1……Sat 是 6 等。

(3) 可以在声明时指定枚举常量的序号值。例如：

```
enum weekday{ Sun = 9, Mon = 2, Tue, Wed, Thu, Fir, Sat};
```

此时，Tue 未指定，仍然是前一序号值加 1，其值为 3，Wed 的值为 4……

(4) 只能给枚举变量赋枚举常量值，若赋序号值必须进行强制类型转换。

```
enum weekday{ Sun, Mon, Tue, Wed, Thu, Fir, Sat} day;
day = Mon;                                  //正确
day = 1;                                    //错误,不能直接赋序号值
day = (weekday)1;                           //正确,将序号值转换成枚举常量 Mon 后赋值
```

(5) 枚举变量可以相互比较，也可以和枚举常量及整型数据进行比较，实际上比较的是其序号值。

(6) 枚举值可以按整型输出其序号值。

```
enum weekday{ Sun, Mon, Tue, Wed, Thu, Fir, Sat} day;
day = Wed;
cout << day;                                //输出结果为 3
cout << Thu;                                //输出结果为 4
```

【例 8.8】 写出以下程序的输出结果。

```
#include < iostream >
using namespace std;
int main()
{   enum team{ qiaut, cubs = 4, pick, dodger = qiaut - 2};
    cout << qiaut <<'\t'<< cubs <<'\t';
    cout << pick <<'\t'<< dodger << endl;
    return 0;
}
```

程序的运行结果如下：

```
0     4     5     -2
```

8.5 用 typedef 声明类型

可以用 typedef 声明一个新类型名来代替原有的类型名。例如：

```
typedef  int  INTEGER;
```

声明了一个新的类型名 INTEGER,即指定用 INTEGER 代替 int,可以定义变量。

```
INTEGER  i1, i2;                          //等同于  int  i1, i2;
```

一般用 typedef 声明一个新的类型名代替结构体类型名。例如：

```
typedef  struct student
{   int num;
    char name[20];
    float score;
}STU;
```

以后定义 student 结构体变量或指针时,就可以用新类型名 STU 代替。例如：

```
STU  stu, *p;                             //相当于  student  stu, *p;
```

说明：

(1) typedef 只可以声明类型,但不能定义变量。

(2) typedef 只能对已经存在的类型名重新定义一个类型名,而不能创建一个新的类型名。

例如：

```
typedef  char  *CHARP;
CHARP  p1, p2;                            //相当于 char *p1, *p2;
typedef  char  STRING[81];
STRING  s1, s2, s3;                       //相当于 char s1[81], s2[81], s3[81];
```

用 typedef 声明一个新的类型名的具体步骤如下。

(1) 先按定义变量的方法写出定义体：char s[81];。

(2) 把变量名换成新类型名：char STRING[81];。

(3) 在前面加 typedef：typedef char STRING[81];。

(4) 再用新类型名定义变量：STRING s;。

typedef 与 #define 有相似之处。但事实上,二者是不同的,主要区别在于 #define 是编译预处理命令,只能做简单的字符替换；typedef 是编译时处理的,声明一个类型替代原有的类型。

练　习　题

一、选择题

1. 设有以下说明语句

```
struct stu
{   int a;
    float b;
} stutype;
```

则下面叙述中错误的是________。

A. struct 是结构体类型的关键字　　B. stu 是用户定义的结构体类型

C. stutype 是用户定义的结构体类型名　　D. a 和 b 都是结构体成员名

2. 若有以下定义和语句：

```
struct student
{   int num, age;
};
student stu[3] = {{1001, 20}, {1002, 19}, {1003, 21}};
student * p = stu;
```

则以下结果不是 1002 的是________。

A. ++p->num　　B. (++p)->num

C. (*++p).num　　D. (++stu)->num

3. 设有以下程序段，则表达式的值不为 100 的是________。

```
struct st
{  int a;  int * b; };
 void main()
{  int m1[] = {10,100}, m2[] = {100,200};
   st   * p, x[] = {99,m1, 100, m2};
   p = x;
   …
}
```

A. *(++p->b)　　B. (++p)->a　　C. ++p->a　　D. (++p)->b

4. 设有以下的结构体说明和变量定义，如图 8.30 所示，指针 p 指向变量 one，指针 q 指向变量 two，则不能将结点 two 连接到结点 one 之后的语句是________。

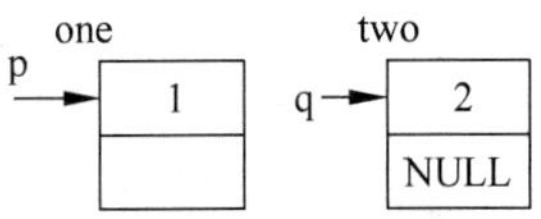

one　　two
p → 1 |　　q → 2 | NULL

图 8.30　选择题 4 图

```
struct node
{  int n;
   struct node * next;
} one, two, * p = &one, * q = &two;
```

A. p.next=&two;　　B. (*p).next=q;

C. one.next=q;　　D. p->next=&two;

5. 以下对C++语言共用体类型数据的叙述中正确的是________。
   A. 可以对共用体变量名直接赋值
   B. 使用共用体变量的目的是为了节省内存
   C. 对一个共用体变量,可以同时引用变量中的不同成员
   D. 共用体类型声明中不能出现结构体类型的成员

6. 若定义:

```
enum color {red = 2, yellow, blue, white};
```

那么blue的值为________。
   A. 0　　B. 2　　C. 3　　D. 4

7. 下面给出的是使用typedef定义一个新数据类型的4项工作,如果要正确定义一个新的数据类型,进行这4项工作的顺序应当是________。
   (1) 把变量名换成新类型名　　(2) 按定义变量的方法写出定义体
   (3) 用新类型名定义变量　　(4) 在最前面加上关键字typedef
   A. (2)→(4)→(1)→(3)　　B. (1)→(3)→(2)→(4)
   C. (2)→(1)→(4)→(3)　　D. (4)→(2)→(3)→(1)

二、填空题

1. 已知:

```
struct {  int x;  char * y; }tab[2] = {{1,"ab"},{2,"cd"}}, * p = tab;
```

则表达式 * p-> y 的结果为________,表达式 * (++p)-> y 的结果为________。

2. 以下程序运行后的输出结果是________。

```
#include <iostream>
using namespace std;
struct node
{    char ni;
     struct node * next;
};
int main()
{    node * head, * p;
     int n = 48;
     head = NULL;
     do
     {    p = new node;
          p -> ni = n % 8 + 48;
          p -> next = head;
          head = p;
          n = n/8;
     }while(n!= 0);
     p = head;
     while(p!= NULL)
     {    cout << p -> ni;
          p = p -> next;
     }
```

```
    return 0;
}
```

3. 下列程序用于对输入的一批整数建立先进后出的链表，即先输入的放在表尾，后输入的放在表头，由表头至表尾输出的次序正好与输入的次序相反。输入的一批整数以9999作为结束，但链表中不包含此数。请完善程序。

```
#include<iostream>
#define NULL 0
using namespace std;
struct node {
    int data;
    struct node *link;
};
int main()
{   struct node *p, *q;
    int m,n=1;
    q=NULL;
    cout<<"输入第"<<n++<<"个整数";
    cin>>m;
    while(____【1】____)
    {   p=____【2】____;
        p->data=m;
        p->link=____【3】____;
        q=p;
        cout<<"输入第"<<n++<<"个整数";
        cin>>m;
    }
    n-=2;
    while( n>0 )
    {
        cout<<" 第"<<n--<<" 个整数为"<<q->data<<'\n';
        ____【4】____;
    }
    return 0;
}
```

三、编程题

1. 定义一个结构体，表示平面上的一个坐标点。编程输入两个坐标点，然后输出两点之间的距离。

2. 输入一行字符，建立字符链表，输入一个字符，查找该字符在链表中的位置(用序号表示)。程序应考虑查找失败的情况，而查找成功时，要输出该字符的所有出现的位置。

3. 建立一个链表，每个结点包括年龄和姓名，然后按年龄从小到大排序。

第二部分　面向对象程序设计基础

第9章 类和对象

9.1 面向对象程序设计概述

9.1.1 面向对象

面向对象是当前计算机界关心的重点，它还是20世纪90年代软件开发方法的主流。面向对象的概念和应用已不仅仅应用于程序设计和软件开发，还扩展到很宽的范围，诸如数据库系统、交互式界面、应用结构、应用平台、分布式系统、网络管理结构、CAD技术、人工智能等领域。

面向对象是从现实世界中客观存在的事物（即对象）出发来构造软件系统，并在系统构造中尽可能运用人类的自然思维方式，强调直接以现实世界中的事物为中心来思考问题、认识问题，并根据这些事物的本质特点，把它们抽象地表示为系统中的对象，作为系统的基本构成单位（而不是用一些与现实世界中的事物相隔比较远，并且没有对应关系的其他概念来构造系统）。这可以使系统直接地映射现实世界，保持现实世界中事物及其相互关系的本来面貌。

在讨论面向对象的基本概念之前，先看看传统的结构化程序设计的特点及其不足。

结构化程序设计是以功能为中心，以数据结构为基础，用三种基本结构（顺序、选择、循环）构成不同的算法，将这些算法施加于数据结构之上组成功能模型。采用自顶向下、逐步细化的开发过程，设计出的程序由相互独立或相互共享的功能模块构成。

用结构化方法开发的软件，其稳定性、可修改性和可重用性都比较差，这是因为结构化方法的本质是功能分解，从代表目标系统的整体功能处理着手，自顶向下不断把复杂的处理分解为子处理，这样一层一层地分解下去，直到仅剩下若干个容易实现的子处理功能为止，然后用相应的工具来描述各个最低层的处理。因此，结构化方法是围绕实现处理功能的“过程”来构造系统的。它最主要的特征是把数据和处理数据的过程分离为相互独立的实体，以数据作为联系接口。当数据结构改变时，所有相关的处理过程都要进行相应的修改，模块之间的联系也将发生相应的变化。然而，用户需求的变化大部分是针对功能的，也就是说大部分是需要数据结构和对数据结构的处理过程同步变化的，因此，这种变化对于基于过程的设计来说是灾难性的。用这种方法设计出来的系统结构常常是不稳定的，用户需求的变化往往造成系统结构的较大变化，从而需要花费很大代价才能实现这种变化。

9.1.2 面向对象中的主要概念

面向对象其实是现实世界模型的自然延伸。现实世界中的任何实体都可以被看作对象,对象之间通过消息相互作用。另外,现实世界中的任何实体都可归属于某类事物,任何对象都是某一类事物的实例。如果说传统的面向过程式编程语言是以过程为中心、以算法为驱动,那么面向对象的编程语言则是以对象为中心、以消息为驱动。用公式表示,过程式编程语言为"程序=算法+数据";面向对象编程语言为"程序=对象+消息"。

为了进一步说明问题,先讨论面向对象的几个基本概念。

1. 对象

从一般意义上讲,对象是现实世界中一个客观存在的事物,它可以是具体的事物,如一辆车、一个三角形,也可以是抽象的规则、计划或事件,如一项功能、一次活动。对象是构成世界的一个独立单位。

2. 对象的属性和行为

任何一个对象都具有属性和行为这两个要素。

属性是用来描述对象的静态特征的一组数据,也可以说是描述对象的状态,如三角形的三边长度。

行为是用来描述对象动态特征的一个操作序列,用于改变对象的状态,也可以是对象自身与外界联系的操作,如设置三角形三边长度的操作、求三角形的周长和面积等。

对象实现了数据和行为的结合,使数据和行为封装于对象的统一体中。

3. 类

类是对象抽象的结果,即对具有相同属性和行为的一个或一组相似的对象,忽略这些对象的个别的、非本质的特征,找出这些对象的本质特征,从而确定对象的共性,得出一个抽象的概念。例如,对多个不同尺寸的三角形个体(如直角三角形、锐角三角形等),忽略其具体的三边或三个角的大小,可以将其抽象为一种类型,称为三角形类型。类具有属性,它是对象的状态的抽象,用数据结构来描述类的属性。对于三角形类,其属性是其三边的边长;类具有操作,它是对象的行为的抽象,用操作名和实现该操作的方法来描述。对于三角形类,其操作是设置三边的长度,求三角形的周长和面积等。因此,类是对象的抽象,而对象是类的特例,或者说是类的具体的表现形式。

4. 封装

封装就是把对象的属性和行为结合成一个独立的系统单位,并尽可能隐藏对象的内部细节。封装反映了这样一个基本事实:事物的静态特征和动态特征是事物不可分割的两个侧面。在系统中把对象看成是它的属性和行为的结合体,使对象能够集中而完整地描述并对应一个具体的事物,使得系统可以直接映射现实世界。

封装的概念具有两个涵义:一是把对象的全部属性和全部行为结合在一起,形成一个不可分割的独立单位,各个对象之间相互独立,互不干扰;二是尽可能隐蔽对象的细节,对外形成一个边界,只保留有限的对外接口使之与外部发生联系,这一含义也叫"信息隐蔽"。信息隐蔽有利于数据安全,确保对象不会以不可预期的方式改变其内部状态。例如,三角形对象将其三边长度隐藏起来,只有通过对象指定的设置三角形三边长度的操作才可以改变三边的状态,从而保证了数据的安全性。

5. 继承

继承是指一个类可以直接使用另一个类的属性和行为,这是类之间的一种关系。在定义和实现一个类的时候,可以在一个已经存在的类的基础之上来进行,把这个已经存在的类所定义的内容作为自己的内容，并加入若干新的内容。

继承简化了人们对事物的认识和描述。例如知道了三角形类，那么研究等边三角形类时，就可以利用三角形类的一切属性和行为，而只需要把精力用于发现和描述等边三角形独有的那些特征上。

因为继承的方法可以很方便地利用一个已有的类建立一个新的类，这就使得类与类之间的公共特性能够共享，提高了软件的重用性。

6. 多态

多态性是指相同的操作或函数、过程可作用于多种类型的对象上并获得不同的结果。不同的对象，收到同一消息可以产生不同的结果，这种现象称为多态性。

例如，同样是输出操作，三角形类的对象调用这一操作时输出的是“一般三角形”，而等边三角形类的对象调用时输出的是“等边三角形”。

多态性允许每个对象以适合自身的方式去响应共同的消息，增强了软件的灵活性和重用性。

7. 消息和方法

对象之间进行通信的结构叫作消息。在对象的操作中，当一个消息发送给某个对象时，该消息包含了接收对象去执行某种操作的信息，而类中操作的实现过程叫做方法。一个方法由方法名、参数、方法体组成。

由于对象的封装特性，使对象在系统中成为一些各司其职、互不干扰的独立单位，对象之间通信的唯一合法的动态联系途径就是消息。消息通信使系统中对象的行为能够互相配合，构成一个有机的运动的系统。因此可以说，因为有了封装，才有了消息。

9.1.3 面向对象的程序设计

面向对象的程序设计是一种重要的程序设计方法，它能够有效地改进结构化程序设计中存在的问题。由 C++编写的结构化的程序是由一个个函数组成的，而由 C++编写的面向对象的程序则是由一个个对象组成的，通过对象间的消息传递使整个系统运转。通过对象类的继承提供代码复用。对象之间通过消息相互作用。

在面向对象程序设计方法中，其程序结构由各种类的集合及其继承类的集合组成。有一个主程序，在主程序中定义各对象并规定它们之间传递消息的规律。从程序执行这一角度来看，可以归结为各对象和它们之间的消息通信。面向对象程序设计有三个主要特征，即封装、继承和多态。

简单地说，面向对象的分析设计方法可以分成以下四个步骤。

(1) 找出问题中的对象和类；

(2) 确定每个对象和类别的功能，如具有哪些属性、哪些行为等；

(3) 找出这些对象和类别之间的关系，确定对象之间的消息通信方式、类之间的继承和组合等关系；

(4) 用程序代码实现这些对象和类。

由此可见，面向对象的程序设计方法的思考方式是面向问题的结构，它认为现实世界是由对象组成的，而问题求解的方法是与现实世界对应的。要解决的问题仅仅是系统由哪些对象组成，这些对象之间是如何相互作用的。面向对象的程序设计可以较好地克服结构化程序设计中存在的诸多问题,从而开发出健壮、易于扩展和维护的程序。

9.2 类的声明和对象的定义

9.2.1 类的声明

1. 声明类的一般形式

类是对一组具有相同属性、相同行为的对象的抽象的描述,不占用内存空间。可以把类看作"理论上"的对象,也就是说,它为对象提供蓝图,但在内存中并不存在。从这个蓝图可以创建任何数量的对象。从类创建的所有对象都有相同的成员:属性、行为或方法。这些对象才是具体的独立的个体,占用存储空间,因此对象又称作类的实例。

声明类的一般形式为:

```
class 类名
{
    private:
        成员数据和成员函数
    protected:
        成员数据和成员函数
    public:
        成员数据和成员函数
};
```

其中,class是定义类的关键字。类名是用户为类起的名字,是C++合法的标识符。用左右花括号括起来的是类体,类体中是类的成员列表,依次列出类中的全部成员。全部成员只有两种形式,一种是数据,表示类的静态特征——属性或状态;另一种是函数,表示类的动态特征——行为或方法。由此可见,类将一组对象的静态特征和动态特征抽象出来,封装在一起,使得数据和与这些数据有关的操作结合在一起,形成了面向对象程序设计的基础。

private(私有的)、protected(受保护的)、public(公有的)称为类的访问权限,进一步说明类体中各个成员"被封装"的程度。

(1) 被private修饰的成员数据和函数,只能被本类中的成员函数访问;

(2) 被protected修饰的成员数据和函数,只能被本类或本类的派生类中的成员函数访问;

(3) 被public修饰的成员数据和函数,既可以被本类的成员函数访问,也可以被类外的函数访问,是这个类对外部的接口。

private、protected、public这三个关键字在类体中出现的顺序无关紧要,也可以在类体中多次出现,每种权限作用到下一种权限出现或类体结束为止。如果类体中的成员未声明访问权限,默认的访问权限为private。

【例9.1】 声明一个三角形类。

```
class  Tri                                  //自定义的类名Tri
{
    private:
        double  a,b,c ;                     //三个私有成员数据,表示三角形的三边
```

```
    public:
        void Setabc(double x, double y, double z) //公有函数,设置三角形三边的边长
        {   a = x;    b = y;    c = z;  }
        double Peri(void)                        //公有函数,求三角形的周长,周长作为函数值返回
        {   return a + b + c;  }
        double Area(void)                        //公有函数,求三角形的面积,面积作为函数值返回
        {   double  t = (a + b + c)/2;
            double  s;
            s = sqrt(t * (t - a) * (t - b) * (t - c));
            return s;
        }
};
```

以上程序段并没有在内存中占用空间,只是声明了一种类型,即规划了三角形类的蓝图,说明在后继程序中可能出现的每个三角形对象都具有的属性和行为。例如,可以在后继程序中定义一个三角形对象 tria,这个对象才真正占用内存空间,是一个三角形类的具体实现,也称实例。可以通过外部接口也就是公有函数 Setabc()去设置这个三角形的三边长度,同样也可以通过公有函数 Peri()和 Area()求这个具体三角形的周长和面积。当然,关于这类三角形可以进行的操作就到此为止了,因为定义三角形类的时候只允许其进行这三种操作。同样,在程序中还可以用同样的类定义另一个三角形的对象 trib,进行设置其长度、求周长和面积的操作……tria 和 trib 虽然具有相同的属性(三边)和行为(设置边长、求周长、求面积),但这两个三角形对象均是独立的个体,彼此分占不同的内存单元,没有联系,如图 9.1 所示。

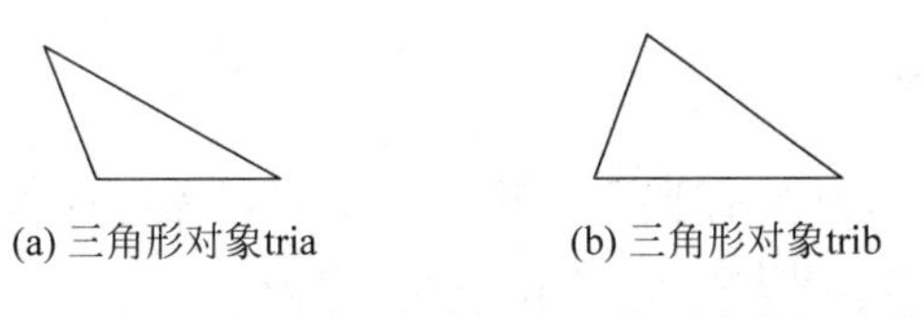

(a) 三角形对象tria　　(b) 三角形对象trib

图 9.1　利用三角形类 Tri 定义的三角形类的两个实例

2. 声明类的另一种形式

在例 9.1 中,类的成员函数的定义完整地包含在类体内部,这种成员函数在编译时是作为内联函数来实现的,也称内联成员函数。

也可以只将成员函数的声明放在类体中,完整的函数定义放在类体之外。区别于类外的函数,类体外的成员函数要额外附加类名和作用域限制符"::"。

类体外的成员函数定义的一般形式为:

```
函数类型 类名::函数名(参数列表)
{
    函数体
}
```

【例 9.2】 三角形类 Tri 的另一种声明形式。

```
class  Tri                                   //三角形类 Tri
{
    private:
```

```
        double  a,b,c ;                          //三个私有成员数据,表示三角形的三边
    public:
        void Setabc(double , double , double );  //设置三角形三边的边长的函数声明
        double Peri(void);                       //求三角形周长的函数声明
        double Area(void);                       //求三角形面积的函数声明
};                                               //类的声明结束
void Tri::Setabc(double x, double y, double z)   //类内成员函数,设置三角形三边的边长
{   a = x;    b = y;    c = z;  }
double Tri::Peri(void)                  //类内成员函数,求三角形的周长,周长作为函数值返回
{   return a + b + c;  }
double Tri::Area(void)                  //类内成员函数,求三角形的面积,面积作为函数值返回
{   double  t = (a + b + c)/2;
    double  s;
    s = sqrt(t * (t - a) * (t - b) * (t - c));
    return s;
}
```

类的这两种声明方法在使用上没有区别,一般较为复杂的类采用第二种声明方式,在类体中只有属性和行为的说明,使类的结构清晰,便于阅读理解。

3. 类与结构体

为了保持C++对C的兼容,在C++的编译环境下,也允许用struct声明的结构体类型与类一样,封装数据和函数,同时对结构体中的成员设置不同的访问权限。不同的是,用struct声明的类型,其成员默认的访问权限为public,而用class声明的类型,其成员默认的访问权限为private。

9.2.2 对象的定义

类是对象的抽象描述,对象是类的实例,也是类的具体实现。因此,声明了类以后,就可以像定义int、float等的类型变量一样去建立类的对象。

定义对象的方法与定义结构体变量的方法类似,有以下两种:

(1) 先声明类类型,再定义对象,使用下面的格式:

```
class 类名
{
    类成员数据和成员函数
};
…
类名  对象名1, 对象名2, … ;
```

例如:

```
class  Tri                                       //三角形类 Tri
{   private:
        double  a,b,c ;                          //三个私有成员数据,表示三角形的三边
    public:
        void Setabc(double , double , double );  //设置三角形三边的边长的函数声明
        double Peri(void);                       //求三角形周长的函数声明
        double Area(void);                       //求三角形面积的函数声明
};                                               //类的声明结束
```

```
…
Tri  tria, trib;                              //定义了两个 Tri 类型的对象
```

(2) 在声明类类型的同时定义对象,使用下面的格式:

```
class 类名
{
 类成员数据和成员函数
} 对象名 1, 对象名 2, …;
```

例如:

```
class  Tri                                    //三角形类 Tri
{
private:
    double  a,b,c ;                           //三个私有成员数据,表示三角形的三边
public:
    void Setabc(double , double , double );   //设置三角形三边的边长的函数声明
    double Peri(void);                        //求三角形周长的函数声明
    double Area(void);                        //求三角形面积的函数声明
} tria,  trib;                                //直接定义了两个 Tri 类型的对象
```

9.2.3 对象成员的访问

当声明了类并定义了类的对象后,就可以访问对象的成员了。与访问结构体变量的形式一致,访问对象中的成员时,使用成员运算符“.”,其形式为:

```
对象名.成员数据;
对象名.成员函数;
```

为了访问方便,将三角形类的声明修改如下:

```
class  Tri                                    //三角形类 Tri
{
public:
    double  a,b,c ;                           //三个公有成员数据,表示三角形的三边
    void Setabc(double , double , double );   //设置三角形三边的边长的函数声明
    double Peri(void);                        //求三角形周长的函数声明
    double Area(void);                        //求三角形面积的函数声明
} ;
```

即将三角形的三边改为公有成员数据,可以在类外被自由访问,这样,如果在程序中定义该类的对象:

```
Tri tria;
```

这时,tria 占用存储空间,表示一个具体的三角形。在程序中对其三边(属性)的访问分别为 tria.a、tria.b 和 tria.c。针对该三角形有三种操作(行为),分别为:

```
tria.Setabc(4, 5, 6);               //将 tria 三角形的三边分别设置成 4、5、6
tria.Peri();                        //求三角形周长的操作,整个表达式的值为三角形的周长
tria.Area();                        //求三角形面积的操作,整个表达式的值为三角形的面积
```

注意：成员函数的访问相当于调用函数，如果类中声明的成员函数有参数，对象要用实参调用，如 tria.Setabc(4, 5, 6);，如果类中声明的成员函数没有参数，对象调用时要有空括号的形式，如 tria.Peri();。

【例 9.3】 定义三角形类的对象，并完成对对象的测试。

算法分析：这是利用面向对象的方法编写程序。编写面向对象的程序分两个步骤：

(1) 描述一般三角形类的属性和行为。如前所述，三角形类的静态属性是三角形的三边，动态行为有三个，分别是设置三边、求周长、求面积的操作，具体地说，就是定义特定类的属性和行为。

(2) 定义三角形类的对象，根据用户的要求，实现这些行为。这一步骤在 main 函数中实现，称为对对象的测试，是用户利用面向对象的编程方法去解决实际的问题。

```
#include <iostream>
#include <cmath>
using namespace std;
class  Tri                                      //三角形类 Tri
{
    private:
        double  a,b,c ;                         //三个私有成员数据,表示三角形的三边
    public:
        void Setabc(double , double , double );// 设置三角形三边的边长的函数声明
        double Peri(void);                      //求三角形周长的函数声明
        double Area(void);                      //求三角形面积的函数声明
};
void Tri::Setabc(double x, double y, double z)  //设置三角形三边的边长
{   a = x;    b = y;    c = z;  }
double Tri::Peri(void)                          //求三角形的周长,周长作为函数值返回
{   return a + b + c;  }
double Tri::Area(void)                          //求三角形的面积,面积作为函数值返回
{   double  t = (a + b + c)/2;
    double  s;
    s = sqrt(t * (t - a) * (t - b) * (t - c));
    return s;
}                                     //以上是步骤(1),完成了类的属性的定义和行为的实现过程
int main()                                      //开始步骤(2),对两个实际的三角形进行计算
{   Tri  tria, trib;                            //A 定义两个具体的 Tri 类的对象
    tria.Setabc(3, 4, 5);                       //B 设置三角形对象 tria 的三边边长
    trib.Setabc(5, 5, 5);                       //C 设置三角形对象 trib 的三边边长
    cout <<"tria 的周长为: "<< tria.Peri()<<'\t'<<"面积为: "<< tria.Area()<< endl;
    cout <<"trib 的周长为: "<< trib.Peri()<<'\t'<<"面积为: "<< trib.Area()<< endl;
    return 0;
}
```

程序的运行结果如下：

```
tria 的周长为: 12        面积为: 6
trib 的周长为: 15        面积为: 10.8253
```

语句 A、B、C 定义了两个三角形的对象实例，并分别设置了它们的边长，如图 9.2 所示。

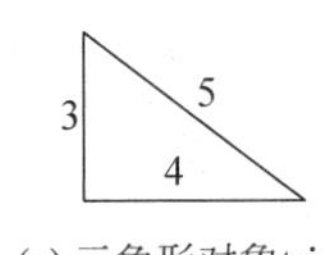

(a) 三角形对象tria

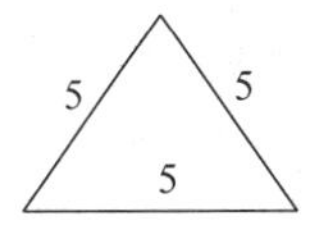

(b) 三角形对象trib

图 9.2　三角形类的两个对象

注意：

对象之间可以相互赋值，相当于对象的成员数据（属性）一一对应赋值，这种赋值与成员数据的访问权限无关。

如在例 9.3 的程序中，在 C 行语句后添加语句 tria＝trib;，即将对象 trib 的成员数据赋值给对象 tria，赋值前，两对象如图 9.2 所示；赋值后，两对象如图 9.3 所示。

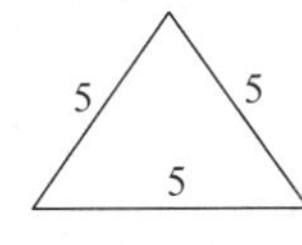

(a) 三角形对象tria

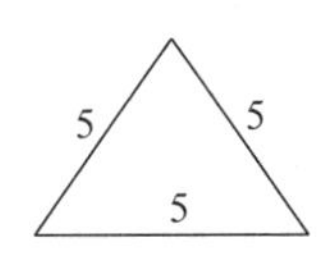

(b) 三角形对象trib

图 9.3　执行 tria＝trib;后三角形类的两个对象

9.2.4　用类的指针访问对象成员

对象成员可以用类的指针来访问，访问的形式同样类似于结构体。

【例 9.4】　修改例 9.3 的 main 函数，利用指针变量访问对象成员。

算法分析：该题中的步骤(1)的编写过程与例 9.3 完全一致，在步骤(2)中采用指针访问对象成员的方法。

```
int main()
{    Tri  tria, *p;                          //定义类的对象 tria 和指针变量 p
     p = &tria;                              //A 指针变量指向 tria
     p->Setabc(3, 4, 5);                     //利用指针变量设置三角形对象 tria 的三边边长
     cout <<"tria 的周长为: "<< p->Peri()<<'\t'<<"面积为: "<< p->Area()<< endl;
     return 0;
}
```

程序的运行结果如下：

```
tria 的周长为: 12        面积为: 6
```

其中，A 行执行后内存的存储情况如图 9.4 所示。

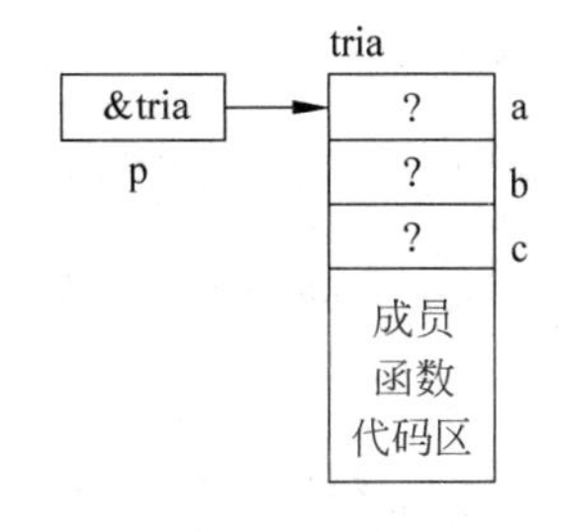

图 9.4　类的指针变量指向对象

9.2.5　用对象的引用变量访问对象成员

如果为一个对象定义了一个引用变量，实际上是为这个对象起了一个别名，对象及其他的引用变量共占同一段存储单元，表示的是同一个对象，所以对象的引用变量也可以访问对象成员。

【例 9.5】 修改例 9.3 的 main 函数，利用对象的引用变量访问对象成员。

算法分析：该题中的步骤(1)的编写过程与例 9.3 完全一致，在步骤(2)中采用引用变量访问对象成员的方法。

```
int main()
{   Tri  tria;                        //定义类的对象 tria
    Tri  &t = tria;                   //A 定义对象 tria 的引用变量,t 是对象 tria 的另一个名字
    t.Setabc(3, 4, 5);                //利用引用变量设置三角形对象 tria 的三边边长
    cout <<"tria 的周长为: "<< t.Peri()<<'\t'<<"面积为: "<< t.Area()<< endl;
    return 0;
}
```

程序的运行结果与例 9.4 完全一致。

其中，t 是三角形类的对象 tria 的别名，内存存储情况示意如图 9.5 所示。

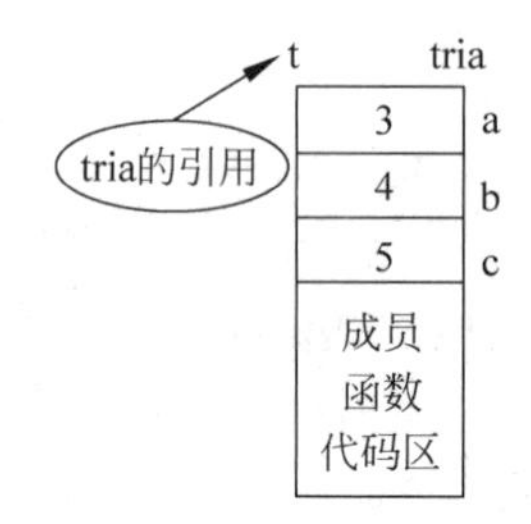

图 9.5　对象的引用访问对象成员

9.3　重载类的成员函数

9.3.1　重载类的成员函数

类体内的成员函数与传统的函数一样，允许函数重载。在程序中，是根据函数实参和形参的类型或数目的匹配，来决定调用哪一个具体的重载成员函数的。

【例 9.6】 在例 9.3 中定义的三角形类中，添加对等边三角形对象的设置功能，将其重载为成员函数，并完成对对象的测试。

算法分析：在例 9.3 的类 Tri 中，设置三角形三边长度的成员函数 Setabc 中有三个形参 x、y、z，分别设置三角形三边 a、b、c 的长度。本例中要求添加的设置等边三角形的成员函数，只需要一个形参 x，将其赋值给 a、b、c，即可构成等边三角形。由于与 Setabc 的参数个数不同，新添加的这个成员函数可以作为它的重载函数，供对象调用。

源程序如下：

```
#include <iostream>
#include <cmath>
using namespace std;
class  Tri                                        //三角形类 Tri
{
    private:
        double  a,b,c ;                           //三个私有成员数据,表示三角形的三边
```

```
    public:
        void Setabc(double , double , double );   //A 重载成员函数,设置三边边长
        void Setabc(double);                      //B 重载成员函数,设置等边三角形的边长
        double Peri(void);                        //求三角形的周长
        double Area(void);                        //求三角形的面积
};
void Tri::Setabc(double x, double y, double z)    //C 重载成员函数,设置三角形三边的边长
{   a = x;    b = y;    c = z;  }
void Tri::Setabc(double x)                        //D 重载成员函数,设置等边三角形边长
{   a = b = c = x;  }
//……成员函数 Peri()与 Area()略 见例 9.3 同名函数
int main()
{   Tri  tria,trib;                               //定义类的对象 tria、trib
    tria.Setabc(3, 4, 5);                         //E 调用重载的成员函数
    trib.Setabc(5);                               //F 调用重载的成员函数,trib 是等边三角形
    cout <<"tria 的周长为: "<< tria.Peri()<<'\t'<<"面积为: "<< tria.Area()<< endl;
    cout <<"trib 的周长为: "<< trib.Peri()<<'\t'<<"面积为: "<< trib.Area()<< endl;
    return 0;
}
```

程序的运行结果如下：

```
tria 的周长为: 12        面积为: 6
trib 的周长为: 15        面积为: 10.8253
```

A 行、B 行是重载的成员函数的声明；C 行、D 行是函数的定义，即实现部分；而 E 行是对 C 行重载函数的调用，设置三角形的三边；F 行是对 D 行重载函数的调用，设置等边三角形的三边。

9.3.2 默认参数的类的成员函数

类体中的成员函数同样支持参数的默认值，使用时遵循的规则与传统的默认参数的函数一致。当成员函数在类体内声明、类体外定义时，默认参数只能出现在函数声明中，不能出现在类体外的函数的定义中。

【例 9.7】 修改例 9.6，使设置等边三角形的成员函数 void Setabc(double)支持参数的默认值。

算法分析：修改类中成员函数 void Setabc(double)的函数声明，使得对象可以用默认的参数值调用该函数。需要注意的是，默认的参数值只能出现一次，如果在类的声明中使用过，在函数的定义中就不可以再出现了。

源程序如下：

```
#include < iostream >
#include < cmath >
using namespace std;
class  Tri                          //三角形类 Tri
{
    private:
```

```
        double  a,b,c ;           //三个私有成员数据,表示三角形的三边
    public:
        void Setabc(double = 5);  //A 设置等边三角形边长的函数声明,默认参数值只能出现一次
        double Peri(void);        //求三角形周长的函数声明
        double Area(void);        //求三角形面积的函数声明
};
void Tri::Setabc(double x)        //B 设置等边三角形边长,不能再出现默认参数值
{   a = b = c = x;  }
//……成员函数 Peri()与 Area()略 见例 9.3 同名函数
int main()
{   Tri  tria,trib;               //定义类的对象 tria、trib
    tria.Setabc();                //C 利用默认的参数值 5 设置等边三角形的边长
    trib.Setabc(4);               //D 利用实际的参数值 4 设置等边三角形的边长
    cout <<"tria 的周长为: "<< tria.Peri()<<'\t'<<"面积为: "<< tria.Area()<< endl;
    cout <<"trib 的周长为: "<< trib.Peri()<<'\t'<<"面积为: "<< trib.Area()<< endl;
    return 0;
}
```

程序的运行结果如下:

```
tria 的周长为: 15        面积为: 10.8253
trib 的周长为: 12        面积为: 6.9282
```

再次强调,默认的参数值只能出现一次。就本例而言,在类的函数声明中(A 行)出现了,就不能在类外函数定义中(B 行)再出现了。

main 函数运行时,两次调用了带默认参数的函数 Setabc,tria. Setabc()未给出实参,按指定的默认值 5 调用函数,trib. Setabc(4)指定了实参值为 4,默认值无效,按实际指定的实参值调用函数。

9.4 this 指针

9.4.1 this 指针

我们知道,类是对象的抽象描述,对象是类的实例,也是类的具体实现,对象才真正占有存储空间。那么对象中的成员数据和成员函数是怎样在存储空间中存放的?

每个对象中的成员数据分占不同的存储空间,但所有对象的成员函数均对应的是同一个函数代码段。

以例 9.3 的三角形类 Tri 的对象 tria 和 trib 为例,系统为每个对象分配的存储空间如图 9.6 所示。

可见,相同类的不同对象,其成员数据是各自独立的,但所有对象的成员函数代码所占用的空间却是共同的。

既然成员函数的代码区是公共的,当不同的对象调用代码中相同的数据成员时,编译系统是如何区分代码中的数据成员是属于哪个对象的?

例如,例 9.3 中的三角形类 Tri 中有成员函数 Setabc,其定义如下:

```
void Tri::Setabc(double x, double y, double z)  //成员函数,设置三角形三边的边长
{   a = x;     b = y;     c = z;   }
```

在 main 函数中定义了三角形类的两个对象 tria 和 trib,对象和成员函数 Setabc 的代码存储情况如图 9.7 所示。

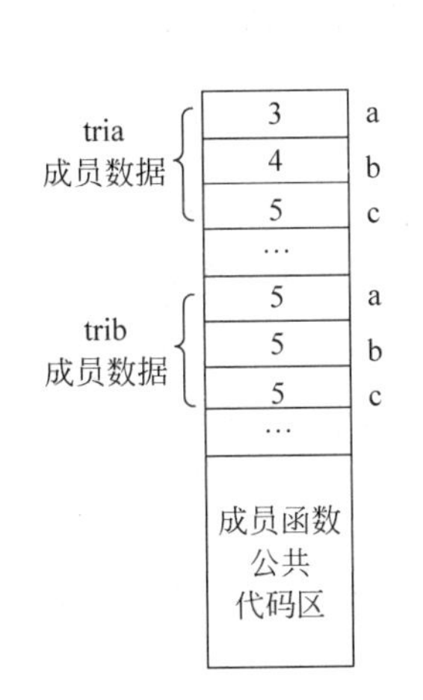

图 9.6　三角形类 Tri 的对象在存储区的存储情况

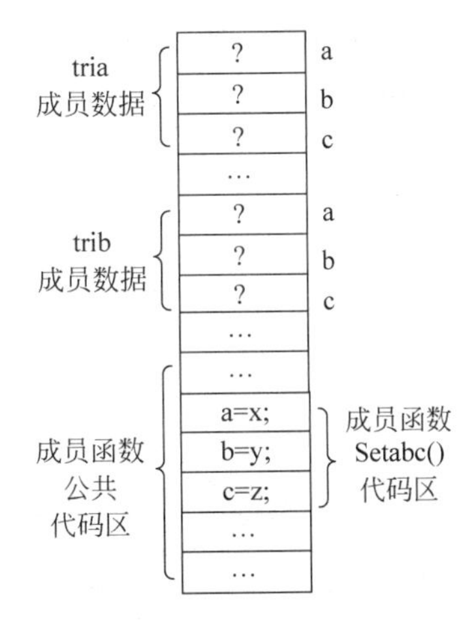

图 9.7　对象的成员数据和成员函数的存储情况

如果主函数中有语句 tria.Setabc(3,4,5);,程序就要去调用 Setabc 函数,执行公用的代码段语句 a=x; b=y; c=z;,从而将 3、4、5 分别赋给三角形对象 tria 的三边,如图 9.8(a)所示。

同样,如果主函数中有语句 trib.Setabc(5,5,5);,程序同样调用 Setabc 函数,去执行同一段代码: a=x; b=y; c=z;,从而将 5、5、5 分别赋给三角形对象 trib 的三边,如图 9.8(b)所示。

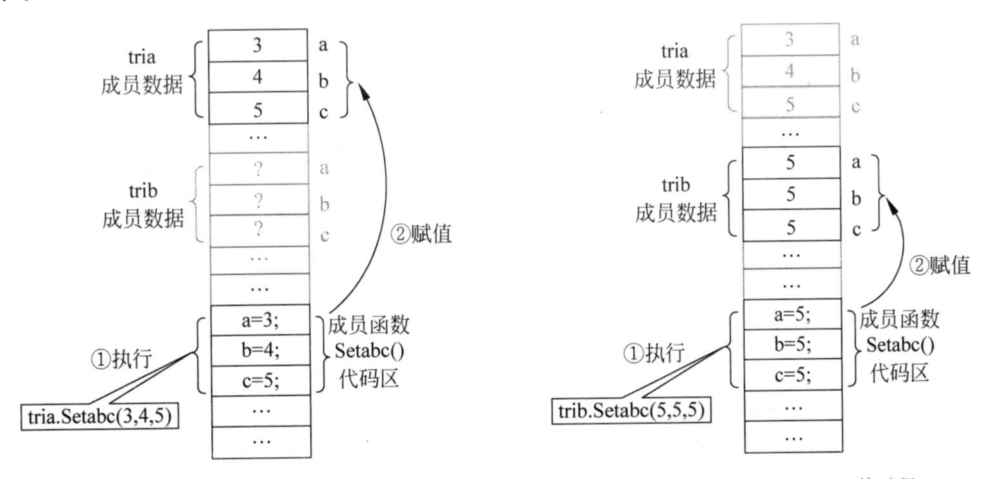

图 9.8　不同对象执行同一段代码产生的结果

可见,同样的代码 a=x; b=y; c=z;,不同的对象去调用,会产生不同的结果。既然代码是唯一的,系统怎么去区分究竟是哪个对象调用这段代码呢?

其实,在所有的代码中都隐含着一个特殊的指针,称为 this 指针,该指针的基类型为当前类的类型本身,即用来存放该类对象的地址。公用代码段中,所有类的成员数据和成员函数前都有隐含的 this 指针。就三角形类 Tri 而言,公共代码区的成员函数 Setabc 的代码段的实际内容如图 9.9 所示。

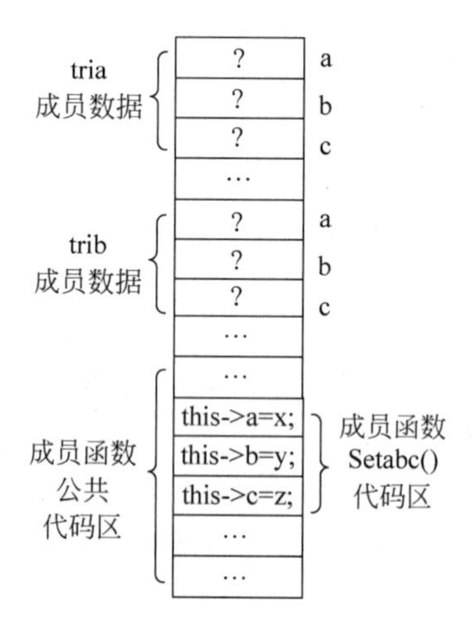

图 9.9 隐含 this 指针的公用代码段

当用语句 tria. Setabc(3,4,5);去调用这段代码时,实际上将 tria 的地址 &tria 传递给了 this,相当于执行的是语句(&tria)-> a=3;,也就是语句 tria. a=3;,即将 3 赋给了 tria. a,…,如图 9.10 所示。

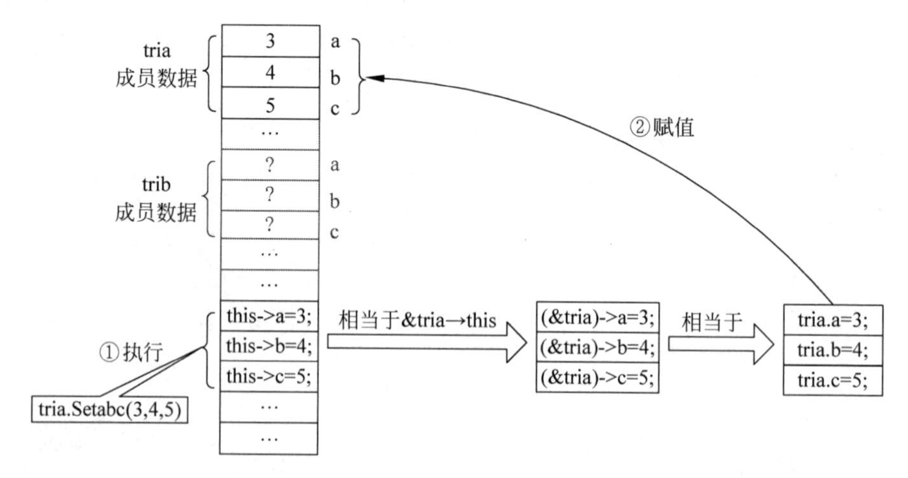

图 9.10 对象 tria 执行公用代码段示意图

this 指针隐含在类中所有的成员前,由系统自动维护,程序设计者不必考虑人为地添加。但有时根据需要也可以在程序中显式地调用 this 指针,也就是在成员函数中调用对象本身。具体例子将在后面介绍。

9.4.2 在成员函数中访问成员函数

在类的外部访问类体内的成员函数时，需要使用对象名和成员运算符“.”，其形式为：

```
对象名.成员函数;
```

即成员函数必须用对象来调用。

但在成员函数内部，访问其他成员函数时，由于存在 this 指针，直接使用成员函数名即可。

【例 9.8】 修改例 9.3 中的三角形类，在成员函数内调用求周长和面积的成员函数。

算法分析：例 9.3 中是在 main 函数中调用求三角形周长和面积的函数输出结果。在本例中添加一个类的成员函数 Show，在这个函数中调用求周长和面积的成员函数，输出三角形对象的各种参数。

源程序如下：

```
#include<iostream>
#include<cmath>
using namespace std;
class  Tri                                      //三角形类 Tri
{
    private:
        double  a,b,c ;                         //三个私有成员数据,表示三角形的三边
    public:
        void Setabc(double , double , double ); //设置三角形三边的边长的函数声明
        double Peri(void);                      //求三角形周长的函数声明
        double Area(void);                      //求三角形面积的函数声明
        void Show(void);                        //输出三角形对象的参数的函数声明
};
void Tri::Setabc(double x, double y, double z)
 {    a=x;     b=y;     c=z;   }
//……成员函数 Peri()与 Area()略 见例 9.3 同名函数
void Tri::Show(void)                            //输出三角形对象参数的公有成员函数
{   cout<<"三角形的三边长分别为:"<<a<<'\t'<<b<<'\t'<<c<<'\t';
    cout<<"周长为:"<<Peri()<<'\t'<<"面积为:"<<Area()<<endl; //调用成员函数 Peri(),Area()
}
int main()
{   Tri  tria, trib;                            //定义两个具体的 Tri 类的对象
    tria.Setabc(3, 4, 5);                       //设置三角形对象 tria 的三边边长
    trib.Setabc(5, 5, 5);                       //设置三角形对象 trib 的三边边长
    cout<<"三角形 tria 的参数是:\n";
    tria.Show();                                //调用成员函数,输出 tria 的参数
    cout<<"三角形 trib 的参数是:\n";
    trib.Show();                                //调用成员函数,输出 trib 的参数
    return 0;
}
```

程序的运行结果如下：

```
三角形 tria 的参数是:
三角形的三边长分别为: 3    4    5      周长为: 12       面积为: 6
三角形 trib 的参数是:
三角形的三边长分别为: 5    5    5      周长为: 15       面积为: 10.8253
```

在类中的成员函数 Show 中,调用了另外的成员函数 Peri 和 Area,同类中的成员数据一样,成员函数前也有隐含的 this 指针,实际代码如下:

```
void Tri::Show()
{    …
     cout <<…<< this->Peri()<<…;
     …
}
```

而在 main 函数中调用 Show 函数的语句为:

```
tria.Show();
```

相当于将对象 tria 的地址传递给 Show 函数中的 this 指针,即

```
this = &tria;
```

于是,语句 tria.Show();相当于执行函数:

```
void Tri::Show()
{    …
     cout <<…<< tria.Peri()<<…;
     …
}
```

可见,在类中的成员函数内部访问另外的成员函数和成员数据时,可以直接用函数名或数据名访问,无须用对象名做前缀,系统会自动根据 this 指针识别相对应的对象。

9.5 类和对象的应用举例

综上所述,面向对象的编程可以分为以下两个步骤:

(1) 确定类的功能,实际上就是定义一个类,根据类要实现的功能来确定类中的成员数据,编写成员函数来实现这些功能;

(2) 编写 main 函数,验证步骤(1)中类的功能的正确性。

【例 9.9】 利用面向对象的编程方法求两个数的最大公约数和最小公倍数。

算法分析:求两个数的最大公约数和最小公倍数有两种算法:一种是用定义的方式,例 3.16 就是用这种算法;还有一种是采用欧几里得算法,算法描述如下:

设有两个正整数 m、n,且要求 $m>n$,

(1) m 被 n 除得到余数 $r(0\leqslant r\leqslant n)$ 即 $r=m\%n$;

(2) 若 $r=0$,则算法结束,n 为最大公约数,否则执行步骤(3);

(3) $n\rightarrow m$, $r\rightarrow n$,回到步骤(1)。

最小公倍数为两数之积除以最大公约数。

根据以上分析，定义一个类 Num，实现求两数的最大公约数和最小公倍数的功能。类中应该包括：

(1) 私有成员数据。

int x, y：分别存放两个整数。

(2) 公有成员函数。

void Setxy(int a, int b)：用 a、b 设置 x 和 y 的值。

int gys()：利用欧几里得算法求 x 和 y 的最大公约数，公约数作为函数值返回。

int gbs()：求 x 和 y 的最小公倍数，公倍数也作为函数值返回。

(3) 在 main 函数中定义类 Num 的对象 num，输入两个整数，赋值 num 对象的成员数据 x、y，然后利用对象的成员函数求出这两个数的最大公约数和最小公倍数。

源程序如下：

```
#include <iostream>
using namespace std;
class Num                                   //类名,求两数的最大公约数和最小公倍数
{
    int x,y;                                //私有数据
public:
    void Setxy(int a, int b);               //为两数 x、y 赋值
    int gys();                              //求最大公约数
    int gbs();                              //求最小公倍数
};
void Num::Setxy(int a, int b)
{   x = a; y = b; }
int Num::gys()                              //用欧几里得算法求 m、n 的最大公约数
{   int r, m,n;
    m = x;
    n = y;
    if(m < n)                               //要求 m 大于 n,当 m 小于 n 时,交换 m、n 的值
    {   r = m;    m = n;    n = r;  }
    while(r = m % n)                        //r 不为 0,循环迭代
    {   m = n;
        n = r;
    }
    return n;                               //返回最大公约数的值
}
int Num::gbs()
{   int r = gys();
    return x * y/r;                         //两数的最小公倍数是两数之积除以最大公约数
}                                           //步骤(1)结束
int main()                                  //开始步骤(2),对以上定义的类进行验证
{   Num num;                                //定义类的对象
    int a,b;
    cout <<"请输入两个整数: ";
    cin >> a >> b;
    num.Setxy(a,b);                         //对类的对象赋值
```

```
    cout << a <<" , "<< b <<"的最大公约数是: "<< num.gys()<<'\t';
    cout <<"最小公倍数是: "<< num.gbs()<< endl;
    return 0;
}
```

程序的运行情况及结果如下：

```
请输入两个整数: 12  16↙
12 , 16 的最大公约数是: 4          最小公倍数是: 48
```

【例 9.10】 利用面向对象的编程方法求一元二次方程 $ax^2+bx+c=0$ 的实数解，其中，方程系数 a、b、c 从键盘输入。

算法分析：一元二次方程的解有三种可能：

(1) 当 $b^2-4ac>0$ 时，方程有两个实数解：$x1=\frac{-b+\sqrt{b^2-4ac}}{2a}$，$x_2=\frac{-b-\sqrt{b^2-4ac}}{2a}$；

(2) 当 $b^2-4ac=0$ 时，方程有一个实数解：$x_1=x_2=\frac{-b}{2a}$；

(3) 当 $b^2-4ac<0$ 时，方程无实数解。

根据以上分析，定义一个类 Root，求一元二次方程的实数解。类中应该包括：

(1) 私有成员数据。

double a, b ,c：分别存放一元二次方程的系数。

(2) 公有成员函数。

void Setroot(double x, double y, double z)：用 x、y、z 设置 a、b、c 的值。

void fun()：利用上述算法求解一元二次方程的实数解，并将其输出。

(3) 在 main 函数中定义类 Root 的对象 root，输入三个系数，赋值 root 对象的成员数据 a、b、c，然后利用对象的成员函数 fun()求出方程的实数解。

源程序如下：

```
#include < iostream >
#include < cmath >
using namespace std;
class Root                                          //类名,求一元二次方程的实数解
{
    double a,b,c;                                   //方程系数
public:
    void Setroot(double x, double y, double z);     //设置方程系数
    void fun();                                     //求方程的解并且输出
};
void Root::Setroot(double x, double y, double z)
{   a = x;
    b = y;
    c = z;
}
void Root::fun()                                    //利用上述算法求解
{   double delta;
    delta = b * b - 4 * a * c;
```

```
    if(delta<0)
        cout<<"方程无实根!\n";
    else{
        delta=sqrt(delta);
        if(delta){
            cout<<"方程有两个不等的实根:\n";
            cout<<"x1 = "<<(-b+delta)/2/a<<'\n';
            cout<<"x2 = "<<(-b-delta)/2/a<<'\n';
        }
        else{
            cout<<"方程有两个相等的实根:\n";
            cout<<"x1 = x2 = "<<-b/2/a<<'\n';
        }
    }
}
int main()
{   Root root;                              //定义一个一元二次方程的对象
    double x,y,z;
    cout<<"请输入方程的三个系数: ";
    cin>>x>>y>>z;
    root.Setroot(x,y,z);                    //为该对象的系数赋值
    root.fun();                             //求方程的解并且输出结果
    return 0;
}
```

将程序运行三次,分别对应不同的输出结果,其运行情况及结果如下:

```
请输入方程的三个系数: 1  3  2↙
方程有两个不等的实根:
x1 =-1
x2 =-2
```

```
请输入方程的三个系数: 1  2  1↙
方程有两个相等的实根:
x1 = x2 =-1
```

```
请输入方程的三个系数: 1  2  3↙
方程无实根!
```

将本例与第3章的例3.4进行比较,体会面向对象的编程方法与传统的面向过程的编程方法的不同之处。

【例9.11】 利用面向对象的编程方法计算 $1!+2!+3!+\cdots+n!$ 的值,其中,n 从键盘输入。

算法分析:该题为典型求数据的累加和的形式,将 $m!$ $(m=1\sim n)$进行累加。$m!$ 的算法如下:

```
2!=  2 * 1!
```

```
3!= 3 * 2!
⋮
m!= m * (m-1)!
```


根据以上分析，定义一个类FAC，求 $m!$ 的累加和。类中应该包括：

(1) 私有成员数据。

int n：存放累加和最后一项的项数。

(2) 公有成员函数。

void Setn(int m)：用 m 设置 n 的值。

double Fact(int m)：利用上述算法求 m!，并将结果作为函数值返回。

double Sum()：利用 Fact(m)函数，求 $1!+2!+3!+\cdots+n!$ 的值。

(3) 在 main 函数中定义类 FAC 的对象 fac，输入一个整数 m，赋值 fac 对象的成员数据 n，然后利用对象的成员函数 Sum 实现阶乘的累加和。

源程序如下：

```
#include <iostream>
using namespace std;
class FAC                                   //类名,求 1!+ 2!+ 3!+ … + n!
{
    int n;                                  //阶乘的最大项数
public:
    void Setn(int m);                       //用 m 设置 n
    double Fact(int x);                     //求 x!,结果作为函数值返回
    double Sum();                           //利用 x!求 1!+ 2!+ 3!+ … + n!,结果作为函数值返回
};
void FAC::Setn(int m){n = m;}
double FAC::Fact(int x)
{   double f = 1;
    for(int i = 1;i <= x;i++)   f = f * i;  //阶乘的算法: m!= m * (m-1)!
    return f;
}
double FAC::Sum()
{   double s = 0;
    for(int i = 1;i <= n;i++)
        s = s + Fact(i);                    //调用成员函数 Fact(i)求 i!
    return s;
}
int main()
{   FAC  fac;
    int m;
    cout <<"请输入一个整数: ";
    cin >> m;
    fac.Setn(m);                            //为阶乘的项数赋值
    cout << m <<"!= "<< fac.Fact(m)<< endl;  //求 m!
    cout <<"1!+ 2!+ ... + "<< m <<"!= "<< fac.Sum()<< endl;  //求 1!+ 2!+ 3!+ … + m!
    return 0;
}
```

程序的运行情况及结果如下：

```
请输入一个整数: 5↙
5!= 120
1!+ 2!+ … + 5!= 153
```

练 习 题

一、选择题

1. 下列有关类和对象的说法中,正确的是________。

   A. 系统为对象和类分配内存空间

   B. 系统为类分配内存空间,而不为对象分配空间

   C. 类和对象没有区别

   D. 类与对象的关系和数据类型与变量的关系相似

2. 有如下类声明:

```
class Foo{ int bar; };
```

则 Foo 类的成员 bar 是________。

   A. 公有数据成员　　B. 公有成员函数　　C. 私有数据成员　　D. 私有成员函数

3. 若 MyClass 是一个类名,且有如下语句序列:

```
MyClass c1, *c2;
MyClass *c3 = new MyClass;
MyClass &c4 = c1;
```

上面语句序列所定义的对象个数是________。

   A. 1　　B. 2　　C. 3　　D. 4

4. 有如下类定义:

```
class MyClass{
    int x;
public:
    int GetX() { return x; }
    void SetX(int xx) {x = xx; }
    int y;
};
```

已知 obj 是类 MyClass 的对象,下列语句中违反类成员访问控制权限的是________。

   A. obj. x　　B. obj. y　　C. obj. GetX()　　D. obj. SetX(0)

5. 以下程序中的错误是________。

```
#include <iostream>
#include <cmath>
using namespace std;
class CPoint{
    double x, y;
public:
```

```
    void Setxy(double dx, double dy)          //设置坐标
    {       x = dx;   y = dy;   }
    double Radius()                           //取极坐标半径
    {       return sqrt(x * x + y * y);   }
};
int main()
{   CPoint p;
    double x,y;
    cin >> x >> y;
    p.Setxy(x,y);
    cout << p.Radius()<< endl;
    p.x += 5;
    p.y += 6;
    cout << p.Radius()<< endl;
    return 0;
}
```

A. CPoint 类的定义中没有说明 x、y 的访问权限

B. 用 p.Setxy()函数不能对对象中的成员 x、y 赋值

C. 在 main 函数中不能直接用“p.x+=5; p.y+=6;”对对象中的成员 x、y 赋值

D. p.Radius()函数不能直接输出

二、填空题

1. 以下程序的输出结果是________。

```
#include < iostream >
using namespace std;
class MyClass
{
public:
    int number;
    void set(int );
};
int number = 3;
void MyClass::set (int  i)
{   number = i;   }
int main()
{   MyClass my1;
    int number = 10;
    my1.set(5);
    cout << my1.number << endl;
    my1.set(number);
    cout << my1.number << endl;
    my1.set(::number);
    cout << my1.number << endl;
    return 0;
}
```

2. 以下程序的输出结果是________。

```
#include < iostream >
```

```
using namespace std;
class Arr
{    int a[10],len;
public:
     void SetArr(int * p,int n = 10)
     {    len = n;
          for(int i = 0;i < len;i++)
               a[i] = p[i];
     }
     int MaxArr()
     {    int max = a[0];
          for(int i = 1;i < len;i++)
               if(max < a[i])
                    max = a[i];
          return max;
     }
     int MaxArr(int n)
     {    int max = a[0];
          for(int i = 1;i < n;i++)
               if(max < a[i])
                    max = a[i];
          return max;
     }
     int MaxArr(unsigned n)
     {    return a[n];   }
};
int main()
{    int a1[10] = {6,8,10,4,2,7,5,9,17,3};
     int a2[5] = {10,4,2,7,15};
     Arr arr1,arr2;
     arr1.SetArr (a1);
     arr2.SetArr (a2, sizeof(a2)/sizeof(int));
     cout << arr1.MaxArr ()<< endl;
     cout << arr2.MaxArr (3)<< endl;
     cout << arr2.MaxArr (3u)<< endl;
     return 0;
}
```

3. 以下程序的输出结果是________。

```
#include< iostream >
using namespace std;
class Sample
{    int x,y;
public:
     void Setxy(int i = 0,int j = 0)
     {    x = i; y = j;     }
     void copy(Sample &A)
     {    if(this == &A)
          {    cout <<"不能将一个对象复制到自己本身"<< endl;
               return ;
```

```
            }
            else
                * this = A;
        }
        void display()
        {   cout <<"x = "<< x <<'\t'<<"y = "<< y << endl;  }
};
int main()
{   Sample c1,c2;
    c1.Setxy (10,20);
    c2.Setxy ();
    c2.display ();
    c2.copy (c1);
    c2.display();
    c2.copy(c2);
    c2.display ();
    return 0;
}
```

三、编程题

1. 构建一个类,含有三个数据成员,分别表示一个长方体的长、宽、高;含有一个成员函数,用来计算长方体的体积。

2. 设计一个学生类,包含学生的姓名,数学、物理、英语课程成绩,计算学生的平均成绩。

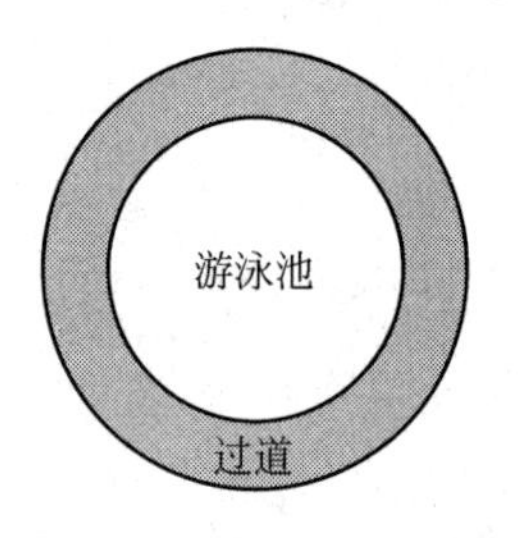

图 9.11　圆形游泳池示意图

3. 一圆形游泳池如图 9.11 所示,现在需要在其周围建一圆形过道,并在其四周围上栅栏。栅栏价格为 35 元/m,过道造价为 20 元/m^2,过道宽度为 3m。游泳池半径由键盘输入。用面向对象的方法设计圆形类 Circle,计算并输出过道和栅栏的造价。

第10章 构造函数和析构函数

10.1 构造函数

10.1.1 构造函数的作用

当建立了一个类并说明了这个类的对象后，对象的初始状态，即对象成员数据的初始值是不确定的。C++提供了一个类的特殊的成员函数——构造函数完成对象的初始化，保证对象在创建后其数据成员已经被正确地初始化。

构造函数是特殊的成员函数，其特殊性在于：

（1）函数名与类名相同；

（2）没有函数类型说明；

（3）没有返回值；

（4）系统创建对象时自动调用，这个调用不同于一般的函数，并不是用函数名调用的，而是隐式调用的。

定义构造函数的方法有以下两种：

1. 在构造函数体内对数据成员赋值

在类体中定义构造函数的形式如下：

```
类名(<形参1,形参2,…>)
{函数体}
```

其中，尖括号< >中的内容可以省略。

在类体外定义构造数的形式如下：

```
类名::类名(<形参1,形参2,…>)
{函数体}
```

【例10.1】 对例9.3的三角形类Tri进行改写，使用构造函数对对象初始化。

算法分析：构造函数是在main函数中定义对象时调用的，即在对象建立的同时对其进行初始化操作。对三角形类Tri来说，所谓初始化就是在建立对象的时候为三角形的三边赋值，也就是完成例9.3中的Setabc()函数的功能。

源程序如下：

```
#include<iostream>
#include<cmath>
```

```
using namespace std;
class  Tri                                    //类名
{
    private:
        double  a,b,c ;                       //三个私有成员数据,表示三角形的三边
    public:
        Tri(double x , double y , double z )  //A 构造函数,对三角形对象三边的边长初始化
        {   a = x; b = y; c = z; }            //用形参 x、y、z 的值初始化三角形三边 a、b、c
        double Peri(void)                     //求三角形的周长,周长作为函数值返回
        {   return a + b + c;   }
        double Area(void)                     //求三角形的面积,面积作为函数值返回
        {   double  t = (a + b + c)/2;
            double  s;
            s = sqrt(t * (t - a) * (t - b) * (t - c));
            return s;
        }
};
int main()
{   Tri  tria(3, 4, 5);           //B 创建三角形对象,调用构造函数对 tria 三角形的三边初始化
    Tri  trib(5, 5, 5);                       //C 调用构造函数对 trib 三角形的三边初始化
    cout <<"tria 的周长为: "<< tria.Peri()<<'\t'<<"面积为: "<< tria.Area()<< endl;
    cout <<"trib 的周长为: "<< trib.Peri()<<'\t'<<"面积为: "<< trib.Area()<< endl;
    return 0;
}
```

程序的运行结果如下:

```
tria 的周长为: 12        面积为: 6
trib 的周长为: 15        面积为: 10.8253
```

A 行是三角形类的构造函数的定义,而 B 行和 C 行则是分别在建立对象的同时调用了 A 行的构造函数。可以看出,构造函数的函数名与类名一致,是固定的,其调用的形式是隐含的,而不像一般函数一样是用函数名显式调用的。

2. 使用参数初始化列表的构造函数

使用参数初始化列表的构造函数的形式为:

类名::构造函数名(<形参 1,形参 2,…>)<:数据成员 1(形参 1), 数据成员 2(形参 2), …>
{函数体}

其中,冒号后面列出了各个成员变量及其初始值称为参数初始化列表。例如,例 10.1 中定义的类 Tri 的构造函数可以写成如下形式:

```
Tri(double x , double y , double z ):a(x), b(y), c(z) { }
```

可见,使用参数初始化列表的构造函数是在函数首部对数据成员初始化,从而减少了函数体的长度,使整个类体结构精练简单。

10.1.2 构造函数重载

在一个类中可以定义多个构造函数,以便对类对象提供不同的初始化方法。这些构造

函数的函数名完全相同,都没有返回值,而参数的类型或参数的个数各不相同。对于一般的重载函数,系统是根据参数列表来决定调用哪个函数;对重载的构造函数而言,系统是根据创建对象时提供的参数来确定调用哪个构造函数来初始化对象的。

【例 10.2】 在例 10.1 定义的三角形类 Tri 中,添加对等边三角形对象初始化的构造函数,并完成对象的测试。

算法分析:在例 10.1 的类 Tri 中,使用带三个参数的构造函数完成对一般三角形对象的初始化。本例中要求添加带一个参数的重载的构造函数,完成对等边三角形对象的初始化。

源程序如下:

```
#include<iostream>
#include<cmath>
using namespace std;
class  Tri                                  //类名
{
    private:
        double  a,b,c ;                     //三个私有成员数据,表示三角形的三边
    public:
        Tri(double x , double y , double z ) //A 三个参数的构造函数
        {    a = x; b = y; c = z; }
        Tri(double x)                       //B 一个参数的构造函数
        {    a = b = c = x; }               //将三角形的三边初始化成一样的边长
        //……成员函数 Peri()与 Area()略 见例 10.1 同名函数
};
int main()
{    Tri  tria(3, 4, 5);                    //C 调用 A 行构造函数
     Tri  trib(6);                          //D 调用 B 行构造函数
     cout <<"tria 的周长为: "<< tria.Peri()<<'\t'<<"面积为: "<< tria.Area()<< endl;
     cout <<"trib 的周长为: "<< trib.Peri()<<'\t'<<"面积为: "<< trib.Area()<< endl;
     return 0;
}
```

程序的运行结果如下:

```
tria 的周长为: 12          面积为: 6
trib 的周长为: 18          面积为: 15.5885
```

对象 tria 创建时提供了三个参数,系统执行有三个形参的构造函数 Tri(double x, double y, double z),实参与形参一一对应,将三角形 tria 的三边初始化为 3、4、5;对象 trib 创建时提供了一个参数,系统执行有一个形参的构造函数 Tri(double x),将三角形 trib 的三边初始化成一样的数值 6。

构造函数的重载原则与一般的函数重载一样,是根据参数类型或数目来决定调用哪个函数的,所不同的是构造函数的调用是隐式的,在调用中并不显式地给出函数名。

10.1.3 默认的构造函数

默认的构造函数又称缺省的构造函数,有两种形式:

(1) 参数为默认值的构造函数，如在类体中说明以下形式的构造函数：

```
Tri(double x = 5, double y = 5, double z = 5);
```

用这个构造函数初始化对象时，可以提供全部参数或不提供参数，也可以提供部分参数。对于没有提供的那部分参数，构造函数用默认的参数补足。例如，可以使用以下的方法定义对象：

```
Tri  tria;                              //相当于 Tri tria(5, 5, 5);
Tri  trib(3);                           //相当于 Tri trib(3, 5, 5);
Tri  tric(3,4);                         //相当于 Tri tric(3, 4, 5);
Tri  trid(3,4,4);                       //相当于 Tri trid(3, 4, 4);
```

构造函数也可以有部分的默认参数，其调用原则与一般的默认参数的函数一样。例如，在类体中说明以下形式的构造函数：

```
Tri(double x, double y = 5, double z = 5);
```

用这个构造函数初始化对象时，因为形参 x 没有默认值，所以必须要为 x 指定一个实参。因此，定义对象时至少要指定一个参数：

```
Tri  trib(3);                           //相当于 Tri trib(3, 5, 5);
Tri  tric(3,4);                         //相当于 Tri tric(3, 4, 5);
Tri  trid(3,4,4);                       //相当于 Tri trid(3, 4, 4);
```

(2) 无参的构造函数，这种形式的构造函数可以人为地显式定义，也可以由系统自动生成。

① 显式定义的构造函数，函数体内可以有需要的语句。例如，在类体中定义：

```
Tri()
{   a = b = c = 0;  }                   //将三角形的三边边长初始化为 0
```

② 系统自动生成的构造函数，函数体为空，表示对成员数据不做任何操作：

```
Tri()
{   }                                   //函数体为空
```

由于是无参的构造函数，因此定义类的对象时可以不提供参数。例如：

```
Tri tria;                               //调用无参的构造函数
```

说明：

(1) 如果定义类时没有为类提供任何构造函数，系统会为该类自动提供一个无参的函数体为空的构造函数。例如，第 9 章中所有的类都没有定义构造函数，实际上系统均为这些类提供了默认的构造函数：

```
类名(){ }
```

(2) 如果定义类时已定义了构造函数，那么系统不会再自动提供默认的构造函数。

(3) 参数全部默认的构造函数只能有一个，换句话说，可以不提供参数而调用的构造函数只能有一个。

例如,类中不能同时出现以下两个构造函数的声明:

```
Tri(double x = 5, double y = 5, double z = 5);
Tri();
```

因为此时用语句 Tri　tria;　创建对象时,系统不能确定应该调用哪个构造函数。

(4) 构造函数可以重载,但每个对象调用的构造函数必须唯一。

例如,在类体中有以下形式的构造函数声明:

```
Tri(double x, double y = 5, double z = 5);        //A
Tri(double x, double y, double z);                //B
Tri();                                            //C
```

若有下列定义语句:

```
Tri  Tria;                         //正确,调用 C 行构造函数
Tri  Trib(4);                      //正确,调用 A 行构造函数
Tri  Tric(4, 5, 6);                //错误,A 行和 B 行的构造函数都满足调用条件,出现歧义
```

10.2　析构函数

析构函数也是一个特殊的成员函数,它的作用与构造函数相反,是在撤销对象占用的内存之前完成一些清理工作,使得这部分内存可以被程序重新分配。

析构函数没有函数类型,没有参数,也没有返回值,并且一个类中只能有一个析构函数。在类体中定义析构函数的形式如下:

```
~类名()
{函数体}
```

析构函数是在对象生存期结束时由程序自动调用的,调用是隐式的。

如果在类中没有显式地定义析构函数,则编译器会自动地产生一个默认的析构函数,形式如下:

```
~类名()
{    }
```

默认的析构函数的函数体为空,表示不做任何操作。

【例 10.3】 重新定义三角形类,添加析构函数。

算法分析:析构函数的函数名固定,是对象的生命期结束释放所占用的内存时由系统隐含调用的,析构函数没有参数,不能重载。

```
#include <iostream>
using namespace std;
class  Tri                                   //类名
{
    private:
        double  a,b,c ;                      //三个私有成员数据,表示三角形的三边
    public:
```

```
        Tri(double x , double y , double z )     //A 三个参数的构造函数
        {   a = x; b = y; c = z;
            cout <<"调用构造函数"<< endl;
        }
        ~Tri()                                    //析构函数
        {   cout <<"调用构造函数"<< endl;      }
};
int main()
{   Tri  tria(3, 4, 5);                          //调用 A 行构造函数
    cout <<"main 函数"<< endl;
    return 0;
}
```

程序的运行结果如下：

```
调用构造函数
main 函数
调用析构函数
```

析构函数的调用顺序正好和构造函数相反，先构造的对象后析构，后构造的对象先析构。

【例 10.4】 改写三角形类 Tri，分析析构函数的执行顺序。

```
#include <iostream>
using namespace std;
class  Tri                                        //类名
{
    private:
        double  a,b,c ;                           //三个私有成员数据，表示三角形的三边
    public:
        Tri(double x , double y , double z )      //构造函数
        {   a = x; b = y; c = z;
            cout <<"边长是"<< a <<'\t'<< b <<'\t'<< c <<" 的三角形调用构造函数"<< endl;
        }
        ~Tri()                                    //析构函数
        {   cout <<"边长是"<< a <<'\t'<< b <<'\t'<< c <<" 的三角形调用析构函数"<< endl;
    }
};
int main()
{   Tri  tria(3, 4, 5),trib(6,6,6);
    cout <<"main 函数"<< endl;
    return 0;
}
```

程序的运行结果如下：

```
边长是 3    4    5 的三角形调用构造函数
边长是 6    6    6 的三角形调用构造函数
main 函数
边长是 6    6    6 的三角形调用析构函数
边长是 3    4    5 的三角形调用析构函数
```

一般的具有普通成员数据的对象，撤销对象时不需要特别的操作，使用系统默认的析构函数即可。但如果在构造函数中使用 new 运算符为对象中的成员数据动态分配了存储空间，那么，一定要在类中显式地定义析构函数，在撤销对象时将 new 分配的空间用 delete 运算符释放，以供程序的其他部分使用。

【例 10.5】 设计一个数组类 Array，对一维数组进行排序。

算法分析：数组类 Array 对一维数组的元素个数没有规定，因此将数据指针和元素个数定义为类中的数据成员，在对象的创建中根据用户需要动态分配数组元素的存储空间，并在析构函数中释放掉。故类中应包括：

(1) 私有数据成员。

int * p：用来动态分配存储空间，存放待处理的数组。

int n：n 为要排序的数组的元素个数。

(2) 公有成员函数。

Array(int a[], int m)：构造函数，用 m 初始化元素个数 n，为指针 p 分配足够的存储空间，并用数组 a 初始化已分配的存储空间。

void Sort( )：将 p 指向的存储空间中的元素从小到大排序。

void Show( )：输出 p 指向的存储空间中的元素。

~Array()：析构函数，释放相应的动态存储空间。

(3) 在主函数中定义一个数组，利用该数组初始化 Array 对象，然后对该数组排序，最后输出结果。

源程序如下：

```
#include <iostream>
using namespace std;
class Array                                 //数组类
{
    int *p;                                 //数组指针
    int n;                                  //数组个数
public:
    Array(int a[],int m);                   //构造函数
    void Sort();                            //排序
    void Show();                            //显示数组内容
    ~Array();                               //析构函数
};
Array::Array(int a[],int m)                 //构造函数
{   n=m;
    p=new int [n];                          //动态开辟存储空间
    for(int i=0;i<n;i++)
        *(p+i)=a[i];                        //为数组元素赋值
}
void Array::Sort ()                         //选择法排序
{   int i,j,k,t;
    for(i=0;i<n-1;i++)
    {   k=i;
        for(j=i+1;j<n;j++)
            if(p[k]>p[j])   k=j;
```

```
            t = p[k];   p[k] = p[i];   p[i] = t;
        }
    }
    void Array::Show ()                          //输出数组元素
    {   for(int i = 0;i < n;i++)   cout << p[i]<<'\t';
        cout << endl;
    }
    Array::~Array()                              //析构函数,释放 new 开辟的存储空间
    {   if(p)  delete [ ]p;   }
    int main()
    {   int a[ ] = {4,6,2,7,1,8};
        Array arr(a, sizeof(a)/sizeof(a[0]));    //用数组 a 创建数组类对象
        cout <<"原数组: \n";
        arr.Show ();                             //对象调用输出函数输出数组内容
        arr.Sort();                              //对象调用排序函数对数组排序
        cout <<"排序后的数组: \n";
        arr.Show ();
        return 0;
    }
```

程序的运行结果如下:

```
原数组:
4       6       2       7       1       8
排序后的数组:
1       2       4       6       7       8
```

10.3 构造对象的顺序

与变量的作用域一样,对象的作用域也有全局和局部之分,其中局部对象又分成静态局部对象和动态局部对象。不同作用域的对象,其构造的时间各不相同,具体说明如下:

(1) 全局对象在 main 函数执行前被构造。

(2) 静态局部对象在进入其作用域时被构造,且只能构造一次,在程序结束后才被析构。

(3) 动态局部对象在进入其作用域时被构造,在作用域结束后被析构。

析构函数的调用顺序与构造函数相反。

【例 10.6】 定义一个字符串类 STR,说明全局对象、静态局部对象和动态局部对象的构造函数和析构函数的调用顺序。

算法分析:字符串类是常用的数据类型。由于各个字符串对象的长度不确定,故类中的数据成员是一个字符指针,这个指针在创建对象的构造函数中动态开辟空间,存放具体对象的字符串。因此,本题中字符串类应包括:

(1) 私有数据成员。

char *p:存放字符串。

(2) 公有成员函数。

STR(char * s)：构造函数，为指针 p 分配足够的存储空间，用字符串 s 初始化成员字符串 p 并输出。

~STR()：析构函数，输出字符串，释放构造函数中开辟的动态存储空间。

(3) 在主函数中分别定义全局对象、静态局部对象和动态局部对象，分析其调用构造函数和析构函数的顺序。

源程序如下：

```
#include <iostream>
#include <string>
using namespace std;
class STR                                    //字符串类
{
    char * p;                                //字符指针
public:
    STR(char * s);                           //构造函数
    ~STR();                                  //析构函数
};
STR::STR(char * s)
{   p = new char[strlen(s) + 1];             //动态开辟存储空间
    strcpy(p,s);                             //对字符串赋值
    cout <<"调用"<< p <<"的构造函数"<< endl;
}
STR::~STR()
{   if(p)
    {   cout <<"调用"<< p <<"的析构函数"<< endl;
        delete []p;
    }
}
STR  s1("全局对象");                          //定义全局对象
void fun()
{   static STR s2("局部静态对象");            //定义局部静态对象
    STR s3("局部动态对象");                   //定义局部动态对象
}
int main()
{   cout <<"main 函数开始"<< endl;
    fun();
    fun();
    cout <<"main 函数结束"<< endl;
    return 0;
}
```

程序运行后的结果及分析如下：

```
调用全局对象的构造函数
main函数开始
调用局部静态对象的构造函数
调用局部动态对象的构造函数
调用局部动态对象的析构函数
调用局部动态对象的构造函数
调用局部动态对象的析构函数
main函数结束
调用局部静态对象的析构函数
调用全局对象的析构函数
```

10.4 对象的动态建立和释放

类的对象可以用 new 运算符动态建立,在建立过程中同样需要调用构造函数。与一般的数据变量不同,用 new 运算符建立的对象是可以用构造函数对其成员数据赋初值的。

如已定义了三角形类 Tri,可以用以下语句动态地创建一个三角形类的对象:

```
Tri *p1;
p = new Tri;                        //调用参数全部默认的或无参的构造函数创建对象
```

也可以动态地创建一个被初始化了的对象:

```
Tri *p2;
p2 = new Tri(3,4,5);                //调用带三个参数的构造函数创建对象
```

用 new 运算符创建的对象没有具体的对象名,只能通过指向对象的指针变量访问对象的成员,如上例中分别用 *p1 和 *p2 表示创建的三角形对象。

当程序不再需要由 new 创建的对象时,需要用 delete 运算符显式地释放对象所占的空间,在释放之前,系统自动地调用析构函数,完成有关的善后工作。

【例 10.7】 对例 10.4 定义的三角类进行改写,分析类的对象的动态建立和释放的过程。

算法分析:在例 10.4 中,添加一个无参的重载构造函数,将三角形对象的三边初始化为 0。

```
#include<iostream>
using namespace std;
class  Tri                                    //类名
{
    private:
        double  a,b,c ;                       //三个私有成员数据,表示三角形的三边
    public:
        Tri(double x , double y , double z ) //构造函数
        {   a = x; b = y; c = z;
            cout <<"边长是"<< a <<'\t'<< b <<'\t'<< c <<" 的三角形调用构造函数"<< endl;
        }
        Tri()                                 //重载无参构造函数
        {   a = b = c = 0;
            cout <<"边长是"<< a <<'\t'<< b <<'\t'<< c <<" 的三角形调用构造函数"<< endl;
        }
        ~Tri()                                //析构函数
        {   cout <<"边长是"<< a <<'\t'<< b <<'\t'<< c <<" 的三角形调用析构函数"<< endl;
    }
};
int main()
{   Tri   *p1, *p2;                          //三角形类的指针
    p1 = new Tri(3,4,5);                     //调用带参数的构造函数,动态创建一个三角形类的对象
    p2 = new Tri;                            //调用无参的构造函数,动态创建一个三角形类的对象
    delete p1;                               //释放第一个创建的对象
    delete p2;                               //释放第二个创建的对象
```

```
    cout <<"结束 main()函数"<< endl;
    return 0;
}
```

程序的运行结果如下：

```
边长是 3   4   5 的三角形调用构造函数
边长是 0   0   0 的三角形调用构造函数
边长是 3   4   5 的三角形调用析构函数
边长是 0   0   0 的三角形调用析构函数
结束 main()函数
```

可见，用 new 运算符建立的动态对象，当程序结束时，系统不会自动释放，必须用 delete 运算符显式释放。

10.5 复制构造函数

类的所有对象的建立都要调用相应的唯一的构造函数。例如，我们已经建立了一个三角形类的对象 tria，将其三边初始化为 3，4，5，如果需要再建立一个与 tria 一模一样的三角形对象 trib，如图 10.1 所示，trib 初始化的参数应该是对象 tria，因为 trib 的建立要调用构造函数，这个构造函数就是复制构造函数。

(a) tria　　(b) trib

图 10.1　根据对象 tria 复制对象 trib

根据类的某个对象复制出一个完全相同的新的对象的构造函数称为复制构造函数或拷贝构造函数。

复制构造函数同样满足构造函数的规则，即函数名为类名，没有函数类型，没有返回值，只不过其参数是同类对象的引用。在类中定义的形式如下：

```
类名(类名& 对象名)
{    函数体    }
```

当对象 1 已经在程序中创建后，创建一个与对象 1 完全相同的对象 2 的语句是：

```
类名    对象 2(对象 1);
```

还可以写成：

```
类名    对象 2 = 对象 1;
```

说明：

当创建对象时所调用的构造函数只有一个参数时，以下两种方法是等价的：

```
类名   对象名(参数);
类名   对象名 = 参数;
```

具体到三角形类的复制构造函数，可以在类体中定义：

```
Tri (Tri &t)                                 //定义复制构造函数
```

```
{    a = t.a;    b = t.b;    c = t.c;  }      //分别将对象 t 的三边赋值给新建立的对象
```

在 main 函数中定义对象 tria 和 trib：

```
Tri  tria(3,4,5);            //建立对象 tria,调用带参数的构造函数,初始化三角形对象的三边
Tri  trib(tria);             //建立对象 trib,调用复制构造函数,根据 tria 复制出 trib
```

类定义中,如果未显式地定义复制构造函数,则编译器会自动提供一个默认的复制构造函数,将实参对象中的成员数据一一复制到新建立的对象。形式如下：

```
类名(类名&对象名)
{    成员数据 1 = 对象名.成员数据 1;
     成员数据 2 = 对象名.成员数据 2;
     …
     成员数据 n = 对象名.成员数据 n;
}
```

例如,对于三角形类 Tri 来说,默认的复制构造函数为：

```
Tri (Tri &t)                                  //默认的复制构造函数
{    a = t.a;    b = t.b;    c = t.c;  }      //分别将对象 t 的成员数据一一赋值给新建立的对象
```

可见,默认的复制构造函数与显式定义的复制构造函数完全相同,均是用已知对象的数据成员对新建立的对象一一赋值。所以对于一般的类,是否显式定义复制的构造函数并不影响程序的运行。

但是,如果类的对象的某些成员数据空间需要动态建立,这时,如果程序要创建出一个根据原有对象复制出的另一个对象,必须要显式地定义复制构造函数,否则,会出现内存空间的释放错误。

【例 10.8】 在字符串类 STR 中添加一个默认的复制构造函数,分析利用复制的构造函数创建字符串对象的执行情况。

算法分析：利用例 10.6 中定义的字符串类 STR,在公有成员函数中,添加一个默认的复制构造函数：

STR(STR &str)：表示新对象是用已有对象 str 复制出来的。

这个复制构造函数是默认的,也就是说,应该由系统自动添加的。但是为了更好地说明动态建立存储空间时默认的复制构造函数的不足,在本题中将按照系统提供的复制的构造函数显式写出来,方便分析程序的运行。

源程序如下：

```
#include <iostream>
#include <string>
using namespace std;
class STR                                     //字符串类
{
    char *p;                                  //字符指针
public:
    STR(char *s);                             //构造函数
    STR(STR &str);                            //默认的复制构造函数
    ~STR();                                   //析构函数
```

```
};
//……构造函数 STR()与析构函数～STR()略 见例 10.6 同名函数
STR::STR(STR &str)                          //默认的复制构造函数,对象成员一一赋值
{    p = str.p;   }
int main()
{    STR str1("CHINA");
     STR str2(str1);
     return 0;
}
```

程序运行后出现内存读写错误。

程序分析：

(1) 执行 main 函数,建立对象 str1,运行构造函数语句：

```
p = new char[strlen(s) + 1];
strcpy(p,s);
```

运行后内存空间情况如图 10.2 所示。

(2) 执行后续语句 Str str2(str1);建立对象 str2,调用默认的复制构造函数。因为字符串类中只有一个数据成员 p,故创建字符串 str2 时调用默认的复制构造函数,实际上是将 str1 字符串的 p 赋值给 str2 字符串中的 p,即 str2. p=str1. p;。

将指针变量 str1. p 赋值给指针变量 str2. p,str1. p 与 str2. p 指向同一内存空间。运行后内存空间的情况如图 10.3 所示。

(3) main 函数运行结束,首先析构对象 str2,执行析构函数内的语句：

```
delete [ ]p;
```

因为是对象 str2 调用的析构函数,指针 p 表示的是 str2. p。系统将内存中 str2. p 指向的空间释放,运行后内存空间的情况如图 10.4 所示。

图 10.2　创建对象 str1　　图 10.3　创建对象 str2　　图 10.4　释放对象 str2

(4) 继续析构对象 str1,同样执行析构函数内的语句：

```
delete  [ ]p;
```

这时指针 p 表示的是 str1. p,系统应该释放 str1. p 指向的内存空间,但此时该空间已经被系统释放,即标志成"未使用的空间",再次释放就引发内存读写错误。

这个错误的原因是由于默认的复制构造函数中语句 p=str. p;引起的,这条语句使得对象 str1 与 str2 的字符串存储空间重合,因此在析构对象时发生错误。

因此,在构造函数中开辟动态存储空间的这类问题中,必须要显式地重新定义复制构造函数,使得对象 str1 与 str2 所占的字符串存储空间各自独立,避免发生类似错误。

【例 10.9】 重新定义例 10.8 中的复制构造函数,可以正确地根据已有的字符串对象复制出新的对象。

算法分析：显式定义一个复制构造函数替换例 10.8 中默认的复制构造函数，在复制构造函数中动态创建新对象的字符串存储空间，使得每个对象的字符串存储空间各自独立。

源程序如下：

```
#include <iostream>
#include <string>
using namespace std;
class STR                                //字符串类
{
    char *p;                             //字符指针
public:
    STR(char *s);                        //构造函数
    STR(STR &str);
    ~STR();                              //析构函数
};
//……构造函数 STR()与析构函数~STR()略 见例 10.6 同名函数
STR::STR(STR &str)
{   p = new char[strlen(str.p) + 1];     //为新建对象动态分配内存空间
    strcpy(p,str.p);                     //将原对象的内容复制进新建立的对象
    cout <<"复制构造"<< p << endl;        //输出分配的动态存储空间中的内容
}
int main()
{   STR str1("CHINA");
    STR str2(str1);
    return 0;
}
```

程序的运行结果如下：

```
调用 CHINA 的构造函数
复制构造 CHINA
调用 CHINA 的析构函数
调用 CHINA 的析构函数
```

程序分析：

(1) 执行 main 函数，建立对象 str1，运行构造函数语句：

```
p = new char[strlen(s) + 1];
strcpy(p,s);
```

str1.p →	C	H	I	N	A	'\0'

图 10.5　创建对象 str1

运行后内存空间情况如图 10.5 所示。

(2) 执行后续语句 Str str2(str1);，建立对象 str2，调用重新定义的复制构造函数，执行语句：

```
p = new char[strlen(str.p) + 1];         //为新建对象动态分配内存空间
strcpy(p,str.p);                         //将原对象的内容复制进新建立的对象
```

此时，p 为 str2 的成员数据 str2.p，str.p 为对象 str1 的成员数据 str1.p。str2.p 指向动态分配的内存空间，并将 str1.p 指向的内容复制进 str2.p 指向的空间。运行后内存空间

的情况如图 10.6 所示。

(3) main 函数结束,首先析构对象 str2,执行析构函数内的语句:

```
delete [ ]p;
```

因为是对象 str2 调用的析构函数,指针 p 表示的是 str2. p。系统将内存中 str2. p 指向的空间释放,运行后内存空间的情况如图 10.7 所示。

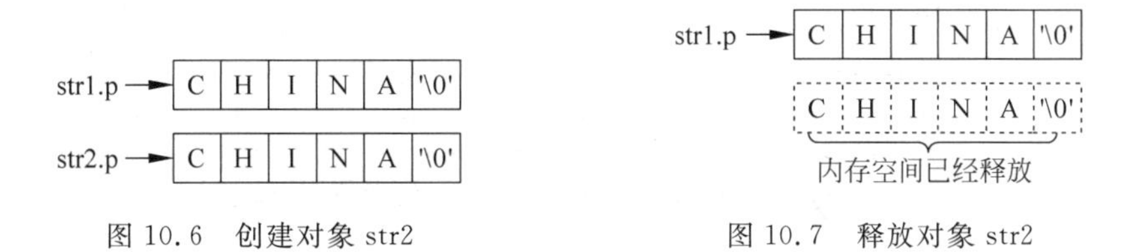

图 10.6　创建对象 str2　　　图 10.7　释放对象 str2

(4) 接着继续析构对象 str1,同样执行析构函数内的语句:

```
delete  [ ]p;
```

这时指针 p 表示的是 str1. p,系统释放 str1. p 指向的内存空间。运行后内存空间的情况如图 10.8 所示。

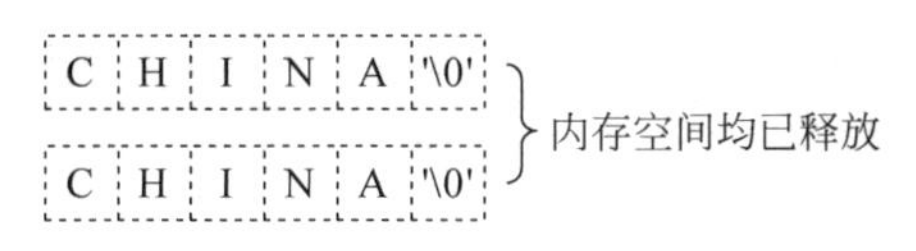

图 10.8　正确释放对象 str1

10.6　临时对象

如果有合适的构造函数调用,可以在程序中直接用类名创建一个临时对象,格式是:

类名(<参数列表>);

例如,书中多次提到的三角形类对象,如果在 main 函数中有语句:

```
Tri(5 , 5 , 5);
```

系统会调用具有三个参数的构造函数,创建一个临时对象,用这个临时对象可以为一个已创建的对象赋值,也可以作为函数实参用于函数调用。这个临时对象的生存期很短,仅仅在引用其的表达式范围内有效,一旦程序执行完这个表达式,就会自动调用析构函数撤销该对象。

【例 10.10】 利用例 10.4 中定义的三角形类 Tri,在 main 函数中添加对临时对象的应用。

```
#include < iostream >
using namespace std;
class  Tri                                //类名
{//……类的成员数据与成员函数略,见例 10.4 中类的完整定义
```

```
};
int main()
{   Tri tria(3,4,5);                    //建立对象 tria
    Tri(5,5,5);                         //调用构造函数建立临时对象,随后撤销临时对象
    cout <<"main()函数结束"<< endl;
    return 0;
}
```

程序的运行结果如下:

```
边长是 3    4    5 的三角形调用构造函数(建立对象 tria)
边长是 5    5    5 的三角形调用构造函数(调用构造函数,建立临时对象)
边长是 5    5    5 的三角形调用析构函数(调用析构函数,撤销临时对象)
main()函数结束
边长是 3    4    5 的三角形调用析构函数(main 函数结束,撤销对象 tria)
```

可见,临时对象在表达式 Tri(5, 5, 5);运行时建立,执行完表达式后随即撤销。

可以将 main 函数改写为:

```
int main()
{   Tri tria(3,4,5);                    //建立对象 tria
    tria = Tri(5,5,5);                  //调用构造函数建立临时对象,为对象 tria 赋值后撤销
    cout <<"main()函数结束"<< endl;
    return 0;
}
```

将临时对象赋值给对象 tria,tria 三角形的三边长度改变为 5、5、5。

临时对象可用于对象间的赋值,或用于产生一个满足函数调用的无名实参。

10.7 const 成员与对象

10.7.1 const 成员

可以将对象的成员声明为 const,包括 const 成员数据和 const 成员函数。

1. const 成员数据

用 const 声明的成员数据,称为常成员数据,其值必须用使用参数初始化列表的构造函数进行初始化,并且这个值在程序的运行过程中不能被改变。

例如,对三角形类 Tri 的定义如下:

```
class  Tri                              //类名
{
private:
    const double  a,b,c ;               //定义三角形的三边为常数据成员
public:
    Tri(double x,double y,double z):a(x),b(y),c(z) { }  //正确,用参数初始化列表初始化常数
                                                         //据成员
    Tri (double x){ a = b = c = x;}     //错误,不能对常数据成员赋值
};
```

2. const 成员函数

如果要求成员函数中的所有成员数据的值都不允许改变，则可以将这个成员函数定义为 const 成员函数，称为常成员函数。格式为：

```
类名::类型名 函数名(参数表) const
```

例如，对三角形类 Tri 的定义如下：

```
class  Tri                          //类名
{
private:
     double  a,b,c ;                //三个私有成员数据，表示三角形的三边
public:
    Tri(double x , double y , double z ):a(x), b(y), c(z) { }
    double Peri(void) const         //求三角形的周长，在函数内不能改变成员数据 a、b、c 的值
    {return a + b + c;  }
};
```

说明：

常成员函数不能调用另一个非 const 成员函数。

10.7.2 常对象

如果要求类的对象在程序的运行过程中一直保持初始值，可以将这个对象定义为常对象。格式为：

```
类名  const 对象名(<实参 1, 实参 2, …>)
```

或

```
const 类名 对象名(<实参 1, 实参 2, …>)
```

也就是说，常对象在定义时用构造函数赋初值后，对象中所有数据成员的值都不能被重新赋值。

说明：

(1) 常对象除了由系统自动调用构造函数和析构函数外，只能调用它所在类的常成员函数，而不能调用普通成员函数；

(2) 如果一定要修改常对象中某个数据成员的值，可将该数据成员声明为 mutable，即可变的数据成员，然后就可以在常成员函数中进行修改。

【例 10.11】 修改例 10.1 中定义的三角形类 Tri，验证 const 成员函数和对象在类中的作用。

```
#include < iostream >
#include < cmath >
using namespace std;
class  Tri                          //类名
{
    private:
         double  a,b;               //三个私有成员数据，表示三角形的三边
```

```
        mutable double c;              //声明 c 为可变的数据成员
    public:
        Tri(double x , double y , double z ):a(x), b(y), c(z) { }
        double Peri(void) const        //求三角形的周长,声明为常成员函数
        {   double s;
            c = c + 1;                 //边长 c 声明为可变数据成员,可以在此重新赋值
            s = a + b + c;
            return s;
        }
        double Area(void)              //求三角形的面积,面积作为函数值返回
        {   double  t = Peri()/2;      //普通成员函数可调用常成员函数,反之不可
            double  s;
            s = sqrt(t * (t - a) * (t - b) * (t - c));
            return s;
        }
};
int main()
{   Tri  const tria(3, 4, 5);          //创建三角形常对象 tria
    Tri  trib(5, 5, 5);                //调用构造函数对 trib 三角形的三边初始化
    cout <<"tria 的周长为: "<< tria.Peri()<< endl;    //常对象 tria 只能调用常成员函数
    cout <<"trib 的周长为: "<< trib.Peri()<<'\t';
    cout <<"面积为: "<< trib.Area()<< endl;
    return 0;
}
```

程序的运行结果如下:

```
tria 的周长为: 13
trib 的周长为: 16          面积为: 12.4975
```

10.8 面向对象的程序设计应用举例

【例 10.12】 设计一个数组类 Array,对一维数组进行排序后,实现数值查找。

算法分析:根据题目要求,首先要对数组进行排序,然后从键盘输入一个数,进行查找。因为有可能查找不成功,所以要对这种情况进行处理。类中应该包括:

(1) 私有数据成员。

int a[100]:待处理的数组。

int m:m 为成员数组 a 中元素的个数。

(2) 公有成员函数。

Array(int t[], int n):构造函数,用数组 t 初始化成员数组 a,用 n 初始化成员 m,n 为数组 t 中元素的个数。

void sort( ):将成员数组 a 中的元素从小到大排序。

int find(int x):在成员数组 a 中查找数值 x,如果数组中存在值为 x 的元素,则函数返回第一个满足条件的元素的下标,否则返回−1。

void print( ):输出成员数组 a。

(3) 在主函数中定义一个数组，利用该数组初始化 Array 对象，先对该数组排序，然后输入要查找的数值，并判断该数值是否在数组中。

源程序如下：

```
#include <iostream>
using namespace std;
class Array
{
   int a[100];                              //待处理的数组
   int m;                                   // m 为成员数组 a 中元素的个数
public:
   Array(int t[], int n);              //构造函数,用数组 t 初始化成员数组 a,用 n 初始化成员 m
   void sort();                             //将成员数组 a 中的元素从小到大排序
   int find(int x);                         //在成员数组 a 中查找数值 x
   void print();                            //输出成员数组 a
};
Array::Array(int t[],int n)                 //构造函数
{    m = n;
     for(int i = 0;i < n;i++)   a[i] = t[i];
}
void Array::sort ()                         //起泡法排序
{    int i,j,t;
     for(i = 0;i < m - 1;i++)
         for(j = 0;j < m - 1 - i;j++)
             if(a[j]> a[j + 1])
             {    t = a[j];
                  a[j] = a[j + 1];
                  a[j + 1] = t;
             }
}
int Array::find (int x)                     //从数组中查找 x
{    for(int i = 0;i < m;i++)
         if(x == a[i])     return i;        //找到,返回 x 的序号
     return -1;                             //未找到,返回 -1
}
void Array::print ()                        //输出数组内容
{    for(int i = 0;i < m;i++)
         cout << a[i]<<'\t';
     cout << endl;
}
int main()
{    int a[] = {2,14,6,18,10,7,9,2,2,35};
     int x;
     Array arr(a,sizeof(a)/sizeof(a[0]));   //创建对象并初始化
     cout <<"原数组\n";
     arr.print();
     cout <<"排序后的数组\n";
     arr.sort ();                           //排序
     arr.print ();
     cout <<"请输入要查找的数   ";
```

```
    cin >> x;
    x = arr.find (x);                         //查找 x
    if(x!=-1)
        cout <<"查找成功,匹配元素的下标为: "<< x << endl;
    else
        cout <<"查找不成功\n";
    return 0;
}
```

程序的运行结果如下:

```
原数组
2  14  6  18  10  7  9  2  2  35
排序后的数组
2  2  2  6  7  9  10  14  18  35
请输入要查找的数  10↙
查找成功,匹配元素的下标为: 6
```

【例 10.13】 定义一个类 COS,按如下公式求余弦 cos(x)的值,要求计算到通项的绝对值小于10^{-6}。

$$\cos(x)=1-\frac{x^2}{2!}+\frac{x^4}{4!}-\cdots+(-1)^{n-1}\frac{x^{2n-2}}{(2n-2)!}+\cdots$$

其中,参数 x 是弧度,程序预先将角度转换成弧度后才能按公式计算 cos(x)的值。转换公式为弧度=角度×3.1415926/180。求出 0°、45°和 90°的余弦值。

算法分析:余弦的公式是级数通项的累加和的形式。如果用 t 表示通项,它的迭代规律是 $t=-t\times x^2/(2\times n)/(2\times n-1)$,其中 $n=1,2,\cdots$

首先用给定的角度作为初值创建对象,将输入的角度转换为弧度后,利用上述迭代关系,求出余弦值并输出。该类中应该包括:

(1) 私有数据成员。

double du:存放角度值。

double c:存放对应角度的余弦值。

(2) 公有成员函数。

COS(double dul):构造函数,用 dul 初始化 du。

double hdu( ):将角度 du 转换成弧度并返回。

void process():求余弦值。

void print( ):输出余弦值。

(3) 在主函数中完成对该类的测试。定义三个 COS 类的对象并分别用 0°、45°和 90°初始化,求出 0°、45°和 90°的余弦值并输出。

源程序如下:

```
#include <iostream>
#include <cmath>
using namespace std;
class COS
{
```

```
    double du,c;                          //存放角度值与余弦值
public:
    COS(double dul);                      //构造函数,初始化 du
    double hdu();                         //将角度转换成弧度
    void process();                       //计算余弦值 c
    void print();                         //输出结果
};
COS::COS(double dul)
{   du = dul;   }
double COS::hdu ()                        //函数返回值为弧度
{   return du * 3.1415926/180;}
void COS::process ()                      //利用级数公式求余弦值 c
{   double t = 1,x = hdu();
    int n = 1;
    c = 1;
    while(fabs(t)> 1e - 6)
    {   t =- t * x * x/(2 * n)/(2 * n - 1);
        n++;
        c = c + t;
    }
}
void COS::print ()
{   cout <<"cos("<< du <<") = "<< c << endl;   }
int main()
{   COS c1(0),c2(45),c3(90);              //定义三个对象,分别用 0°、45°和 90°初始化
    c1.process (); c1.print ();           //计算对象的余弦值并输出
    c2.process (); c2.print ();
    c3.process (); c3.print ();
    return 0;
}
```

程序的运行结果如下：

```
cos(0) = 1
cos(45) = 0.707107
cos(90) = 3.31164e - 008
```

【例 10.14】 试定义一个字符串类 STR,求两个字符串的交集。字符串的交集定义为由两个字符串都包含的字符组成的字符串。

算法分析：由于各个字符串对象的长度不确定,故类中的数据成员是一个字符指针,这个指针在创建对象的构造函数中动态开辟空间,存放具体对象的字符串。

本题的算法是：将一个字符串中的重复字符删除,然后对该字符串的每个字符,检查另一个字符串中是否存在这个字符。若存在,则将这个字符存放在交集中。

类中应该包括：

(1) 私有数据成员。

char * p1, * p2：p1、p2 分别指向两个原始字符串。

char * p：指向交集字符串。

(2) 公有数据成员。

STR(char * str1, char * str2): 初始化原始字符串并为 p 分配存储空间(以 p1、p2 中较短字符串的长度为存储空间的大小)。

int contain(char * str, char ch): 判断字符串 str 中是否包含字符 ch,若包含,返回 1;否则返回 0。

char * del(char * str): 删除 str 所指向字符串中的重复字符。

void fun(): 求指针 p1、p2 所指向字符串中的交集,结果存放在 p 所指向的存储空间中。算法是:先调用函数 del,删除 p1 中的重复字符,然后通过调用函数 contain,依次判断 p1 中的每个字符是否包含在字符串 p2 中,如果包含,则将该字符放到交集 p 中。

void print(): 输出两个原始字符串及它们的交集。

~STR(): 析构函数,释放动态内存。

(3) 在主函数中对该类进行测试。

源程序如下:

```
#include <iostream>
#include <string>
using namespace std;
class STR                                  //字符串类
{
    char * p1, * p2;                       //两个原始字符串
    char * p;                              //交集字符串
public:
    STR(char * str1,char * str2);          //构造函数
    ~STR();                                //析构函数
    int contain(char * str,char ch);       //判断 ch 是否在字符串 str 中
    char * del(char * str);                //删除 str 中的重复字符,返回删除后的字符串指针
    void fun();                            //计算两个原始字符串的交集
    void print();                          //输出
};
STR::STR(char * str1, char * str2)
{   int len;
    p1 = new char[strlen(str1) + 1];
    strcpy(p1,str1);
    p2 = new char[strlen(str2) + 1];
    strcpy(p2,str2);
    len = strlen(str1)< strlen(str2)?strlen(str1):strlen(str2);
    p = new char[len + 1];
}
STR::~STR ()
{   if(p1) delete  []p1;
    if(p2) delete  []p2;
    if(p) delete  []p;
}
int STR::contain (char * str, char ch)
{   for(int i = 0;i < strlen(str);i++)
        if(ch == str[i])  return 1;
    return 0;
```

```
}
char * STR::del(char * str)
{   int i,j = 0;
    char * tmp;
    tmp = new char[strlen(str) + 1];
    strcpy(tmp,"");
    for(i = 0;i < strlen(str);i++)
        if(contain(tmp,str[i]) == 0)
        {   tmp[j++] = str[i];
            tmp[j] = '\0';
        }
    return tmp;
}
void STR::fun()
{   int i,j = 0;
    char * tmp = del(p1);
    for(i = 0;i < strlen(tmp);i++)
    {   if(contain(p2,tmp[i]))
            p[j++] = tmp[i];
    }
    p[j] = '\0';
    delete []tmp;
}
void STR::print()
{   cout << p1 << endl;
    cout << p2 << endl;
    cout << p << endl;
}
int main()
{   char str1[] = "abcabcaaa123xxzz", str2[] = "abcdabc2345xz";
    STR str(str1,str2);
    str.fun();
    str.print();
    return 0;
}
```

程序的运行结果如下：

```
abcabcaaa123xxzz
abcdabc2345xz
abc23xz
```

【例 10.15】 试定义一个类 Num，将字符串表示的十六进制整数转换为对应的十进制整数。

算法分析：十六进制数有 16 个数符，为 0～9、a～f 或 A～F，因此必须用字符串表示。将一个十六进制数转化成十进制数，将其按数码与权值乘积和的形式展开即可（见 1.4.1 节）。例如，四位十六进制数为 $k_3k_2k_1k_0$，其对应的十进制数为 $n=k_3\times16^3+k_2\times16^2+k_1\times16^1+k_0\times16^0$。

即先将字符 k_3 转换成数字,计算 $k_3 \times 16$；再将 k_2 转换成数字,计算 $(k_3 \times 16 + k_2) \times 16$,以此类推……类中应该包括：

(1) 私有数据成员。

char * p：存放十六进制整数。

int n：存放由数据成员 p 所表示的十六进制转换所得的十进制数。

(2) 公有成员函数。

Num(char * str)：构造函数,为指针 p 分配存储空间并用字符串 str 初始化 p。

~Num()：析构函数,释放动态内存。

void fun()：按题意要求将字符串 p 所表示的十六进制整数转换为相应的十进制整数,并将结果存到数据成员 n 中。

void print()：输出数据成员 p 和 n。

(3) 在主函数中对该类进行测试。

源程序如下：

```
#include<iostream>
#include<string>
using namespace std;
class Num                                    //十六进制转换成十进制类
{
    char *p;                                 //字符串,存放十六进制数
    int n;                                   //存放转换后的十进制数
public:
    Num(char *str);                          //构造函数,用 str 初始化 p
    void fun();                              //用上述算法进行转换
    void print();                            //输出十六进制和对应的十进制数
    ~Num();                                  //析构函数,释放动态存储空间
};
Num::Num(char *str)
{   p=new char[strlen(str)+1];
    strcpy(p,str);
}
void Num::fun()
{   n=0;
    for(int i=0;p[i];i++)
    {   if(p[i]>='0'&&p[i]<='9')             //十六进制字符为数字字符
            n=n*16+p[i]-'0';
        else if(p[i]>='a'&&p[i]<='f')        //十六进制字符为小写字符
            n=n*16+p[i]-'a'+10;
        else                                 //十六进制字符为大写字符
            n=n*16+p[i]-'A'+10;
    }
}
void Num::print()
{   cout<<"十六进制数:"<<p<<endl;
    cout<<"十进制数:"<<n<<endl;
}
Num::~Num()
```

```
{    if(p)  delete[]p;  }
int main()
{    char str[100];
     cout <<"请输入一个十六进制数：";
     cin.getline (str,100);
     Num num(str);                        //初始化转换类的对象
     num.fun();                           //转换
     num.print();                         //输出
     return 0;
}
```

程序的运行情况及结果如下：

```
请输入一个十六进制数：1a↙
十六进制数：1a
十进制数：26
```

练　习　题

一、选择题

1. 若有如下类声明：

```
class MyClass{
public:
    MyClass(){ cout <<1; }
};
```

执行语句 MyClass a，b[2]，* p[2];,程序的输出结果是________。

A. 11　　B. 111　　C. 1111　　D. 11111

2. 以下程序的运行结果是________。

```
#include <iostream>
using namespace std;
class MyClass{
public:
    MyClass(){ cout <<'A';}
    MyClass(char c){cout << c;}
    ~MyClass(){ cout <<'B';}
};
int main()
{    MyClass p1, * p2;
     p2 = new MyClass('X');
     delete p2;
     return 0;
}
```

A. ABX　　B. ABXB　　C. AXB　　D. AXBB

3. 有如下类定义：

```
class MyClaa{
    int b; char a; double c;
 public:
    MyClass(): c(0.0),b(0),a(','){}
};
```

创建这个类的对象时,数据成员的初始化顺序是________。

A. a,b,c　　B. c,b,a　　C. b,a,c　　D. c,a,b

4. 以下程序的运行结果是________。

```
#include<iostream>
using namespace std;
class Test{
public:
    Test(){}
    Test(Test &t){ cout<<1;}
};
Test fun(Test &u){ Test t=u; return t;}
int main()
{   Test x,y;
    x=fun(y);
    return 0;
}
```

A. 无输出　　B. 1　　C. 11　　D. 111

二、填空题

1. 以下程序的运行结果是________。

```
#include<iostream>
using namespace std;
class Sample
{   int n;
public:
    Sample(){}
    Sample(int m){n=m;}
    Sample square()
    {   n=2*n;
        return *this;
    }
    void disp()
    {   cout<<"n="<<n<<endl;   }
};
int main()
{   Sample a(10);
    a.square();
    a.disp();
    return 0;
}
```

2. 以下程序的运行结果是________。

```
#include<iostream>
#include<string>
using namespace std;
class XCD
{   char *a;
    int b;
public:
    XCD(char *aa, int bb)
    {   a=new char[strlen(aa)+1];
        strcpy(a,aa);
        b=bb;
    }
    char *Geta(){return a;}
    int Getb(){return b;}
};
int main()
{   char *p1="abcd",*p2="weirong";
    int d1=6,d2=8;
    XCD x(p1,d1), y(p2,d2);
    cout<<strlen(x.Geta())+y.Getb()<<endl;
    return 0;
}
```

3. 以下程序的运行结果是________。

```
#include<iostream>
using namespace std;
class XCF{
    int a;
public:
    XCF(int aa=0):a(aa){cout<<"1";}
    XCF(XCF &x){ a=x.a;cout<<"2";}
    ~XCF(){ cout<<a; }
    int Geta() {return a; }
};
int main()
{   XCF d1(5),d2(d1);
    XCF *pd=new XCF(8);
    cout<<pd->Geta ();
    delete pd;
    return 0;
}
```

4. 以下程序的运行结果是________。

```
#include<iostream>
using namespace std;
class ONE{
    int c;
public:
```

```
    ONE( ):c(0){cout << 1;}
    ONE( int n):c(n){cout << 2;}
};
class TWO{
    ONE one1;
    ONE one2;
public:
    TWO(int m):one2(m){cout << 3;}
};
int main()
{   TWO t(4);
    return 0;
}
```

5. 以下程序的输出结果是________。

```
#include <iostream>
using namespace std;
class Arr
{   int a[10], len;
public:
    Arr (int *p, int n = 10)
    {   len = n;
        for(int i = 0;i < len;i++)   a[i] = p[i];
    }
    int MaxArr()
    {   int max = a[0];
        for(int i = 1;i < len;i++)
            if(max < a[i])   max = a[i];
        return max;
    }
    int MaxArr(int n)
    {   int max = a[0];
        for(int i = 1;i < n;i++)
            if(max < a[i])   max = a[i];
        return max;
}
    int MaxArr(unsigned n)     {    return a[n];   }
};
int main()
{   int a1[10] = {6,8,10,4,2,7,5,9,17,3}, a2[5] = {10,4,2,7,5};
    Arr arr1(a1), arr2(a2,5);
    cout << arr1.MaxArr ()<< endl;
    cout << arr2.MaxArr (4)<< endl;
    cout << arr2.MaxArr (4u)<< endl;
    return 0;
}
```

6. 下列程序的输出结果是________。

```
#include <iostream>
#include <string>
```

```
using namespace std;
class X{
    char * a;
public:
    X(char * aa = "abc")
    {   a = new char[strlen(aa) + 1];
        strcpy(a,aa);
    }
    ~X() { cout << a <<"被释放"<< endl;  delete[ ]a; }
    char * Geta()  {   return a ;  }
};
int main(void)
{   char * p1 = "1234";
    X s1,s2(p1);
    cout << s1.Geta()<< s2.Geta()<< endl;
    return 0;
}
```

7. 下列程序的输出结果是________。

```
#include < iostream >
using namespace std;
class Con
{   char ID;
public:
    char getID()
    {   return ID;  }
    Con(){   ID = 'A';  cout << 1;  }
    Con (char id){   ID = id;  cout << 2;  }
    Con(Con& c){   ID = c.getID();  cout << 3;  }
};
void show(Con c)
{   cout << c.getID();  }
int main()
{   Con c1;
    show(c1);
    Con c2('B');
    show(c2);
    return 0;
}
```

8. 下列程序的输出结果是________。

```
#include < iostream >
#include < string >
using namespace std;
class STR
{   char * p;
public:
    STR(char * s){   p = new char[strlen(s) + 1]; strcpy(p,s);  }
    void move(char &t1, char &t2){ char t; t = t1; t1 = t2;t2 = t;}
    void fun();
```

```
    void print(){cout << p << endl;}
    ~STR(){   if(p) delete []p;
    }
};
void STR ::fun()
{   int i = 0,j;
    while( * (p + i))
    {       if(!( * (p + i)> = '0'&& * (p + i)< = '9'))
        {   j = i;
            while(j > 0&&( * (p + j - 1)> = '0'&& * (p + j - 1)< = '9'))
            {   move( * (p + j - 1),  * (p + j));
                j -- ;
            }
        }
        i++;
    }
}
int main()
{   STR str("3AB45C");
    str.fun();
    str.print();
    return 0;
}
```

三、编程题

1. 建立一个数组类 ARR,求一个整型数组所有元素中的最大值及该最大值在数组中的序号(从 1 开始),具体要求如下:

(1) 私有数据成员。

- int n:数组实际元素个数。
- int a[100]:存放数组元素。
- int max, maxindex:存放整型数组元素中的最大值及最大值的序号。

(2) 公有成员函数。

- ARR(int x[ ], int size):构造函数,用参数 size 初始化 n,用 x 数组初始化 a 数组。
- void FindMax( ):求整型数组元素中的最大值及最大值的序号。
- void Show( ):将数组元素以每行 5 个数的形式输出到屏幕上,同时输出数组中元素的最大值及最大值的序号。

(3) 在主函数中完成对该类的测试,定义一个整型数组 b[ ]={3,4,6,8,10,34,2},定义一个 ARR 类的对象 arr,用 b 数组及其元素个数初始化该对象,求其最大值及最大值的序号,并输出程序的运行结果。

程序的运行结果应为:

```
3   4   6   8   10
34   2
max = 34          maxindex = 6
```

2. 试定义一个类 NUM,求 100 以内所有的无暇素数。所谓无暇素数是指一个两位整数,其本身是素数,其逆序数也是素数。例如,17 是素数,17 的逆序数是 71,17 和 71 都是素数，所以 17 和 71 都是无暇素数。具体要求如下：

（1）私有数据成员。

- int a[20]；整型数组，用来存储 100 以内的无暇素数。
- int count；整型变量，记录找到的无暇素数的个数。

（2）公有成员函数。

- NUM()；构造函数，将 count 初始化为 0。
- int reverse(int n)；求取并返回 n 的逆序数。
- int isPrime(int n)；判断 n 是否为素数，若是素数返回 1，否则返回 0。
- void fun()；求 100 以内的所有无暇素数并存储在数组 a 中。
- void print()；输出 100 以内的无暇素数的个数和大小。

（3）在主函数中对 NUM 类进行测试。

输出示例：

```
count = 9
11  13  17  31  37  71  73  79  97
```

3. 试定义一个类 ARRAY，实现对一维整型数组的排序。排序的规则如下：将一维数组中各元素按其各位的数字之和从小到大排序。具体要求如下：

（1）私有数据成员。

- int a[100]；待排序的数组。
- int n；数组中元素的个数。

（2）公有成员函数。

- ARRAY(int t[], int m)；构造函数，利用参数 t 初始化成员 a，参数 m 为数组 t 中元素的个数，用参数 m 初始化成员 n；
- int sum(int x)；求整数 x 的各位数字之和，并返回该值，此函数供成员函数 fun()调用；
- void fun()；按要求对数组 a 的元素排序；
- void print()；输出数组 a 的所有元素。

（3）在主函数中对该类进行测试。

要求输出的结果如下：

排序前的数组为：297，735，624，158，312，900

排序后的数组为：312，900，624，158，735，297

4. 有 16 个数：1,2,2,3,4,4,5,6,6,7,8,8,8,9,10,10，已按由小到大的顺序排好，存于数组 a 中，试建立一个类 ARR，完成将其中相同的数删得只剩一个。经删除后，a 数组中的内容为{1,2,3,4,5,6,7,8,9,10}，具体要求如下：

（1）私有数据成员。

- int n：数组实际元素个数。
- int a[100]：存放原始数组及结果数组。

(2) 公有成员函数。

- ARR(int x[ ], int size)：构造函数，用 size 初始化 n，用 x 初始化 a 数组。
- void delsame()：完成数组 a 中相同元素的删除工作。
- void show()：将结果数组以每行 5 个数的形式输出到屏幕上。

(3) 在主程序中定义数组 int b[16]，初值如上。定义一个类 ARR 的对象 v，用数组 b 及数组元素的个数初始化该对象，然后按上述要求完成对该类的测试。

第 11 章　静态成员与友元

11.1　静 态 成 员

类是类型而不是数据对象，每个类的对象都是该类数据成员的拷贝，系统会为每个对象分配独立的空间，同一个类的不同对象，其成员数据是互相独立的。

如果将类的某一个成员数据的存储类型指定为静态类型时，这个成员数据就为各对象所共有，在内存中只占一份空间，它的值对所有的对象都是一样的，所有对象都可以引用它，相当于是类中的"公用数据"。

例如，在三角形类中，如果添加一个公有的静态成员数据，代表"已存在"的三角形类对象的"个数"，每创建一个对象，个数加 1，这个成员数据对所有的对象都应该是一致的。

【例 11.1】 改写三角形类 Tri，添加一个静态数据成员，表示已创建的三角形类对象的个数。

算法分析：创建三角形类的对象就是根据类的定义创建具体的三角形。在类的定义中添加一个"公共数据"，存储具体的三角形对象的个数。用静态数据成员 n 表示这个数据，初值为 0，每构造一个对象，n 的值加 1。

源程序如下：

```
#include <iostream>
using namespace std;
class  Tri                              //类名
{
    private:
        double  a,b,c ;                 //三个私有成员数据,表示三角形的三边
    public:
        static int n;                   //公有静态成员数据,表示已建立的三角形对象的个数
        Tri(double x, double y, double z)
        {   a = x;    b = y;    c = z;
            n++;                        //每构造一个对象,对象个数加 1
            cout <<"构造第"<< n <<"个对象, 三角形边长为"<< a <<'\t'<< b <<'\t'<< c << endl;
        }
};
int Tri:: n;                            //静态数据成员必须在类体外初始化, 默认的初值为 0
int main()
{   Tri  tria(3,4,5);                   //创建对象 tria
    Tri  trib(5,5,5);                   //创建对象 trib
```

```
    cout <<"对象个数共为: "<< Tri::n << endl;    //可以直接通过类名引用静态成员数据
    return 0;
}
```

程序的运行结果如下：

```
构造第 1 个对象,三角形边长为 3    4    5
构造第 2 个对象,三角形边长为 5    5    5
对象个数共为: 2
```

说明：

(1) 在类中,静态成员数据的空间是公共的、唯一的,属于所有同类对象,如图 11.1 所示。

图 11.1　静态成员数据存储示意图

这个公共空间可以用对象名引用,如 tria.n、trib.n,也可以直接用类名引用 Tri::n。

(2) 静态成员数据必须要在类体外进行初始化说明,初始化的格式为：

```
数据类型  类名::静态成员数据名 = 初值;
```

如果不赋初值,系统默认初值为 0。

(3) 静态成员数据受类的访问权限限制。例如,可以将静态成员数据声明为 private,此时,在类外不能访问该成员。

(4) 静态成员数据属于类,被所有对象共享,定义了类以后,即使还没有创建对象,类的静态成员数据就已经存在,并且可以被访问。

11.2　静态成员函数

类的成员函数也可以定义为静态的,方法是在类体中的函数声明前加上 static,形式如下：

```
static 类型名  函数名(<参数列表>);
```

例如,在例 11.1 中,如果把三角形类的静态成员数据 n 的访问权限声明为私有,在 main 函数中就不能直接调用,需要在类体中定义一个公有的静态成员函数,用于输出对象个数。

【例 11.2】 静态成员函数的应用。

```
#include <iostream>
using namespace std;
class  Tri                              //类名
```

```
{
    private:
        double  a,b,c ;                     //三个私有成员数据,表示三角形的三边
        static int n;                       //私有静态成员数据
    public:
        Tri(double x, double y, double z)
        {   a = x;    b = y;    c = z;
            n++;                            //每构造一个对象,对象个数加 1
            cout <<"构造第"<< n <<"个对象, 三角形边长为"<< a <<'\t'<< b <<'\t'<< c << endl;
        }
        static void Show()                  //公有静态成员函数,输出静态成员数据 n
        {   cout <<"已创建的对象个数:  "<< n << endl;     }
};
int Tri:: n;                                //静态数据成员必须在类体外初始化, 默认的初值为 0
int main()
{   Tri  tria(3,4,5);                       //创建对象 tria
    Tri  trib(5,5,5);                       //创建对象 trib
    Tri::Show();                            //直接通过类名调用静态成员函数
    return 0;
}
```

程序的运行结果如下:

```
构造第 1 个对象,三角形边长为 3     4     5
构造第 2 个对象,三角形边长为 5     5     5
已创建的对象个数:  2
```

说明:

(1) 静态成员函数是专门操作静态成员数据的成员函数,与具体的对象无关,没有 this 指针,只能直接引用静态成员数据。

(2) 静态成员函数可以用对象名调用,如 tria. Show(),也可以直接用类名调用,如 Tri::Show()。

(3) 静态成员函数属于类,在定义了类以后,即使还没有创建对象,类的静态成员函数也可以被访问。

11.3 友元函数

11.3.1 普通函数声明为类的友元函数

类将数据和处理数据的代码封装成一个整体,便于复杂程序的设计和调试。封装将类中的保护(protected)和私有(private)数据"屏蔽"起来,不允许类外的函数访问。但是,有时候类外的某个普通函数需要直接访问类的保护或私有的成员数据。当然,可以把这些成员数据的访问权限改为公有(public)的,但这样一来,任何函数都可以无约束地访问它们,破坏了类的信息隐藏特性。在这种情况下,可以不改变类中成员的访问权限,而把要访问类的保护或私有成员的个别函数声明为该类的友元函数。只有声明为友元函数的外部函数可以

访问类中保护或私有的成员数据,而其他外部函数则不能。

声明一个普通函数为一个类的友元函数的方法是:在类的定义中加入该函数的函数原型,并将关键字 friend 放到函数原型前面。形式如下:

```
class 类名
{    …
     friend 函数类型 函数名(<参数列表>);   //在类体中声明类的友元函数
     …
};
```

【例 11.3】 友元函数的简单例子。

```
#include<iostream>
using namespace std;
class Tri
{
    double a,b,c;
public:
    Tri(double x, double y, double z)
    {    a=x;    b=y;    c=z;    }
    friend void Display(Tri &t)
    {    cout<<"输出三角形三边:\n";
         cout<<t.a<<'\t'<<t.b<<'\t'<<t.c<<endl;
    }
};
int main()
{   Tri t1(3,4,5);
    Display(t1);
    return 0;
}
```

程序的运行结果如下:

```
输出三角形三边:
3        4        5
```

注意:Display 是类外的函数,并不是类中的成员函数。在正常情况下,该函数不能引用类中的私有成员数据 a、b、c。但是将该函数说明成类 Tri 的友元函数后,就可以直接引用类中的私有成员数据了。

说明:

(1) 友元函数是类外的函数,不是相应类的成员函数,没有类体中的 this 指针,需要用对象名.成员名的形式访问类中的成员数据,同时,其形参一般是对象的引用形式,如例 11.3 中的 Tri&。

(2) 友元函数在类中声明的位置可以在 public、private 和 protected 区域中的任一个,它不受类的访问权限的影响。

11.3.2 其他类的成员函数声明为类的友元函数

一个类的友元函数不仅可以是普通函数,还可以是另一个类中的成员函数。换句话说,如果将类B中的某个成员函数声明为类A中的友元函数，那么，在这个成员函数中就可以自由引用类A中的所有成员，相当于类A对象的所有成员对这个函数是“敞开”的。

在类A中声明类B的成员函数为类A的友元函数的形式是：

```
class A
{    …
     friend 函数类型 B::成员函数名(<参数列表>);
     …
};
```

注意，在书写程序时，首先要定义类B，然后再定义类A。类B中有些成员函数要引用到类A中的成员，这些成员函数只能在类B中声明，其完整的函数体必须放在类A的定义之后。同时，在定义类B前对类A要作提前声明。

【例11.4】 利用成员函数作为友元函数，求底面积不同的圆柱体的体积。

算法分析：假设圆柱体半径为 r，高为 h，圆柱体体积的公式是 $v=\pi\times r\times r\times h$。

按照前面的叙述，类B为圆柱体Volume类，类A为圆形Circle类。在类Volume中定义一个成员函数Cal()，计算以圆形为底的圆柱体的体积。由于计算时要用到圆形Circle类的私有成员数据半径r，所以，将圆柱体类Volume的成员函数Cal()定义为类Circle的友元函数。

源程序如下：

```
#include <iostream>
using namespace std;
class Circle;                              //首先,对类A提前声明
class Volume                               //圆柱体类,相当于类B
{
    double h;                              //圆柱体高
public:
    Volume(double high){h = high;}         //构造函数,初始化圆柱体的高
    void Cal(Circle &c);                   //计算体积,类A的友元,只能在此声明,不能有完整定义
};
class Circle                               //圆形类,相当于类A
{
    double r;                              //圆形半径
public:
    Circle(double a){r = a;}               //构造函数,初始化圆形半径
    friend  void Volume::Cal(Circle &c);   //类A的友元,类B的成员,在类A体内只能声明
};
void Volume::Cal(Circle &c)                //类A的友元,类B的成员,在类A体外完整定义
{   double v = 3.1415926 * c.r * c.r * h;
    cout << "半径为" << c.r << "的圆柱体的体积是:" << v << endl;
}
int main()
{   Circle c1(2), c2(3);
    Volume v(2);
    v.Cal(c1);                             //求圆形对象c1的体积
    v.Cal(c2);                             //求圆形对象c2的体积
    return 0;
}
```

程序的运行结果如下：

```
半径为 2 的圆柱体的体积是: 25.1327
半径为 3 的圆柱体的体积是: 56.5487
```

11.4 友 元 类

除了函数可以成为类的友元外，另一个类也可以成为某个类的友元，这时称另一个类为这个类的友元类。友元类可以自由引用这个类的所有成员。同样，需要在这个类中声明友元类。例如，类 B 是类 A 的友元类，则需在类 A 中声明类 B，形式如下：

```
class A
{    …
     friend class B;
     …
};
```

一般先定义类 A，再定义类 B，同时对类 B 要作提前声明。

【例 11.5】 改写例 11.4，将圆柱体类 Volume 作为圆形类 Circle 的友元类，求底面积不同的圆柱体的体积。

算法分析：按照前面的叙述，类 B 为圆柱体 Volume 类，类 A 为圆形 Circle 类。将 Volume 类定义成 Circle 类的友元类，则在 Volume 类中就可以使用 Circle 类中的私有成员数据或函数了。

源程序如下：

```
#include<iostream>
using namespace std;
class Volume;                              //首先,声明类 B
class Circle                               //圆形类,相当于类 A
{
    double r;
public:
    Circle(double a){r = a;}
    friend class Volume;                   //类 B 是类 A 的友元类
};
class Volume                               //圆柱体类,相当于类 B
{
    double h;
public:
    Volume(double high){h = high;}
    void Cal(Circle &c)                    //自由引用类 A 中的私有数据成员
    {   double v = 3.1415926 * c.r * c.r * h;
        cout <<"半径为"<< c.r <<"的圆柱体的体积是: "<< v << endl;
    }
};
int main()
```

```
{    Circle c1(2), c2(3);
     Volume v(2);
     v.Cal(c1);
     v.Cal(c2);
     return 0;
}
```

程序运行后的结果和例 11.4 完全相同。

说明:

(1) 友元的关系是单向的而不是双向的。例 11.5 声明了 Volume 类是 Circle 类的友元类,不等于 Circle 类也是 Volume 类的友元类。

(2) 友元的关系不能传递。如果类 B 是类 A 的友元类,类 C 是类 B 的友元类,不等于类 C 是类 A 的友元类。

练 习 题

一、选择题

1. 有如下类定义:

```
class Point{
private:
    static int how_many;
};
________ how_many = 0;
```

要初始化 Point 类的静态成员 how_many,下画线处应填入的内容是________。

A. int　　B. static int　　C. int Point::　　D. static int Point::

2. 已知类 MyClass 的定义如下:

```
class MyClass{
public:
    void function1(MyClass &c){ cout << c.data; }
    static void function2(MyClass &c){ cout << c.data; }
    void function3(){ cout << data; }
    static void function4(){ cout << data; }
private:
    int data;
};
```

其中有编译错误的是________。

A. function1　　B. function2　　C. function3　　D. function4

二、填空题

1. 下列程序的输出结果是________。

```
#include <iostream>
using namespace std;
class XA
{    int a;
```

```
public:
     static int b;
     XA(int aa):a(aa){b++;}
     int getA(){ return a;}
};
int XA::b = 0;
int main()
{    XA d1(4),d2(5);
     cout << d1.getA () + d2.getA () + XA::b + d1.b << endl;
     return 0;
}
```

2. 下列程序的输出结果是________。

```
#include < iostream >
using namespace std;
class A{
public:
     static int s;
     A(){s++;};
     ~A(){};
     void SetValue(int );
};
int A::s;
void A::SetValue(int val){   s = val;}
int main()
{    A a[3], *p;
     p = a;
     for(int k = 0; k < 3; k++)
     {    p -> SetValue(k + 1);
          p++;
     }
     cout << A::s << endl;
     return 0;
}
```

3. 下列程序的输出结果是________。

```
#include < iostream >
using namespace std;
class Sample
{    int x;
public:
     Sample(){}
     void setx(int i){x = i;}
     friend int fun(Sample B[ ], int n)
     {    int m = 0;
          for(int i = 0;i < n;i++)
               if(B[i].x > m) m = B[i].x;
          return m;
     }
};
```

```
int main()
{    Sample A[10];
     int Arr[] = {90,87,42,78,97,84,60,55,78,65};
     for(int i = 0; i<10;i++)
         A[i].setx(Arr[i]);
     cout << fun(A, 10)<< endl;
     return 0;
}
```

4. 下列程序的输出结果是________。

```
#include <iostream>
using namespace std;
class B;
class A{
     int i;
public:
     A(int x)   {i = x;}
     int set(B&);
     int get(){return i;}
};
class B
{    int i;
public:
     B(int x){i = x;}
     friend A;
};
int A::set(B &b)
{    return i = b.i;}
int main()
{    A  a(1);
     B  b(2);
     cout << a.get()<<" , ";
     a.set(b);
     cout << a.get()<< endl;
     return 0;
}
```

第 12 章　运算符重载

12.1　运算符重载的概念

重载是面向对象程序设计的基本特点之一。重载就是重新赋予新的涵义的意思。函数重载就是在已有函数的基础上,使用相同的函数名和不同的函数参数重新实现不同的功能,这样,相同的函数名可以代表不同的操作,也就是“一名多用”。

加、减、乘、除、大于、小于等运算符也可以重载,也就是说,针对不同数据类型的运算调用不同的操作规则。实际上,C++系统已经重载了基本数据类型的运算符,因此,在进行基本数据类型(如 int、float、double 等)的运算时,可以直接使用“+”“-”“>”等运算符,而不去考虑系统内部为解释这些运算符所调用的操作代码。

例如,有以下语句:

```
int a = 3, b = 5, c;
c = a + b;                        //A
```

C++系统在执行到 A 行时,完成的是(int)=(int)+(int);运算,即将两个整型数变量的内容相加,结果赋值给另外一个整型数变量。

再看下列语句:

```
double x = 3.0, y = 6.5,  z;
z = x + y;                        //B
```

C++系统在执行到 B 行时,完成的是(double)=(double)+(double);运算,即将两个双精度型变量的内容相加,结果赋值给另一个双精度型变量。

我们知道,整型数的存储格式与双精度数的存储格式不同,所以整型数加法执行的操作步骤当然与双精度数加法执行的操作步骤不同。同样是“+”这个符号,整型数加法执行的是一段代码,双精度数加法执行的是另外一段不同的代码,这实际上就是“+”这个运算符的重载,只不过这个重载是 C++系统已经编写好的,系统会根据“+”运算符左右的参数类型,自动调用相应的重载函数,完成不同的操作步骤。

运算符重载就是赋予已有的运算符多重含义。C++允许用户重新定义运算符,使它能够用于特定类的对象,执行特定的功能。例如有下列程序:

```
Tri  tria(3,4,5), trib(5,5,5), tric;
tric = tria + trib;              //C
```

C行描述的就是两对象相加。在C++系统中，“＋”运算符并不支持对象相加，或者说，C++系统并没有编写两个三角形类对象相加的重载函数。但是，C++允许用户重新定义“＋”，也就是允许用户编写“＋”运算符的重载函数，使它可以完成三角形类对象的相加，至于三角形对象的加法具体执行的是边长相加还是面积相加，是由用户编写的重载程序决定的。

运算符的重载与一般函数的重载有很大不同，它的调用是隐含的，且其格式是固定的。换句话说，重载运算符函数的名称和参数类型、个数等都是系统规定好的。只有按照系统认可的格式编写重载运算符函数，编译器才能在出现运算符时，根据具体的运算对象的类型，“隐含”调用合适的重载函数。

C++语言规定：

(1) 只能对已有的运算符重载，不能增加新的运算符。

(2) 不是所有的运算符都允许重载，允许重载的运算符如表12.1所示。

表12.1　C++允许重载的运算符

<table>
<tr><th>名　称</th><th>符　号</th></tr>
<tr><td>双目算术运算符</td><td>＋(加)，－(减)，*(乘)，/(除)，%(余数)</td></tr>
<tr><td>关系运算符</td><td>＝＝(等于)，!＝(不等于)，＜(小于)，＞(大于)，＜＝(小于等于)，＞＝(大于等于)</td></tr>
<tr><td>逻辑运算符</td><td>||(逻辑或)，&&(逻辑与)，!(逻辑非)</td></tr>
<tr><td>单目运算符</td><td>＋(正)，－(负)，*(指针)，&(取地址)</td></tr>
<tr><td>自增自减运算符</td><td>＋＋(自增)，－－(自减)</td></tr>
<tr><td>位运算符</td><td>|(按位或)，&(按位与)，～(按位取反)，^(按位异或)，＜＜(左移)，＞＞(右移)</td></tr>
<tr><td>赋值运算符</td><td>＝，＋＝，－＝，*＝，/＝，%＝，|＝，&＝，^＝，＜＜＝，＞＞＝</td></tr>
<tr><td>空间申请与释放</td><td>new，delete，new[]，delete[]</td></tr>
<tr><td>其他运算符</td><td>()(函数调用)，－＞(成员访问)，－＞*(指针成员访问)，，(逗号)，[](下标)</td></tr>
</table>

(3) 重载的运算符仍保持原先系统规定的优先级和结合性。例如，若同时重载了“＋”(加法)和“*”(乘法)运算符，则运算符“*”的优先级仍高于运算符“＋”的优先级，且结合性不变。

(4) 运算符重载不能改变运算符运算对象(即操作数)的个数。如关系运算符“＞”“＜”等是双目运算符，重载后仍为双目运算符，需要两个参数。

(5) 不能重载的运算符有如下几个。

?:　　　(不支持三目运算符重载)

.　　　　(成员运算符不能重载)

.*　　　(成员指针运算符不能重载)

::　　　(作用域限定运算符不能重载)

sizeof　(字节个数运算符不能重载)

运算符重载主要应用于用户自定义类的对象的运算，因此要求至少有一个参数是类的对象。运算符重载一般有两种形式：一种是类的成员函数的形式；另一种是类的友元函数的形式。

12.2 运算符重载为成员函数

12.2.1 双目运算符重载为成员函数

运算符重载为类的成员函数时，同一般的类的成员函数一样，运算符重载函数也通过类的对象调用。在这种情况下，运算符重载函数可以通过 this 指针直接操作对象的成员数据，这个 this 指针就是类的对象传递给运算符函数的隐含参数。

在类中声明的格式如下：

```
<类名> operator <运算符>(<参数表>);
```

其中，operator 是关键字，表明该函数是运算符的重载函数。引用该运算符重载函数的类对象是第一操作数，参数表中的参数是第二操作数。例如，在三角形类体中声明的重载"+"运算符的成员函数格式说明如图 12.1 所示。

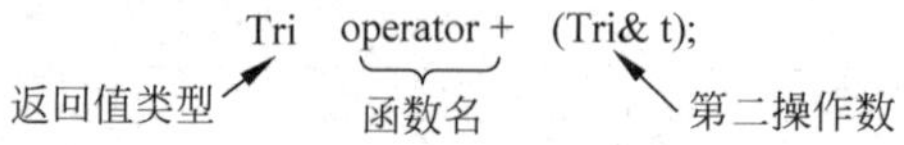

图 12.1 运算符重载为成员函数格式说明

在程序中这样使用运算符"+"：

```
Tri tria(3,4,5), trib(5,5,5),tric;
tric = tria + trib;      //调用重载函数,重新解释了加法,相当于 tric = tria.operator + (trib);
```

程序语句说明如图 12.2 所示。

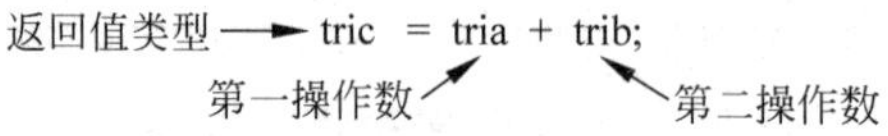

图 12.2 对运算符重载函数的"隐式"调用

编译系统对"隐式"调用的解释如图 12.3 所示。

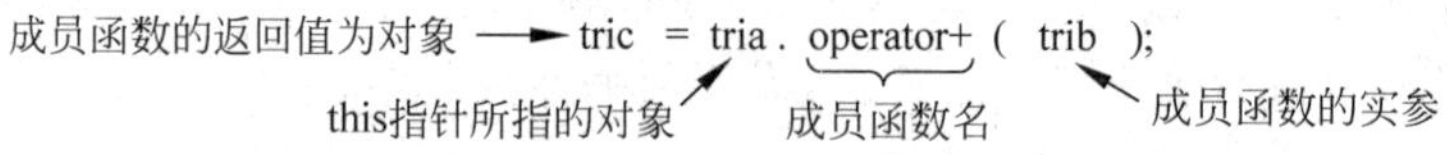

图 12.3 编译器对运算符重载函数的解释

由图 12.1 可以看出，虽然运算符"+"涉及的是左右两个操作数，但是这两个操作数在调用重载函数的过程中所起的作用是完全不同的。实际上是第一个操作数调用第二个操作数。第一个操作数是对象的主体，第二个操作数是函数的实参。

下面通过复数类的运算具体说明运算符重载函数的实现。

复数的运算规则如下：

设 $z_1=a+bi, z_2=c+di$ 是任意两个复数，则

$$z_1+z_2=(a+bi)+(c+di)=(a+c)+(b+d)i$$

$$z_1-z_2=(a+bi)-(c+di)=(a-c)+(b-d)i$$

$$z_1\times z_2=(a+bi)(c+di)=(ac-bd)+(bc+ad)i$$

【例 12.1】 将“+”运算符重载为复数类的成员函数,完成复数的加法运算。

算法分析:首先定义一个由实部和虚部组成的复数类,在类中定义重载运算符“+”的成员函数。在这个重载加法的函数中,对两个对象的实部和虚部分别相加,完成两个复数对象的加法。由于相加后的结果需要返回赋值,故该重载函数的返回值类型仍然是复数类型。

源程序如下:

```
#include <iostream>
using namespace std;
class Complex                           //复数类
{
    double real;                        //实部
    double image;                       //虚部
public:
    Complex(double x = 0,double y = 0);   //构造函数,用 x、y 初始化实部、虚部
    Complex operator + (Complex &com );   //重载" + "运算符,实现复数对象的加法
    void Show();                        //输出复数对象
};
Complex::Complex(double x, double y)
{   real = x;
    image = y;
}
Complex Complex::operator  + (Complex &com)
{   Complex sum;                        //定义一个复数对象表示加法的和
    sum.real = real + com.real;         //实部相加
    sum.image = image + com.image;      //虚部相加
    return sum;                         //返回加法的和
}
void Complex::Show()
{   cout << real <<" + "<< image <<"i"<< endl; }
int main()
{   Complex com1(2,3),com2(3,4),com3;
    cout <<"com1 = ";   com1.Show ();
    cout <<"com2 = ";   com2.Show ();
    com3 = com1 + com2;             //调用重载运算符函数,相当于 com3 = com1.operator + (com2);
    cout <<"运行: com3 = com1 + com2\n";
    cout <<"com3 = ";   com3.Show();
    return 0;
}
```

程序的运行结果如下:

```
com1 = 2 + 3i
com2 = 3 + 4i
运行: com3 = com1 + com2
com3 = 5 + 7i
```

说明:

在运算符重载函数中,语句:

```
sum.real = real + com.real;              //实部相加
sum.image = image + com.image;           //虚部相加
```

又可以写成：

```
sum.real = this->real + com.real;        //实部相加
sum.image = this->image + com.image;     //虚部相加
```

main 函数中调用重载运算符函数的语句是 com3＝com1＋com2;。

编译器实际执行的是 com3＝com1.operator＋(com2);。

在这里,com1 作为对象主体,也就是成员函数中 this 指针所指的对象,com2 作为实参,也是形参的引用,实际上实参、形参是一个实体,两个名字,所以调用重载运算符成员函数,实际执行的语句是：

```
sum.real = com1.real + com2.real;        //实部相加
sum.image = com1.image + com2.image;     //虚部相加
```

这样,就实现了复数对象的加法。

同样的道理,也可以重载"－"(减法)、"＊"(乘法)运算符,实现复数对象的直接算术运算,读者可自行练习。

12.2.2 单目运算符重载为成员函数

双目运算符是具有两个操作数的运算符,如"＋"(加),"－"(减),"＊"(乘),"＞"(大于)……单目运算符是只有一个操作数的运算符,如"＋＋""－－"等。

双目运算符重载为成员函数时是第一操作数调用第二操作数,而单目运算符重载为成员函数时就是操作数对象自身调用,没有参数,也就是说不存在第二操作数。其在类中声明的格式如下：

```
<类名> operator <运算符>();
```

例如,在复数类中声明重载自增运算符"＋＋"的成员函数为：

```
Complex operator++();
```

在程序中可以这样使用自增运算符：

```
Complex   com;
++com;
```

相当于

```
com.operator++();
```

即对象本身调用了自身的成员函数,com 也就是成员函数内 this 指针所指向的对象。

【例 12.2】 将单目运算符"＋＋"重载为复数类的成员函数,完成复数的自增运算。

算法分析：复数的自增运算没有具体的定义。为了说明重载运算符函数的执行过程,本书将其定义为实部和虚部分别自增。由于对象自增运算后有可能运算或赋值,故该重载函数的返回值类型依然是复数类型。

源程序如下：

```
#include<iostream>
using namespace std;
class Complex                          //复数类
{
    double real;                       //实部
    double image;                      //虚部
public:
    Complex(double x = 0,double y = 0);    //构造函数,用x、y初始化实部、虚部
    Complex operator++();              //重载"++"运算符,实现复数对象的自增运算
    void Show();                       //输出复数对象
};
//……成员函数Complex()与Show()略 见例12.1同名函数
Complex Complex::operator ++()
{   ++real;                            //实部自增
    ++image;                           //虚部自增
    return *this;                      //返回自增后的对象本身
}
int main()
{   Complex com(2,3);
    cout <<"com = ";   com.Show ();
    ++com;                             //调用重载运算符函数,相当于com.operator++();
    cout <<"运行: ++com\n";
    cout <<"com = ";   com.Show();
    return 0;
}
```

程序的运行结果如下：

```
com = 2 + 3i
运行: ++com
com = 3 + 4i
```

说明：

源程序中的重载运算符“++”的函数又可以写成：

```
Complex Complex::operator ++()
{   ++this->real;                      //实部自增
    ++this->image;                     //虚部自增
    return *this;                      //返回自增后的对象本身
}
```

main函数中调用重载运算符函数的语句是++com;。

编译器实际执行的是com.operator++( );。

在这里,com作为对象主体,也就是成员函数中this指针所指的对象,所以调用重载运算符成员函数,实际执行的语句是：

```
++com.real;                            //实部自增
++com.image;                           //虚部自增
```

```
return com;                              //返回自增后的对象本身
```

这样,就实现了复数对象 com 的自增运算。

但是,自增或自减运算符有前置和后置之分,如++com;和 com++;,虽然对于对象本身来说运算符的前置和后置没有区别,但是与赋值运算符连接起来,例如:

```
com2 = ++com1;                           //++前置,先自加再赋值
com2 = com1++;                           //++后置,先赋值后自加
```

自加运算符在这两条语句中所起的作用是不一样的。

为了区别重载时自加或自减运算符的前置和后置的问题,C++在运算符函数的参数列表上作了"特殊"的规定来进行区分。

重载前置自加或自减运算符时,参数列表不变,即成员函数没有参数,也就是例 12.2 的形式,在类体中的声明为:

```
Complex operator++();
```

重载后置自加或自减运算符时,成员函数要带一个整型参数(这是一个伪参数,不参与运算,其唯一的作用就是将该函数与前置运算符函数分开)。在类体中的声明为:

```
Complex operator++( int );
```

编译器遇到后置自加或自减运算符,就自动调用带整型参数的重载函数,完成函数内规定的操作。

【例 12.3】 将前置与后置自加运算符重载为复数类的成员函数。

算法分析:在例 12.2 的基础上添加重载后置自加运算符的成员函数并进行验证。

源程序如下:

```
#include<iostream>
using namespace std;
class Complex                            //复数类
{
    double real;                         //实部
    double image;                        //虚部
public:
    Complex(double x = 0,double y = 0);  //构造函数,用 x、y 初始化实部、虚部
    Complex operator++();                //重载"++"前置运算符
    Complex operator++(int);             //重载"++"后置运算符
    void Show();                         //输出复数对象
};
//……成员函数 Complex(),Show()略 见例 12.1 同名函数
//……成员函数 Complex operator++()略 见例 12.2 同名函数
Complex Complex::operator ++(int)         //后置"++"运算符重载,先赋值后自加
{   Complex com = *this;                 //创建复数对象,将未自加的对象赋值
    real++;
    image++;                             //对象实部、虚部自加
    return com;                          //返回未自加前的复数对象
}
int main()
```

```
{   Complex com1(2,3),com2,com3;
    cout <<"com1 = ";     com1.Show();
    cout <<"运行 com2 = ++com1"<< endl;
    com2 = ++com1;                   //调用前置重载运算符函数,相当于 com1.operator++();
    cout <<"com1 = ";     com1.Show();
    cout <<"com2 = ";     com2.Show();
    cout <<"运行 com3 = com1++"<< endl;
    com3 = com1++;                   //调用后置重载运算符函数,相当于 com1.operator++(int);
    cout <<"com1 = ";     com1.Show();
    cout <<"com3 = ";     com3.Show();
    return 0;
}
```

程序的运行结果如下：

```
com1 = 2 + 3i
运行 com2 = ++com1
com1 = 3 + 4i
com2 = 3 + 4i
运行 com3 = com1++
com1 = 4 + 5i
com3 = 3 + 4i
```

12.2.3 赋值运算符重载为成员函数

赋值运算符的种类很多,如"＋＝""－＝""％＝""＝"等,分为复合的赋值运算符(如"＋＝"等)和一般的赋值运算符("＝")两种。

1. 复合的赋值运算符重载函数

复合的赋值运算符可以重载为成员函数和友元函数。重载为成员函数时的格式与双目运算符类似,也是运算符左边的操作数调用右边的操作数,不同的是运算后左边的操作数被重新赋值,如果有函数返回值的话,应该返回调用对象本身。

例如,在复数类体中声明的重载"＋＝"运算符的成员函数格式说明如图 12.4 所示。

返回被赋值对象本身 ——► Complex& operator+= (Complex &com)
函数名　第二操作数

图 12.4 "＋＝"运算符重载为成员函数格式说明

在程序中这样使用运算符"＋＝"：

```
Complex com1(2,3),com2(3,4);
com1 += com2;                    //调用重载运算符函数,相当于 com1.operator += (com2);
```

编译系统对"隐式"调用的解释如图 12.5 所示。

由此可见,函数的返回值就是被赋值对象的本身,也就是函数调用时 this 指针所指向的对象 com1,故函数的返回值类型是对象的引用。

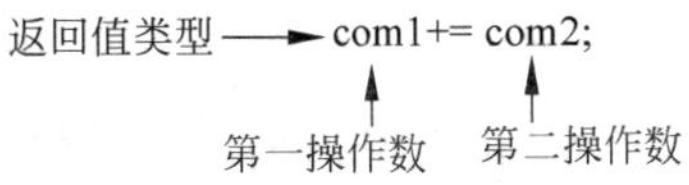

返回值类型 ——► com1+= com2;
第一操作数　第二操作数

图 12.5 对"＋＝"运算符重载函数的"隐式"调用

作为"+="运算符重载函数,编译器的实际执行如图 12.6 所示。

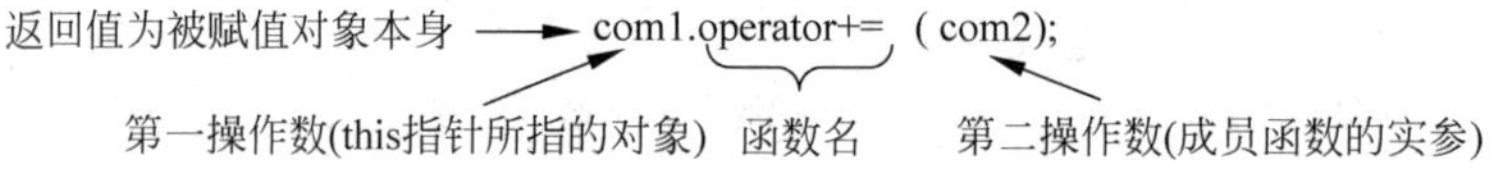

返回值为被赋值对象本身 → com1.operator+= (com2);
第一操作数(this指针所指的对象) 函数名 第二操作数(成员函数的实参)

图 12.6 编译器对"+="运算符重载函数的解释

【例 12.4】 将复合的赋值运算符"+="重载为复数类的成员函数。

算法分析:复合的赋值运算符属于双目运算符,重载为成员函数时是第一个操作数调用第二个操作数。因为赋值运算符可以连续使用,故成员函数的函数值应是第一个操作数本身,也就是被赋值的对象本身,所以函数的返回值的类型是对象的引用。

```
#include < iostream >
using namespace std;
class Complex                              //复数类
{
    double real;                           //实部
    double image;                          //虚部
public:
    Complex(double x = 0,double y = 0);    //构造函数,用 x、y 初始化实部、虚部
    Complex& operator += (Complex &com );  //重载" += "运算符,实现复数对象的复合加法
    void Show();                           //输出复数对象
};
//……成员函数 Complex(),Show()略 见例 12.1 同名函数
Complex& Complex::operator  += (Complex &com)
{   real += com.real;                      //实部相加
    image += com.image;                    //虚部相加
    return * this;                         //返回对象本身
}
int main()
{   Complex com1(2,3),com2(3,4);
    cout <<"com1 = ";   com1.Show ();
    cout <<"com2 = ";   com2.Show ();
    com1 += com2;                       //调用重载运算符函数,相当于 com1.operator += (com2);
    cout <<"运行: com1 += com2\n";
    cout <<"com1 = ";   com1.Show();
    return 0;
}
```

程序的运行结果如下:

```
com1 = 2 + 3i
com2 = 3 + 4i
运行: com1 += com2
com1 = 5 + 7i
```

2. 一般的赋值运算符重载函数

赋值运算符"="比较特殊,它只能重载为成员函数,而不能重载为友元函数。如果没有显式定义,系统会为类对象提供一个默认的赋值运算符重载函数,完成类对象间的按成员赋

值的操作。默认的赋值运算符的重载函数的形式如下：

```
类名&operator=(类名&对象名)
{    成员数据 1 = 对象名.成员数据 1;
     成员数据 2 = 对象名.成员数据 2;
     …
     成员数据 n = 对象名.成员数据 n;
     return *this;
}
```

可见，默认的赋值运算符的重载函数的功能是将实参对象中的成员数据一一复制到被赋值的对象，并返回对象本身，以便连续赋值。

例如，对于复数类 Complex 来说，默认的赋值运算符的重载函数为：

```
Complex&  operator= (Complex &com)
{    real = com.real;                    //将实参对象的实部赋给被赋值的对象
     image = com.image;                  //将实参对象的虚部赋给被赋值的对象
     return *this;                       //返回被赋值的对象本身
}
```

如此，可在 main 函数中定义两个复数类对象，调用默认的赋值运算符重载函数，完成对象间的相互赋值。举例说明：

```
Complex com1(2,3), com2(3,4);
com1 = com2;                             //A
```

A 行语句调用上述默认的赋值运算符重载函数，相当于 com1.operator=(com2)，即分别将 com2 中的实部和虚部赋给 com1，并返回 com1 本身，执行后，com1=3+4i。

在大部分情况下，这种默认的重载赋值运算符是合适的，即由系统自动生成，不需要用户进行显式定义。但是在某些特殊情况下，特别是在创建对象时需要动态开辟空间的情况下，使用默认的赋值运算符重载函数会产生内存错误。

【例 12.5】 定义一个字符串类 STR，使用默认的赋值运算符重载函数完成对象间的赋值，分析程序的执行情况。

算法分析：字符串类 STR 中的数据成员是一个字符指针(见例 10.6)，这个指针在创建对象的构造函数中动态开辟空间，存放具体对象的字符串。因此，本题中字符串类应包括：

(1) 私有数据成员。

char *p：存放字符串。

(2) 公有成员函数。

STR(char *s)：构造函数，为指针 p 分配足够的存储空间，用字符串 s 初始化成员字符串 p。

~STR()：析构函数，释放构造函数中开辟的动态存储空间。

void Show()：输出字符串对象。

STR& operator=(STR &str)：赋值运算符的重载函数。

这个赋值运算符的重载函数是默认的，也就是说，应该由系统自动添加的。但是为了更好地说明动态建立存储空间时默认的赋值运算符的重载函数的不足，在本题中将系统提供的默认的赋值运算符的重载函数显式写出,方便分析程序的运行。

```
#include<iostream>
#include<string>
using namespace std;
class STR                       //字符串类
{
    char *p;                    //字符指针
public:
    STR(char *s);               //构造函数
    STR& operator=(STR&);       //默认的赋值运算符重载函数
    void Show();                //输出字符串内容
    ~STR();                     //析构函数
};
STR::STR(char *s)
{   p=new char[strlen(s)+1];
    strcpy(p,s);
}
STR& STR::operator=(STR &str)
{   p=str.p;                    //成员数据赋值
    return *this;               //返回被赋值的对象本身
}
void STR::Show()
{   cout<<p<<endl;   }
STR::~STR()
{   if(p)  delete []p;   }
int main()
{   STR str1("CHINA"),str2("Beijing");
    str1=str2;                  //调用默认的赋值运算符重载函数,相当于 str1.operator=(str2)
    str1.Show();
    return 0;
}
```

程序运行后出现内存读写错误。

程序分析:

(1) 执行 main 函数,建立对象 str1、str2,运行构造函数语句:

```
p=new char[strlen(s)+1];
strcpy(p,s);
```

运行后内存空间情况如图 12.7 所示。

str1.p → | C | H | I | N | A | '\0' |

str2.p → | B | e | i | j | i | n | g | '\0' |

图 12.7 创建对象 str1、str2

(2) 执行 main 函数语句 str1=str2;,调用默认的赋值运算符重载函数。

```
Str &operator=(Str &str)
{   p=str.p;
    return *this;
}
```

此时,p 为 str1 的成员数据 str1.p,str.p 为对象 str2 的成员数据 str2.p,即将指针变量 str2.p 赋值给指针变量 str1.p,str2.p 与 str1.p 指向同一内存空间。运行后内存空间的情况如图 12.8 所示。

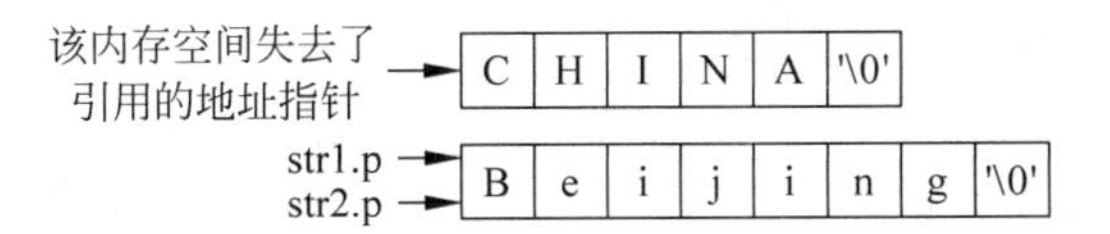

图 12.8　执行赋值语句 str1=str2;后的内存空间情况

(3) 待执行完输出语句 str1.Show();后,main 函数结束,首先析构对象 str2,执行析构函数内的语句:

```
delete [ ]p;
```

因为是对象 str2 调用的析构函数,指针 p 表示的是 str2.p,系统将内存中 str2.p 指向的空间释放。运行后内存空间的情况如图 12.9 所示。

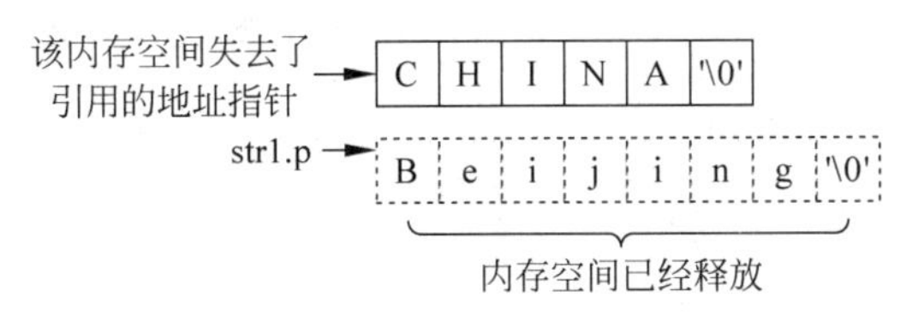

图 12.9　释放对象 str2

(4) 继续析构对象 str1,同样执行析构函数内的语句:

```
delete  [ ]p;
```

这时指针 p 表示的是 str1.p,系统应该释放 str1.p 指向的内存空间,但此时该空间已经被系统释放,即标志成“未使用的空间”,再次释放就引发内存读写错误。

究其错误的原因是由于默认的重载赋值运算符函数中语句 p=str.p;引起的,这条语句使得对象 str1 与 str2 的数据空间重合,因此在析构对象时发生错误。

在这类问题中,必须要显式地重新定义赋值运算符的重载函数,使得对象 str1 与 str2 所占的数据空间各自独立,避免发生类似错误。

【例 12.6】 重新定义例 12.5 中的赋值运算符重载函数,可以正确地完成字符串对象间的赋值。

算法分析:显式定义一个赋值运算符重载函数,替换例 12.5 中默认的成员函数,在赋值运算符重载函数中动态创建被赋值对象的字符串存储空间,使得每个对象的字符串存储空间各自独立。

源程序如下:

```
#include<iostream>
#include<string>
using namespace std;
class STR                      //字符串类
{
    char *p;                   //字符指针
public:
    STR(char *s);              //构造函数
```

```
    STR& operator = (STR&);      //赋值运算符重载函数
    void Show();                 //输出字符串内容
    ~STR();                      //析构函数
};
//……构造函数 STR()、析构函数~STR()与 Show()略 见例 12.5 同名函数
STR& STR::operator = (STR &str)
{   if(&str == this)             //如果赋值号两边为同一对象,即自我赋值
        return * this;           //直接返回对象本身
    delete []p;                  //释放当前对象的数据空间
    p = new char[strlen(str.p) + 1];  //重新为当前对象分配适当大小的内存空间
    strcpy(p, str.p);            //将赋值号右边对象的内容复制进对象
    return * this;               //返回对象本身
}
int main()
{   STR str1("CHINA"),str2("Beijing");
    str1 = str2;                 //调用赋值运算符重载函数,相当于 str1.operator = (str2)
    str1.Show();
    return 0;
}
```

程序的运行结果如下：

```
Beijing
```

程序分析：

(1) 执行 main 函数,建立对象 str1、str2,运行构造函数语句：

```
p = new char[strlen(s) + 1];
strcpy(p,s);
```

运行后内存空间情况如图 12.10 所示。

(2) 执行 main 函数语句 str1＝str2;,调用重新定义的赋值运算符重载函数,执行语句：

```
delete  [ ]p;
```

此时,p 为 str1 的数据成员 str1.p,即将 str1.p 所指向的空间释放,运行后内存空间的情况如图 12.11 所示。

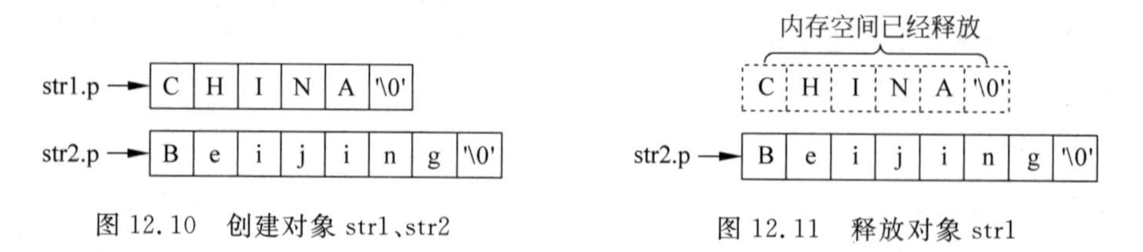

图 12.10　创建对象 str1、str2　　　图 12.11　释放对象 str1

接着继续执行重载运算符函数内的语句：

```
p = new char[strlen(str.p) + 1];
strcpy(p,str.p);
```

此时,str.p 为对象 str2 的成员数据 str2.p。str1.p 指向动态分配的内存空间,并将

str2.p 指向的内容复制进 str1.p 指向的空间。运行后内存空间的情况如图 12.12 所示。

(3) 待执行完输出语句 str1.Show();后，main 函数结束，首先析构对象 str2，执行析构函数内的语句：

```
delete [ ]p;
```

因为是对象 str2 调用的析构函数，指针 p 表示的是 str2.p，系统将内存中 str2.p 指向的空间释放，运行后内存空间的情况如图 12.13 所示。

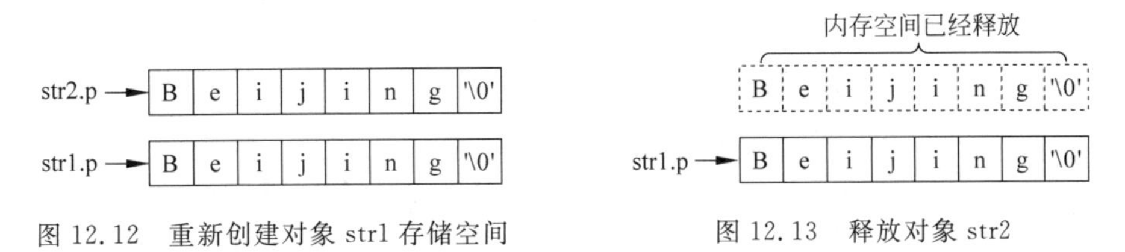

图 12.12 重新创建对象 str1 存储空间　　图 12.13 释放对象 str2

(4) 继续析构对象 str1，同样执行析构函数内的语句：

```
delete  [ ]p;
```

这时指针 p 表示的是 str1.p，系统释放 str1.p 指向的内存空间。运行后内存空间的情况如图 12.14 所示。

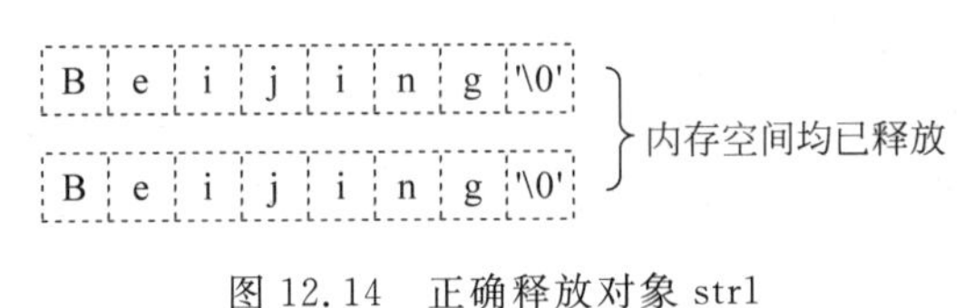

图 12.14 正确释放对象 str1

12.3 运算符重载为友元函数

12.3.1 双目运算符重载为友元函数

可以把运算符重载为类的友元函数。因为友元函数不是类的成员函数，所以友元函数中没有 this 指针，所有操作数都必须以参数的形式显式地列出来，由调用语句传递给函数。

双目运算符重载为友元函数时在类中声明的格式如下：

```
friend 函数类型 operator <运算符>(第一操作数,第二操作数);
```

其中，operator 是关键字，表明该函数是运算符的重载函数。运算符两边的操作数均作为重载函数的参数，由调用处传至形参。例如，在三角形类体中声明的重载"＋"运算符的友元函数格式说明如图 12.15 所示。

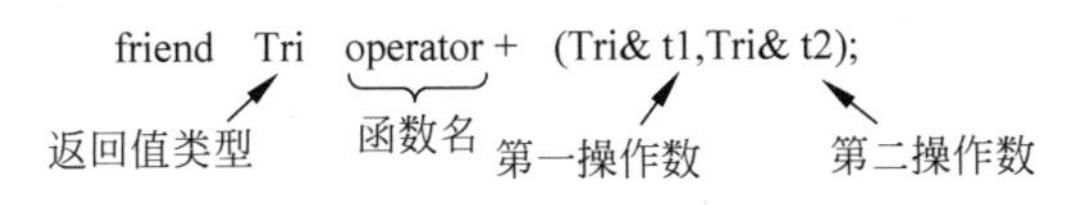

图 12.15 运算符重载为友元函数格式说明

在程序中这样使用运算符“+”：

```
Tri tria(3,4,5), trib(5,5,5),tric;
tric = tria + trib;     //调用重载函数,重新解释了加法,相当于 tric = operator + (tria, trib);
```

程序语句说明如图 12.16 所示。

返回值类型 ——► tric = tria + trib;
第一操作数 ↗ ↖ 第二操作数

图 12.16　对运算符重载函数的“隐式”调用

编译系统对“隐式”调用的解释如图 12.17 所示。

友元函数的返回值为对象 ——► tric = operator+ (tria, trib);
友元函数名　实参1　实参2

图 12.17　编译器对运算符重载函数的解释

由图 12.15 可以看出,友元函数实际上是外部函数,虽然在程序语句中仍是隐含调用运算符的友元重载函数的,但是运算符两边的操作数均为友元函数的实参,这两个操作数没有主次之分,这一点与运算符重载为成员函数是不同的。

下面通过复数类的运算具体说明运算符重载为友元函数的实现。

【例 12.7】 将“+”运算符重载为复数类的友元函数,完成复数的加法运算。

算法分析：双目运算符“+”重载为友元函数,需要两个参数,即加数和被加数,由于相加后的结果需要返回赋值,故该重载函数的返回值类型仍然是复数类型。

源程序如下：

```
#include<iostream>
using namespace std;
class Complex                                       //复数类
{
    double real;                                    //实部
    double image;                                   //虚部
public:
    Complex(double x = 0,double y = 0);             //构造函数,用 x、y 初始化实部、虚部
    void Show();                                    //输出复数对象
    friend Complex operator + (Complex &c1,Complex &c2 ); //友元函数,重载" + "运算符
};
//……成员函数 Complex()与 Show()略 见例 12.1 同名函数
Complex operator  + (Complex &c1,Complex &c2)
{   Complex sum;                                    //定义一个复数对象表示加法的和
    sum.real = c1.real + c2.real;                   //实部相加
    sum.image = c1.image + c2.image;                //虚部相加
    return sum;                                     //返回加法的和
}
int main()
{   Complex com1(2,3),com2(3,4),com3;
    cout <<"com1 = ";  com1.Show ();
    cout <<"com2 = ";  com2.Show ();
```

```
    com3 = com1 + com2;              //调用重载运算符函数,相当于 com3 = operator + (com1,com2);
    cout <<"运行: com3 = com1 + com2\n";
    cout <<"com3 = ";   com3.Show();
    return 0;
}
```

程序的运行结果如下:

```
com1 = 2 + 3i
com2 = 3 + 4i
运行: com3 = com1 + com2
com3 = 5 + 7i
```

同样的道理,也可以将"－"(减法)、"＊"(乘法)等运算符重载为类的友元函数,实现复数对象的直接算术运算,读者可自行练习。

12.3.2 单目运算符重载为友元函数

单目运算符也可以重载为类的友元函数,同样,因为友元函数中没有 this 指针,所以单目运算符的操作数对象本身就是函数的参数。其在类中声明的格式如下:

friend 函数类型 operator <运算符>(操作数);

例如,在复数类中声明重载自增运算符"＋＋"的友元函数为:

```
Complex operator++(Complex &com);
```

在程序中可以这样使用自增运算符:

```
Complex  com;
++com;
```

相当于 operator＋＋(com);

即单目运算符的运算对象就是重载函数的参数。

【例 12.8】 将单目运算符"＋＋"重载为复数类的友元函数,完成复数的自增运算。

算法分析:本书将复数的自增运算定义为实部和虚部分别自增。由于对象自增运算后有可能继续运算或赋值,故该重载函数的返回值是对象本身,类型为复数类型对象的引用。

源程序如下:

```
#include< iostream >
using namespace std;
class Complex                                         //复数类
{
    double real;                                      //实部
    double image;                                     //虚部
public:
    Complex(double x = 0,double y = 0);               //构造函数,用 x、y 初始化实部、虚部
    void Show();                                      //输出复数对象
    friend Complex& operator++(Complex &c);           //重载"++"运算符为友元函数
```

```
};
//……成员函数 Complex()与 Show()略 见例 12.1 同名函数
Complex& operator ++(Complex &c)
{   ++c.real;                                   //实部自增
    ++c.image;                                  //虚部自增
    return c;                                   //返回自增后的对象本身
}
int main()
{   Complex com(2,3);
    cout <<"com = ";  com.Show ();
    ++com;                          //调用重载运算符函数,相当于 operator++(com);
    cout <<"运行: ++com\n";
    cout <<"com = ";  com.Show();
    return 0;
}
```

程序的运行结果如下:

```
com = 2 + 3i
运行: ++com
com = 3 + 4i
```

与重载为成员函数类似,如果要将后置的自增或自减运算符重载为友元函数,为了与前置的运算符区别,友元函数的参数除了操作数对象本身外,还要带一个整型参数(这是一个伪参数,不参与运算,其唯一的作用就是将该函数与前置运算符函数分开)。在类体中的声明为:

```
friend  Complex operator++( Complex &, int );
```

编译器遇到后置自加或自减运算符,就自动调用带整型参数的重载函数,完成函数内规定的操作。调用的方法与前置运算符类似,在这里就不再赘述,读者可自行练习。

赋值运算符“=”、下标运算符“[ ]”、调用运算符“( )”和类成员箭头访问运算符“->”都不能重载为友元函数。

运算符重载为成员函数或友元函数都是等效的。一般来说,当单目运算符或双目运算符的第一个操作数是类对象时,选择重载为成员函数的形式;如果双目运算符的第一个操作数可能是其他类型时,就必须选择重载为友元函数的形式。

12.4 类型转换运算符函数

如果一个运算涉及多种数据,如 double a=5+3.5;,这时需要将整型常数 5 强制转换为浮点型数然后再相加。这种转换是 C++编译系统根据一定的规则自动完成的。另外,用户还可以进行显式类型转换,如将浮点型数 89.5 转换为整型数,int a=(int)(89.5);等。

以上都是编译系统提供的标准类型之间的转换。

结构体数据及类对象都是用户自定义的数据类型,编译系统并没有提供其类型转换的方式,如果要实现用户自定义类型和其他类型之间的转换,必须自行编写类型转换运算符函数，定义具体的转换方式。

类型转换运算符函数必须是类的成员函数，不能是友元函数，不带参数，且不必指定其返回类型。如将自定义的类对象转换为类型名规定的数据类型，其在类中声明的格式如下：

```
operator 类型名();
```

因为类型名就代表了它的返回类型，所以函数不需要定义返回类型。

举例说明，如果将复数类型对象强制转换成浮点数数据，则其在类中的类型转换运算符函数的原型声明为：

```
operator double();
```

这个函数是复数类的成员函数，如果存在复数类对象 com，可以利用(double)(com)；语句调用该函数，将其转换为浮点型数据，也可以在语句中根据需要隐式调用该函数进行类型转换，如语句 double a=com；就可以将复数类对象 com 转换为浮点数赋值给变量 a。当然，具体的转换规则或如何进行转换需要用户在类型转换运算符函数中具体编程实现。

【例 12.9】 利用类型转换运算符函数将复数类对象转换为浮点型数据。

算法分析：复数类对象是由实部和虚部组成的。在本题中，将其转换为浮点型数据，该浮点型数据定义为复数的模。

源程序如下：

```
#include<iostream>
#include<cmath>
using namespace std;
class Complex                                   //复数类
{
    double real;                                //实部
    double image;                               //虚部
public:
    Complex(double x = 0,double y = 0);         //构造函数,用 x、y 初始化实部、虚部
    operator double();                          //转换函数,将复数类转换为浮点数
};
//……成员函数 Complex()略 见例 12.1 同名函数
Complex::operator double()
{   return sqrt(real * real + image * image);}  //返回复数的模
int main()
{   Complex com1(2,3),com2(3,4),com3;
    cout <<"com1 = "<< com1 <<"\tcom2 = "<< com2 << endl;   //输出复数对象转换的浮点数
    com3 = com1 + com2;                         //复数对象转换的浮点数相加
    cout <<"com3 = com1 + com2 = "<< com3 << endl;
    return 0;
}
```

程序的运行结果如下：

```
com1 = 3.60555      com2 = 5
com3 = com1 + com2 = 8.60555
```

对于 com3＝com1＋com2;,C++系统依次：

(1) 寻找成员函数定义的“＋”运算符(未找到)；

(2) 寻找非成员函数定义的“＋”运算符(未找到)；

(3) 寻找类型转换运算符函数,查看其转换后的类型是否支持“＋”运算符。结果找到 operator double( ),发现两对象操作数经该函数转换后,可以匹配系统标准类型 double 的加法。相加后得到一个 double 类型的结果,再将该结果转换成一个 Complex 类型的临时对象,赋值给 Complex 类型的对象 com3。

同理,语句 cout << com1;也是首先寻找是否存在重载的输出对象的运算符“<<”(见 12.5 节),当未找到时,再寻找类型转换运算符函数,看看转换后的类型能否支持“<<”格式,结果转换后对象类型变为 double 类型,用编译系统定义的“<<”就可以直接输出。

可见,有了类型转换运算符,不必提供对象参数的重载函数,可以直接进行一些基本的运算及输出。

但是,类型转换运算符也有很多不足之处。

(1) 类型转换运算符无法定义对象运算符操作的真正含义,因为转换类型后,真正进行的是其他类型的运算操作。

(2) 因为类型转换运算符可以隐式调用,所以存在同一类型多路径转换的可能,造成转换的二义性,导致编译出错。

12.5 重载流插入和流提取运算符

C++的流插入运算符“<<”和流提取运算符“>>”是 C++在类库中提供的,所有 C++编译系统都在类库中提供输入流类 istream 和输出流类 ostream。cin 和 cout 分别是 istream 类和 ostream 类的对象。在类库提供的头文件中已经对“<<”和“>>”进行了重载,能用来输出和输入 C++标准类型的数据,如整型、浮点型等。

用户自己定义类型的数据,如类的对象等,是不能直接用“>>”和“<<”来输入和输出的。如果想用“>>”和“<<”运算符直接对自定义类型的对象进行操作,就必须对它们重载,并且只能将它们重载为对应类的友元函数。

在类中对流插入运算符声明的格式如下：

```
friend  ostream & operator <<(ostream &, 自定义类名 &);
```

其中,ostream 是输出流类,cout 是输出流类的一个对象,执行 cout << x;,就好像 x 被插入到输出设备上,故“<<”称为流插入运算符。流插入运算符函数的返回值依旧是输出流类 ostream 的对象,这样才能连续使用“<<”运算符向输出流插入信息,如 cout << x1 << x2;等。在复数类体中声明的重载“<<”运算符的友元函数原型说明的格式解释如图 12.18 所示。

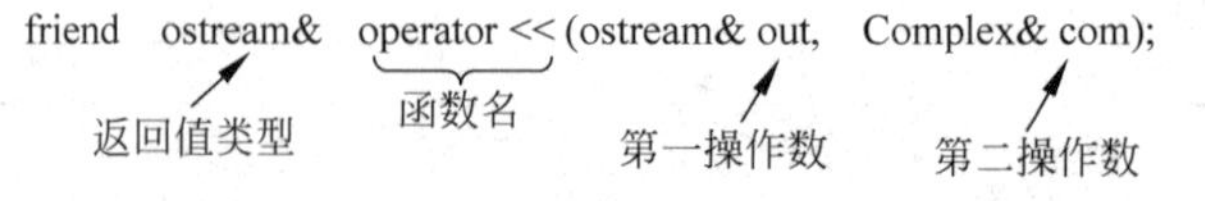

图 12.18 运算符重载为友元函数格式说明

同别的运算符重载函数一样，在程序中对重载的流插入运算符的调用也是“隐式”的，在程序中这样使用运算符“<<”：

```
Complex  com1(3,4);
cout << com1;      //调用重载函数,重新解释了流插入运算符,相当于 operator << (cout, com1);
```

程序语句说明如图 12.19 所示。

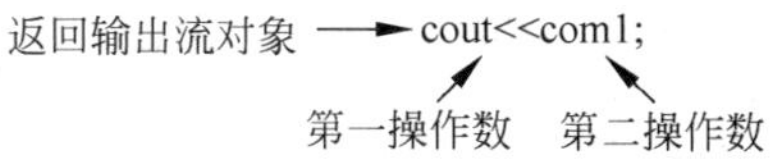

返回输出流对象 ——→ cout<<com1;
第一操作数　第二操作数

图 12.19　对运算符重载函数的“隐式”调用

编译系统对“隐式”调用的解释如图 12.20 所示。

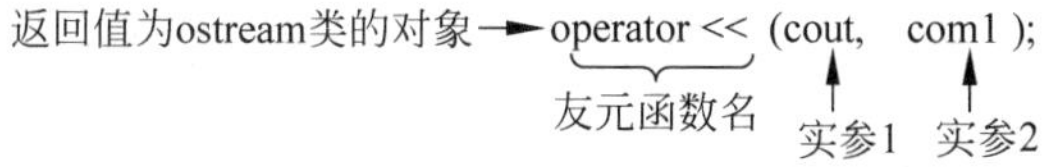

返回值为ostream类的对象 ——→ operator << (cout,　com1);
友元函数名　实参1　实参2

图 12.20　编译器对运算符重载函数的解释

实现将复数类的对象用运算符“<<”直接输出的友元函数为：

```
ostream& operator <<(ostream &out, Complex &com)
{    out << com.real <<" + "<< com.image <<"i"<< endl;
     return out;
}
```

在执行语句 cout << com1;时，调用上述函数，形参 out 是 cout 的引用，形参 com 是 com1 的引用，因此调用过程相当于执行：

```
cout << com1.real <<" + "<< com1.image <<"i"<< endl;
return cout;
```

即输出对象信息后，将输出流 cout 的现状返回，这样就可以连续使用输出流。

同样，在类中对流提取运算符声明的格式如下：

```
friend  istream & operator >>(istream &, 自定义类名 &);
```

其中，istream 是输入流类，cin 是输入流类的一个对象，执行 cin >> x;，就好像将 x 从输入流中提取出来，故“>>”称为流提取运算符。流提取运算符函数的返回值依旧是输入流类 istream 的对象，这样才能连续使用“>>”运算符提取输入流中的信息，如 cin >> x1 >> x2; 等。在复数类体中声明的重载“>>”运算符的友元函数原型说明的格式解释如图 12.21 所示。

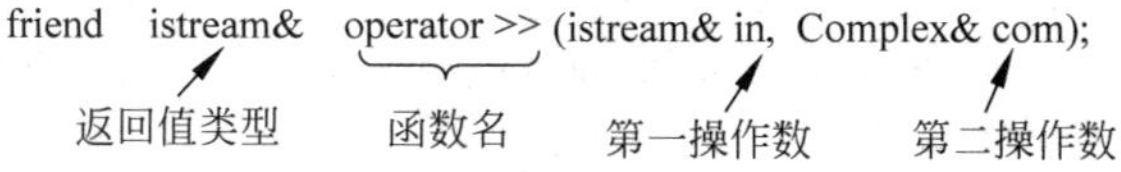

friend　istream&　operator >> (istream& in,　Complex& com);
返回值类型　函数名　第一操作数　第二操作数

图 12.21　运算符重载为友元函数格式说明

同别的运算符重载函数一样，在程序中对重载的流提取运算符的调用也是“隐式”的，在程序中这样使用运算符“>>”：

```
Complex  com1(3,4);
cin >> com1;       //调用重载函数,重新解释了流提取运算符,相当于 operator >> (cin,com1);
```

程序语句说明如图 12.22 所示。

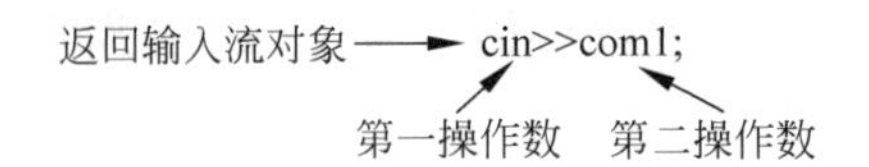

图 12.22　对运算符重载函数的"隐式"调用

编译系统对"隐式"调用的解释如图 12.23 所示。

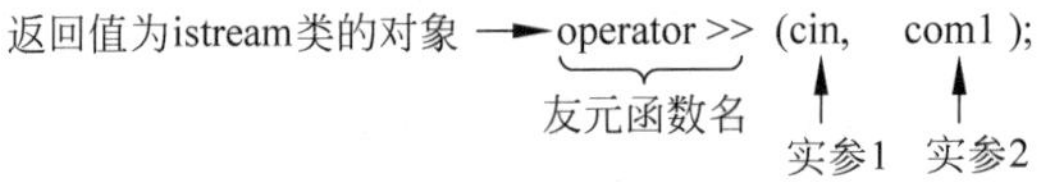

返回值为istream类的对象 → operator >> (cin,　com1);

友元函数名　实参1　实参2

图 12.23　编译器对运算符重载函数的解释

实现将复数类的对象用运算符">>"直接输入的友元函数为:

```
istream& operator >>(istream &in, Complex &com)
{    cout <<"请依次输入复数类对象的实部和虚部:  "<< endl;
     in >> com.real >> com.image;
     return in;
}
```

在执行语句 cin >> com1;时,调用上述函数,形参 in 是 cin 的引用,形参 com 是 com1 的引用,因此调用过程相当于执行:

```
cin >> com1.real >> com1.image;
return cin;
```

【例 12.10】 重载复数类的流插入和流提取运算符。

算法分析:通过重载流插入和流提取运算符,复数类对象可以直接从键盘输入实部和虚部,不需要通过构造函数赋值;也可以直接输出,不需要使用另外的成员函数输出数据。

源程序如下:

```
#include < iostream >
using namespace std;
class Complex                                              //复数类
{
    double real;                                           //实部
    double image;                                          //虚部
public:
    Complex(double x = 0,double y = 0);                    //构造函数,用 x、y 初始化实部、虚部
    friend istream& operator >>(istream &in, Complex& com);      //重载流提取运算符
    friend ostream& operator <<(ostream &out, Complex& com);     //重载流插入运算符
};
//……成员函数 Complex()略 见例 12.1 同名函数
istream& operator >>(istream &in, Complex &com)                 //输入对象数据
{   cout <<"请依次输入复数类对象的实部和虚部:  ";
    in >> com.real >> com.image;
```

```
    return in;
}
ostream& operator <<(ostream &out, Complex &com)                    //输出对象数据
{   out << com.real <<" + "<< com.image <<"i"<< endl;
    return out;
}
int main()
{   Complex com;
    cin >> com;                   //调用重载流提取运算符函数,相当于 operator >>(cin, com)
    cout << com;                  //调用重载流插入运算符函数,相当于 operator <<(cout, com)
    return 0;
}
```

程序的运行情况及结果如下：

```
请依次输入复数类对象的实部和虚部：3  5↙
3 + 5i
```

12.6 综合实例

前面介绍了类和对象的概念,同时介绍了类的构造函数、析构函数、友元函数及运算符重载函数的概念和应用,在这里以字符串类为例,综合应用前面的知识,实现字符串类对象的构造、析构、输入、输出及典型运算符的重载操作。

在一般情况下,如果用户没有显式地定义,编译系统会自动生成默认的构造函数、析构函数、复制的构造函数和赋值运算符"="的重载函数。由于字符串类含有指针成员,对象在构造时需要动态地建立存储空间,所以必须显式地重新定义以上这些函数,否则程序就不能正确运行。

【例 12.11】 实现字符串类对象的多种操作。

算法分析：字符串类的数据成员是一个字符指针,这个指针在创建对象的构造函数中动态开辟空间,存放具体对象的字符串(见例 10.6)。在字符串的基本操作中,要显式定义字符串的构造函数、析构函数、复制的构造函数和赋值运算符"="的重载函数。而在本题中,通过重载算术运算符"+"、关系运算符">、<、=="，下标运算符"[]"和流提取和插入运算符">>、<<"来完成字符串的多种操作。

假设两个字符串分别为 s1="abcd"和 s2="1234",则：

重载"+"后有 s1+s2="abcd1234"

重载关系运算符后有 s1>s2

重载下标运算符后,可以通过 s1[n]或 s2[n]的形式存取 s1 或 s2 中的字符。

源程序如下：

```
#include < iostream >
#include < string >
using namespace std;
class Str                                   //字符串类
```

```
{
        char * p;                            //私有成员数据,字符指针
public:
        Str();                               //默认的构造函数
        Str(char * s);                       //用字符数组初始化字符串对象的构造函数
        ~Str();                              //析构函数
        Str(Str&);                           //复制的构造函数,必须重新定义
        Str& operator = (Str&);              //重载赋值运算符,必须重新定义
        char& operator[](int);               //重载下标运算符,必须重载为成员函数
        Str operator + (Str&);               //重载加法"+"运算符
        bool operator == (Str&);             //重载判断相等"=="运算符
        bool operator >(Str&);               //重载大于">"运算符
        bool operator <(Str&);               //重载小于"<"运算符
        friend istream& operator >>(istream&, Str&);//重载流提取运算符,必须重载为友元函数
        friend ostream& operator <<(ostream&, Str&);//重载流插入运算符,必须重载为友元函数
};
Str::Str()
{    p = NULL;    }                          //默认的构造函数,将指针初始化为空指针
Str::Str(char * s)                           //用字符数组初始化字符串对象的构造函数
{    p = new char[strlen(s) + 1];            //动态创建存储空间
     strcpy(p,s);                            //将字符数组的内容复制进新创建的存储空间
}
Str::~Str()                                  //析构函数
{    if(p)                                   //如果对象已创建了存储空间
         delete []p;                         //释放创建的存储空间
}
Str::Str(Str &str)                           //复制的构造函数
{    if(str.p)                               //如果已有的对象已创建了存储空间
     {    p = new char[strlen(str.p) + 1];   //新定义的对象创建存储空间
          strcpy(p, str.p);                  //将已有对象的内容复制进新创建的存储空间中
     }
     else                                    //若已有对象的指针成员为空
          p = NULL;                          //新定义的对象的指针也为空
}
Str& Str::operator = (Str &str)              //重载赋值运算符
{    if(this == &str)                        //如果赋值号两边为同一对象,即自我赋值
          return * this;                     //直接返回对象本身
     if(p)                                   //释放当前对象的存储空间
          delete []p;
     p = new char[strlen(str.p) + 1];        //重新为当前对象分配适当大小的存储空间
     strcpy(p, str.p);                       //将赋值号右边对象的内容复制进对象
     return * this;                          //返回对象本身
}
char& Str::operator[](int n)                 //重载下标运算符,可对对象字符赋值
{    static char ch;                         //定义静态字符变量
     if(n > strlen(p))                       //当输入的下标超过字母个数
     {    cout <<"下标越界!\n";              //输出提示信息
          return ch;                         //返回空字符
     }
     return * (p + n);        //返回下标指定的字符,由于返回的是字符引用,该字符可以被重新赋值
}
```

```
Str Str::operator + (Str &str)              //重载加法运算符
{   Str stradd;
    stradd.p = new char[strlen(p) + strlen(str.p) + 1];
    strcpy(stradd.p, p);
    strcat(stradd.p, str.p);
    return stradd;
}
bool Str::operator == (Str &str)            //重载判断相等的关系运算符
{   if(strcmp(p, str.p) == 0)
        return true;
    else
        return false;
}
bool Str::operator >(Str &str)              //重载大于运算符
{   if(strcmp(p, str.p)> 0)
        return true;
    else
        return false;
}
bool Str::operator <(Str &str)              //重载小于运算符
{   if(strcmp(p, str.p)< 0)
        return true;
    else
        return false;
}
istream& operator >>(istream &in, Str &str) //重载流提取运算符
{   char s[100];                            //定义字符数组
    cout <<"请输入字符串对象的内容:  ";
    in.getline(s,100);                      //从键盘接收输入的字符串内容
    if(str.p)                               //如果原字符串对象不为空
        delete [ ]str.p;                    //释放对象的数据空间
    str.p = new char[strlen(s) + 1];        //重新根据输入的内容创建新的存储空间
    strcpy(str.p, s);                       //将输入的内容复制进新创建的空间
    return in;                              //返回输入流对象
}
ostream& operator <<(ostream &out, Str &str)//重载流插入运算符
{   out << str.p;
    return out;
}
int main()
{   Str s1, s2, s3;                         //定义三个字符串类的对象
    cout <<"字符串操作演示!"<< endl;
    cout <<"输入两个字符串类的对象,观察运算结果!"<< endl;
    cin >> s1 >> s2;                        //调用流提取运算符,直接输入对象内容
    s3 = s1 + s2;                           //实现字符串加法
    cout << s1 <<" + "<< s2 <<" = "<< s3 << endl;
    if(s1 > s2)                             //实现字符串间的比较运算
        cout << s1 <<">"<< s2 << endl;
    else if(s1 < s2)
        cout << s1 <<"<"<< s2 << endl;
    else
```

```
        cout << s1 <<" = "<< s2 << endl;
    cout <<"实现下标运算符操作"<< endl;
    int n;
    cout <<"请输入一个整数: ";
    cin >> n;
    cout <<"s1["<< n <<"] = "<< s1[n]<< endl; //实现字符串的下标运算
    cout <<"s2["<< n <<"] = "<< s2[n]<< endl;
    s1[1] = 'a';                              //直接利用重载的下标运算符对字符串对象
                                              //内的字符赋值
    s2[1] = 'b';
    cout <<"s1 = "<< s1 << endl;
    cout <<"s2 = "<< s2 << endl;
    return 0;
}
```

程序的运行情况和结果如下:

```
字符串操作演示!
输入两个字符串类的对象,观察运算结果!
请输入字符串对象的内容:  abcd↙
请输入字符串对象的内容:  1234↙
abcd + 1234 = abcd1234
abcd > 1234
实现下标运算符操作
请输入一个整数: 3↙
s1[3] = d
s2[3] = 4
s1 = aacd
s2 = 1b34
```

练　习　题

一、选择题

1. 下列运算符中,不能被重载的是________。

   A. &&　　B. !=　　C. .　　D. ++

2. 已知在一个类体中包括如下函数原型: VOLUME operator-(VOLUME);,下列关于这个函数的叙述中,错误的是________。

   A. 这是运算符"-"(减法)的重载运算符函数

   B. 这个函数所重载的运算符是一个一元运算符

   C. 这是一个成员函数

   D. 这个函数可以重新定义这个运算符的运算规则

3. 已知将运算符"+"和"*"作为类 Complex 的成员函数重载,设 c1 和 c2 是类 Complex 的对象,则表达式 c1+c2*c1 等价于________。

   A. c1.operator*(c2.operator+(c1))　　B. c1.operator+(c2.operator*(c1))

   C. c1.operator*(c1.operator+(c2))　　D. c2.operator+(c1.operator*(c1))

4. 为类 Matrix 重载下列运算符时，只能作为 Matrix 类成员函数重载的运算符是________。

A. +　　B. =　　C. <<　　D. ++

5. 有如下程序：

```
#include<iostream>
using namespace std;
class Amount{
    int amount;
public:
    Amount(int n=0):amount(n){}
    int getAmount(){ return amount;}
    Amount &operator  +=(Amount a)
    {    amount +=a.amount ;
         return  ________;
    }
};
int main()
{    Amount x(3),y(7);
     x +=y;
     cout<<x.getAmount ()<<endl;
     return 0;
}
```

已知程序的运行结果是 10，则下画线处缺失的表达式是________。

A. * this　　B. this　　C. &amount　　D. amount

6. 有如下类定义：

```
class MyClass{
public:
    ________
private:
    int data;
};
```

若要为 MyClass 类重载流提取运算符>>，使得程序中可以"cin>>obj;"形式输入 MyClass 类的对象 obj，则下画线处的声明语句应为________。

A. friend istream& operator>>(istream& is, MyClass& a);

B. friend istream& operator>>(istream& is, MyClass a);

C. istream& operator>>(istream& is, MyClass& a);

D. istream& operator>>(istream& is, MyClass a);

二、填空题

1. 下列程序的输出结果是________。

```
#include<iostream>
using namespace std;
class Point{
public:
```

```
    Point( int val){ x = val;}
    Point& operator++(){ x++; return *this;}
    Point operator++(int){ Point old = *this; ++(*this); return old;}
    int GetX(){ return x;}
private:
    int x;
};
int main()
{   Point a(10);
    cout <<(++a).GetX ()<<'\t';
    cout << a++.GetX ();
    return 0;
}
```

2. 下列程序的输出结果是________。

```
#include <iostream>
using namespace std;
class Complex{
    double re, im;
public:
    Complex(double r, double i):re(r),im(i){}
    double real(){ return re;}
    double image(){ return im;}
    Complex& operator += (Complex a)
    {   re += a.re;
        im += a.im;
        return *this;
    }
};
ostream& operator <<(ostream& s, Complex& z)
{   return s <<'('<< z.real ()<<','<< z.image ()<<')';}
int main()
{   Complex x(1, -2), y(2,3);
    cout <<(x += y)<< endl;
    return 0;
}
```

3. 下列程序的输出结果是________。

```
#include <iostream>
using namespace std;
class Sample
{   int A[10][10];
public:
    int &operator()(int ,int);
};
int &Sample::operator()(int x, int y)
{   return A[x][y];}
int main()
{   Sample a;
    int i,j;
```

```
    for(i = 0;i < 5;i++)
        for(j = 0;j < 5;j++)
            a(i,j) = i + j;
    for(i = 0; i < 5;i++)
        cout << a(i,i)<<'\t';
    cout << endl;
    return 0;
}
```

4. 下列程序的输出结果是________。

```
#include < iostream >
using namespace std;
static int dys[] = {31,28,31,30,31,30,31,31,30,31,30,31};
class date
{   int mo, da, yr;
public:
    date(int m, int d, int y){mo = m;  da = d;  yr = y; }
    date(){}
    void disp()
    {   cout << mo <<"/"<< da <<"/"<< yr << endl;  }
    date operator + (int day)
    {   date dt = *this;
        day += dt.da;
        while(day > dys[dt.mo - 1])
        {   day -= dys[dt.mo - 1];
            if(++dt.mo == 13)
            {   dt.mo = 1;
                dt.yr++;
            }
        }
        dt.da = day;
        return dt;
    }
};
int main()
{   date d1(2,10,2001),d2;
    d2 = d1 + 20;
    d2.disp();
    return 0;
}
```

三、编程题

1. 定义复数类的加法与减法，使之能够执行下列运算：

```
Complex a(2,5), b(7, 8), c(0, 0);
c = a + b;
c = 4.1 + a;
c = b - 5.6;
```

2. 设计一个 2 行 3 列的矩阵类，重载运算符“+”和“-”，能实现矩阵类对象的加减运算；重载流插入运算符“<<”和流提取运算符“>>”,使之能用于矩阵的输入和输出。

3. 定义一个人民币的类,其中成员数据包括元、角、分,成员函数包括构造及输出函数。要求增加适当的成员函数,重载“＋”“－”“＋＝”“＋＋”及输入输出流,实现人民币的直接运算。注意分、角、元的进位。

4. 定义一个时间的类,其中成员数据包括小时、分、秒,成员函数为构造函数。要求增加适当的成员函数,重载“＋”“－”“＋＝”及输入输出流,实现时间类对象的直接输入输出及两个时间的运算。

第 13 章 继承和派生

13.1 继承与派生的概念

13.1.1 继承与派生的概念

继承是面向对象方法的基本特征之一，是软件重用的一种重要的形式。通过继承机制，可以在已有的类的基础上建立新类。新类既可以继承已有类的属性和行为，也可以修改已有类的属性和行为，或增加新的属性和行为以满足自身特殊的需要。继承可以大大减少定义新类的工作量，并可以重用已经经过调试和测试的高质量的代码(包括自己或别人的代码)，减少最终系统出错的可能性。继承是面向对象程序设计的一个非常重要的概念，也是处理复杂软件的一个非常有效的技术。

在 C++中，所谓“继承”就是在一个已存在的类的基础上建立一个新的类。如图 13.1(a)所示，已存在的类(如学生)称为“基类”或“父类”；新建立的类(如中学生)称为“派生类”或“子类”。这样，新产生的类(中学生)不仅有自己特有的成员数据和成员函数，而且有被继承类(学生)的全部成员数据和成员函数。一个基类可以派生出许多个派生类，每一个派生类又可以作为基类再派生出新的派生类，因此基类和派生类是相对而言的。一代一代地派生下去，就形成了类的继承的层次结构。

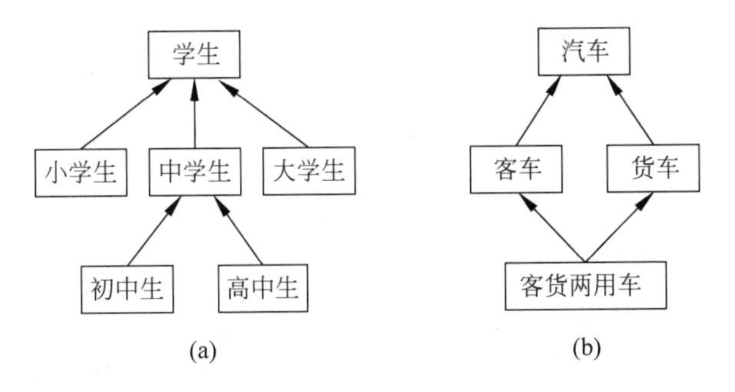

图 13.1 继承与派生的关系

C++语言支持两种继承：单继承和多继承。只有一个基类的继承，称为单继承。例如，学生类派生出小学生类、中学生类和大学生类，中学生类又派生出初中生类和高中生类，如图 13.1(a)所示。具有两个或两个以上基类的继承，称为多继承。例如，客货两用车类是由客车类和货车类派生出的。在实际应用中，类的层次结构往往是单继承和多继承的混合结构，如图 13.1(b)所示。

13.1.2 派生类的定义

单继承派生类的定义格式如下：

```
class <派生类名>:[继承方式]<基类名>
{
    <派生类新增成员变量和成员函数的定义>
};
```

其中，继承方式有三种：public(公有)继承、private(私有)继承和 protected(保护)继承。上述三种继承方式只能选择一个，如果没有选择，则默认为 private(私有)继承。

基类与派生类的结构关系如图 13.2 所示。

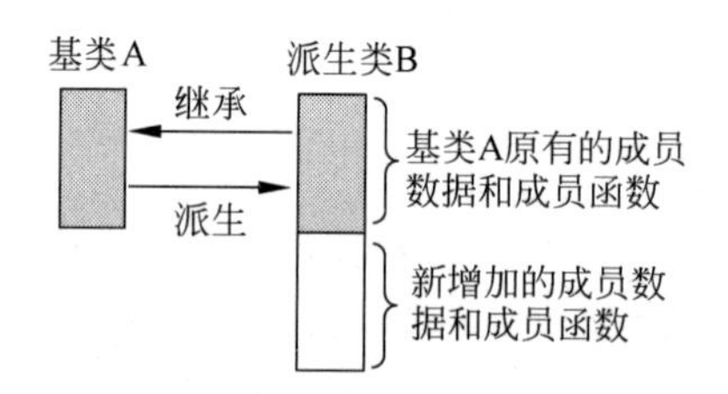

图 13.2 基类与派生类的结构关系

例如，已声明一个三角形类如下：

```
class Tri
{
private:
        double  x, y,z;                          //表示三角形三边
public:
        Tri(double, double, double);             //构造函数
        double Peri();                           //求三角形的周长
        double Area();                           //求三角形的面积
};
```

如果要定义一个三角柱体类 Col，除了要定义三角形的边长外，还要定义三角柱体的高度。利用类的派生机制，可以将三角形类 Tri 作为基类，派生出三角柱体 Col 类，具体定义如下：

```
class Col:public Tri                             //公有继承 Tri 类
{
private:
    double h;                                    //表示三角柱体的高度
public:
    Col(double,double,double,double);            //三角柱体的构造函数，利用参数初始化三角
                                                 //形三边和高度
    double Volu();                               //求三角柱体的体积
};
```

基类与派生类的成员组成如图 13.3 所示。

可见，在派生类的类体中，只需要声明新增的成员数据和成员函数即可。

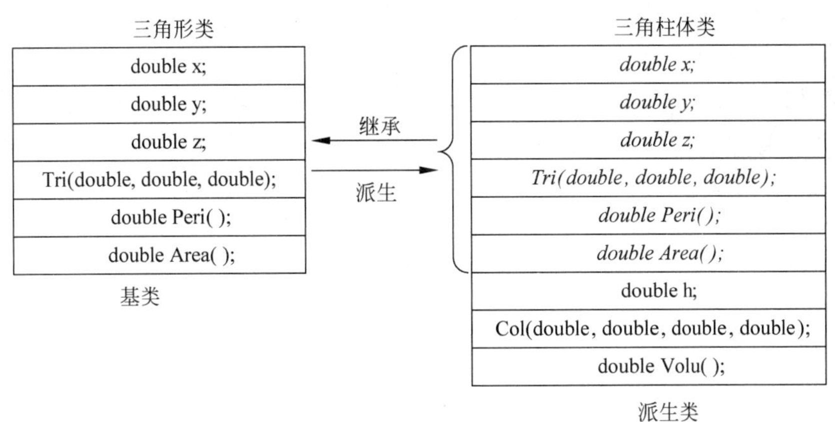

图 13.3　三角形类与三角柱体类的继承关系

多继承的派生类定义格式如下：

```
class <派生类名>:[继承方式 1]<基类名 1>, [继承方式 2]<基类名 2>, …, [继承方式 n
]<基类名 n>
{
    <派生类新增成员数据和成员函数的定义>
};
```

继承方式的解释与单继承一致。

多继承方式下基类与派生类的结构关系如图 13.4 所示。

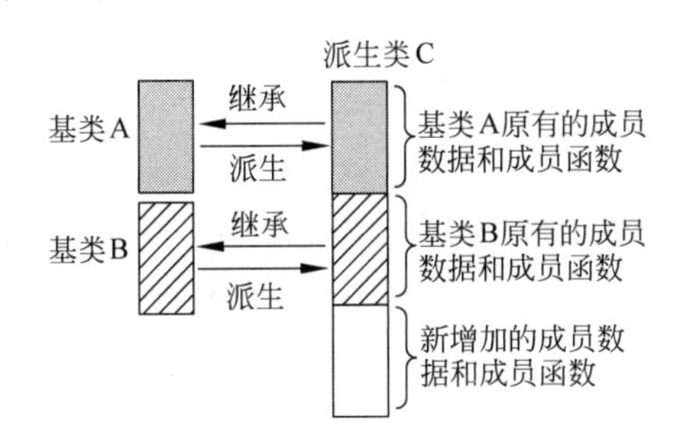

图 13.4　多继承方式下基类和派生类的结构关系

13.1.3　派生类的三种继承方式

派生类中的成员由两部分组成，一部分是从基类继承来的，另一部分是派生类新增的。从基类继承来的成员在派生类中的访问权限与其继承方式是密切相关的，并且除了 public、protected 和 private 之外，还有一种访问权限称为“不可访问”，即无论何种继承方式，派生类中从基类继承过来的基类的私有成员在派生类中都是不可访问的。也就是说，基类的私有成员在派生类中并没有成为派生类中的私有成员，只有基类的成员函数可以引用它，而不能被派生类的成员函数引用。

1. 公有继承

当派生类以公有(public)方式继承基类时，基类的公有成员和保护成员在派生类中的访问权限不变,仍为公有成员和保护成员;而基类的私有成员则如前所述,在派生类中的访问权限成为"不可访问"。

【例 13.1】 公有继承下的基类成员的访问权限。

```
#include<iostream>
using namespace std;
class A
{
private:
        int x;                                  //私有
protected:
        int y;                                  //保护
public:
        int z;                                  //公有
        A(int a, int b,int c)                   //构造
        {    x=a; y=b; z=c;   }
        void ShowA()                            //公有成员函数
        {cout<<x<<'\t'<<y<<'\t'<<z<<endl;}
};
class B:public A                                //公有继承
{
private:
        int t;                                  //私有
public:
        B(int a, int b, int c, int d):A(a,b,c)  //构造
        {    t=d;   }
        void ShowB()                            //公有函数
        {    cout<<t<<endl;   }
};
int main()
{       B ob(1,2,3,4);                          //定义派生类对象
        ob.ShowA();                             //调用派生类中继承基类的公有成员函数
        ob.ShowB();                             //调用派生类中新定义的公有成员函数
        return 0;
}
```

程序的运行结果如下:

```
1       2       3
4
```

其中,基类 A 与派生类 B 的成员及其访问权限如图 13.5 所示。

可见,在公有继承中,除了基类中的私有成员外,基类中的其他成员的访问权限在派生类中都保持不变。

2. 私有继承

当派生类以私有(private)方式继承基类时,基类的公有成员和保护成员在派生类中的访问权限全部成为私有成员;而基类的私有成员在派生类中的访问权限仍为"不可访问"。当定义派生类时省略基类的继承方式时,默认的继承方式是私有(private)继承。

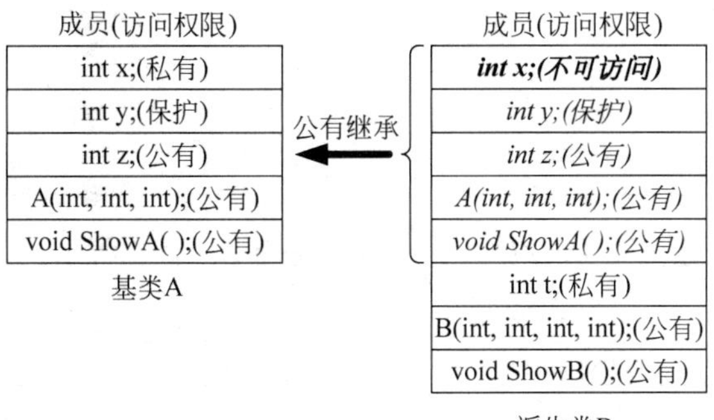

图 13.5　公有继承中派生类各成员的访问属性

【例 13.2】 私有继承下的基类成员的访问权限。

```
#include<iostream>
using namespace std;
class A
{
private:
        int x;                              //私有
protected:
        int y;                              //保护
public:
        int z;                              //公有
        A(int a, int b,int c)               //构造
        {    x=a; y=b; z=c;    }
        void ShowA()                        //公有成员函数
        {cout<<x<<'\t'<<y<<'\t'<<z<<endl;}
};
class B:private A                           //私有继承
{
private:
        int t;                              //私有
public:
        B(int a, int b, int c, int d):A(a,b,c)    //构造
        {    t=d;    }
        void ShowB()                        //公有函数
        {    ShowA();                       //只能在类中调用基类中的公有函数
             cout<<t<<endl;
        }
};
int main()
{       B ob(1,2,3,4);                      //定义派生类对象
        ob.ShowB();                         //调用派生类中新定义的公有成员函数
        return 0;
}
```

程序的运行结果如下：

```
1        2        3
4
```

其中，基类 A 与派生类 B 的成员及其访问权限如图 13.6 所示。

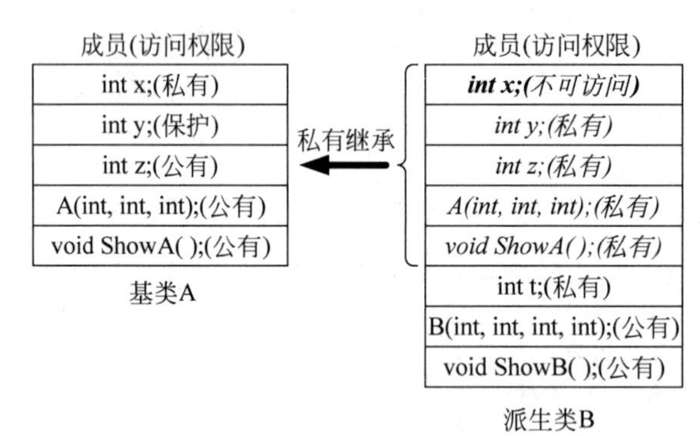

图 13.6　私有继承中派生类各成员的访问属性

可见，在私有继承中，除了基类中的私有成员外，基类中的其他成员的访问权限在派生类中都变为私有。

3. 保护继承

当派生类以保护(protected)方式继承基类时，基类的公有成员和保护成员在派生类中的访问权限全部成为保护成员；而基类的私有成员在派生类中的访问权限仍为“不可访问”。

保护(protected)继承是一种带有“血缘”关系的继承形式，可以想象，基类无论经过多少次“保护”继承，其公有成员和保护成员在派生类内部都是允许访问的，而在类外是禁止访问的。

【例 13.3】 保护继承下的基类成员的访问权限。

```
#include <iostream>
using namespace std;
class A
{
private:
      int x;                                  //私有
protected:
      int y;                                  //保护
public:
      int z;                                  //公有
      A(int a, int b,int c)                   //构造
      {   x = a; y = b; z = c;   }
      void ShowA()                            //公有成员函数
      {cout << x <<'\t'<< y <<'\t'<< z << endl;}
};
class B:protected A                           //保护继承
```

```
{
private:
      int t;                                          //私有
public:
      B(int a, int b, int c, int d):A(a,b,c)          //构造
      {   t = d;  }
      void ShowB()                                    //公有函数
      {   ShowA();                                    //只能在类中调用基类中的公有函数
          cout << t << endl;
      }
};
int main()
{     B ob(1,2,3,4);                                  //定义派生类对象
      ob.ShowB();                                     //调用派生类中新定义的公有成员函数
      return 0;
}
```

程序的运行结果如下：

```
1       2       3
4
```

其中，基类 A 与派生类 B 的成员及其访问权限如图 13.7 所示。

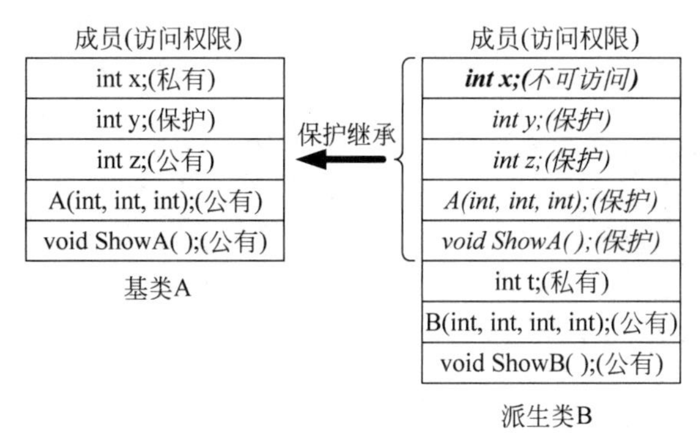

图 13.7　保护继承中派生类各成员的访问属性

可见，在保护继承中，除了基类中的私有成员外，基类中的其他成员的访问权限在派生类中都变为保护，延续其“血缘”关系。

上述三种继承形式可以概括为表 13.1。

表 13.1　基类成员在派生类中的访问属性

基类中的成员	在公有派生中的访问属性	在保护派生中的访问属性	在私有派生中的访问属性
私有成员	不可访问	不可访问	不可访问
保护成员	保护	保护	私有
公有成员	公有	保护	私有

13.2 派生类的构造函数和析构函数

13.2.1 单继承派生类的构造函数

派生类中包含有继承基类的成员和派生类中的新增成员,在创建派生类的对象时,不仅要给派生类中的数据成员初始化,还要给它从基类中继承过来的数据成员初始化。这样,在派生类的对象构造时,必须首先正确地构造这个对象中基类的成员。

派生类构造函数的一般形式为:

派生类构造函数名(总参数列表):基类构造函数名(参数列表)
{　派生类中新增数据成员初始化语句　}

创建派生类对象时首先调用基类的构造函数,然后才执行派生类构造函数体内的语句。

【例 13.4】 创建派生类对象。

```
#include<iostream>
#include<cmath>
using namespace std;
class  Tri                                    //三角形类
{
private:
    double  a,b,c ;                           //表示三角形的三边
public:
    Tri(double x , double y , double z )      //构造函数,初始化三角形三边
    {   a=x; b=y; c=z;
        cout<<"调用基类的构造函数"<<endl;      //输出提示信息,验证构造函数的调用顺序
    }
    double Peri(void)                         //求三角形的周长
    {   return a+b+c;   }
    double Area(void)                         //求三角形的面积
    {   double  t=(a+b+c)/2;
        double  s;
        s=sqrt(t*(t-a)*(t-b)*(t-c));
        return s;
    }
};
class Col:public Tri                          //三角柱体,公有继承 Tri 类
{
private:
    double h;                                 //表示三角柱体的高度
public:
    Col(double x,double y,double z,double t):Tri(x,y,z)  //三角柱体的构造函数
    {   h=t;                                  //初始化三角形柱体高度
        cout<<"调用派生类的构造函数"<<endl;    //输出提示信息,验证构造函数的调用顺序
    }
    double Volu()                             //求三角柱体的体积
    {   return Area()*h;   }
};
```

```
int main()
{   Col  col(3, 4, 5, 2);                          //创建三角柱体对象
    cout<<"col 的体积:  "<<col.Volu()<<endl;      //求 col 的体积
    return 0;
}
```

程序的运行结果如下：

```
调用基类的构造函数
调用派生类的构造函数
col 的体积: 12
```

派生类对象释放时执行析构函数的顺序与构造函数相反，先执行派生类的析构函数~Col( )，再执行其基类的析构函数~Tri()，在这里就不再赘述。

13.2.2 多继承派生类的构造函数

在多继承的情况下，由于派生类具有多个基类，在创建派生类的对象时，同样首先构造派生类对象中基类的成员，调用基类构造函数的顺序按照它们继承时说明的顺序，而不是派生类构造函数中列举的顺序。

多继承派生类构造函数的一般形式为：

派生类构造函数名(总参数列表):基类 1 构造函数名(参数列表 1), 基类 2 构造函数名(参数列表 2),…, 基类 n 构造函数名(参数列表 n)
{ 派生类中新增数据成员初始化语句 }

【例 13.5】 创建多继承的派生类对象。

```
#include<iostream>
using namespace std;
class Stu                                       //学生类
{
private:
      int stu_id;                               //代表学生学号
      double score;                             //代表学生成绩
public:
      Stu(int n, double sc)                     //学生类的构造函数
      {   stu_id=n;
          score=sc;
          cout<<"调用学生类构造函数"<<endl;
      }
      void ShowA()                              //输出学生的信息
      {   cout<<"学号: "<<stu_id<<'\t'<<"成绩: "<<score<<endl;  }
};
class Emp                                       //职工类
{
private:
      int sta_id;                               //代表职工工号
      double salary;                            // 代表职工工资
public:
```

```
        Emp(int n, double sa)                      //职工类构造函数
        {    sta_id = n;
             salary = sa;
             cout <<"调用职工类构造函数"<< endl;
        }
        void ShowB()                               //输出职工的信息
        {    cout <<"工号: "<< sta_id <<'\t'<<"工资: "<< salary << endl;   }
};
class Stu_Emp: public Emp, public Stu              //A   在职的学生类
{
public:
        Stu_Emp(int n1, double sc, int n2 ,double sa):Stu(n1, sc), Emp(n2, sa) //新类型的构造函数
        { cout <<"调用派生类构造函数"<< endl;}
};
int main()
{       Stu_Emp  s(10001, 98, 20001, 2000.0);      //创建在职学生类对象
        s.ShowA();
        s.ShowB();
        return 0;
}
```

程序的运行结果如下:

```
调用职工类构造函数
调用学生类构造函数
调用派生类构造函数
学号: 10001      成绩: 98
工号: 20001      工资: 2000
```

说明:例13.5是由两个基类(学生类、职工类)派生出的一个派生类(在职学生类),结构如图13.8所示。其中,构建派生类对象时首先要调用基类的构造函数,而基类构造函数的调用顺序由派生类定义时说明的基类顺序决定。在程序中,在A行定义派生类时声明基类继承的顺序是:

```
class Stu_Emp: public Emp, public Stu
{ …   }
```

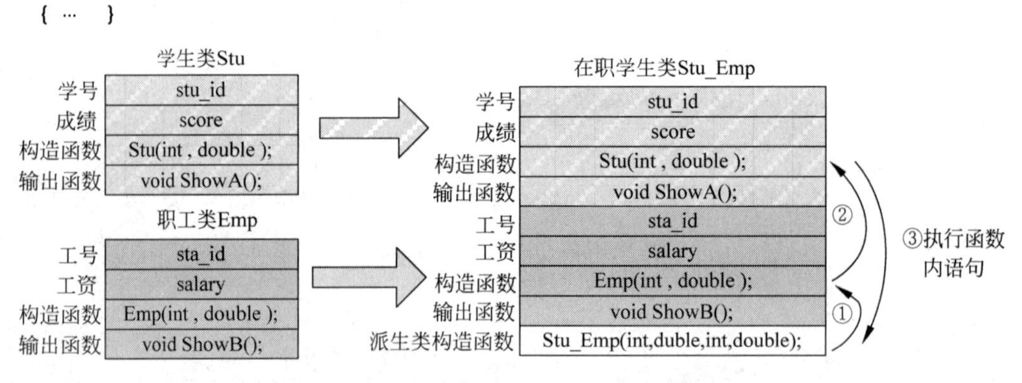

图13.8 多继承派生类的结构和构造函数的调用顺序

因此，在调用派生类构造函数时，先调用职工类 Emp 的构造函数，再调用学生类 Stu 的构造函数，最后执行派生类构造函数内的语句，如图 13.8 所示。构造函数的调用顺序与定义派生类构造函数时初始化列表中列举的基类顺序无关。

析构函数的调用顺序与构造函数相反。

13.2.3 有子对象的派生类的构造函数

在类的数据成员中，还可以包括基类或其他类的对象，称为子对象，即对象中的对象。子对象中的数据成员在创建时同样需要初始化，所以，在派生类构造函数的初始化列表中，不仅要列举所调用的基类的构造函数，而且要列举所包含的子对象成员的构造函数。其构造函数的一般形式为：

派生类构造函数名(总参数列表):基类构造函数名(参数列表),子对象名(参数列表)
{　派生类中新增数据成员初始化语句　}

执行派生类构造函数的顺序是：

(1) 调用基类构造函数，调用顺序按照它们继承时说明的顺序。

(2) 调用子对象类的构造函数，调用顺序按照它们在类中说明的顺序。

(3) 执行派生类构造函数体中的内容。

派生类对象释放时执行析构函数的顺序正好与构造函数相反。

【例 13.6】 具有子对象的派生类构造函数的调用顺序。

```
#include <iostream>
using namespace std;
class Base1
{   int x;
public:
    Base1(int a)
    {   x=a;
        cout<<"调用 Base1 的构造函数"<<endl;
    }
    ~Base1()
    {   cout<<"调用 Base1 的析构函数"<<endl;   }
};
class Base2
{   int y;
public:
    Base2(int b)
    {   y=b;
        cout<<"调用 Base2 的构造函数"<<endl;
    }
    ~Base2()
    {   cout<<"调用 Base2 的析构函数"<<endl;   }
};
class Derived:public Base1, public Base2
{   Base1 b1;
    Base2 b2;
public:
```

```
    Derived(int a, int b):Base2(a),Base1(b),b2(a+b), b1(a-b)
    {   cout<<"调用 Derived 的构造函数"<<endl;  }
    ~Derived()
    {   cout<<"调用 Derived 的析构函数"<<endl;  }
};
int main()
{   Derived d(3,4);
    return 0;
}
```

程序的运行结果如下：

```
调用 Base1 的构造函数          (基类 Base1 的成员数据初始化)
调用 Base2 的构造函数          (基类 Base2 的成员数据初始化)
调用 Base1 的构造函数          (子对象 b1 中的成员数据初始化)
调用 Base2 的构造函数          (子对象 b2 中的成员数据初始化)
调用 Derived 的构造函数        (派生类中新增的成员数据初始化)
调用 Derived 的析构函数
调用 Base2 的析构函数
调用 Base1 的析构函数
调用 Base2 的析构函数
调用 Base1 的析构函数
```

说明：例 13.6 的基类、子对象和派生类的关系如图 13.9 所示。

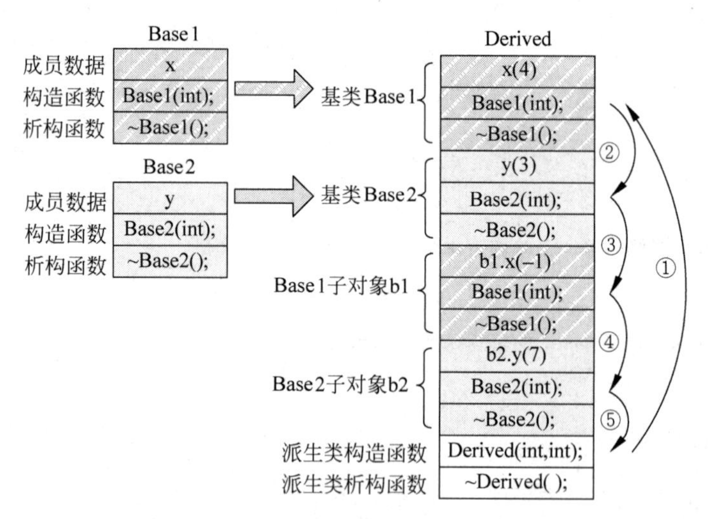

图 13.9　具有基类子对象的派生类的结构及构造函数的调用顺序

在实际应用中，使用派生类构造函数时应注意如下两个问题：

(1) 当基类中有默认的构造函数或者没有定义构造函数时，派生类构造函数的定义中就可以省略对基类构造函数的调用。

(2) 当基类的构造函数使用一个或多个参数时，则在派生类必须定义构造函数，提供将参数传递给基类构造函数的途径。

13.3 继承的冲突与支配

13.3.1 冲突

一般来说，在派生类中对基类的访问应该是唯一的。但是，在多继承的情况下，可能造成对基类中某个成员的访问出现了不唯一的情况，称为多继承的冲突问题。

例如，在例13.5中在职的学生类Stu_Emp是学生类Stu与职工类Emp的派生类，修改其基类的成员数据与成员函数名称后，其基类与派生类的结构如图13.10所示。

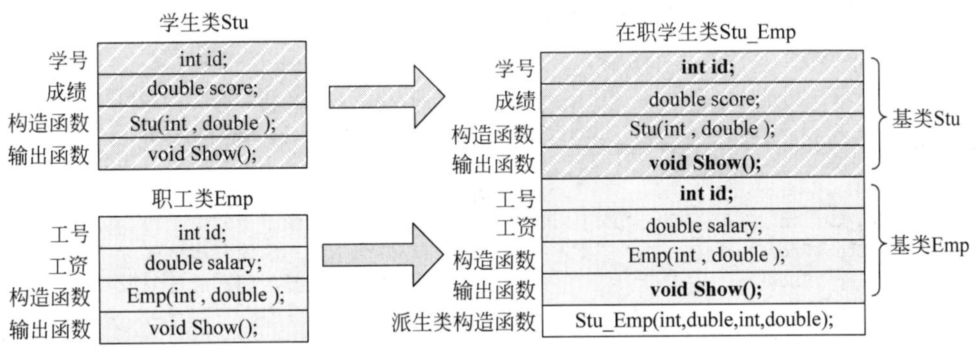

图13.10 多继承派生类的结构

从图中可以看出，在职学生类Stu_Emp中一共继承了两个名为id的成员变量和两个名为Show()的成员函数。如果创建一个类Stu_Emp的对象s，那么，当执行语句s.Show()时，编译系统无法判别要访问的是哪一个基类中的成员函数，因此，程序编译出错。

当多个基类存在同名成员的时候，使用类限定符进行区分，表示方法如下：

类名::成员名;

在例13.6中，如果要输出学生类的信息，表示为s.Stu::Show();，要输出职工类的信息，表示为s.Emp::Show();。

【例13.7】 多继承的冲突问题。

```
#include <iostream>
using namespace std;
class Stu                                       //学生类
{
private:
      int id;                                   //代表学生学号
      double score;                             //代表学生成绩
public:
      Stu(int n, double sc)                     //学生类的构造函数
      {    id = n;
           score = sc;
      }
      void Show()                               //输出学生的信息
      {    cout <<"学号: "<< id <<'\t'<<"成绩: "<< score << endl;   }
};
class Emp                                       //职工类
```

```
{
private:
        int id;                                     //代表职工工号
        double salary;                              //代表职工工资
public:
        Emp(int n, double sa)                       //职工类构造函数
        {    id = n;
             salary = sa;
        }
        void Show()                                 //输出职工的信息
        {    cout<<"工号: "<< id<<'\t'<<"工资: "<< salary << endl;   }
};
class Stu_Emp: public Emp, public Stu               //在职的学生类
{
public:
                                                    //新类型的构造函数
        Stu_Emp(int n1, double sc, int n2 ,double sa):Stu(n1, sc), Emp(n2, sa) {}
};
int main()
{       Stu_Emp  s(10001, 98, 20001, 2000.0);       //创建在职学生类对象
        s.Stu::Show();                              //调用学生类的同名成员函数
        s.Emp::Show();                              //调用职工类的同名成员函数
        return 0;
}
```

程序的运行结果如下：

```
学号: 10001    成绩: 98
工号: 20001    工资: 2000
```

13.3.2 支配

在继承的过程中,派生类有可能出现与基类同名的成员。例如,将例 13.7 中的派生类的结构稍做调整,使得派生类中新增一个名为 Show 的输出函数,其结构如图 13.11 所示。

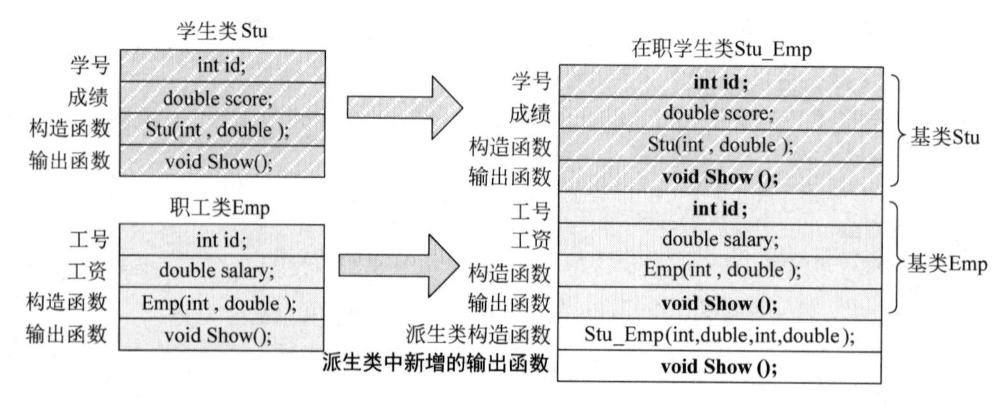

图 13.11 多继承派生类的结构

在这种情况下,如果创建一个类 Stu_Emp 的对象 s,那么,当执行语句 s.Show();时,编译系统调用的是派生类中新定义的成员函数 Show,而不是基类中的同名成员。也就是说,

如果基类和派生类中出现了同名成员，那么，在派生类中所定义的成员名具有支配地位，这就是继承中的支配规则，也称同名覆盖。

【例 13.8】 继承的支配规则。

```
#include<iostream>
using namespace std;
class Stu                                   //学生类
{
private:
    int id;                                 //代表学生学号
    double score;                           //代表学生成绩
public:
    Stu(int n, double sc)                   //学生类的构造函数
    {   id = n;
        score = sc;
    }
    void Show()                             //输出学生的信息
    {   cout<<"学号: "<< id<<'\t'<<"成绩: "<< score << endl;   }
};
class Emp                                   //职工类
{
private:
    int id;                                 //代表职工工号
    double salary;                          //代表职工工资
public:
    Emp(int n, double sa)                   //职工类构造函数
    {   id = n;
        salary = sa;
    }
    void Show()                             //输出职工的信息
    {   cout<<"工号: "<< id<<'\t'<<"工资: "<< salary << endl;   }
};
class Stu_Emp: public Emp, public Stu       //在职的学生类
{
public:
                                            //新类型的构造函数
    Stu_Emp(int n1, double sc, int n2 ,double sa):Stu(n1, sc), Emp(n2, sa) {}
    void Show()                             //派生类中新定义的同名函数
    {   Stu::Show();                    //调用学生类的成员函数(类限定符避免冲突)
        Emp::Show();                    //调用职工类的成员函数(类限定符避免冲突)
    }
};
int main()
{   Stu_Emp  s(10001, 98, 20001, 2000.0);  //创建在职学生类对象
    s.Show();                           //调用派生类中新定义的成员函数(支配规则)
    return 0;
}
```

程序的运行结果与例 13.7 相同。

13.3.3 赋值兼容规则

赋值兼容规则指的是在公有派生的情况下，派生类对象和基类对象间的赋值关系，有以

下三种情况(假设类 derived 由类 base 派生)。

(1) 派生类对象可以赋值给基类对象。

```
derived d;
base b;
b = d;
```

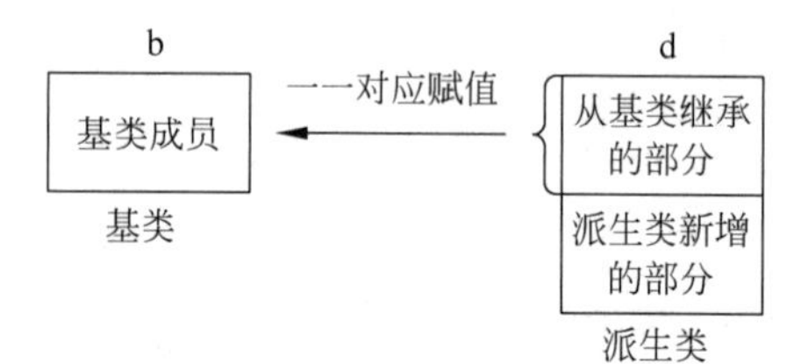

图 13.12 派生类对象赋值给基类对象

也就是说,派生类对象中从基类继承过来的那一部分成员数据可以为基类对象中对应的成员数据赋值,如图 13.12 所示。

(2) 派生类对象可以初始化基类引用。

```
derived d;
base &br = d;
```

也就是说,派生类对象中从基类继承过来的那一部分成员可以有一个基类的别名 br,如图 13.13 所示。

(3) 派生类对象的地址可以赋给基类的指针。

```
derived d;
base * pb = &d;
```

同(2)类似,只能用基类指针引用派生类对象中从基类继承过来的那一部分成员,如图 13.14 所示。

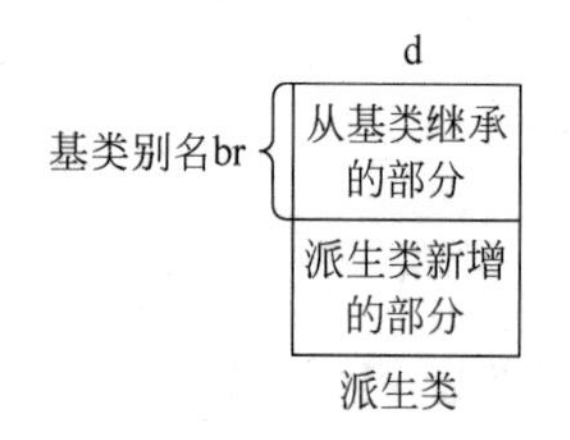

图 13.13 派生类对象初始化基类引用

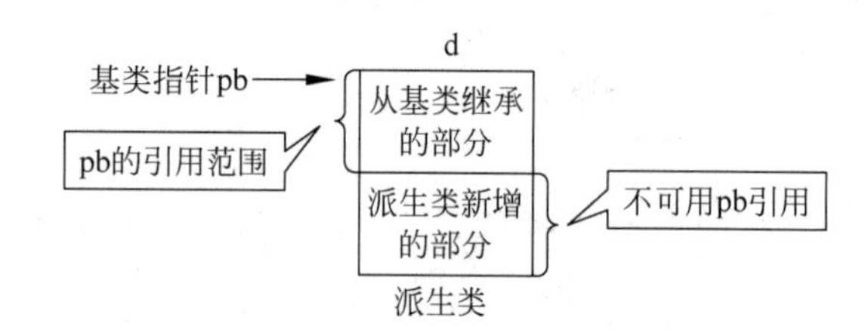

图 13.14 派生类地址赋给基类指针

13.4 虚 基 类

13.4.1 虚基类的定义

在实际应用中,类的层次结构往往是单继承和多继承的混合结构,如图 13.1(b)所示。假设类 B 与类 C 是类 A 的派生,而类 D 又是类 B 与类 C 的派生,其派生结构如图 13.15 所示。

具体成员数据与成员函数结构如图 13.16 所示。

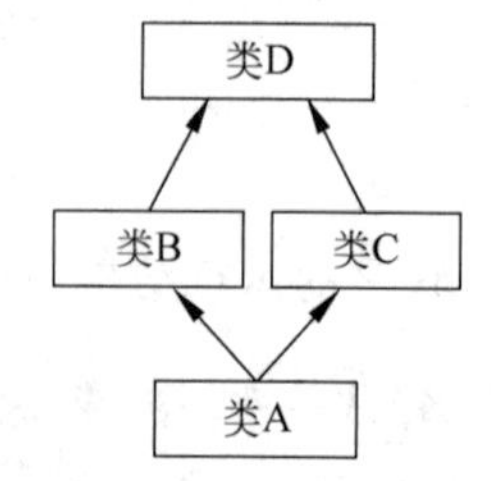

图 13.15 混合派生结构

图 13.16 中,在类 D 中有两份完全相同的类 A 的复制,它们分别是从类 B 和类 C 中继承而来的。在这种情况下,同一个公共的基类在派生类中产生多个复制,不仅多占用了存储空间,而且可能会造成多个备份中的数据不一致和模糊的引用。为了避

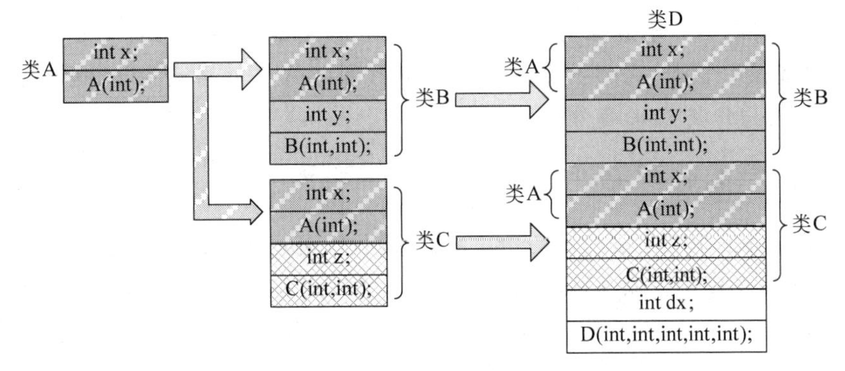

图 13.16　混合派生后多份基类复制结构

免这种情况的发生，C++提供虚基类的方法，使得在继承间接公共基类时只保留一份成员数据的备份。在此，将公共基类类 A 说明为虚基类，这样，无论该基类如何派生，在派生类中只能保留一份备份。

在多重派生的过程中，若欲使公共的基类在派生类中只有一份备份，则可以将这种基类声明为虚基类。虚基类在派生时进行声明，其声明的形式为：

class 派生类名: virtual 访问限定符 基类类名{…};

或

class 派生类名: 访问限定符 virtual 基类类名{…};

例如，类 B 定义：

```
class B: public virtual A
{ 类 B 新增成员   };
```

同样，对类 C 定义：

```
class C: public virtual A
{ 类 C 新增成员   };
```

这样，由类 B 和类 C 派生出的类 D 的定义为：

```
class D: public B, public C
{    类 D 新增成员   };
```

其类的成员结构组成如图 13.17 所示。

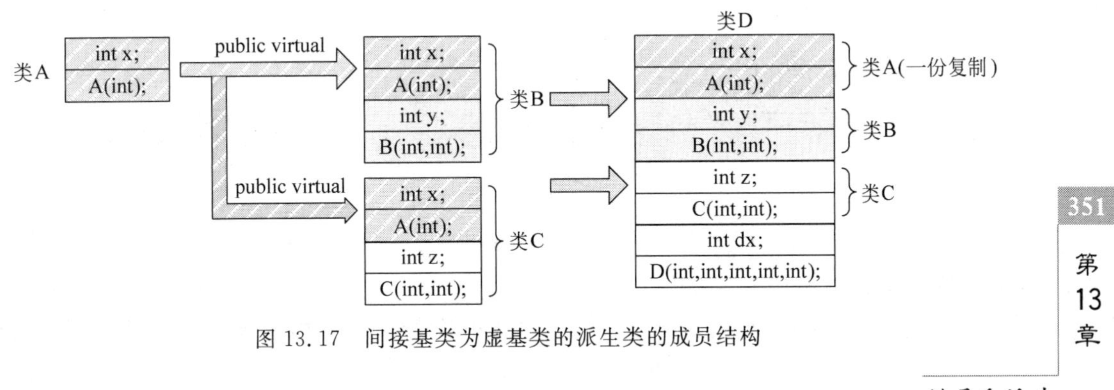

图 13.17　间接基类为虚基类的派生类的成员结构

注意：为了保证虚基类在派生类中只继承一次，应当将该基类在所有直接派生类中都将其声明为虚基类。例如，必须在类B和类C中都将类A声明为虚基类，这样才能保证在派生类D中只有一份类A的备份。

13.4.2 虚基类的初始化

如果在虚基类中定义了带参数的构造函数，而且没有定义默认的构造函数，则在其所有的派生类内(包括直接派生或间接派生的派生类)，都要在构造函数的初始化列表中列出对虚基类构造函数的显式调用。其中，用于创建对象的那个派生类的构造函数直接调用虚基类的构造函数，实现对虚基类唯一副本的初始化。

【例 13.9】 虚基类的初始化。

```
#include<iostream>
using namespace std;
class  A{
public:   int x;
    A(int   a=0) { x=a;}                    //A行
};
class B:public   virtual A{
public:   int y;
    B(int a=0,int b=0): A(a) {y=b;}
};
class C:public virtual A{
public:   int z;
    C(int a=0,int c=0):A(a){z=c;   }
};
class D:public B,public C{
public:   int dx;
    D(int a1,int b,int a2,int c,int d):B(a1,b),C(a2,c)   //B行
    {    dx=d;}
};
int main()
{    D d1(10,20,30,40,50);                  //C行
     cout<<"d1.x="<<d1.x<<endl;             //D行
     d1.x=400;
     cout<<"d1.x="<<d1.x<<endl;
     cout<<"d1.y="<<d1.y<<endl;
     return 0;
}
```

程序的运行结果如下：

```
d1.x=0
d1.x=400
d1.y=20
```

程序分析：

在C行创建派生类D的对象d1时，需要调用基类B、C的构造函数，即执行B行语句。

可以看到，对虚基类 A 的唯一一份复制 d1.x 初始化时，既不用形参 a1，也不用形参 a2，而是直接调用 A 行默认的构造函数，用默认值 0 为 d1.x 初始化，故 D 行的输出 d1.x 的值为 0。

因此，在一般情况下，类 D 的构造函数中应该列出虚基类 A 的构造函数，以提供类 A 的数据的初始化。因此，上述程序的 B 行可以写成：

```
D(int a1,int b,int c,int d,int a2):B(a1,b),C(a2,c), A(a2)
```

这样，在首先执行对基类 A 的构造时，用参数 a2 初始化 d1.x。

对于虚基类构造函数调用的说明如下：

(1) 如果一个派生类有一个直接或间接的虚基类，那么派生类的构造函数的成员初始化列表中必须列出对虚基类构造函数的调用；如果未被列出，则表示使用该虚基类的默认的构造函数。

(2) 在一个成员初始化列表中同时出现对虚基类和非虚基类构造函数的调用，则先调用虚基类的构造函数。

(3) 直接或间接继承虚基类的派生类，其构造函数的成员初始化列表中都要列出对虚基类构造函数的调用。但是，只有用于创建对象的那个派生类的构造函数才真正调用虚基类的构造函数，而在其他派生类的初始化列表中对虚基类构造函数的调用并不执行，这样保证了对虚基类中数据成员只初始化一次。

练　习　题

一、选择题

1. 定义派生类时，若不使用关键字显式地规定采用何种继承方式，则默认方式是________。

A. 私有继承　　B. 非私有继承　　C. 保护继承　　D. 公有继承

2. 在一个派生类的成员函数中，试图调用其基类的成员函数“void f();”，但无法通过编译。这说明________。

A. f()是基类的私有成员　　B. f()是基类的保护成员

C. 派生类的继承方式是私有　　D. 派生类的继承方式为保护

3. 有如下类定义：

```
class AA{
    int a;
public:
    AA(int n = 0): a(n){}
};
class BB: public AA{
public:
    BB(int n) ________
};
```

其中横线处缺失部分是________。

A. :a(n){}　　B. :AA(n){}　　C. {a(n);}　　D. {a=n;}

4. 已知基类 Employee 只有一个构造函数,其定义如下:

```
Employee::Employee( int n):id(n){}
```

Manager 是 Employee 的派生类,则下列对 Manager 的构造函数定义中,正确的是________。

A. Manager::Manager(int n):id(n){}

B. Manager::Manager(int n){id=n}

C. Manager::Manager(int n):Employee(n){}

D. Manager::Manager(int n){Employee(n);}

5. 有如下程序:

```
#include<iostream>
using namespace std;
class Base{
public:
    void fun(){ cout<<'B';  }
};
class Derived:public Base{
public:
    void fun()
    {    ________
        cout<<'D';
    }
};
int main()
{   Derived d;
    d.fun();
    return 0;
}
```

若程序的输出结果是 BD,则画线处缺失的部分是________。

A. fun();　　B. Base.fun();　　C. Base::fun();　　D. Base->fun();

6. 关于虚基类的描述中,错误的是________。

A. 使用虚基类可以消除由多继承产生的二义性

B. 构造派生类对象时,虚基类的构造函数只被调用一次

C. 声明“class B: virtual public A”,说明类 B 为虚基类

D. 建立派生类对象时,首先调用虚基类的构造函数

二、填空题

1. 下列程序的输出结果是________。

```
#include<iostream>
using namespace std;
class Base
{   int k;
public:
```

```
    void set(int n){k = n;}
    int get(){ return k; }
};
class Derived: protected Base
{   int j;
public:
    void set(int m, int n){ Base::set(m); j = n;}
    int get(){ return Base::get() + j;  }
};
int main()
{   Derived d;
    d.set(1,2);
    cout << d.get()<< endl;
    return 0;
}
```

2. 下列程序的输出结果是________。

```
#include< iostream >
using namespace std;
class A
{
public:
    A(){   cout <<"A";   }
    ~A(){   cout <<"~A";   }
};
class B:public A
{   A *p;
public:
    B()
    {   cout <<"B";
        p = new A();
    }
    ~B()
    {   cout <<"~B";
        delete p;
    }
};
int main()
{   B obj;
    return 0;
}
```

3. 下列程序的输出结果是________。

```
#include< iostream >
using namespace std;
class A{
public:
    int x;
    A(){   x = 100;   }
    A(int i){   x = i;   }
```

```
    void Show(){    cout <<"x = "<< x <<'\t'<<"AA\n";   }
};
class B{
public:
    int y;
    B()  {y = 300;   }
    B(int x){    y = x;   }
    void Show(){    cout <<"y = "<< y <<'\t'<<"BB\n";}
};
class C:public A, public B{
public:
    int y;
C(int a, int b, int c): A(a), B(b) {    y = c;   }
void Show(){    cout <<"y = "<< y <<'\t'<<"CC\n";   }
};
int main()
{   C c1(400,500,600);
    c1.y = 200;
    c1.Show();
    c1.A::Show();
    c1.B::Show();
    return 0;
}
```

4. 下列程序的输出结果是________。

```
#include <iostream>
using namespace std;
class base
{
public:
    void who(){    cout <<"base class"<< endl;   }
};
class derive1:public base
{
public:
    void who(){    cout <<"derive1 class"<< endl;   }
};
class derive2:public base
{
public:
    void who(){    cout <<"derive2 class"<< endl;   }
};
void fun(base * p)
{   p->who();   }
int main()
{   base obj1, * p;
    derive1 obj2;
    derive2 obj3;
    fun(&obj1);
    fun(&obj2);
```

```
    fun(&obj3);
    obj2.who();
    obj3.who();
    return 0;
}
```

三、编程题

1. 定义一个长方形 Rect 类,派生出长方体类 Cub,计算派生类对象的表面积和体积。

2. 定义一个 Shape 基类,并派生出圆球体(Sphere)和立方体类(Cube),分别求圆球体与立方体对象的表面积和体积。

第 14 章 虚 函 数

14.1 多态性的概念

多态性是面向对象程序设计的重要特征之一。它与前面讲过的封装性和继承性构成了面向对象程序设计的三大特性。这三大特性是相互关联的。封装性是基础,继承性是关键,多态性是补充,而多态性又必须存在于继承的环境之中,是继承性的进一步扩展。

客观世界中的多态,是指同一个事物具有多种形态。在面向对象的程序设计方法中,多态是指同一个函数名具有不同的实现。从系统实现的角度看,多态性分为静态多态性和动态多态性两类。

静态多态性是指在编译期间就可以确定函数调用和函数代码的对应关系。例如,在编译重载函数和重载运算符函数时,编译器将根据它们的参数表,对各个相同的函数名进行修饰,将它们转换为不同名的函数。遇到函数调用语句后,编译器根据实参就能够确定调用哪个具体的函数。静态多态性的优点是执行效率比较高。

动态多态性是指在程序的运行期间才能确定函数调用和函数代码之间的对应关系。例如,在通过基类的指针或引用调用虚函数时,在编译期间是无法确定调用哪个函数的,只有在程序运行起来后,才能确定调用哪个派生类中的虚函数。动态多态性的优点是能够得到较高级的问题抽象,为用户提供公共接口,便于程序的开发和维护。

14.2 虚 函 数

1. 虚函数的作用和功能

在 13.3.3 节中赋值兼容规则中我们了解到,派生类对象的地址可以赋给基类的指针,此时基类指针只能引用派生类对象中从基类继承过来的那一部分成员,如图 13.14 所示。

【例 14.1】 赋值兼容规则的应用。

```
#include <iostream>
using namespace std;
const double  PI = 3.1415926;
class Circle                                        //圆形类
{
      double r;                                     //表示圆的半径
public:
      Circle(double rad) { r = rad;  }              //构造函数
```

```
        double Peri() { return 2 * r * PI;   }                //求圆的周长
        double Area() { return PI * r * r;   }                //求圆的面积
};
class Cylinder:public Circle                                  //圆柱体类
{    double h;                                                //表示圆柱体的高度
public:
        Cylinder(double rad, double height):Circle(rad)       //构造函数
        {    h = height;   }
        double Area()   { return Peri() * h;   }              //求圆柱体的侧面积
};
int main()
{    Circle  * pb;                                            //定义基类的指针变量
     Circle cr(1);                                            //定义基类对象
     pb = &cr;                                                //A 行 基类指针指向基类对象
     cout << pb -> Area()<< endl;                             //用指针引用对象成员
     Cylinder cy(3,5);                                        //定义派生类的对象
     pb = &cy;                                                //B 行 基类指针指向派生类对象
     cout << pb -> Area()<< endl;                             //调用基类的同名函数,赋值兼容规则
     cout << cy. Area()<< endl;                               //调用派生类的同名函数,支配规则
     return 0;
}
```

程序的运行结果如下：

```
3.14159        (基类指针调用基类对象成员函数)
28.2743        (执行的是基类中的 Area(),表示圆柱体的底面积)
94.2478        (执行的是派生类中的 Area(),表示圆柱体的侧面积)
```

程序分析：

基类与派生类的结构及程序说明如图 14.1 所示。

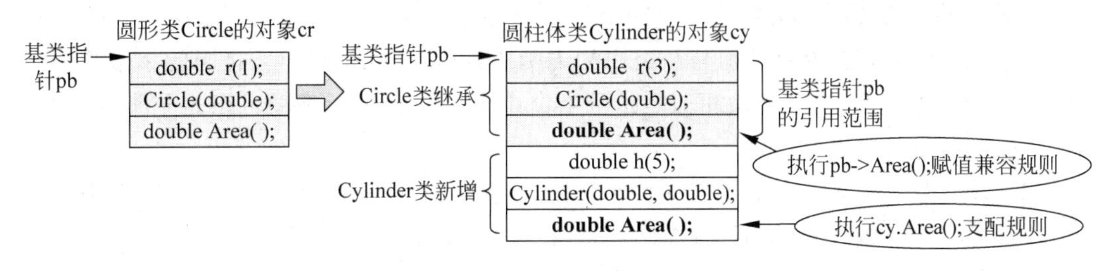

图 14.1　基类与派生类的结构及程序说明

由此可见，当基类指针指向基类对象时（A 行），语句 pb-> Area( )；执行的是基类的函数，而基类指针指向派生类对象时（B 行），语句 pb-> Area( )；仍执行的是从基类继承来的成员函数。

如果希望基类指针在指向不同的对象时，能做出不同的反应。例如，基类指针指向派生类的对象，执行 pb-> Area()；时，能调用派生类的新增同名函数 Area()，输出圆柱体的侧面积 94.2478。这就是不同的对象（基类对象 cr、派生类对象 cy）对相同函数的调用（pb-> Area()；），做出不同的反应。这正是多态性的体现。

若要体现这种多态性,必须在程序的运行中对 pb-> Area();语句重新定位。当指向基类对象,语句定位到基类 Area 的代码段;当指向派生类对象,语句定位到派生类新增的 Area 的代码段。这一过程也称为动态联编。

为了实现动态联编,需要将为实现多态性而运行的函数 Area 定义为虚函数。

2. 虚函数的定义

虚函数是基类的成员函数,定义虚函数的格式如下:

```
virtual 函数类型 函数名(参数列表)
{    函数体    }
```

例如,在例 14.1 中,若要实现动态联编,在 Circle 类中将 Area 函数定义如下:

```
class Circle
{    …
     virtual double Area()
     {    return PI * r * r;    }
};
```

此时,在 main 函数中执行 pb=&cy; cout << pb-> Area();语句时,调用的是派生类新增的 Area 函数,输出的是圆柱体的侧面积 94.2478,如图 14.2 所示。

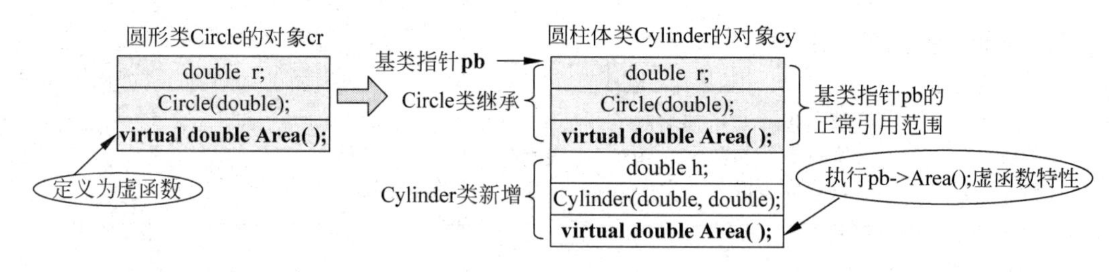

图 14.2　虚函数的特性

关于虚函数的使用说明如下:

(1) 派生类中的虚函数必须与基类中的虚函数具有相同的函数名、相同的参数列表,相同或相似的返回类型(返回类型相似是指派生类中虚函数的返回类型可以是基类虚函数返回类型的公有派生类型)。

(2) 派生类中与基类中虚函数同原型的成员函数,也一定是虚函数,在其定义中,关键字 virtual 可以被省略。换句话说,虚函数是可以继承的。

(3) 虚函数是实现动态联编的必要条件,但不是唯一条件。动态多态性的实现需要满足三个条件:一是类之间满足赋值兼容规则;二是要在基类中声明虚函数;三是要通过基类指针或基类引用调用虚函数。

(4) 虚函数必须是类的非静态成员函数。

(5) 构造函数不能是虚函数,析构函数可以是虚函数。

(6) 虚函数的执行速度要稍慢一些。为了实现多态性,每一个派生类中均要保存相应虚函数的入口地址表,函数的调用机制也是间接实现的。

3. 虚函数的调用

虚函数的多态性是通过基类指针或基类引用对派生类对象的调用来实现的。

【例 14.2】 改写例 14.1,通过基类指针调用虚函数。

```
#include<iostream>
#include<cmath>
using namespace std;
const double PI = 3.1415926;
class Circle                                              //表示圆类
{
protected:
        double r;                                         //表示圆的半径
public:
        Circle(double rad) {   r = rad;  }                //构造函数
        double Peri(){   return 2 * r * PI;   }           //求圆的周长
        virtual double Area(){   return PI * r * r;   }   //A 虚函数,求圆的面积
};
class Cylinder:public Circle                              //表示圆柱体类
{    double h;                                            //表示圆柱体的高度
public:
        Cylinder(double rad, double height):Circle(rad)
        {    h = height;   }
        double Area(){   return Peri() * h;   }        //B 派生后仍为虚函数,求圆柱体的侧面积
};
class Cone:public Circle                                  //表示圆锥体类
{    double h;                                            //表示圆锥体的高度
public:
        Cone(double rad, double height):Circle(rad)
        {    h = height;   }
        double Area(){ return PI * r * sqrt(r * r + h * h);} //C 派生后仍为虚函数,求圆锥体的侧
                                                          //面积
};
void fun(Circle * pb)                                   //通用函数,通过基类指针实现动态联编
{    cout << pb -> Area()<< endl;   }
int main()
{       Cylinder cy(3,5);                                 //定义圆柱体的对象
        Cone cn(3,5);                                     //定义圆锥体的对象
        cout <<"圆柱体的侧面积是: ";
        fun(&cy);                                         //圆柱体对象的地址为基类指针赋值
        cout <<"圆锥体的侧面积是: ";
        fun(&cn);                                         //圆锥体对象的地址为基类指针赋值
        return 0;
}
```

程序的运行结果如下:

```
圆柱体的侧面积是: 94.2478
圆锥体的侧面积是: 54.9554
```

程序分析:

由于在基类 Circle 中将 Area 函数定义为虚函数(A 行),在其派生类 Cylinder 和 Cone 中,尽管重新定义了函数 Area(B 行和 C 行),但新定义的 Area 继承了基类的虚特性,成为

虚函数,具有虚函数的特性。这样,当基类指针指向派生类对象,并且用基类指针调用虚函数(pb-> Area();)时,执行的是派生类中新定义的同名函数,即分别求派生类 Cylinder 和 Cone 的侧面积。

【例 14.3】 通过基类引用调用虚函数。

```
#include< iostream >
#include< string >
using namespace std;
class Person                                              //在册人员类
{
protected:
      char Iden[30];                                      //代表身份证号
public:
      Person(char sId[ ]){strcpy(Iden,sId);}              //构造函数
      virtual void Show(){cout <<"身份证号: "<< Iden << endl;} //虚函数,输出在册人员信息
};
class Stu: virtual public Person                          //学生类
{
protected:
      int id;                                             //代表学生学号
      double score;                                       //代表学生成绩
public:
      Stu(char sId[ ], int n, double sc):Person(sId)      //学生类的构造函数
      {    id = n;      score = sc;    }
      void Show()                                         //派生为虚函数,输出学生的信息
      {    cout <<"身份证号: "<< Iden <<'\t'<<"学号: "<< id <<'\t'<<"成绩: "<< score << endl;    }
};
class Emp: public virtual Person                          //职工类
{
protected:
      int id;                                             //代表职工工号
      double salary;                                      //代表职工工资
public:
      Emp(char sId[ ], int n, double sa):Person(sId)      //职工类构造函数
      {    id = n;      salary = sa;    }
      void Show()                                         //派生虚函数,输出职工的信息
      {    cout <<"身份证号: "<< Iden <<'\t'<<"工号: "<< id <<'\t'<<"工资: "<< salary << endl;    }
};
class Stu_Emp: public Stu, public Emp                     //在职的学生类
{
public:
      Stu_Emp(char sId[ ], int n1, double sc, int n2 ,double sa):
         Person(sId), Stu(sId,n1, sc), Emp(sId,n2, sa)  //构造函数
      {    }
      void Show()                                         //派生虚函数,输出在职学生信息
      {    cout <<"身份证号: "<< Iden <<'\t'<<"学号: "<< Stu::id <<'\t'<<"成绩: "<< score <<
endl;
           cout <<"工号: "<< Emp::id <<'\t'<<"工资: "<< salary << endl;
      }
};
```

```
void fun(Person& per)                          //通用函数,通过基类引用调用虚函数
{      per.Show ();   }
int main()
{      Stu stu("320103860730655", 10001, 92);          //创建学生类对象
       Emp emp("320103760928788", 20001, 3000.0);      //创建职工类对象
       Stu_Emp  s("320103800813646", 10002, 98, 20002, 2000.0);  //创建在职学生类对象
       cout <<"学生 stu 的信息:\n";
       fun(stu);                                       //派生类对象为基类引用赋值
       cout <<"职员 emp 的信息:\n";
       fun(emp);                                       //派生类对象为基类引用赋值
       cout <<"在职学生 s 的信息:\n";
       fun(s);                                         //派生类对象为基类引用赋值
       return 0;
}
```

程序的运行结果如下：

```
学生 stu 的信息:
身份证号: 320103860730655        学号: 10001      成绩: 92
职员 emp 的信息:
身份证号: 320103760928788        工号: 20001      工资: 3000
在职学生 s 的信息:
身份证号: 320103800813646        学号: 10002      成绩: 98
工号: 20002      工资: 2000
```

程序分析：

程序中在基类 Person 中定义了虚函数 Show，在随后的多个派生类 Stu、Emp、Stu_Emp 中，分别重新定义了 Show 函数，并且继承了基类的虚特性。这样，当派生类对象分别赋给基类引用 per 时，用基类引用 per 调用虚函数 Show()(per. Show();)，实际执行的是相应派生类中新定义的 Show 函数，即分别求派生类 Stu、Emp、Stu_Emp 的对象的信息。

14.3 纯虚函数与抽象类

1. 纯虚函数

有时在基类中将某一成员函数定义为虚函数，并不是基类本身的要求，而是考虑到派生类的需要，在基类中预留一个函数名，具体功能留给派生类根据需要去实现。

例如，在例 14.2 的 Circle 类中，定义一个求体积的虚函数 Volume，圆形是没有体积的，因此，该函数在圆形类中没有实现部分。但是，圆形的派生类圆柱体类和圆锥体类都存在体积，在派生类中可以实现这个函数。这样，在 fun 函数中，就可以增加语句 pb-> Volume();，用来求派生类对象的体积。相当于在基类中预留了一个待实现的接口，方便编写通用程序。可以想象，如果在基类中没有声明这个函数名字，在通用程序 fun 中就无法实现多态性。

这种在基类中没有实现部分的虚函数称为纯虚函数。声明纯虚函数的一般形式是：

```
virtual 函数类型  函数名(参数列表)=0;
```

说明：

(1) 纯虚函数没有函数体，只是一个声明语句，后面带有分号。

(2) 最后"=0"表示该虚函数没有任何具体实现，只是一个形式，可以被派生类继承和改写。

拥有纯虚函数的基类不能定义对象，但可以定义其指针或引用。

【例 14.4】 改写例 14.2，在派生类中对基类定义的纯虚函数完成功能实现。

```
#include<iostream>
#include<cmath>
using namespace std;
const double PI = 3.1415926;
class Circle                                          //表示圆类
{
protected:
        double r;                                     //表示圆的半径
public:
        Circle(double rad) {r = rad;}                 //构造函数
        double Peri(){return 2 * r * PI;}             //求圆的周长
        virtual  double Area(){return PI * r * r;}    //虚函数,求圆的面积
        virtual double Volume() = 0;                  //纯虚函数,求对象的体积
};
class Cylinder:public Circle                          //表示圆柱体类
{    double h;                                        //表示圆柱体的高度
public:
        Cylinder(double rad, double height):Circle(rad)
        {    h = height;   }
        double Area(){    return Peri() * h;   }      //虚函数,求圆柱体的侧面积
        double Volume(){return Circle::Area () * h;}  //对基类纯虚函数的继承和具体实现
};
class Cone:public Circle                              //表示圆锥体类
{    double h;                                        //表示圆锥体的高度
public:
        Cone(double rad, double height):Circle(rad)
        {    h = height;      }
        double Area(){return PI * r * sqrt(r * r + h * h);} //虚函数,求圆锥体的侧面积
        double Volume(){return Circle::Area () * h/3;}  //对基类纯虚函数的继承和具体实现
};
void fun(Circle  * pb)                                //通用函数,利用基类指针实现虚函数
{    cout << pb -> Area()<<'\t'<< pb -> Volume ()<< endl;   }
int main()
{       Cylinder cy(3,5);                             //定义圆柱体的对象
        Cone cn(3,5);                                 //定义圆锥体的对象
        cout <<"圆柱体的侧面积和体积是: ";
        fun(&cy);                                     //圆柱体对象的地址为基类指针赋值
        cout <<"圆锥体的侧面积和体积是: ";
        fun(&cn);                                     //圆锥体对象的地址为基类指针赋值
        return 0;
}
```

程序的运行结果如下：

```
圆柱体的侧面积和体积是: 94.2478   141.372
圆锥体的侧面积和体积是: 54.9554   47.1239
```

程序分析:

在基类 Circle 中分别定义了虚函数 Area 和纯虚函数 Volume,在派生类中可以对虚函数重新定义,但必须要对纯虚函数进行重新定义实现,同时用基类指针或基类引用进行调用以实现动态联编。

可以用动态联编的方法实现算法的通用型。

本书例 7.10 利用函数指针编写二分法的通用函数,可以求解不同方程的根。在这里用虚函数的方法来实现用弦截法去求解不同方程的根的通用算法。

【例 14.5】 用弦截法求以下方程的根。

(1) $f_1(x)=x^3+x^2-3x+1$,初值为 $x_1=0.5,x_2=1.5$。

(2) $f_2(x)=x^2-2x-8$,初值为 $x_1=-3,x_2=3$。

(3) $f_3(x)=x^3+2x^2+2x+1$,初值为 $x_1=-2,x_2=3$。

算法分析:

弦截法与二分法类似,是求解方程的常用算法,具体算法步骤如下:

(1) 指定初值,指定初值的方法与二分法一致。在 x 轴上取两点 x_1 和 x_2,要确保 x_1 与 x_2 之间有且只有方程唯一的解。判别方法是满足条件 $f(x_1)\times f(x_2)<0$,如图 14.3(a)所示。

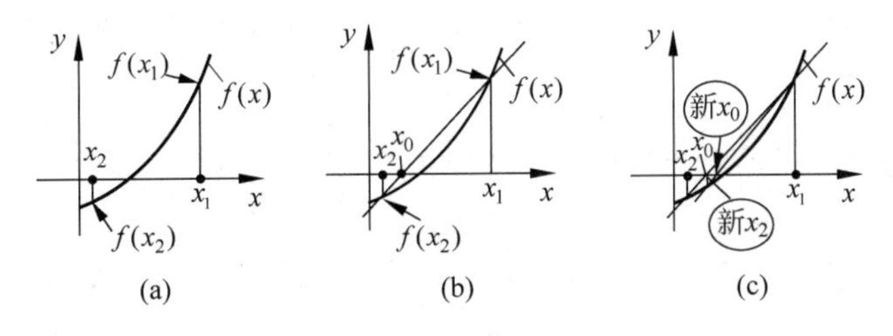

图 14.3　弦截法求方程的解

(2) x_1 与 x_2 分别与 $f(x)$相交于 $f(x_1)$和 $f(x_2)$两点,经过这两点做直线,与 x 轴交于 x_0 点,如图 14.3(b)所示。

(3) 若 $|f(x_0)|$ 满足给定的精度。则 x_0 即是方程的解。否则,若 $f(x_0)\times f(x_1)<0$,则方程的解应在 x_1 与 x_0 之间,令 $x_2=x_0$,继续步骤(2)。同理,若 $f(x_0)\times f(x_1)>0$,则方程的解应在 x_2 与 x_0 之间,令 $x_1=x_0$,继续步骤(2),直至满足精度为止,如图 14.3(c)所示。

已知 x_1 和 x_2,求 $f(x_1)$和 $f(x_2)$所做的弦与 x 轴交点 x_0 的公式为:

$$x_0=\frac{x_1 f(x_2)-x_2 f(x_1)}{f(x_2)-f(x_1)}$$

源程序如下:

```
#include<iostream>
#include<cmath>
using namespace std;
class Root{                                        //定义基类,抽象类,用作派生
```

```
    double x0,x1,x2;                                    //x0:方程根,x1、x2为方程根的初值
public:
    virtual double fun(double x) = 0;                   //求方程根的函数声明为纯虚函数
    Root(double a = 0,double b = 0)                     //构造函数,初始化方程根的初值
    {   x1 = a;     x2 = b;   }
    void Algorithm()                                    //弦截法算法
    {   do
        {   x0 = (x1 * fun(x2) - x2 * fun(x1))/(fun(x2) - fun(x1));
            if(fun(x1) * fun(x0)> 0)     x1 = x0;
            else                         x2 = x0;
        }while( fabs(fun(x0))> 1e - 6);
    }
    void Print()                                        //输出方程的根
    {   cout <<"方程的根 = "<< x0 << endl;   }
};
class A:public Root{                                    //第1个方程的类
public:
    A(double a,double b):Root(a,b){};                   //初始化初值
    double fun(double x){return x * x * x + x * x - 3 * x + 1;}  //派生类中实现纯虚函数
};
class B:public Root{                                    //第2个方程的类
public:
    B(double a,double b):Root(a,b){};
    double fun(double x){return x * x - 2 * x - 8;}     //派生类中实现纯虚函数
};
class C:public Root{                                    //第3个方程的类
public:
    C(double a,double b):Root(a,b){};
    double fun(double x){return x * x * x + 2 * x * x + 2 * x + 1;}  //派生类中实现纯虚函数
};
int main()
{   A root1(0.5,1.5);                                   //第1个方程的对象,赋初值
    Root  * s = &root1;                                 //基类指针指向派生类对象
    s -> Algorithm();                                   //调用派生类中的同名函数,虚特性
    s -> Print();                                       //输出结果
    B root2( - 3,3);                                    //第2个方程的对象,赋初值
    root2.Algorithm ();                                 //调用派生类中新定义的函数,支配规则
    root2.Print();                                      //输出结果
    C root3( - 2,3);                                    //第3个方程的对象,赋初值
    Root &rt = root3;                                   //派生类对象赋值基类引用
    rt.Algorithm ();                                    //调用派生类中的同名函数,虚特性
    rt.Print ();                                        //输出结果
    return 0;
}
```

程序的运行结果如下:

```
方程的根 = 1
方程的根 =- 2
方程的根 =- 1
```

在本题中，均是调用了派生类中的同名函数，但实现的途径不同。只有用基类指针和基类引用进行调用才能实现动态联编。

2. 抽象类

如果一个类中至少有一个纯虚函数，那么这个类被称为抽象类。例如，例 14.4 中的圆形类 Circle 就是一个抽象类。

关于抽象类的说明如下：

(1) 抽象类中的纯虚函数可能是在抽象类中定义的，也可能是从它的抽象基类中继承下来且重定义的。

(2) 抽象类必须用作派生其他类的基类，而不能用于直接创建对象实例，但可定义抽象类的指针或引用以实现运行时的多态性。

(3) 抽象类不能用作函数参数类型、函数返回值类型或显式转换类型。

(4) 抽象类不可以用来创建对象，只能用来为派生类提供一个接口规范，派生类中必须重载抽象类中的纯虚函数，否则它仍将被看作一个抽象类。

练　习　题

一、选择题

1. 下列选项中，与实现运行时多态性无关的是________。

   A. 重载函数　　B. 虚函数　　C. 指针　　D. 引用

2. 有如下程序：

```
#include<iostream>
using namespace std;
class B{
public:
    virtual void show(){ cout<<"B";}
};
class D:public B{
public:
    void show(){ cout<<"D";}
};
void fun1(B *ptr){ ptr->show();}
void fun2(B& ref){ ref.show();}
void fun3(B b){ b.show();}
int main()
{   B b, *p = new D;
    D d;
    fun1(p);  fun2(b);  fun3(d);
    return 0;
}
```

程序的输出结果是________。

   A. BBB　　B. BBD　　C. DBB　　D. DBD

3. 有如下程序：

```
#include<iostream>
using namespace std;
class B{
public:
    B(int xx):x(xx){++count; x+=10;}
    virtual void show(){ cout<<cout<<'_'<<x<<endl;}
protected:
    static int count;
private:
    int x;
};
class D:public B{
public:
    D(int xx, int yy):B(xx),y(yy){++count;y+=100;}
    virtual void show(){cout<<count<<'_'<<y<<endl;}
private:
    int y;
};
int B::count = 0;
int main()
{   B *ptr=new D(10,20);
    ptr->show ();
    delete ptr;
    return 0;
}
```

程序的输出结果是________。

A. 1_120　　B. 2_120　　C. 1_20　　D. 2_20

4. 在一个抽象类中,一定包含有________。

A. 虚函数　　B. 纯虚函数　　C. 模板函数　　D. 重载函数

5. 下面是类 Shape 的定义:

```
class Shape{
public:
    virtual void Draw() = 0;
};
```

下列关于 Shape 类的描述中,正确的是________。

A. 类 Shape 是虚基类

B. 类 Shape 是抽象类

C. 类 Shape 的 Draw 函数声明有误

D. 语句"Shape s;"能够建立 Shape 的一个对象

二、填空题

1. 下列程序的输出结果是________。

```
#include<iostream>
using namespace std;
class Base{
```

```
public:
    void fun1(){    cout <<"Base\n";   }
    virtual void fun2(){    cout <<"Base\n";   }
};
class Derived:public Base{
public:
    void fun1(){    cout <<"Derived\n";   }
    void fun2(){    cout <<"Derived\n";   }
};
void f(Base &b)
{   b.fun1();  b.fun2();   }
int main()
{   Derived obj;
    f(obj);
    return 0;
}
```

2. 下列程序的输出结果是________。

```
#include< iostream >
using namespace std;
class ONE{
public:
    virtual void f(){    cout <<"1";   }
};
class TWO:public ONE{
public:
    TWO(){    cout <<"2";   }
};
class THREE:public TWO{
public:
    virtual void f(){    TWO::f();   cout <<"3";   }
};
int main()
{   ONE aa,  *p;
    TWO bb;
    THREE   cc;
    p = &cc;
    p -> f();
    return 0;
}
```

3. 下列程序的输出结果是________。

```
#include< iostream >
using namespace std;
class Shape{
public:
    Shape() { }
    virtual float Area() = 0;
};
class Circle: public Shape
```

```
{    float r;
public:
     Circle(float c){r = c; }
     float Area(){ return 3 * r * r;   }
};
class Rectangle: public Shape
{    float h, w;
public:
     Rectangle( float c, float d){ h = c; w = d; }
     float Area(){ return h * w;   }
};
void  fun(Shape  * s)
{    cout << s -> Area()<< endl;   }
int main(void)
{    Circle c(4);
     fun(&c);
     Rectangle r(5, 2);
     fun(&r);
     return 0;
}
```

4. 下列程序的输出结果是________。

```
#include <iostream>
using namespace std;
class A{
public:
     virtual void disp(int n)
     {    cout <<"A::disp n = "<< n << endl;   }
};
class B:public A{
public:
     virtual void disp(double m)
     {    cout <<"B::disp m = "<< m << endl;   }
};
void fn(A &a)
{    a.disp(6.5);   }
int main()
{    B b;
     fn(b);
     return 0;
}
```

第 15 章　输入输出流

15.1　C++的输入输出流

C++的输入输出在本章涉及两个方面：一是指输入设备(如键盘)向程序输入数据和程序向输出设备(如显示器)输出数据；二是指外存储器上的文件向程序输入数据和程序向外存储器上的文件输出数据。在输入输出的过程中，数据如流水一样从一处传输到另一处，称为输入输出流(iostream)。在 C++中，输入输出流被定义为类(ios 类)，若干标准设备的输入输出流类的集合组成流类库，常用的 iostream 就是其中之一，这些流类库包含在 C++编译系统的标准库内。

15.1.1　ios 类的结构

ios 类及其派生类为用户提供使用流类的接口，是流类库中的一个基类，可以派生出许多流类库中的类，其层次结构如图 15.1 所示。

ios 是抽象基类，其派生类 istream 支持输入操作，进而派生出的 ifstream 支持对文件的输入操作；其派生类 ostream 支持输出操作，进而派生出的 ofstream 支持对文件的输出操作；类 iostream 支持输入输出操作，其派生类 fstream 支持对文件的输入输出操作。

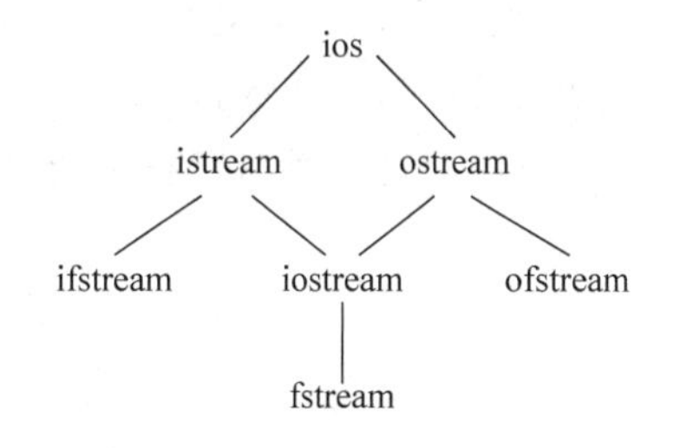

图 15.1　ios 及其派生类的层次结构

我们知道，类只是提供了一种数据类型及对数据类型相关的操作，各种操作的具体实现还是要靠类的实例——对象来实施的。输入输出流类同样如此。cin 是 istream 类的对象，用户通过对 cin 的操作实现键盘输入；cout 是 ostream 类的对象，用户通过 cout 的操作实现输出。所有 istream 类及 ostream 类的成员函数的实现及 cin、cout 对象的定义都在标准库 iostream 中完成的，用户只要在程序中利用语句＃include < iostream >包含进这个文件，就可以直接使用对象 cin、cout，进而通过 cin、cout 调用标准库中已定义好的各种成员函数和运算符重载函数。

同样地，对文件的输入输出是通过类 ifstream、ofstream 及 fstream 的对象调用该类的成员函数来实现的，这些类的完整定义在标准库文件 fstream 中。所以，凡有关文件的操作要在程序中使用＃include < fstream >语句以包含进这个文件。

图 15.2 描述了 C++的输入输出流类及其对象操作。

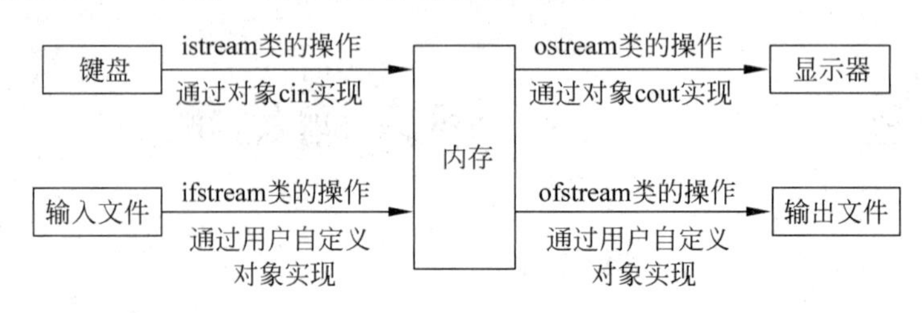

图 15.2 输入输出流类及对象操作

15.1.2 输入流

cin 是编译系统在 iostream 文件中定义的输入流的对象，该对象常使用四种形式实现输入操作，即提取运算符“>>”、成员函数 get、成员函数 getline 和成员函数 read。

1) 提取运算符“>>”

提取运算符“>>”的应用格式如下：

```
cin>><操作数 1>>><操作数 2>>>…>><操作数 n>;
```

其中，操作数是 C++系统的标准数据类型，在标准库文件中运算符“>>”已对这些数据类型重载，系统可以自动识别其数据类型从而执行正确的操作。

这些标准数据类型有 char，signed char，unsigned char，short，unsigned short，int，unsigned int，long，unsigned long，float，double ，long double，char * ，signed char * ，unsigned char * 等。

用户也可以在自定义类中按照系统提供的格式对该运算符进行重载(见 12.5 节)。

需要注意的是，运算符“>>”用于输入数据时，通常跳过输入流中的空格、tab 键、换行符等空白字符，即这些空白字符不能通过“>>”输入到指定的存储空间。

例如：

```
int a; char b, c;
cin>>a>>b>>c;
```

如果从键盘输入：123 1 2↙

则变量 a 的值为 123，b 的值为字符 1 的 ASCII 码，c 的值为字符 2 的 ASCII 码。其中，数字间的空格被 cin 忽略。

2) istream 类的成员函数 get

成员函数 get 可以读入一个字符或一个字符串，它不会忽略空格、tab 键、换行符及其他空白字符，而是将它们也作为字符一并读入。

成员函数 get 有三种形式：

(1) int get( )；。

从输入流中读入一个字符，返回该字符的 ASCII 码值。例如：

```
char ch;
ch=cin.get();
```

(2) istream& get(char &ch);。

从输入流中读入一个字符，将其赋值给 ch，同时返回输入流对象的引用，这表示该函数可以被串联使用。例如：

```
char c1,c2,c3;
cin.get(c1).get(c2).get(c3);
```

当从键盘输入a　b↙时，c1 为'a'，c2 为空格的 ASCII 码' '，c3 为'b'。

(3) istream& get(char * str, int length, char delimiter='\n');。

从输入流中读取若干个字符至指针 str 所指向的空间。其中，读入的字符数不多于 length-1 个，当输入超过 length-1 个字符或遇到换行符'\n'或其他指定的字符后结束输入。例如：

```
char str[100];
cin.get(str, 100, 'a');
```

当从键盘输入：study hard↙时，数组 str 中的内容为"study h"。

注意：当结束输入时，输入流中的换行符'\n'或其他结束字符 delimiter 不会被自动丢弃，仍留在输入流中，作为下次输入的第一个字符。因此，在程序中，经常用成员函数 ignore 来丢弃这个字符，用来清空输入流。

例如：

```
char str1[100],str2[100];
cin.get(str1,100,'\n');
cin.ignore();                                   //A
cin.getline(str2,100);
cout << str1 << endl;
cout << str2 << endl;
```

当从键盘输入：

```
study hard↙
very good↙
```

程序输出如下：

```
study hard
very good
```

若是将 A 行去掉，则 str2 只能接收 study hard 后面的回车键"↙"。由于接收到回车键后，认为输入结束，因此 str2 数组中的内容为"\0"，字符串 very good 仍然留在输入缓冲区，等待后续提取输入流的语句。

3) istream 类的成员函数 getline

成员函数 getline 与 get 的类似，可以读入一个字符串，并且不会忽略空格、tab 键、换行符及其他空白字符。其原型如下：

```
istream& getline(char * str, int length, char delimiter = '\n');
```

其参数解释与 get 的第三种形式相同，唯一与 get 区别的就是在输入结束后，自动丢弃换行符'\n'或其他结束字符 delimiter,清空输入流。

4) istream 类的成员函数 read

从输入流中读取指定数量的字符,其函数原型为:

```
istream& read(char * str, int length);
```

从输入流中读取 length 个字符至指针 str 所指向的空间。如果输入设备是键盘,那么当从键盘输入的字符不足 length 时,函数将一直等待输入至满足要求的字符数为止。

例如:

```
char str[100];
cin.read(str,5);
str[5] = '\0';                                    //设置字符串结束标志
cout << str << endl;
```

当从键盘输入abcdedfg ↙时,输出为 abcde。

15.1.3 输出流

cout 是编译系统在 iostream 文件中定义的输出流的对象,该对象常使用三种形式实现输出操作,即插入运算符"<<"、成员函数 put 和成员函数 write。

1) 插入运算符"<<"

插入运算符"<<"的应用格式如下:

```
cout <<<操作数 1 ><<<操作数 2 ><< … <<<操作数 n >;
```

其中,操作数是 C++系统的标准数据类型,在标准库文件中运算符"<<"已对这些数据类型重载,系统可以自动识别其数据类型从而执行正确的操作。这些标准数据类型与提取运算符">>"重载的标准数据类型一致,另外又增加了一个 void * 类型。用户也可以在自定义类中按照系统提供的格式对该运算符进行重载(见 12.5 节)。

2) ostream 类的成员函数 put

成员函数 put 用于输出一个字符,其函数原型为:

```
ostream& cout.put(char ch);
```

将字符 ch 输出至当前光标处。

由于函数的返回类型为 ostream 类的对象引用,因此可以串联使用。例如:

```
cout.put('Y').put('e').put('s');                //在屏幕的当前光标处输出 Yes
```

3) ostream 类的成员函数 write

成员函数用于输出一个指定长度的字符串,其函数原型为:

```
ostream& cout.write(char * str, int length);
```

将指针 str 所指向的字符串中前 length 个字符输出至当前光标处。例如:

```
char str[100] = {"abcdefg"};
cout.write(str,3);                              //在屏幕的当前光标处输出 abc
```

15.2　格式化的输入输出

输入输出的格式主要指数据的形式、精度、位置、宽度等。

格式控制的主要途径有两种：一种是通过 ios 类中有关格式控制的成员函数；另一种是通过 C++提供的标准操纵符和操纵函数，其中，操纵符在 iostream 中定义，而操作函数在 iomanip 中定义。

15.2.1　输入格式化

输入格式化比较简单，常用操纵符控制输入的数据以十六进制、八进制等的形式进入程序的指定空间。

【例 15.1】　多种输入格式。

```
#include <iostream>
using namespace std;
int main()
{        int a,b,c;
         cin >> hex >> a;                    //从键盘输入一个十六进制数到变量 a
         cin >> oct >> b;                    //从键盘输入一个八进制数到变量 b
         cin >> dec >> c;                    //从键盘输入一个十进制数到变量 c
         cout <<"a = "<< a <<'\t'<<"b = "<< b <<'\t'<<"c = "<< c << endl;
         return 0;
}
```

程序的运行情况及结果如下：

```
11 11 11↙
a = 17      b = 9      c = 11
```

注意：操纵符 hex、oct 和 dec 的设置一直有效至另一个操纵符起作用为止。

15.2.2　输出格式化

在输出数据时，如果不指定输出格式，系统会根据数据类型采用默认的输出格式。但在有些情况下，需要指定特殊的输出格式，如指定输出域宽，使输出数据左对齐或右对齐，指定输出的数据有效位数等。由于输出格式涉及的内容比较多，在这里就常用的一些格式的设置进行说明。

1) 设置输出数据的域宽

方法一：用 ios 类的成员函数。

```
int a = 8;
cout.width(5);                              //将下次输出的域宽设置为 5 个字符宽度
cout << a << endl;                          //输出结果为_ _ _ _ 8
```

域宽设置只对紧接后面的第一个输出项有效，域宽的默认值为 0，数据输出的宽度为数据实际需要的最小宽度。

方法二：用C++的操纵函数，此时，需要在程序中包含库文件 iomanip。

```
int a = 8;
cout << setw(5)<< a << endl;                    //输出结果为_ _ _ _8
```

域宽设置只对紧接后面的第一个输出项有效。

2）设置输出数据的左右对齐格式

数据的输出默认为右对齐格式，用 ios 类的成员函数 setf()设置其左右对齐格式。

```
int a = 10, b = 4;
cout.setf(ios::left);                           //设置输出数据左对齐
cout.width(5);                                  //输出数据域宽为 5 个字符
cout << a << endl;                              //输出为: 10 _ _ _
cout.unsetf (ios::left);                        //取消输出数据左对齐的设置
cout.setf(ios::right);                          //设置输出数据右对齐
cout.width(5);                                  //输出数据域宽为 5 个字符
cout << b << endl;                              //输出为: _ _ _ _4
```

3）设置输出实数的显示格式

实数输出有两种格式，一是以定点格式显示，如 123.4 等；一是以科学格式显示，如 1.234000e+002。用 ios 类的成员函数 setf()设置其显示格式。

```
float x = 123.4;
cout.setf(ios::scientific);                     //设置数据为科学格式显示
cout << x << endl;                              //输出为: 1.234000e + 002
cout << unsetf(ios::scientific);                //取消科学格式显示
cout.setf(ios::fixed);                          //设置数据为定点格式显示
cout << x << endl;                              //输出为: 123.400002
```

4）设置输出实数的有效数字位数

方法一：用 ios 类的成员函数 precision()。

```
float x = 1234567.8;
cout.precision(3);                              //设置显示数据的有效数字为 3 位
cout << x << endl;                              //输出为: 1.23e + 006
```

方法二：用C++的操纵函数 setprecision()，此时，需要在程序中包含库文件 iomanip。

```
float x = 1234567.8;
cout << setprecision(3);                        //设置显示数据的有效数字为 3 位
cout << x << endl;                              //输出为: 1.23e + 006
```

5）设置输出域的填充字符

当输出域宽大于输出数据的长度时，默认的填充字符是空格。

方法一：用 ios 类的成员函数 fill()。

```
float x = 123.4;
cout.width (10);                                //输出数据域宽为 10 个字符
cout.fill('*');                                 //填充字符为'*'
cout << x << endl;                              //输出为: *****123.4
```

方法二：用C++的操纵函数 setfill()，此时，需要在程序中包含库文件 iomanip。

```
float x = 123.4;
cout << setw(10)<< setfill('#');                    //输出数据域宽为 10 个字符,填充字符为'#'
cout << x << endl;                                  //输出为: #####123.4
```

15.3 文件流

15.3.1 文件的概念

文件一般指存储在外部介质上的数据的集合。操作系统是以文件为单位对数据进行管理的,通过对文件名的操作存取文件。

根据文件中数据的组织形式,可分为 ASCII 码文件和二进制文件。ASCII 码文件又称为文本文件,文件中的数据是以其所对应字符的 ASCII 码形式存储的,即每个字节单元的内容均为字符的 ASCII 码,被读出后能够直接送到显示器或打印机上显示或打印出对应的字符,供人们直接阅读;二进制文件则是把内存中的数据按其在内存中的存储形式原样输出到磁盘上存放。

对于字符信息,在内存就是以 ASCII 码的格式存放的,因此,无论存放在文本文件中或是二进制文件中,其数据的格式是一样的;但是对于数值数据,如整型数值 123456,在内存中占用 4 字节,其存放在二进制文件和文本文件中的数据格式如图 15.3 所示。

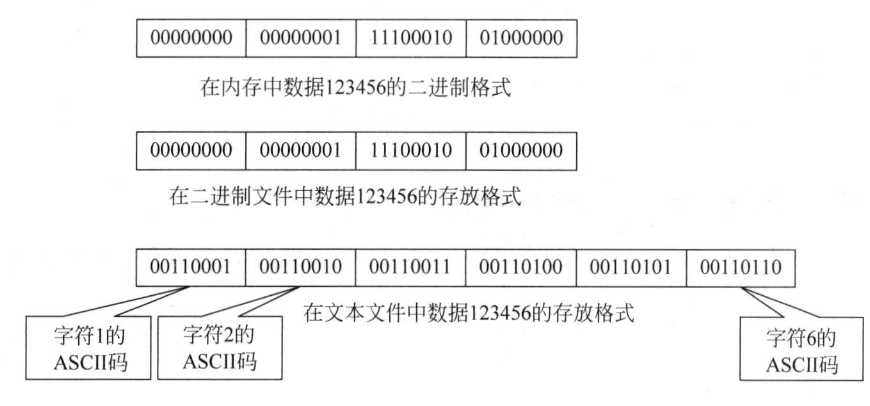

图 15.3　数值数据在二进制文件和文本文件的存储格式

由此可见,文本文件中的内容可直接打印或观看,但是内存中的数值数据如果要存储成文本文件,需进行必要的格式转换。同样,文本文件中的数值数据如果要输入到内存,也要进行格式转换,这些格式转换是编译系统自动完成的。

我们知道,类只是提供了一种数据类型及对数据类型相关的操作,各种操作的具体实现还是要靠类的实例——对象来实施的。对键盘显示器的输入输出操作就是依靠流类对象 cin 和 cout 来实施的。同样,文件的输入输出也是依靠文件流类的对象实施的,如图 15.2 所示。与在 iostream 中定义流类对象 cin 和 cout 不同,定义文件流类的标准库文件 fstream 中没有定义有关文件流类的对象,因此需要用户在程序中自己定义。

在标准库文件 fstream 中定义了三个用于文件操作的文件类:

(1) ifstream 类,是 istream 的派生类,类中定义了磁盘文件数据向内存输入的有关操作,即用于文件的输入。但具体的输入操作还要依靠定义该类的对象实现,例如:

```
ifstream infile;
```

定义了输入文件类对象 infile,就如同定义了 cin 一样,相当于建立了一个数据流入内存空间的通道,但磁盘中具体是哪个文件中的数据流入内存还要用其他语句说明,即将文件对象与某一具体的文件建立关联,这部分内容在 15.3.2 节中详细介绍。

(2) ofstream 类,是 ostream 的派生类,定义了内存数据向磁盘文件输出的有关操作,即用于文件的输出。

(3) fstream 类,是 iostream 的派生类,定义了磁盘文件数据向内存输入和内存数据向磁盘文件输出的有关操作,即用于文件的输入输出。

15.3.2 文件的打开与关闭

1. 打开文件

文件的打开是读写文件前所做的准备工作,具体包括:

(1) 使文件通道(即定义的文件流类的对象)与具体的磁盘上的指定文件建立关联;

(2) 指定要操作的文件的打开方式,如文件是用于输入还是输出,文件是文本文件还是二进制文件等。

文件的打开有两种方法:

(1) 调用文件流类的构造函数,在定义文件对象时按指定的方式打开有关文件,其格式为:

```
类名  文件流对象名("磁盘文件名", 打开方式);
```

例如:

```
ifstream infile("a1.dat", ios_base::binary);
```

说明:在程序所在的当前目录下打开一个二进制文件 a1.dat,用于向内存空间输入数据。

又如:

```
ofstream outfile("b1.txt");
```

说明:在程序所在的当前目录下打开一个文本文件 b1.txt,用于存放内存中的输出数据。

(2) 调用文件流类的成员函数 open,在定义文件流类的对象后按指定的方式打开具体文件。其格式为:

```
文件流对象名.open("磁盘文件名", 打开方式);
```

例如:

```
ifstream infile;
infile.open("a1.dat", ios_base::binary);
```

说明同上。

这两种打开文件方法的结果是一样的。

当打开文件的操作成功，则文件流对象为非零值，反之，打开文件的操作失败，文件流对象的值为 0。在程序中可以根据文件流对象的值来判断打开文件的操作是否成功。

例如：

```
ifstream infile;
infile.open("a1.dat", ios_base::binary);
if(!infile)
    cout <<"open file error!"<< endl;              //文件打开失败,输出提示信息
```

文件的打开方式有多种(表 15.1)，如果省略打开方式，则默认为文本文件。具体是输入文件还是输出文件要看定义文件流类对象的类型。若用 fstream 类定义文件流对象，则默认的打开方式为输出文件。

表 15.1　文件打开方式说明

方　式	说　明
ios_base::in	以输入方式打开文件
ios_base::out	以输出方式打开文件，如果当前目录中有同名文件，则清除该文件内容
ios_base::app	以输出方式打开文件，如果当前目录中有同名文件，则原文件内容保持不变，新输入的数据添加在原文件内容的末尾
ios_base::ate	打开一个已有文件，打开后文件指针指向文件末尾
ios_base::binary	以二进制方式打开一个文件
ios_base::trunc	致使现有文件被覆盖

可以用“|”运算符对文件的打开方式进行组合，例如：

```
fstream outfile("cjout.txt", ios_base::out|ios_base::app);
if(!outfile)
    cout <<"输出文件不存在!"<< endl;
```

说明：在当前目录下输出文件 cjout.txt。若当前目录下已有该文件，则原文件内容保持不变，新输入的数据添加在原文件内容的末尾。当创建文件失败时输出提示信息。

2. 关闭文件

当打开一个文件进行读写后，应该显式地关闭该文件。用成员函数 close 关闭文件，格式如下：

```
文件流对象名.close();
```

例如：

```
ifstream infile("a1.dat", ios_base::binary);
if(!infile)
    cout <<"输入文件不存在!"<< endl;
…
infile.close();
```

成员函数 close 是无参函数。在关闭文件的过程中，系统把指定文件相关联的文件缓冲区中的数据写到文件中去，保证文件的完整性，收回与该文件相关的内存空间可供再分配。同时，把指定文件名与文件流对象的关联断开，结束程序对该文件的操作。

15.3.3 对文本文件的操作

文本文件是由 ASCII 字符组成的,且其读写方式是顺序的,这些均与键盘、显示器等标准设备的性质一样。因此,当文件流对象与指定的磁盘文件建立关联后,可以将输入文件看成是键盘,输出文件看成是显示器,适合 cin、cout 的所有操作同样适合于相应的文件流对象。

文本文件的读写方法有两种:

(1) 用运算符“>>”和“<<”输入输出标准类型的数据。

【例 15.2】 从文本文件 a1.txt 中输入 10 个整型数据,计算出它们的和与平均值后将结果输出到文件 b1.txt 中。

```
#include<iostream>
#include<fstream>
using namespace std;
int main()
{   ifstream infile("a1.txt");                 //打开已存在的输入文件 a1.txt
    if(!infile)                                //打开文件失败,输出提示信息,结束程序
    {   cout<<"输入文件不存在,请先建立输入文件!\n";
        exit(0);                               //程序结束
    }
    ofstream outfile;                          //创建输出文件流对象
    outfile.open("b1.txt");                    //打开输出文件 b1.txt
    if(!outfile)                               //打开文件失败,输出提示信息,结束程序
    {   cout<<"不能建立输出文件!\n";
        exit(0);
    }
    int a[10];
    double sum = 0, aver;
    for(int i = 0;i<10;i++)
    {   infile>>a[i];                          //将输入文件中的数据输入到数组中
        sum += a[i];                           //数据求和
    }
    aver = sum/10;                             //求数据平均值
    for(int i = 0;i<10;i++)
        outfile<<a[i]<<'\t';                   //将数组中的数据输出到磁盘文件中
    outfile<<endl;
    outfile<<"sum = "<<sum<<'\n'<<"aver = "<<aver<<endl;  //输出和与平均值
    infile.close();                            //关闭输入文件 a1.txt
    outfile.close();                           //关闭输出文件 b1.txt
    return 0;
}
```

程序执行前,首先在源程序(.cpp)所在的当前目录处用“记事本”或其他文字编辑器建立纯文本文件 a1.txt,并输入 10 个整型数据,数据间用空白字符间隔,如图 15.4 所示。

程序执行后,在源文件的当前目录处出现新建的文本文件 b1.txt,其内容如图 15.5 所示。

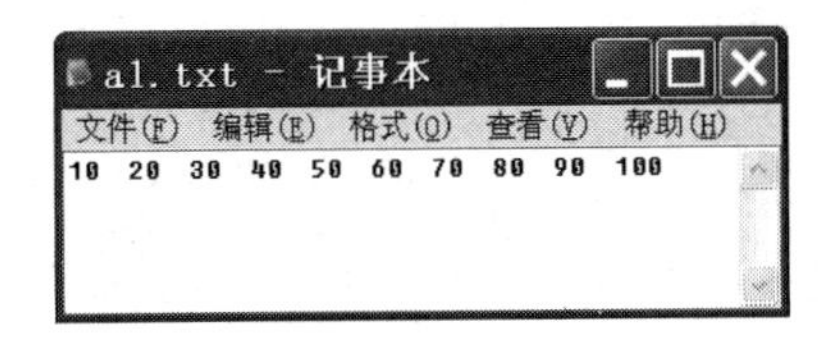

图 15.4 预先建立输入文件 a1. txt 内容

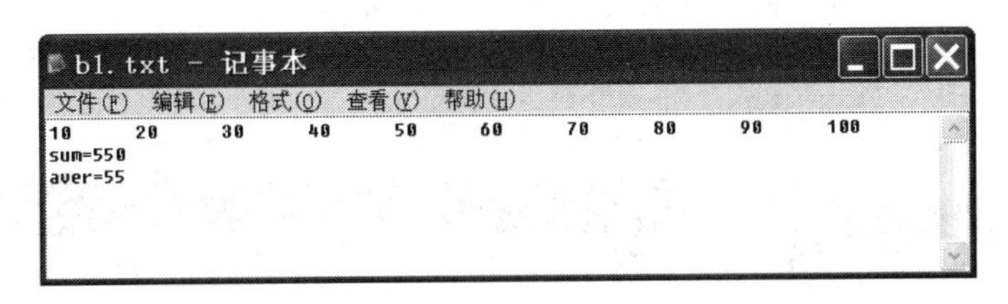

图 15.5 运行程序后的输出文件 b1. txt 内容

(2) 用 15.1 节介绍的输入输出流的各种成员函数(如 get、getline、put 等)对 ASCII 码字符进行输入输出。

判断程序是否读到输入文件的末尾有两种方法：一是使用文件流类的成员函数 eof,如 infile. eof(),若文件结束,返回非零值,否则返回 0；二是判断输入表达式的返回值,如 infile>>a[i]或 infile. get(),若文件结束,返回 0 值,否则返回非零值。

【例 15.3】 从文本文件 a2. txt 中输入若干行字符串,将其全部转换成大写字母后再依次存放到磁盘文件 b1. txt 的尾部。

```
#include<iostream>
#include<fstream>
#include<string>
using namespace std;
int main()
{   ifstream infile("a2.txt");              //打开已存在的输入文件 a2.txt
    if(!infile)                             //打开文件失败,输出提示信息,结束程序
    {   cout<<"输入文件不存在,请先建立输入文件!\n";
        exit(0);
    }
    ofstream outfile;                       //创建输出文件流对象
    outfile.open("b1.txt",ios_base::app);   //以追加方式打开输出文件 b1.txt
    if(!outfile)                            //打开文件失败,输出提示信息,结束程序
    {   cout<<"不能建立输出文件!\n";
        exit(0);
    }
    char str[10][100];
    int count, i=0;
    while(!infile.eof())                    //当未读到输入文件尾部时,循环读取字符串
    {   infile.getline(str[i],100);         //从输入文件读入一行字符串
        strupr(str[i]);                     //将字符串中的字母转换成大写字母
        i++;                                //读取下一行
    }
    count=i;                                //一共读取了 count 行
    for( i=0;i<count;i++)                   //将转换后的字符串输出到文件的尾部
```

```
        outfile << str[i]<< endl;
    infile.close();                               //关闭输入文件
    outfile.close();                              //关闭输出文件
    return 0;
}
```

程序执行前，首先在源程序(.cpp)所在的当前目录处用"记事本"或其他文字编辑器建立纯文本文件 a2.txt，并输入几行字符串，如图 15.6 所示。

程序执行后，程序输出的结果添加在例 15.2 中的输出文件 b1.txt 的尾部，其内容如图 15.7 所示。

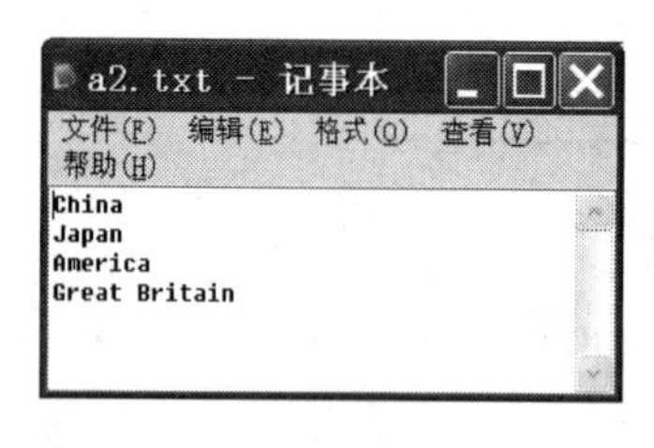

图 15.6 预先建立输入文件 a2.txt 内容

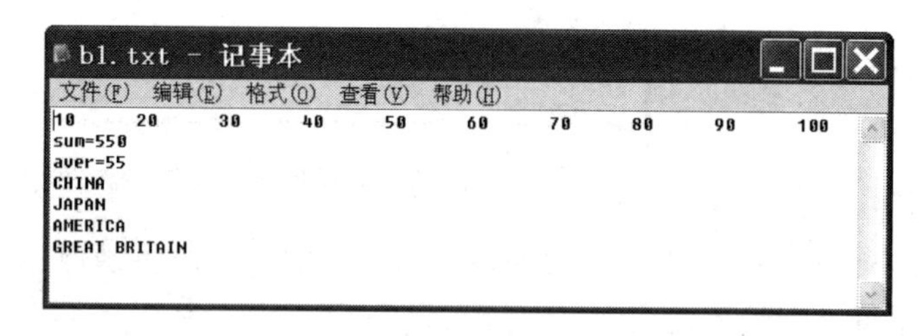

图 15.7 运行程序后的输出文件 b1.txt 内容

15.3.4 对二进制文件的操作

1. 二进制文件的读写

二进制文件是把内存中的数据按其在内存中的存储形式原样输出到磁盘上存放，所以读写二进制文件的单位是字节，而不是数据类型。通常是以"字节块"的方式读写二进制文件的，块的大小在读写函数中以参数的方式给出，相当于按字节数在内存和磁盘文件之间"复制"数据。

(1) 读入二进制文件的成员函数 read，其格式为：

文件流对象名.read((char *)内存地址, 读入的字节数);

例如：

```
int a[10];
infile.read((char *)a, 40);
```

说明：将指定的磁盘文件以二进制输入文件的方式打开后，从该文件中顺序读取 40 个字节的数据依次存放到数组 a 中。

read 函数不能判断是否读到文件末尾，需要用成员函数 eof 来判断输入文件是否结束。eof 函数的使用方法见例 15.3。

(2) 以二进制形式输出数据至磁盘文件的成员函数 write，其格式为：

文件流对象名.write((char *)内存地址, 输出的字节数);

例如：

```
int a[10] = {0,1,2,3,4,5,6,7,8,9};
```

```
outfile.write((char *)a, 5 * sizeof(int));
```

说明：将指定的磁盘文件以二进制输出文件的方式打开后，将数组 a 中前 5 个数据(共 20 个字节)复制到磁盘文件的当前位置。

2. 文件的随机访问

C++把每一个文件都看成一个有序的字节流，如图 15.8 所示。文件以文件结束符结束。当打开一个文件时，该文件就与某个文件流对象联系起来，对文件的读写实际上受到一个文件定位指针的控制，该指针也称文件指针。当文件被打开时，文件指针指向文件数据的起始位置。在输入时每读入一个字节，读文件指针就向后移动一个字节；在输出时每向文件输出一个字节，写文件指针就向后移动一个字节。也就是说，每次文件的输入输出操作都是从读写文件指针的当前位置处开始的。

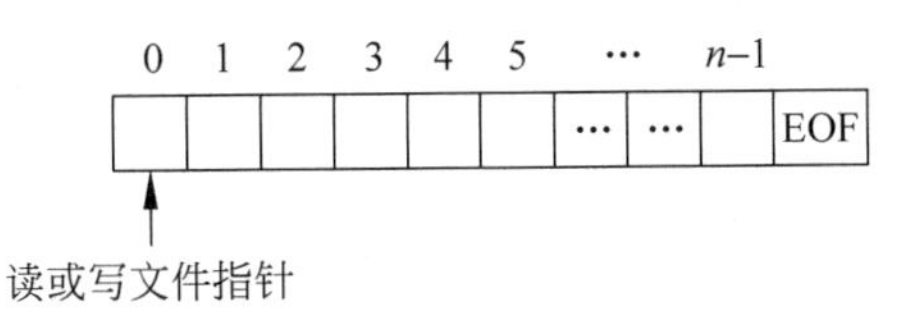

图 15.8 文件是由 n 个字节组成的字节流

在文本文件中，文件指针一般都是自动向后顺序移动的，故文本文件是顺序读写的。二进制文件中的数据格式与内存一样，是以字节为单位的，所以允许对文件指针进行控制，使之移动到用户指定的位置上，在当前位置处进行读写操作，这种操作称为对文件的随机访问。

文件指针的控制函数也是文件流对象的成员函数。

(1) 控制读指针的成员函数的格式为：

```
文件流对象名.seekg(<偏移量>, <参照位置>);
```

其中，偏移量的单位是字节，可以是负数，表示指针向文件头方向移动；参照位置是一个枚举常量，必须是下列三种之一：

ios::beg 表示文件开头，这是默认值；

ios::cur 表示指针所在的当前位置；

ios::end 表示文件末尾。

例如：

```
infile.seekg(100);                  //将文件指针从文件头向后移动 100 个字节
infile.seekg(50, ios::cur);         //将文件指针从当前位置后移 50 个字节
infile.seekg( -100, ios::end);      //将文件指针从文件末尾向前移动 100 个字节
```

(2) 控制写指针的成员函数的格式为：

```
文件流对象名.seekp(<偏移量>, <参照位置>);
```

具体参数的解释同上。

其他控制读写文件指针的成员函数如表 15.2 所示。

表 15.2 与文件指针有关的成员函数

成员函数	说明
gcount()	返回最后一次输入所读入的字节数
tellg()	返回输入文件的文件指针的当前位置
tellp()	返回输出文件的文件指针的当前位置

【例 15.4】 随机访问文件。要求:

(1) 设计一个包括姓名、学号和成绩的学生结构体。

(2) 将 3 个学生的数据写入到二进制文件 stu.dat 中,再从文件中读出第 2 个学生的数据显示在屏幕上。

(3) 修改第 2 个学生的数据再写回原文件原位置。

(4) 重新读入显示第 2 个学生的数据,以验证操作(3)是否正确。

```
#include <iostream>
#include <fstream>
using namespace std;
struct Stu                                  //学生结构体
{   char name[20];                          //学生姓名
    int num;                                //学号
    int score;                              //成绩
};
int main()
{   Stu stu[3] = {{"Zhang",1001,98},{"Wang",1002,86},{"Li",1003, 95}}, stu1,stu2;
    fstream myfile("stu.dat", ios_base::in|ios_base::out|ios_base::binary|ios_base::
trunc);                                     //以二进制输入输出方式打开文件
    if(!myfile)                             //若文件操作失败,输出提示信息,结束程序
    {   cout <<"文件操作错误!\n";
        exit(0);
    }
    for(int  i = 0;i < 3;i++)               //将结构体数组中的内容输出至文件
        myfile.write((char *)&stu[i],sizeof(Stu));
    myfile.seekg(1 * sizeof(Stu),ios::beg);    //移动读指针定位到第 2 个学生数据的开头
    myfile.read((char *)&stu1, sizeof(Stu));   //读取一个结构体字节的数据至变量 stu1
    cout <<"第 2 个学生的数据为: "<< endl;
    cout << stu1.name <<'\t'<< stu1.num <<'\t'<< stu1.score << endl;   //输出 stu1 的内容
    cout <<"请输入修改后的成绩: ";
    cin >> stu1.score ;                     //修改 stu1 中的成绩成员
    myfile.seekp(1 * sizeof(Stu),ios::beg);    //移动写指针定位到第 2 个学生数据的开头
    myfile.write((char *)&stu1, sizeof(Stu)); //将变量 stu1 中的内容覆盖原数据
    myfile.seekg(1 * sizeof(Stu),ios::beg);    //移动读指针,定位到第 2 个学生数据的开头
    myfile.read((char *)&stu2, sizeof(Stu));   //读取一个结构体字节的数据至变量 stu2
    cout <<"修改后的学生数据为:\n";
    cout << stu2.name <<'\t'<< stu2.num <<'\t'<< stu2.score << endl;   //输出 stu2 的内容
    myfile.close();                         //关闭磁盘文件
    return 0;
}
```

程序的运行结果如下：

```
第 2 个学生的数据为:
Wang     1002     86
请输入修改后的成绩: 98↙
修改后的学生数据为:
Wang     1002     98
```

15.4 字符串流

与文件流不同的是，字符串流是以内存中用户定义的字符串或字符数组为输入输出对象，也称为内存流。在这个字符数组中可以存放字符、整型数、浮点型及其他类型的数据。

字符串流也有相应的缓冲区，开始时流缓冲区是空的。如果向字符数组存入数据，随着向流插入数据，流缓冲区中的数据不断增加，待缓冲区满了(或遇换行符)，一起存入字符数组。如果是从字符数组读数据，先将字符数组中的数据送到流缓冲区，然后从缓冲区中提取数据赋给有关变量。

需要注意的是，在向字符数组存入数据前，要先将数据从二进制转换为 ASCII 代码，然后存放在缓冲区，再从缓冲区存放到字符数组；从字符数组读数据时，先将字符数组中的 ASCII 数据送到缓冲区，在赋值给变量前先要将 ASCII 代码转换成二进制形式。也就是说，字符串流的输入输出可以视为 ASCII 文件对象。

但是，由于输出字符串流是在内存中开辟的字符数组，用户不可能直观地看到，所以这个输出字符串流还要再用 cout 语句，才能在屏幕上显示出来。

字符串流是在头文件 strstream 中定义的，因此在程序中用到有关字符串流的对象时，应包含头文件 strstream。

1. 建立输出字符串流对象

建立输出字符串流对象的格式为：

```
ostrstream::ostrstream(char * buffer, int n, int mode = ios::out);
```

buffer 是指字符数组首元素的指针，n 为指定流缓冲区的大小，第三个参数可选，默认为 ios::out。

例如：

```
char  str[30];
ostrstream  strout(str, 30);
```

表示建立了字符串流对象 strout，并将 strout 定位到字符数组 str，使字符数组 str 作为输出字符串的对象，流缓冲区的大小为 30 个字节。

2. 建立输入字符串流对象

建立输入字符串流对象的格式为：

```
istrstream::istrstream(char * buffer);
```

或

```
istrstream::istrstream(char * buffer, int n);
```

其中,buffer是指向字符数组首元素的指针,n为指定流缓冲区的大小。

3. 建立输入输出字符串流对象

建立输入输出字符串流对象的格式为:

```
strstream::strstream(char * buffer, int n, int mode);
```

其中,buffer是指向字符数组首元素的指针,n为指定流缓冲区的大小,mode为以输入或输出方式建立字符串流对象。

例如:

```
char str[30];
strstream strio(str, 30, ios_base::in|ios_base::out);
```

表示以输入输出方式建立了字符串流对象strio,并将其定位到字符数组str,使字符数组str作为输入和输出字符串的对象,流缓冲区的大小为30字节。

【例15.5】 利用字符串流的输入输出功能完成数组的排序操作。

```
#include<strstream>
#include<iostream>
using namespace std;
int main()
{   char c[50] = "12 34 65 -23 -32 33 61 99 321 32";  //定义输入字符串
    char s[50];                          //定义输出字符串
    int a[10],i,j,t;
    cout<<"原始数据:"<<c<<'\n';
    istrstream strin(c,sizeof(c));  //以输入字符串c为缓冲区定义输入字符串流对象
    for(i=0;i<10;i++)   strin>>a[i];//将输入字符串中的ASCII转化为二进制存入整型数组中
    for(i=0;i<9;i++)                    //对整型数组a中的数据排序
        for(j=0;j<9-i;j++)
            if(a[j]>a[j+1])
            {   t=a[j]; a[j]=a[j+1];a[j+1]=t;  }
    ostrstream strout(s,sizeof(s)); //以输出字符串s为缓冲区定义输出字符串流对象
    for(i=0;i<10;i++)  strout<<a[i]<<" ";//将整型数组中的内容转化为ASCII存入输出字符串
    strout<<'\0';                     //字符串以'\0'结束,以便在屏幕上整体输出显示
    cout<<"最后结果:"<<s<<endl;      //在屏幕上输出显示字符串的内容
    return 0;
}
```

程序的运行结果如下:

```
原始数据: 12   34   65   -23   -32   33   61   99   321   32
最后结果: -32   -23   12   32   33   34   61   65   99   321
```

练　习　题

一、选择题

1. 在语句 cin >> data;中,cin 是________。

　A. C++关键字　　B. 类名　　C. 对象名　　D. 函数名

2. 在 C++中,打开一个文件时与该文件建立联系的是________。

　A. 流对象　　B. 模板　　C. 函数　　D. 类

3. 有如下程序:

```
#include <iostream>
#include <iomanip>
using namespace std;
int main()
{   cout << setprecision(5)<< setfill('*')<< setw(8);
    cout << 12.345 <<________<< 34.567;
    return 0;
}
```

若程序输出的是"**12.345**34.567",则程序中下画线处遗漏的操作符是________。

　A. setprecision(5)　　B. setprecision(3)　　C. setfill('*')　　D. setw(8)

4. 以下程序的输出结果是________。

```
#include <iostream>
#include <iomanip>
using namespace std;
int main()
{   cout << setfill('*')<< setw(6)<< 123 << 456;
    return 0;
}
```

　A. ***123***456　　B. ***123456***

　C. ***123456　　D. 123456

5. 阅读以下程序段:

```
#include <fstream>
using namespace std;
int main()
{   ifstream  file1;
    ofstream  file2;
    fstream  file3;
    file3.open("a.txt",ios_base::in);
    file3.close();
    file3.open("b.txt",ios_base::out);
    …
    return 0;
}
```

根据上面的程序段,下面叙述中不正确的是________。

A. 对象 file1 只能用于文件输入操作

B. 对象 file2 只能用于文件输出操作

C. 对象 file3 在文件关闭后,不能再打开另一个文件

D. 对象 file3 可以以默认方式打开一个文件,然后直接进行输入和输出

二、填空题

1. 以下程序的输出结果是________。

```
#include<iostream>
using namespace std;
int main()
{   cout.fill('*');
    cout.width(10);
    cout<<123.45<<endl;
    cout.setf(ios::left);
    cout.width (8);
    cout<<123.45<<endl;
    cout.width (4);
    cout<<123.45<<endl;
    return 0;
}
```

2. 以下程序的输出结果是________。

```
#include<iostream>
#include<fstream>
using namespace std;
int main()
{   fstream file;
    file.open ("text1.dat",ios_base::out|ios_base::in|ios_base::trunc );
    if(!file)
    {   cout<<"text1.dat cannot open."<<endl;
        exit(0);
    }
    char textline[ ] = "1234567890\nabcdefghij";
    for(int i = 0;i<sizeof(textline);i++)
        file<<textline[i];
    file.seekg(5);
    char ch;
    while(file.get(ch))
        cout<<ch;
    file.close();
    return 0;
}
```

3. 以下程序的输出结果是________。

```
#include<iostream>
#include<fstream>
using namespace std;
```

```
class Sample
{   int x,y;
public:
    Sample(){}
    Sample(int i, int j)
    {   x = i;
        y = j;
    }
    void disp()
    {   cout <<"x = "<< x <<" , y = "<< y << endl;   }
};
int main()
{   Sample obj1(10,20), obj2(4,18), obj;
    fstream iofile;
    iofile.open ("data.dat",ios_base::in|ios_base::out|ios_base::binary|ios_base::trunc );
    if(!iofile)
    {   cout <<"cannot open file\n";
        exit(0);
    }
    iofile.write((char * )&obj1,sizeof(obj1));
    iofile.write((char * )&obj2,sizeof(obj2));
    iofile.seekg ((int)( - sizeof(obj)),ios_base::end);
    iofile.read((char * )&obj, sizeof(obj));
    obj.disp();
    iofile.seekg (0);
    iofile.read((char * )&obj, sizeof(obj));
    obj.disp();
    return 0;
}
```

三、编程题

1. 在磁盘上建立文本文件 a.txt,内有 abc……26 个字母,编写程序将 a.txt 的文件内容复制进文件 b.txt,并将其小写字母改为大写字母,同时在屏幕上显示文件内容。

2. 编写一个程序,统计文本文件 abc.txt 的字符个数。

3. 编写一个程序,将两个文件合并成一个文件。

*第 16 章 C++工具

16.1 模　　板

16.1.1 模板的概念

模板是 C++支持参数多态性的工具。所谓参数多态性就是将程序处理的对象的类型参数化。

若一个程序的功能是对某种特定的数据类型进行处理,则将所处理的数据类型说明为参数,就可以把这个程序改写为模板。模板可以让程序对其他数据类型以同样的方式进行处理。

例如,设计一个交换两个数的函数 swap,若要交换的是两个整型数或两个浮点型数,那么尽管交换数据的算法是一样的,但是要分别定义两个函数,一个处理整型数,一个处理浮点型数。两个函数定义如下:

```
void swap( int& a, int& b)                //处理整型数据
{    int temp = a;
     a = b;
     b = temp;
}
void swap(float& a, float& b)             //处理浮点型数据
{    float temp = a;
     a = b;
     b = temp;
}
```

这两个函数构成了重载函数,在调用时,根据实参的不同编译程序自动选择与之匹配的函数执行。

如果这两个函数所处理的数据类型可以参数化,即将数据类型 int 和 float 都视为一种参数,用符号 T 代替,重写交换数据的算法,就可以得到下面的通用代码:

```
void swap( T& a, T& b)
{    T temp = a;
     a = b;
     b = temp;
}
```

这就是函数模板。实际上,函数模板就是一个通用算法函数,它可以适应某个范围的不

同类型对象的操作。这样做既可以避免程序员的重复劳动,也增加了程序的灵活性,在有些情况下可以代替重载。

C++程序由类和函数组成,模板分为类模板和函数模板。

16.1.2 函数模板

函数模板定义的一般形式为:

```
template <模板参数表>
函数类型  函数名(函数参数表)
{    函数体   }
```

例如,实现交换数据算法的函数模板定义为:

```
template < class T >
void swapx(T& a, T& b)
{    T  temp = a;
     a = b;
     b = temp;
}
```

函数模板定义只是对函数的描述,并不是一个真正的函数,编译系统不为其产生任何执行代码,如果要使其发生作用,必须在程序中用具体的数据类型对模板参数进行调用,即将其实例化,成为模板函数,如图 16.1 所示。也就是说,函数模板在调用时被实例化,从而产生可执行代码,称为模板函数。

函数模板 —实例化→ 模板函数

图 16.1 函数模板与模板函数的关系

调用函数模板的方法同一般的函数调用一致。例如,用整型参数调用交换算法的函数模板:

```
int a = 2, b = 3;
swapx(a,b);                              //直接调用
```

【例 16.1】 使用函数模板交换不同数据类型的两个数。

```
#include < iostream >
using namespace std;
template < class T >                     //函数模板
void swapx( T &a, T &b)
{    T  temp = a;
     a = b;
     b = temp;
}
int main()
{    int a = 2,b = 3;
     double x = 1.2, y = 4.5;
     char ch1 = 't', ch2 = 'w';
     swapx(a,b);                         //调用函数模板交换两整型数
     cout <<"a = "<< a <<'\t'<<"b = "<< b << endl;
     swapx(x,y);                         //调用函数模板交换两浮点型数
```

```
    cout <<"x = "<< x <<'\t'<<"y = "<< y << endl;
    swapx(ch1,ch2);                       //调用函数模板交换两字符型数
    cout <<"ch1 = "<< ch1 <<'\t'<<"ch2 = "<< ch2 << endl;
    return 0;
}
```

编译器在编译含有函数模板的程序时,将从调用函数模板的实参的类型(如 int、float、char 等)推导出函数模板的实参,并用此实参实例化函数模板中的模板参数 T,生成相应的模板函数。

在此程序中,编译器根据函数 swapx 实参类型的不同,依次生成三个模板函数,分别为:

```
void swapx(int, int);
void swapx(float, float);
void swapx(char, char);
```

这三个函数就是函数模板的实例化,虽然所涉及的数据类型不同,但实现相同的算法。

16.1.3 类模板

C++除了支持函数模板外,也支持类模板。也就是说,可以将某些类定义中的数据类型参数化,设计成类模板。使用时,用具体的数据类型替换模板的参数,从而得到具体的类,称为模板类。模板类是类模板的实例,同时也是一种数据类型,可以定义对象。类模板、模板类和对象之间的关系如图 16.2 所示。

图 16.2 类模板、模板类和对象之间的关系

类模板定义的一般形式为:

```
template <模板参数表>
class <类名>
{
        //类体说明
};
template <模板参数表>
<函数类型> <类名> <模板参数名表>::<成员函数 1> (函数形参表)
{
    //成员函数 1 定义体
}
template <模板参数表>
<函数类型> <类名> <模板参数名表>::<成员函数 2> (函数形参表)
{
    //成员函数 2 定义体
}
…
template <模板参数表>
<函数类型> <类名> <模板参数名表>::<成员函数 n> (函数形参表)
{
```

```
    //成员函数n定义体
}
```

【例 16.2】 将三角形类 Tri 中三角形的三边的数据类型设置为模板参数，设计一个类模板，类中所涉及的各种操作既可用于实数类型的三边，又可用于整数类型的三边。

```
#include<iostream>
using namespace std;
template<class T>
class  Tri                          //自定义的类名Tri
{
    private:
        T  a,b,c ;                  //三个私有成员数据，表示三角形的三边
    public:
        Tri(T , T , T );            //三个参数的构造函数
        Tri(Tri &);                 //复制构造函数，分别将对象t的三边赋值给新建立的对象
        T Peri(void);               //公有函数，求三角形的周长，周长作为函数值返回
};
template<class T>                   //类模板成员函数1
Tri<T>::Tri(T x , T y , T z )       //三个参数的构造函数
{    a=x; b=y; c=z; }               //用形参x、y、z的值初始化三角形三边a、b、c
template<class T>                   //类模板成员函数2
Tri<T>::Tri(Tri &t)                 //复制构造函数
{ a=t.a; b=t.b; c=t.c; }            //分别将对象t的三边赋值给新建立的对象
template<class T>                   //类模板成员函数3
T Tri<T>::Peri(void)                //公有函数，求三角形的周长，周长作为函数值返回
{    return a+b+c;   }
int main()
{    Tri<int>  tria(3,4,5);
    //类模板实例化，用int代替模板参数T，成为模板类，然后用其创建对象tria
    Tri<int>  trib(tria);           //建立对象trib，调用复制构造函数，根据tria复制出trib
    cout<<"trib的周长是："<<trib.Peri()<<endl;
    Tri<double> tric(7.5, 6.5, 8.0);//用double代替模板参数T，然后用模板类创建对象tric
    cout<<"tric的周长是："<<tric.Peri()<<endl;
    return 0;
}
```

16.2 异常处理

16.2.1 异常的概念

异常是指程序在执行过程中出现的意外情况，例如，算术运算中除数为0、数组下标越界、申请内存空间失败、输入数据时数据类型有错、打开文件时文件不存在等。

这些执行错误经常是由于用户使用不当或现场设备临时有误造成的，这种问题出现是随机的，是设计人员预先无法控制的。这类错误比较隐蔽，不易被发现。如果程序中没有对此的防范措施，系统只好终止程序的运行。

我们希望程序在运行时出现这些随机错误的时候能够做出相应的处理，而不是结束程

序，终止运行。例如一个银行系统，不能因个别用户的操作错误而停止整个程序。所以在设计程序时，应当事先分析程序运行中可能出现的各种意外情况，并且分别制定出相应的处理方法。在程序运行出现异常时，流程转移到预先编写好的代码段进行处理，完成异常的善后工作，回到调用任务的起点，使程序继续运行。

在传统的程序设计中，用 if 或 while 语句来处理这些异常情况，例如第 15 章中的文件打开语句：

```
ifstream infile("a2.txt");          //打开已存在的输入文件 a1.txt
if(!infile)                         //打开文件失败,输出提示信息,结束程序
{   cout <<"输入文件不存在,请先建立输入文件!\n";
    exit(0);
}
```

这也是异常处理的一种办法，发生异常后将程序中断执行，无条件释放系统的所有资源。但对于一些比较大的程序(如银行系统的管理程序)，如果出现异常，应该允许恢复和继续运行，恢复的过程就是把产生异常所造成的影响去除，如对象的析构、资源的释放、函数调用链的退栈等，然后继续运行程序。

16.2.2 异常处理的机制

在 C++中，异常处理方法已经发展成为一个标准的技术，称为异常处理机制，其基本的思想是将异常的检测与处理分离。如果在执行一个函数的过程中发生异常，可以不在本函数中处理这个异常，而是发出一个消息，传给上一级(调用它的函数)，它的上级捕捉到这个消息后进行处理。如果上一级的函数还不能处理，就继续向上传送……如果到最高一级还无法处理，就调用 abort 函数终止程序运行。这样做的好处是使底层的函数专门用于解决实际任务，而不必再考虑异常的处理任务，使代码易于跟踪和维护。

在 C++程序中，任何需要检测异常的语句(包括函数调用)都必须在 try 语句块中执行，如果异常条件存在，则使用 throw 语句引发一个异常，异常必须由紧跟在 try 语句后面的 catch 语句来捕获并处理。因此，try 与 catch 总是结合使用的。throw、try 和 catch 语句的一般语法如下：

```
throw <异常类型表达式>;
try
{
    //try 语句块
}
catch(类型 1  参数 1)
{
    //针对类型 1 的异常处理
}
catch(类型 2  参数 2)
{
    //针对类型 2 的异常处理
}
…
catch(类型 n  参数 n)
```

```
{
    //针对类型 n 的异常处理
}
```

其中,异常类型可以是基本数据类型、构造数据类型和类类型,类型名后可以带变量名(对象),这样就可以像函数的参数传递一样,将异常类型表达式的值传入。

异常处理的执行过程如下:

(1) 程序以正常的顺序执行到达 try 语句,然后执行 try 块内的语句;

(2) 如果执行期间没有执行到 throw(没有引起异常),跳过异常处理区的 catch 语句块,程序向下执行;

(3) 若程序执行期间引起异常,执行 throw 语句抛出异常,进入异常处理区,将 throw 抛出的异常类型表达式(对象)依次与 catch 中的类型匹配,进入与之匹配的 catch 复合语句,运行至复合语句结束,然后跳过后面的 catch 子句(如果有的话),继续执行异常处理区后的语句;

(4) 如果未找到与异常类型表达式(对象)匹配的 catch 子句,则自动调用 abort 终止程序。

【例 16.3】 带异常处理的求两数的商。

```
#include <iostream>
using namespace std;
double quo(int a, int b)
{   if(b == 0)
        throw b;                    //如果除数为 0,抛出一个整型的异常
    else
        return (double)a/b;         //否则,返回两数的商
}
int main()
{   int a,b;
    cout <<"Input a  b: ";
    cin >> a >> b;
    try
    {   cout << a <<"/"<< b <<" = "<< quo(a,b)<< endl;  //检测调用函数是否出现异常
    }
    catch(int)                      //如果捕获一个整型的异常,输出提示信息
    {   cout <<"除数为 0!\n";
    }
    return 0;
}
```

程序的运行结果如下:

```
7  4↙
a/b = 1.75
7  0↙
除数为 0!
```

说明：

(1) 被检测的函数或语句必须放在 try 块中，否则不起作用；

(2) try 块和 catch 块作为一个整体出现，catch 块必须紧跟在 try 块之后，不能单独使用，在二者之间也不能插入其他语句；

(3) 一个 try-catch 结构中只能有一个 try 块，却可以有多个 catch 块，以便与不同的异常类型表达式匹配；

(4) 如果用 catch(…)形式的子句，则表示它可以捕捉到任何类型的异常信息，一般放在所有 catch()子句的最后。

【例 16.4】 不同的异常类型表达式。

```
#include<iostream>
using namespace std;
void fun(int n)
{    try
     {    if(n==0)  throw  n;        //抛出整型异常
          if(n==1)  throw  'a';      //抛出字符型异常
          if(n==2)  throw  1.23;     //抛出双精度型异常
     }
     catch(int a)                    //捕获整型异常,将抛出的表达式的值赋给整型形参 a
     {    cout<<"异常类型表达式为整型,其值为"<<a<<endl;
     }
     catch(char c)                   //捕获字符型异常,将抛出的表达式的值赋给形参 c
     {    cout<<"异常类型表达式为字符型,其值为"<<c<<endl;
     }
     catch(double b)                 //捕获双精度型异常,将抛出的表达式的值赋给形参 b
     {    cout<<"异常类型表达式为双精度型,其值为"<<b<<endl;
     }
}
int main()
{    fun(0);
     fun(1);
     fun(2);
     return 0;
}
```

程序的运行结果如下：

```
异常类型表达式为整型,其值为 0
异常类型表达式为字符型,其值为 a
异常类型表达式为双精度型,其值为 1.23
```

抛出异常的 throw 语句相当于 return 语句，可以返回异常类型表达式的值，将此值为 catch 语句的形参赋值，在 catch 子句中就可以使用这个值。

【例 16.5】 编写一个简易计算器，可以循环计算两个整型数的四则运算，当输入的第一个整数为 0 时，退出计算。

```
#include<iostream>
```

```
using namespace std;
double cal(int a,char ch, int b)
{   double result;
    if(a == 0)
        throw 'x' ;                         //第一个整数为 0,抛出字符型异常
    switch(ch)                              //判断运算符
    {
    case '+':
        result = a + b;
        break;
    case '-':
        result = a - b;
        break;
    case '*':
        result = a * b;
        break;
    case '/':
        if(b == 0)
            throw 0;                        //除数为 0,抛出整型异常
        result = (double)a/b;
        break;
    default:
        throw "输入错误, 请重新输入!\n";    //运算符输入错误,抛出字符指针型异常
    }
    return result;
}
int main()
{   int a,b;
    char ch;
    while(1)
    {   try
        {   cout<<"请输入算式:  ";
            cin>>a>>ch>>b;
            cout<<a<<ch<<b<<" = "<<cal(a,ch,b)<<endl;
        }
        catch(int)                          //捕获整型异常
        {   cout<<"除数为 0!\n";
        }
        catch(char *s)                      //捕获字符指针型异常
        {   cout<<s;
        }
        catch(...)                          //捕获所有异常
        {   cout<<"谢谢使用!\n";
            exit(0);
        }
    }
    return 0;
}
```

当输入 3+4 <CR>、7 * 8 <CR>等合法的表达式时,程序正常循环计算;当输入错误的运算符或除数为 0 时,程序输出对应的提示信息;当输入的第一个整数为 0 时,程序结束。

练　习　题

1. 写出以下程序的运行结果。

```
#include<iostream>
using namespace std;
template<class T>
class TAdd
{   T x,y;
public:
    TAdd(T a, T b){   x=a; y=b;   }
    int add(){   return x+y;   }
};
int main()
{   TAdd<double> A(3.8, 4.7);
    TAdd<char>  B('2', 3);
    cout<<A.add()<<","<<(char)B.add()<<endl;
    return 0;
}
```

2. 写出以下程序的运行结果。

```
#include<iostream>
using namespace std;
class S
{
public:
    ~S(){   cout<<"S\t";   }
};
char fun0()
{   S s1;
    throw('T');
    return '0';
}
int main()
{   try
    {   cout<<fun0()<<'\t';   }
    catch(char c)
    {   cout<<c<<'\t';   }
    return 0;
}
```

3. 设计一个函数模板 max<T>,求数组中的最大的元素,以整数数组和字符数组进行调用,并采用相关的数据进行测试。

4. 编写一个程序,求给定数的平方根,并用异常处理机制检测负数的情况。

参考文献

1. 谭浩强.C++程序设计[M].3版.北京：清华大学出版社，2015
2. 谭浩强.C++程序设计题解与上机指导[M].3版.北京：清华大学出版社，2015
3. [美] Siddhartha Rao 著.21天学通 C++[M].8版.袁国忠译.北京：人民邮电出版社，2017.9
4. 张岳新.Visual C++程序设计[M].苏州：苏州大学出版社，2005
5. 孙一平，王庆宝.C++程序设计学习辅导[M].北京：清华大学出版社，2006
6. 吕凤翥.C++语言基础教程[M].北京：清华大学出版社，1999
7. 吕军，杨琦，罗建军，刘路放.Visual C++与面向对象程序设计教程[M].北京：高等教育出版社，2003
8. 教育部考试中心.二级教程——C语言程序设计[M].北京：高等教育出版社，2002
9. 谭浩强.C程序设计[M].北京：清华大学出版社，2007
10. 谭浩强.C程序设计题解与上机指导[M].北京：清华大学出版社，2007
11. 刘晋萍.面向对象程序设计与C++实现[M].北京：科学出版社，2006
12. 王挺，等.C++程序设计[M].北京：清华大学出版社，2005
13. 钱丽萍，等.面向对象程序设计 C++版[M].北京：机械工业出版社，2007
14. 李师贤，等.面向对象程序设计基础[M].二版.北京：高等教育出版社，2005
15. 张富.C及C++程序设计(修订本)[M].北京：人民邮电出版社，2005
16. 杜四春，等.C++程序设计[M].北京：中国水利水电出版社，2005
17. 胡也，等.C++应用教程[M].北京：清华大学出版社，北京交通大学出版社，2005
18. 赵永哲，李雄飞，戴秀英.C语言程序设计[M].北京：科学出版社，2003
19. 李玲，桂玮珍，刘莲英.C语言程序设计[M].北京：人民邮电出版社，2005
20. 李凤霞.C语言程序设计教程[M].北京：理工大学出版社，2001
21. 钱能.C++程序设计教程[M].北京：清华大学出版社，1999
22. 吴乃陵，况迎辉，李海文.C++程序设计[M].北京：高等教育出版社，2003

图书资源支持

感谢您一直以来对清华版图书的支持和爱护。为了配合本书的使用，本书提供配套的资源，有需求的读者请扫描下方的“书圈”微信公众号二维码，在图书专区下载，也可以拨打电话或发送电子邮件咨询。

如果您在使用本书的过程中遇到了什么问题，或者有相关图书出版计划，也请您发邮件告诉我们，以便我们更好地为您服务。

我们的联系方式：

地　　址：北京市海淀区双清路学研大厦 A 座 701

邮　　编：100084

电　　话：010－62770175－4608

资源下载：http://www.tup.com.cn

客服邮箱：tupjsj@vip.163.com

QQ：2301891038（请写明您的单位和姓名）

资源下载、样书申请

书圈

扫一扫，获取最新目录

用微信扫一扫右边的二维码，即可关注清华大学出版社公众号“书圈”。